信息安全风险管理与实践

主编 曹雅斌 尤 其 何志明

电子工业出版社·

Publishing House of Electronics Industry

北京·BEIJING

内 容 简 介

本书从信息安全风险管理的基本概念入手，以信息安全风险管理标准——ISO/IEC 27005《信息技术—安全技术—信息安全风险管理》为主线，全面介绍了信息安全风险管理相关国际标准和国家标准；详细介绍了信息安全风险管理的环境建立，发展战略和业务识别，资产识别，威胁识别，脆弱性识别，已有安全措施识别；还介绍了风险分析，风险评价及风险评估输出，风险处置，沟通与咨询、监视与评审等内容；并给出了信息安全风险管理综合实例。本书还重点讲解了脆弱性识别中的物理脆弱性识别、网络脆弱性识别、系统脆弱性识别、应用脆弱性识别、数据脆弱性识别和管理脆弱性识别等内容。本书力图通过小案例与综合实例，理论联系实践，使读者了解、掌握和运用信息安全风险管理的理论与实践方法。

本书是信息安全保障人员认证信息安全风险管理方向的培训教材，面向政府部门、企事业单位从事信息安全风险管理或风险评估的专业人员，也适用于信息安全专业人士、大学生或对信息安全风险管理感兴趣的读者使用。

图书在版编目（CIP）数据

信息安全风险管理与实践 / 曹雅斌，尤其，何志明主编. —北京：电子工业出版社，2021.10

ISBN 978-7-121-42263-8

I. ①信… II. ①曹… ②尤… ③何… III. ①信息安全 – 风险管理 – 研究 IV. ①TP309

中国版本图书馆 CIP 数据核字(2021)第 220890 号

责任编辑：张瑞喜

印　　刷：中国电影出版社印刷厂

装　　订：中国电影出版社印刷厂

出版发行：电子工业出版社

　　　　　北京市海淀区万寿路 173 信箱　邮编：100036

开　　本：787×1092　1/16　印张：28　字数：681 千字

版　　次：2021 年 10 月第 1 版

印　　次：2021 年 10 月第 1 次印刷

定　　价：89.00 元

凡所购买电子工业出版社图书有缺损问题，请向购买书店调换。若书店售缺，请与本社发行部联系，联系及邮购电话：（010）88254888，88258888。

质量投诉请发邮件至 zlts@phei.com.cn，盗版侵权举报请发邮件至 dbqq@phei.com.cn。

本书咨询联系方式：zhangruixi@phei.com.cn。

序言

　　人类社会进入21世纪以来，互联网信息技术高速发展，信息资源成为新的生产要素，新一轮的信息技术革命和产业变革交融发展，信息经济成为新的经济引擎，互联网信息安全关系国家主权，成为新的国家安全挑战。没有网络安全就没有国家安全，没有信息化就没有现代化。面对纷繁复杂的国际形势、日新月异的技术革新，抓住历史机遇，筑牢国家网络安全屏障，建设网络强国，实现中华民族伟大复兴的中国梦成为网络安全从业者的使命和责任。

　　网络空间的竞争，归根结底是人才的竞争。2017年6月，《中华人民共和国网络安全法》正式实施，明确要采用多种方式支持和培养网络安全人才。培养网络安全人才已经成为我国网络信息化事业建设的一项战略性、全局性和长期性任务，培养锻造一支技术过硬的网络安全人才队伍是网络强国的必由之路。

　　中国网络安全审查技术与认证中心于2011年正式推出信息安全保障人员认证（CISAW），经过不断发展完善，目前已形成预备级、基础级、专业级、专业高级四个等级，近二十个专业方向和行业领域的信息安全保障人员认证体系，赢得了众多国家部委、地方政府、行业领头企业的认可，为国家培养了一大批网络安全专业人才。近年来，新时期网络空间安全工作的推进、网络安全制度体系的建立和网络安全标准的修订对网络安全人才培养提出了新的更高的要求。为此，本书编写组编写了《信息安全风险管理与实践》一书。本书紧扣信息安全风险管理主线，涵盖了信息安全风险管理的各个环节，并依据最新颁布的国际和国家标准，结合信息安全风险管理最佳实践，对相关课程内容进行了大规模的修订完善和补充调整，以满足IT从业者和人员培训认证的学习需要，帮助从事网络安全技术岗位和管理岗位的人员提升信息安全风险管理能力。

　　本书从风险管理的原则、框架和过程，到风险评估的物理、网络、系统、应用和数据的脆弱性识别，渐次展开，层层递进，既考虑到技术人员，又照顾到管理人员，既传播知识，又教授技能，以提高专业人员的基本素质和能力水平，适应不断变化的网络安全新挑战。

希望本书的出版，能为广大网络安全保障从业者学习、工作和申请认证提供指导和帮助。我们网络安全从业者也时刻践行保障国家网络安全的使命初心，始终做到初心如磐、使命在肩。

魏　昊

中国网络安全审查技术与认证中心

前言

　　《信息安全风险管理与实践》是信息安全保障人员认证信息安全风险管理方向的学习用书，是CISAW的信息安全知识体系中信息安全风险管理的核心内容。

　　本书力求从实战需要出发，讨论当前信息安全保障工作中的信息安全风险管理技术。全书共分为13章。

　　本书第1章和第2章概括介绍信息安全风险管理相关知识准备和背景；第3～12章详细介绍了信息安全风险管理的具体内容，内容编排基本是按照国际标准ISO/IEC 27005:2018《信息技术—安全技术—信息安全风险管理》的架构展开，各章均给出了相应的案例；第13章从整体角度出发，依照信息安全风险管理基本过程，以一个实际项目作为案例，对整个风险管理的实施过程进行讲解。

　　各章具体内容如下：第1章为概述；第2章简要介绍信息安全风险管理相关标准；第3章讲述环境建立，并扩展讲述了项目管理的基础知识；第4章讲述发展战略和业务识别；第5章讲述资产识别；第6章讲述威胁识别；第7章讲述脆弱性识别；第8章讲述已有安全措施识别；第9章讲述风险分析；第10章讲述风险评价及风险评估输出；第11章讲述风险处置；第12章讲述沟通与咨询、监视与评审；第13章介绍信息安全风险管理综合案例。

　　本书按照信息安全保障人员认证考试大纲的要求进行编写，适合广大申请认证考试的人员使用；同时，也适合所有从事信息安全风险管理相关的工作人员及期望了解信息安全风险管理相关知识的人员学习和使用。

　　本书在中国网络安全审查技术与认证中心指导下编写，参编单位：北京红戎信安技术有限公司。参加编写者有（按姓氏笔画排列）：万娟、王洪艳、王媛、尤其、乔建忠、刘珺珺、刘淼、孙世国、何志明、张原、张海莲、郑莹、郑晰元、赵立军、赵倩倩、胡涵清、钮小琳、贾梦妮、曹雅斌、锁延锋，全书由王洪艳统稿。

　　本书在撰写过程中先后多次聆听相关领域内专家的建议和指导，他们包括中国标准化研究院全国风险管理标准化技术委员会高晓红，中国电子技术标准化研究院信安中心、全国信息安全标准化技术委员会刘贤刚，国家信息中心信息与网络安全部信息安全评估处陈永刚、公安部保密科技测评中心李超，国家信息技术安全研究中心王宏等，在此特向他们及未列出人士表示衷心感谢。

　　本书的编写参考和引用了国内外同行的大量文献资料，在此向这些文献资料的作者表示衷心感谢。

作者

2021年5月

本书相关标准名称与书写规范

本书中多处引用国际标准化组织（International Organization for Standardization，简称ISO）制定的国际标准。为简便起见，一般只在正文第一次出现时使用全称，之后则使用简称。

主要涉及ISO国际标准的全称和简称如下：

- ISO Guide 73《风险管理—术语》，简称：ISO Guide 73
- ISO 31000:2009《风险管理—原则与实施指南》，简称：ISO 31000:2009
- ISO 31000:2018《风险管理—指南》，简称：ISO 31000:2018
- ISO/TR 31004:2013《风险管理—ISO 31000实施指南》，简称：ISO/TR 31004:2013
- IEC 31010:2019《风险管理—风险评估技术》，简称：IEC 31010:2019
- ISO 31022:2020《风险管理—法律风险管理指南》，简称：ISO 31022:2020
- ISO 31030《旅行风险管理—组织指南》，简称：ISO 31030
- ISO 31050《管理新型风险增强应变能力指南》，简称：ISO 31050
- ISO 31070《风险管理—核心概念指南》，简称：ISO 31070
- ISO 31073《风险管理—风险管理词汇》，简称：ISO 31073
- ISO/IEC 27000:2018《信息技术—安全技术—信息安全管理体系—概述与术语》，简称：ISO/IEC 27000:2018
- ISO/IEC 27005《信息技术—安全技术—信息安全风险管理》，简称：ISO/IEC 27005
- ISO/IEC AWI 27554《ISO 31000 在身份管理风险评估中的应用》，简称：ISO/IEC AWI 27554

主要涉及GB国家标准的全称和简称如下：

- GB/T 24353《风险管理 原则与实施指南》，简称：GB/T 24353
- GB/T 5271.1—2000 《信息技术 词汇第1部分：基本术语》，简称：GB/T 5271.1—2000
- GB/T 22239—2019《信息安全技术 网络安全等级保护基本要求》，简称：GB/T 22239—2019（等级保护2.0）
- GB/T 25069—2010《信息技术 安全技术 信息安全管理体系 概述和词汇》，简称：GB/T 25069—2010
- GB/T 31722—2015《信息技术 安全技术 信息安全风险管理》，简称：GB/T 31722—2015
- GB/Z 24364—2019《信息安全技术 信息安全风险管理指南》，简称：GB/Z 24364—2019

- GB/T 31509—2015《信息安全技术 信息安全风险评估实施指南》,简称:GB/T 31509

- GB/T 20984《信息安全技术 信息安全风险评估规范》(2018 征求意见稿),简称：GB/T 20984（2018 征求意见稿）

- GB/T 33132—2016《信息安全技术 信息安全风险处理实施指南》,简称:GB/T 33132—2016

- GB/T 36466—2018《信息安全技术 工业控制系统风险评估实施指南》,简称：GB/T 36466—2018

- GB/T 36637—2018《信息安全技术 ICT 供应链安全风险管理指南》,简称：GB/T 36637—2018

特别需要说明的是：

（1）当所述内容不强调版本号时，则直接使用不带版本号的名称，例如ISO 31000。

（2）GB/T 20984《信息安全技术 信息安全风险评估规范》目前正式对外发布的是GB/T 20984—2007版。鉴于该标准正在修订过程中，本书对相关标准内容的讲解，使用2018年官方发布的GB/T 20984（2018征求意见稿）。

目录

第1章 概　　述

在半个世纪以来的全球信息化浪潮中，信息技术成为推动社会发展、促进世界经济增长的重要动力。但是，信息技术在成为新的经济发展驱动力的同时，也为整个社会带来了信息安全风险问题。面对严峻的信息安全威胁形势，信息安全学科应运而生。针对信息安全问题的特点，人们经过反复的思索和实践，将风险管理的理念引入信息安全中，其核心思想是从决定性的思维方式转换为适应现代社会发展的不确定性的、相关性、整体性思维方式，从系统工程的角度对信息安全风险进行管理与控制。在综合考虑成本、组织的风险承受能力等各种因素的前提下，通过建立风险管理模型，对信息系统所面临的风险进行识别、评估与控制，将风险带来的损失降到最小，并以此指导管理者制定正确的、有效的安全管理策略。实践证明，信息安全风险管理方法的采用，能够显著提高组织的整体信息安全水平、抵御日益严重的信息安全威胁，为组织开展业务、创造价值保驾护航。

本章我们将从"风险"这个最基本概念开始，向读者介绍信息安全风险管理的基本理论、基本方法和演变过程。

1.1　风险和风险管理

1.1.1　风险

1. 风险的概念演化

风险（Risk）一词是一个"舶来品"。据语言学家考证，一种说法是它来自拉丁语"Risicum"，指海上贸易及随之而来的有关损失的法律问题；另一种说法是它来自意大利语"Rischio"，该词在早期航海贸易和保险业中出现，用于描述客观存在的危险[1]。

1901年，美国学者威雷特在论文《风险与保险的经济理论》中给出了风险的第一个学术定义：风险是关于不愿发生的事件发生的不确定性的客观体现。在这个定义中，风险有两个特征：客观性和不确定性。1921年，美国经济学家奈特在其经典著作《风险、不确定性和利润》中，首次明确区分了风险和不确定性，认为风险是可度量的，不确定性是不可预见和不可度量的。1964年，美国明尼苏达大学教授威廉和汉斯在《风险管理与保险》中指出，风险是客观的，因为它对任何人都以同等程度同样存在；但同时，风险也有其不确定的一面，由于认知者的主观判断不同，不同的人对同一风险会有不同的看法。1983年，日本学者武井勋在《风险理论》中提出，风险是特定环境中和特定期间内自然存在的导致损失的变化。这说明风险具有相对性，是在特定环境和时间状态下的产物。1985年，美国学者海恩斯在《经济中的风险》一书中将风险定义为损害或者损失发生的可能性。1997年，学者托宾在《自然灾害的解释与整合》中定义"风险是某一个灾害发生的可能性概率和期望损失的乘积"。1998年，学者得伊尔在《危险事件评估：规划和应对的事实基础》中定义"风险是某一灾害发生的概率（或频率）与灾害发生后果的规模的组合"。同年，学者赫斯特在《风险评估：人的维度》中定义"风险是对某一灾害概率与结果的描述"。

可以说，经过两百多年的演化，风险一词越来越被概念化，并随着人类活动的广泛性和复杂性增加而逐步深化，并被赋予了哲学、经济学、社会学、统计学甚至文化艺术领域的更广泛更深层次的含义，且与人类的决策和行为后果联系越来越紧密，风险一词也成为人们生活中出现频率很高的词汇。

2．风险的定义和度量

国际标准化组织（International Organization for Standardization，ISO）在正式发布的ISO 31000:2009《风险管理—原则与实施指南》（简称ISO 31000:2009）中明确指出，"风险"是"不确定性对目标的影响"。ISO 31000:2018《风险管理—指南》（简称ISO 31000:2018）沿用了此定义。该定义是人类对"风险"这一古老概念最新认识的总结与概括。通过定义，我们可以发现，在研究风险时通常关注两个核心要素，一是不确定性，二是预期与实际的差距（即影响）。不同领域的专家在对风险概念的描述中，有的注重不确定性，有的注重预期与实际的差距，而ISO 31000:2009中的定义同时关注了这两个方面。

从这个概念出发，为了度量风险，我们需要同时考虑不确定性和影响。影响的度量是和具体环境高度关联的，不同情况下我们需要考虑不同的影响。有的影响是能够度量的，比如某公司在某一月份的收入损失；有的影响是无法度量的，比如风险事件对某人造成的荣誉影响。不确定性是自然界和人类社会中的一种普遍存在，为了应对无处不在的不确定性，人们总结出了应对不确定性的有力武器——概率，通过使用概率和概率模型来描述不确定性。需要指出的是，概率模型对不确定性是一种近似，无法完整地描述不确定性，但是为人们处理不确定性提供了一种手段。由此，我们可以得出一种计算风险的近似方法：风险是风险事件发生概率和损失的函数。函数的形式同样是与具体领域高度关联的。在本书第9章中，我们将介绍信息安全风险管理中常用的风险计算方法。

1.1.2　风险的基本特性

风险具有多种基本特性，具体表现在以下10个方面。

1．不确定性

风险最本质、最突出的特性就是不确定性。ISO 31000对不确定性的定义是："不确定性就是缺乏或者部分缺乏对事件、事件后果，以及事件发生可能性的相关信息的了解或认知的一种状态。"通过对不确定性概念的分析可以知道，在风险管理中，可以通过对"事件""后果""可能性"等信息的了解或认知来把握不确定性，从而为管理风险的不确定性提供前提和可能。

　　根据"事件""可能性""影响"等信息主客体的认知状态不同，可以把不确定性分为两种类型，分别是内生不确定性和外生不确定性。内生不确定性指的是由于主体（人）对客体（风险管理对象）的认识不足，从而导致主体掌握的信息与客体本身所固有的信息不对称而引发的不确定性。主体的这种认识不足主要体现在以下几个方面：第一，主体自身能力有限；第二，主体对造成风险的原因认识不足；第三，主体对风险事件造成的后果认识不足；第四，主体由于环境变化而对客体的认识产生偏差。外生不确定性指的是客体自身发生改变而使主体无法把控带来的不确定性。

　　风险的不确定性体现在发生时间的不确定性和产生结果的不确定性。发生时间的不确定性是指某些风险必然发生，但何时发生却是不能确定的。产生结果的不确定性是指不能确定事件发生的后果，即损失程度的不确定。

2. 客观性

客观性：风险不以人的意志为转移，是独立于人的意识之外的客观存在。例如，自然界的地震、台风、洪水，社会领域的战争、瘟疫、冲突、意外事故等，都是不以人的意志为转移的客观存在。

3. 普遍性

普遍性：人类的历史就是与各种风险相伴的历史。风险存在于一切事物之中，并且贯穿于每一事物的整个生命周期，事事有风险，时时有风险。

4. 必然性

必然性：风险是事物发展、变化过程中不可避免的一种存在趋势。人们只能在一定的时间和空间内改变风险存在和发生的条件，降低风险发生的频率和损失程度，但是从总体上说，风险是不可能彻底消除的。

5. 相对性（或可变性）

相对性（或可变性）：风险的性质会因时间、空间因素的不断变化而发展变化。

6. 时效性

时效性：影响风险的各种因素随着时间的变化而变化，进而导致风险也随着时间的推移而产生变化。

7. 损失性

损失性：风险的发生会给人们带来损失。只要有风险存在，就会有发生损失的可能性。

8. 社会性

社会性：风险的后果与社会的相关性决定了风险的社会性，具有很大的社会影响。

9．可识别性

可识别性：通过分析事物的内部因素和外部因素，采取一定的方法可以识别出风险。

10．可控性

可控性：通过采取一定的控制措施对风险进行事前识别、预测，并通过一定的手段来防范、化解风险，能够把风险控制在一定的范围内。

1.1.3　风险的构成要素

风险是由风险因素、风险事件和风险影响三者构成的。

1．风险因素

风险因素是指促使某一特定影响发生、增加其发生的可能性或增大其影响程度的原因，是造成影响的内在或间接原因。一般根据风险因素的性质划分为物理风险因素、道德风险因素和心理风险因素三种类型。

- 物理风险因素，是能直接影响事物物理功能的有形的因素，例如闪电、暴雨、火灾等。
- 道德风险因素，是与人的品德修养有关的无形的因素，即由于个人的不诚实、不正直或不轨企图等促使风险事故发生，引起社会财富损毁或人身伤亡的原因或条件。
- 心理风险因素，是与人的心理状态有关的无形的因素。指由于人们不注意、不关心、侥幸或存在依赖保险心理，导致增加风险事故发生的机会、加大损失严重性的因素。例如网络管理人员过于依靠网络安全防护设备，疏于对系统的严格检查而造成黑客入侵。

在以上三种风险因素中，道德风险因素和心理风险因素属于与人的行为有关的风险因素，故二者归入无形风险因素或人为风险因素。

2．风险事件

风险事件是指对组织造成影响的偶发事件，是造成风险影响的直接的或外在的原因，是风险产生影响的媒介物。风险只有通过风险事件的发生才能对组织产生影响，风险事件的发生意味着风险的可能性转化为现实性。

3．风险影响

风险对事物带来的影响可以是负面的也可以是正面的。正面的影响会给我们带来机会与利益，负面的影响会给我们带来威胁与损失。

1）风险的正面影响

俗话说："机遇与挑战并存，希望与困难同在"。这里的"挑战"和"困难"在一定程度上指的就是风险。风险中可能蕴藏着机遇，机遇的出现可能意味着某种有利于实现预期结果的局面。"没有风险就没有回报，高收益蕴含着高风险"。高风险往往可以激发人们通过聪明才智获得高回报。要想在风险环境里获得最大收益，人们就必须尽可能地发挥主观能动性去认知风险，采取有效的措施规避风险、化解风险，并将它的破坏力降到最低。同时我们还应看到，尽管风险的正面影响可能提供机遇，但并非所有的正面影响均可提供机遇，所以要识别风险的正面影响，把握正面影响的时机，分析应对能力，探索新的技术和新的方法去应对和管理风险，这样才能合理地利用风险的正面影响，抓住机遇赢得成功。

2）风险的负面影响

风险的特性使人们无法提前准确预知不利的事件何时会发生，从而给组织或个人带来一定的压力和惶恐。对于组织而言，因为风险的存在有可能干扰甚至破坏组织原有的发展战略，削弱组织的凝聚力，降低组织的创新驱动力，阻碍组织的发展；对于个人而言，有的人在风险面前选择逃避或消极的态度，积极性受挫，放弃既定目标。风险通过对组织和个人的负面影响对整个社会的发展形成阻碍和负面作用。

在多数情况下，风险管理者更注重风险的负面影响，即风险损失。损失是指非故意的、非预期的、非计划的价值的减少。通常可将损失分为两种形态，即直接损失和间接损失。直接损失，又称实质损失，是由风险事件导致的财产本身的损失和人身的伤害；间接损失则是由直接损失引起的额外费用损失、收入损失、信用损失等。有时候间接损失的数值会超过直接损失。在信息安全风险管理过程中，我们在关注直接损失的同时也不能忽视间接损失。

在以上三个要素中，风险因素是风险事件发生的潜在原因；风险事件是造成影响的直接原因，是影响的媒介。就某一事件来说，如果它是造成影响的直接原因，那么它就是风险事件；而在其他条件下，如果它是造成损失的间接原因，它便成为风险因素——这依赖于我们做风险评估时所采取的框架和分析的维度。

1.1.4　风险管理

风险管理是研究风险发生规律和风险控制技术的新兴管理科学，是一个组织或个人用以降低风险负面影响的决策过程。根据维基百科的定义，风险管理（Risk Management）是一个管理过程，是在降低风险的收益与成本之间进行权衡并决定采取何种措施（包括对风险的定义、测量、评估和应对风险）的策略。ISO 31000中对风险管理的定义是"一个组织对风险指挥和控制的一系列协调活动"。风险管理的对象是风险；风险管理的主体可以是组织或者个人，包括个人、家庭、企业、国家等；风险管理的基本目标是以最小的成本收获最大的安全保障。

1.1.4.1　风险管理的演进

风险管理作为一种安全管理实践，起源于20世纪50年代的美国，启蒙于企业的安全管理。美国US钢铁公司因安全生产事故频发致使企业濒临破产，公司董事长B·H·凯里首先提出"安全第一"的思想，其思想在实践过程中取得巨大的成功。管理学先驱、管理过程之父亨利·法约尔在《工业管理与一般管理》一书中提出"用企业的六种职能控制企业及其活动所遭遇的风险，维护财产和人身安全"。在此背景下，逐渐形成风险管理思想的雏形。20世纪50年代，以美国为主的欧美国家开始对风险管理理论进行系统的研究，风险管理逐步成为一门独立的学科和理论体系。美国学者格拉尔在其调查报告《费用控制的新时期——风险管理》中首次使用"风险管理"一词，他认为组织内的任何人对该组织的风险都负有不可推卸的责任，至此风险管理的概念开始被人广为传播。

20世纪70年代以前，风险管理主要研究工矿企业的生产安全、投资风险、保险风险，以及地震、海啸、暴风雨、洪水、火灾等自然风险，并涉及核电站设计安全、飞机设计安全等重大工程项目的可靠性和相关风险问题。自20世纪70年代开始，由于技术进步和技术应用的不确定性，环境、公共安全和健康问题引起了社会的广泛关注，学术界开始从环境和社会结构的角度来研究技术风险、健康风险等，并逐步扩大到社会风险等其他领域。伴随着各种风险不断发生，1970年以后逐渐掀起了全球性的风险管理运动。1983年，美国科学院公布了风险评价的四段法：危险识别、暴露评估、剂量—反应评估、风险描述。同年，在美国召开的风险和保险管理协会年会上，世界各国专家学者云集纽约，共同讨论并通过了"101条风险管理准则"。该准则作为各国风险管理的一般原则，成为风险管理科学化、规范化的标志，它标志着风险管理的发展已进入了一个新的发展阶段。

1986年，由欧洲11个国家共同成立的"欧洲风险研究会"将风险研究扩大到国际交流范围。1986年10月，风险管理国际学术讨论会在新加坡召开，风险管理由环大西洋地区向亚洲太平洋地区发展。同时，在美国大学的商学院里首先出现了一门涉及如何对企业的人员、财产、责任、财务资源等进行保护的新型管理学科，这就是风险管理。

20世纪90年代以来，风险管理迈向"现代风险管理"这一新的里程碑。人们发现零散的风险管理与对一个组织可能面临的所有风险进行连贯统一的风险管理相比缺乏效率和效能。整体的风险管理包括所有可能存在的结果，既有损失机会，又有获利可能。

20世纪末，受到"安然事件""世通事件"等事件的影响，全面风险管理（Enterprise Risk Management，ERM）的概念得到了全球的广泛认同。所谓全面风险管理，是指从整体上考虑各种存在的风险，通过在管理的各个环节中执行风险管理的基本流程，培育良好的风险管理文化，建立健全全面风险管理体系，从而为实现风险管理的总体目标提供合理的保证。

2001年后，风险管理进入了一个新的阶段。风险管理开始得到各国政府全方位的普遍重视，各国纷纷投入大量的人力、物力和财力，强调政、研、企多方合作，开展风险管理的理论研究和实际运作，各种国家层面的综合风险管理机构及跨国、国际性综合风险管理机构纷纷成立。

在我国，1985年前，风险管理的相关研究工作以翻译国外研究成果为主，直到1987年清华大学郭仲伟教授的《风险分析与决策》的出版，标志着我国风险管理研究的开始。2006年6月6日，国务院国有资产监督管理委员会发布了《中央企业全面风险管理指引》，是我国第一个全面风险管理指导性文件，标志着我国的风险管理工作开启了新篇章。随后，财政部、工商联、证监会等部门相继出台了行业领域的风险管理规范或者指引性文件。

目前，风险管理已经发展成管理学科中一个具有相对独立职能的分项学科，在社会管理、企业管理、危机应急处置等领域具有十分重要的意义。风险管理是以管理为核心，做好计划、组织、领导和控制，合理使用人力、财务、技术和信息等各项资源，实现将成本和损失最小化的目的。理想中的风险管理是在事前就已经排定好优先次序，对引发最大损失，以及发生概率最高的事件优先处理，然后再对风险相对较低的事件进行处理。在实际情况中，由于风险与发生概率往往不一致，很难对处理顺序进行事先排序，因此需要衡量两者的比重，做出最合适的判断。

1.1.4.2 风险管理的基本过程

当前，我们可以找到多种成熟的、国际通行的管理标准及框架。澳大利亚和新西兰共同制定的风险管理标准AS/NZS 4360:2004《风险管理》（简称AS/NZS 4360:2004）一度是被业界认可的标准，但是在2009年被ISO 31000:2009取代；COSO内部控制框架的企业管理版本为众多企业所采用；2009年，中国也发布了国家风险管理标准，即GB/T 24353《风险管理 原则与实施指南》。所有这些标准的总体指导思想和概要框架过程是类似的。我们在这里采用GB/T 24353标准的基本框架，将风险管理过程划分为明确环境信息、风险评估、风险应对、监督和检查四个部分，如图1-1所示。其中风险评估包括风险识别、风险分析和风险评价等三个步骤。

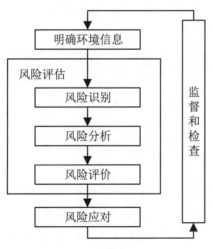

图 1-1 风险管理过程

（1）明确环境信息：通过明确环境信息，组织可明确其风险能力的目标，确定与组织相关的内部和外部参数，并设定风险管理的范围和有关风险准则。

（2）风险评估：包括风险识别、风险分析和风险评价。风险识别是通过识别风险源、影响范围、事件及其原因、潜在的后果等，生成一个全面的风险列表。风险分析是根据风险类型、获得的信息和风险评估结果的使用目的，对识别出的风险进行定性和定量的分析，为风险评价和风险应对提供支持。风险评价是将风险分析的结果与组织的风险准则比较，或者在各种风险的分析结果之间进行比较，确定风险等级，以便做出风险应对的决策。

（3）风险应对：是选择并执行一种或多种改变风险的措施，包括改变风险事件发生的可能性或后果所采取的措施。

（4）监督和检查：是为了风险管理持续有效，引导组织风险管理和风险管理文化的改进。包括常规检查、监督已知的风险、定期或不定期检查都应被列入风险应对计划。

在上述过程的基础上，风险管理过程还应包括沟通和记录过程。沟通旨在促进内部和外部利益相关者对风险的认识，保证实施风险管理的责任人和利益相关者能够理解组织风险管理决策的依据，以及需要采取某些行动的原因。在整个风险管理的实施和改进过程中要做好记录。

ISO 31000:2018的风险管理过程分别是：范围环境准则、风险评估、风险处置、沟通与咨询、监视与评审、记录和报告，具体内容详见本书2.2.2.4节风险管理的过程。

1.2　信息安全风险管理

1.2.1　信息安全

1.2.1.1　信息

1. 信息的定义

"信息"作为专业用语，最早于1928年R·V·哈特莱撰写的《信息传输》一书中出现。"信息"的定义是信息科学、系统科学、情报学、文献学和计算机科学等多个学科领域的基本概念，而其精确的科学定义在学术界已经探讨了几十年，目前仍没有确定的结论。1948年，信息论的奠基人克劳德·艾尔伍德·香农在他的著名作品《通信的数学理论》中提出了著名的信息量计算公式：

一个信息由n个符号所构成，符号k出现的概率为p_k，则有：

$$H = -\sum_{k=1}^{n} p_k \log_2 p_k$$

这个公式和热力学中熵的本质一样，故也称为信息熵公式。从公式可知，当各个符号出现的概率相等，即"不确定性"最高时，信息熵最大。故信息可以视为"不确定性"的度量。这个公式是一个狭义的数学定义，显然不能概括当今信息社会中包罗万象的"信息"。

此后，无数哲学家、科学家尝试从不同角度解释信息的概念。香农对信息给出的字面解释是：信息是对不确定性的消除。这个定义连续用了两次否定，否定之否定就是肯定，而否定式的界定是定义的禁忌。美国数学家、控制论的奠基人诺伯特·维纳在他的《控制论——动物和机器中的通信与控制问题》中认为，信息是"我们在适应外部世界、控制外部世界的过程中同外部世界交换的内容的名称"，英国学者阿希贝认为，信息的本性在于事物本身具有变异度，意大利学者朗高在《信息论：新的趋势与未决问题》中认为，信息是反映事物的形成、关系和差别的东西，它包含于事物的差异之中，而不在事物本身。各个领域的专家学者给出的关于信息的定义多达上百种之多。

可以看到，信息是一个与具体领域相关，且正在不断发展和变化的概念，以其不断扩展的内涵和外延，渗透到人类社会、经济和科学技术的众多方面。在信息安全领域，国际标准ISO/IEC 13335《信息技术—安全技术—信息安全管理指南》上对信息的定义是：信息是指在数据上施加一些特殊约定，而赋予了这些数据以特殊含义。换言之，信息不是实体，是事物的一种属性，是通过引入必要的约定条件后而形成的特殊概念体系。中国自古就有信息的概念，例如用烽火台狼烟传递消息。GB/T 5271.1—2000《信息技术 词汇第1部分：基本术语》中对信息的定义是"信息是关于客体（如事实、事件、事物、过程或思想，包括概念）的知识，在一定的场合中具有特定的意义"。直观来讲，信息是一种消息，泛指人类社会传播的一切有意义的内容，包括文字、音频、图像，以及通信系统传输和处理的对象。信息可以以多种形式存储，包括：数字形式（例如，存储在电子或光介质上的数据文件）、物质形式（例如，在纸上），以及以知识形式存在的未被表示的信息（例如，医生的手术经验、工程师的设计技巧）。信息可采用各种不同手段进行传输，例如：信件、电子通信或口头交谈等。

像其他重要业务资产一样，信息是一种有价值的资产，包括文化、规章、文件、图纸、数据等所有有价值的信息资源。信息对组织业务正常开展来说是必不可少的，因此需要得到适当的保护。信息是抽象的，信息发挥作用有赖于信息载体和传输技术。这些载体和技术往往是组织中的基本要素，协助信息的创建、处理、存储、传输、保护和销毁。信息对载体具有较强的依赖性，易受所承担的载体和载体所处环境的影响，造成信息的损失。因此保护信息的价值要求从保护信息载体着手，同时要关注信息载体所处的环境。

2．信息的特性

信息的特性包括载体性、增值性、可存储性和可传递性、共享性等。

（1）载体性：信息的表示、存储和传播要依附于信息载体。

（2）增值性：信息如果经过人的分析和处理，往往会产生新的信息，使信息得到增值。

（3）可存储性和可传递性：信息可以脱离它所反映的事务被存储和传播，这个特性使得很多信息流传至今。

（4）共享性：信息不同于物质资源，它可以转让，可以共享。

此外信息的特性还包括不完整性和真伪性，信息在使用中可不断扩充、不断再生，说明由于信息的重要，很有可能被利用。

1.2.1.2 信息安全

1. 信息安全简史

业界通常把信息安全的发展历史分为四个阶段,每个阶段都有一些代表性的事件:

第一个阶段是通信保密阶段,20世纪的40年代到70年代。在此阶段,1949年香农发表了《保密系统的通信理论》,标志着通信保密科学的诞生;1977年,当时的美国国家标准局和美国国家标准学会发布了数据加密标准(DES);1978年美国麻省理工学院提出了公钥密码体制(RSA)。

第二个阶段是计算机安全阶段,20世纪80年代到90年代。1985年12月,美国国防部发布了《可信计算机系统评估准则》(TCSEC),又称"橘皮书"。

第三个阶段是信息技术安全阶段,20世纪90年代。1996年,国际标准化组织(ISO)发布了第一版ISO/IEC 15408《信息技术—安全技术—信息技术安全性通用评估准则》(简称CC);1998年,美国国家安全局发布了《信息安全保障技术框架》(简称IATF),提出"纵深防御",强调信息安全保障战略。

第四个阶段是信息保障阶段,21世纪以后。在该阶段我国的信息安全得到了长足的发展,2014年成立了网络安全和信息化委员会办公室(简称网信办),2016年发布《中华人民共和国网络安全法》,2019年发布新修订的GB/T 22239—2019《信息安全技术 网络安全等级保护基本要求》(简称等级保护2.0)。

2. 信息安全定义

GB/T 25069—2010《信息技术 安全技术 信息安全管理体系 概述和词汇》(简称GB/T 25069—2010)中对信息安全的定义是:"保护、维持信息的保密性、完整性和可用性,也可包括真实性、可核查性、抗抵赖性、可靠性等性质。"保密性(Confidentiality)、完整性(Integrity)和可用性(Availability)是信息在安全层面的核心特征,又称作信息安全CIA三元组,如图1-2所示。

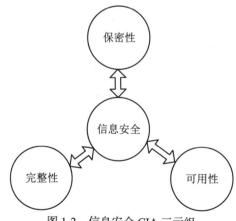

图 1-2 信息安全 CIA 三元组

依据GB/T 25069—2010，保密性、完整性等特性的定义如下：

- 保密性（Confidentiality）：使信息不泄露给未授权的个人、实体、进程，或不被其利用的特性。
- 完整性（Integrity）：保护资产准确和完整的特性。
- 可用性（Availability）：已授权实体一旦需要就可访问和使用的数据和资源的特性。
- 真实性（Authenticity）：确保主体或资源的身份正是所声称的特性，真实性适用于用户、进程、系统和信息之类的实体。
- 可核查性（Accountability）：确保可将一个实体的行动唯一地追踪到此实体的特性。
- 抗抵赖性（Non-repudiation）：证明某一动作或事件已经发生的能力，确保事后不能否认这一动作或事件。
- 可靠性（Reliability）：预期行为和结果保持一致的特性。

3．信息安全通用模型

模型是人们认识和描述客观世界的一种方法。在信息安全保障阶段，通常有PDR（保护、检测和响应）模型、PPDR（安全策略、保护、检测和响应）模型、PDRR（保护、检测、响应和恢复）模型、MPDRR（管理、保护、检测、响应和恢复）模型和WPDRRC（预警、保护、检测、响应、恢复和反击）模型。

1）PDR模型

PDR模型是一个最基础、最经典的安全模型，最初由美国国际互联网安全系统公司（ISS）提出，是最早体现主动防御思想的一种安全模型。P是Protection的首字母，D是Detection的首字母，R是Response的首字母，也有说是Reaction的首字母。PDR模型的思想是：攻击需要时间，如果我们能在对方攻击发起时及时发现攻击，并在第一时间做出反应，阻止攻击，就可以达到安全保护的目的。

2）PPDR模型

PPDR模型是在PDR模型前加上了一个安全策略（Policy），PPDR模型以策略为中心，开展信息安全保护。

3）PDRR模型

PDRR模型，是在PDR模式的后面加上了恢复（Recovery），PDRR模型是美国国防部提出的安全模型。

4）MPDRR模型

MPDRR模型，是在PDR模型的前面增加了管理（Management），在后面增加了恢复（Recovery），这是人们逐渐认识到信息安全管理重要性的产物。

5）WPDRRC模型

WPDRRC模型是我国国家高技术研究发展计划信息安全专家组在PDR模型、PPDR模型及PDRR模型的基础上提出的适合我国国情的动态安全模型。WPDRRC模型在PDRR模型四个环节的基础上增加了预警（Warning）和反击（Counterattack）两个组件，共计六个环节，形成了具有动态反馈关系的整体。预警环节根据已经掌握的系统脆弱性，以及威胁的发展趋势，预测未来可能受到的攻击或危害；反击则是采用必要的技术手段，获取威胁行为的线索或证据，形成依法打击的能力。

4．信息安全的常见问题

如上所述，信息安全问题是一个复杂的系统问题。概略地，我们可以由上至下将其分解为法律法规和政策、组织管理、信息安全技术三个层次的问题。本书所讨论的信息安全风险管理问题，是组织整体管理的重要组成部分。为了有效管控信息安全风险，需要以法律法规为依据，以国家政策为指导，采用科学的管理方法，以先进信息技术为基础，立体化、层次化地共同发挥职能，实现为组织生产和发展保驾护航的目的。我国政府对信息安全法律法规体系建设高度重视，通过十多年的努力，基本建立了以《中华人民共和国网络安全法》为基础、涵盖各行各业的信息安全法律法规体系，为我国信息安全产业发展打下了坚实基础。对法律法规的探讨超出本书范围，相关内容读者可参考附录C。站在组织的角度上看问题，信息安全面临的问题主要包括管理和技术两方面。

1）管理问题

以下是管理层面上常见的信息安全问题。

a）信息安全风险管理和组织整体管理体系无法有效整合。分为多种情况：由于组织的目的是创造社会效益和经济利益，在充分认识信息安全的重要性之前，大部分组织不会投入足够成本构建有效的信息安全风险管理体系；即使构建了信息安全风险管理体系，在管理体系中它的重要性也显不足，属于"可有可无"的那一部分；信息安全风险管理的连续性不够，没有形成合理的反馈体系，不能持续改进，信息安全团队始终处于"救火队"角色；缺乏对网络安全和应急响应技术层面有经验的管理人员；没有全职人员对信息安全进行管理，组织成员安全意识不足等。

b）重技术、轻管理。有的组织过于倚重技术手段，不断提高技术手段来加强对信息的保护，但这并不能解决安全问题的全部，散乱或没有明确思想指导的技术所发挥的效应是很小的。在国内，即使在信息安全产业高速发展的今天，许多传统行业的企业仍然抱着"安全=防火墙"的落后认识，缺乏足够的安全意识和警惕性。

c）管理手段缺乏科学性。有的组织尽管认识到了信息安全风险管理的重要性并采取了措施，但是在管理手段上却十分落后。例如，很多国企常常采取"一刀切"的手段，简单地"物理"隔离内外网。网络隔离的设置需要专业人员的充分评估和周密设计，缺乏规划、简单粗暴的隔离措施，反而会使内网安全水平降低。过度依靠隔离会使得人员思想麻痹，以致主机补丁更新不及时，加之管理上的麻痹大意，最终造成某些内网病毒泛滥，损失惨重。

2）技术问题

信息安全面临的技术问题多种多样，最常见的有以下几种。

a）人为失误：如操作员安全配置不当造成的安全漏洞、用户安全意识不强、用户口令选择不慎、用户将自己的账号随意转借他人或与别人共享都会对网络安全带来威胁。人为失误难以完全避免，只能通过完善的管理和技术措施尽可能降低其发生的概率。对很多组织而言，与人为失误相关联的风险，或许比网络攻击等其他威胁更严重。

b）内部窃密和破坏：组织内部具有网络合法访问权的员工、承包商等，若没有采取任何身份验证或加密措施，这些内部人员都能在任意设备上自由复制数据。别有用心的人员可随意泄露组织重要信息，给组织造成巨大损失。据美国联邦调查局的一项调查显示，70%的攻击是从内部发动的，只有30%是从外部攻进来的。

c）网络攻击：网络攻击已经成为信息安全的重大隐患之一。近年来，一些恶意的网络攻击已从个人黑客的单独行动逐渐转变为带有政治、经济目的的国家行为，攻击目标范围也从互联网领域扩展到国计民生的各个领域。攻击的具体形式包括DDoS攻击、漏洞攻击、社会工程学攻击、APT攻击、物理侵入等。

d）病毒等恶意软件：以病毒为代表的恶意软件的核心特征是，软件能够大规模地自我复制和传播。经过数十年的发展，计算机病毒感染方式已从单机的被动传播变成了利用网络弱点（漏洞、弱口令等）的主动传播，威胁更加严重。近几年曾大肆爆发的勒索病毒和挖矿木马等，都可以认为是传统病毒的变种。

e）技术缺陷：由于人类知识水平和技术发展的局限性，在硬件和软件设计过程中，难免留下技术缺陷，由此造成信息安全隐患。技术缺陷几乎是技术发展的伴生品，在人类技术发展史上一直存在，著名的案例包括美国火星气候探测器烧毁、欧洲空间组织阿里亚娜运载火箭发射失败等。

另外，信息安全面临的技术性问题还包括自然灾害等不可抗力因素造成的设备毁坏等。

1.2.2 信息安全风险

1.2.2.1 信息安全风险定义

信息系统本身存在一定的脆弱性，人为或者自然不可抗力的原因造成的威胁导致信息不安全事件随时有可能发生，发生之后所造成的影响就是信息安全风险。在信息安全风险管理中，信息安全风险的定义更加具体，是指组织的信息、信息系统及其赖以运行的基础网络等，由于可能存在的软硬件缺陷，或者信息安全管理中潜在的薄弱环节，而导致的不同程度的安全风险。需要指出的是，如前文所述，广义的风险是中性的，既有有害风险也有有利风险，但信息安全风险评估过程中的风险主要指有害风险，即脆弱性和恶意威胁所导致的不利影响。

从风险的定义出发，信息安全风险可以用信息安全事件发生的可能性和发生之后造成的影响这两个指标来衡量，不仅仅取决于信息安全风险事故发生的概率，还与事故所造成的后果严重程度有关。信息安全风险包括人员、组织、物理环境、信息保密性、信息完整性、信息可用性、系统、通信操作、基础设施、业务连续性、第三方及法律决策等多个方面的风险。

GB/T 31722—2015《信息技术 安全技术 信息安全风险管理》定义信息安全风险是特定威胁利用单个或一组资产脆弱性的可能性，以及由此可能给组织带来的损害。它以事态的可能性及其后果的组合来度量。

GB/Z 24364—2019《信息安全技术 信息安全风险管理指南》中定义信息安全风险是"人为或自然的威胁利用信息系统及其管理体系中存在的脆弱性导致安全事件的发生及其对组织造成的影响"。

1.2.2.2 信息安全风险要素

通常，信息安全风险包括以下几种基本要素。

1. 战略

战略，即组织发展战略，是组织发展的方针，内容包括组织的属性及职能定位、发展目标、业务规划、竞争关系。发展战略的表现形式是多样的，其内容根据组织发展状况和外界情况会进行动态调整，并受政府、法律、法规、行业管控和监管、竞争关系等影响。

2. 业务

业务，即组织运用科学方法和生产工艺生产出可交付用户使用的产品与服务，并以此为组织带来利益的行为。

3. 资产

资产，指组织内具有一定价值的生产资料，包括软件、硬件、人员、信息与数据等有形资产，以及制度、文化等无形资产，是安全策略保护的对象。

4. 脆弱性

脆弱性，指资产或资产组中能被威胁利用的弱点，如员工缺乏信息安全意识、使用简短或易被猜测到的口令、操作系统有安全漏洞等。

5. 威胁

威胁，指促使信息安全事件发生的诱因，如计算机病毒、网络非法访问、恶意组织发起的攻击等。

6. 风险

风险，指脆弱性被威胁利用对资产或组织带来不良影响的可能性，即特定威胁事件发生的可能性与后果的综合影响。

7. 安全措施

安全措施，指为了保护资产、抵御威胁、改善脆弱性、妥善处理安全事件而采取的安全保护手段，如部署防火墙、IDS（Intrusion Detection System，入侵检测系统）等网络安全设备，以及实施涉密载体管理规范等管理手段。

在这些信息安全风险要素中，组织的战略实现依赖于业务，业务的开展需要具体的资产来支撑，资产具有一定的价值，在业务开展过程中具有不同的重要性，价值不高的、对业务不重要的资产自身重要性也不高。资产会暴露出脆弱性，资产本身及其所处环境如果存在能被利用的脆弱性，一旦脆弱性被威胁利用就有可能对资产造成破坏，增加风险，而风险会影响资产。为了防止脆弱性被威胁利用而造成安全事件，我们往往会依据安全需求采取一定的安全防护措施，以降低风险发生的可能性。安全措施可抵御威胁，控制风险，保障业务的正常开展，安全措施的实施要考虑需保障的业务及所应对的威胁。资产一旦遭到外部威胁的非法破坏，就会给拥有它的组织带来损害，这种损害可能很小，也可能很大，损害的大小与资产的重要性和脆弱性的严重程度相关。风险管理，应综合考虑业务、资产、脆弱性、威胁和安全措施等基本因素。

1.2.3　信息安全风险管理

信息安全风险管理是风险管理在信息领域的应用，是指导和控制组织关于信息安全风险的相互协调活动，是组织完整管理体系中的重要组成部分。信息安全风险管理的对象是组织。从管理学的角度来说，所谓组织，是指由作用不同的个体为实施共同的业务目标而建立的机构。GB/Z 24364—2019《信息安全技术　信息安全风险管理指南》中给出的信息安全风险管理的定义为："识别、控制、消除或最小化可能影响系统资源的不确定因素的过程"。

1.2.3.1　信息安全风险管理目的和意义

进入网络时代以后，信息安全问题被放到前所未有的重要位置，各种安全威胁层出不穷，所需的安全成本和资源也成倍增长。针对信息安全问题的特点，从管理、技术、法规等方面积极寻求解决措施和手段对其进行综合治理，是目前解决信息安全问题的务实选择，也是世界各国普遍奉行的安全策略。

当前信息安全管理的内涵，较之过去偏重技术的信息安全概念已有相当大的变化，究其原因，是因为人们对信息系统的依赖性或依赖程度有了质的变化，信息安全内涵从过去单纯应对威胁拓展到既要应付威胁，又要追求质量和效益。然而，在当今复杂的、分布的、异构的信息系统环境下，无论采取多么完善的信息安全手段都难以达到绝对的安全，风险总会存在，因而很难采取风险消除的方法实现完备的安全性。适宜的方法是将基于风险的安全理念引入保障信息安全的过程中，对整个组织或业务系统进行风险管理。

相对于以前非黑即白的信息安全处理方法，信息安全风险管理的核心特点是：接受风险，承认风险事件必然会发生，但是风险可控。例如，攻击者非法获取访问权限造成对信息或服务等损害甚至破坏，但发生的频率及产生后果的严重程度将被限制和控制在可承受的范围。风险管理体现了对组织或业务系统信息安全的动态管理，是一个连续的过程，其最终目的是采用整体性的安全措施集合，即特定的安全方案，缓解和平衡资产与风险这一对矛盾，将风险降低至可接受的程度，而非完全消除风险。在风险管理的前提下，信息安全不必是完美无缺的，但必须是充分满足需求的，是实现"充分安全"的；风险不必完全被消除（风险是无法彻底消除的），但必须是能够被管理和控制的，是最终位于可接受阈值之内的。信息安全风险管理的目标是保持信息系统的基本安全特性，包括保密性、完整性、可用性、真实性和抗抵赖性等，达到所需的安全保障级别。同时，信息安全不再是人们对威胁和风险的被动的、"响应性"行为的结果，而是一种主动的、"前瞻式"管理决策的结果，从而使得信息安全保障的防御前沿大大提前，并以一种主动的、未雨绸缪的方式实现防患于未然。风险管理是信息安全的必然选择，最佳的组织或业务系统信息安全保障方式就是运用风险管理的手段和方法管理风险。通过信息安全风险管理，一是在信息安全保障体系的技术、组织和管理等方面引入风险管理的思想和措施，准确评估风险，合理处理风险，实现信息安全保障的目标；二是在信息系统生命周期的规划、设计、实施、运维和废弃各阶段引入信息安全风险管理的思想和措施，解决信息系统各阶段面临的风险问题。

1.2.3.2　信息安全风险管理过程

信息安全风险管理的过程是通用风险管理过程在信息安全领域的实例化，包括环境建立、风险评估、风险处置、风险接受、监视与评审、沟通与咨询六个方面的内容。环境建立、风险评估、风险处置和风险接受是信息安全风险管理的四个基本步骤，监视与评审、沟通与咨询则贯穿于这四个基本步骤中，如图1-3所示。

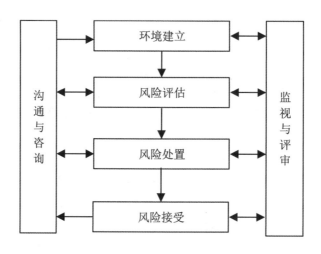

图 1-3　信息安全风险管理过程

第一步是环境建立，确定风险管理的对象和范围，确立实施风险管理的准备，进行相关信息的调查和分析。第二步是风险评估，针对确立的风险管理对象所面临的风险进行识别、分析和评价。第三步是风险处置，依据风险评估的结果，选择并执行合适的安全措施来更改风险的过程。第四步是风险接受，确保残余风险被组织的管理者明确地接受。在诸如由于成本而省略或推迟实施控制措施的情况下，这点尤其重要。当风险管理对象的业务目标和特性发生变化或面临新的风险时，需要再次进入上述四个步骤，形成新的循环。监视与评审包括对上述四个主体步骤的监视与评审。监视是定期或不定期地对风险管理过程的运行情况进行查看，了解风险管理过程的执行情况，评审是对监视的结果进行分析和评价，从而确定风险管理过程的有效性。沟通与咨询为上述四个步骤中的相关方提供沟通与咨询。沟通与咨询是通过相关方之间交换和共享关于风险的信息、就如何管理风险达成一致的活动。其中，咨询是在需要时为相关方提供学习途径，以提高参与人员的风险防范意识、知识和技能，保持参与人员之间的协调一致，共同实现安全目标。环境建立、风险评估、风险处置、风险接受、监视与评审、沟通与咨询构成了一个螺旋式上升的循环，使得风险管理对象在自身和环境的变化中能够不断应对新的安全需求和风险。

1.2.3.3　信息安全风险管理发展概况

1. 国际信息安全风险管理发展

信息安全风险管理理论和实践的发展大体上经过了以下三个阶段[2]。

1）20世纪60年代至80年代中期，起步阶段

20世纪60年代，随着资源共享计算机系统和早期计算机网络的出现，计算机安全问题初步显露。1967年11月，接受美国国防科学委员会的委托的，美国多个科研机构和企业开始着手研究计算机安全问题，进行了历时两年半的、美国历史上第一次大规模的、主要对当时的大型机和远程终端进行的计算机安全风险评估，并于1970年初完成了一个长达数百页的机密报告《计算机安全控制》。该报告拉开了信息安全风险管理研究的序幕。

在此基础上，美国率先推出了首批关于信息安全风险管理及相关的安全评测标准。其中第一组标准是由美国国家标准局（NBS）制定的，包括FIPS PUB 31《自动数据处理系统物理安全和风险管理指南》（1974年）和FIPS PUB 65《自动数据处理系统风险分析指南》（1979年）等标准。

第二组标准是由美国防部于1983年后陆续制定的计算机系统安全评估系列标准，主要包括《可信计算机系统评估准则》《可信网络解释》《特定环境下的安全需求》等，总计约40多个各类标准。该系列中各个标准的文档分别采用不同颜色的封皮，俗称为"彩虹系列"。这一系列研究的开展和标准的出台，奠定了信息安全风险管理理论基础。

2）20世纪80年代末至90年代中期，初步成熟阶段

这一阶段，计算机系统形成了网络化的应用。1989年美国率先建立了计算机应急组织；1990年建立了信息安全事件应急国际论坛；1992年美国国防部制定了漏洞分析与评估计划；1994年美国国家安全局等组织构成的联合委员会明确提出，美国国家信息安全必须建立在风险管理的基础上；1995年9月至1996年4月，美国政府对美国国防系统的信息系统进行了大规模风险评估，于1996年5月发布了名为《信息安全：针对国防部的计算机攻击正构成日益增大的风险》的报告。

1990年，欧洲的英国、法国、德国、荷兰四国着手制定了共同的信息技术安全评估标准（ITSEC），强调要把信息系统使用环境中的威胁与风险纳入评估视野。加拿大也制定了本国的信息安全测评标准。1993年欧美六个国家又启动了建立安全评测标准（即后来的CC标准）的计划。其间英国自己还研发了基于风险管理的BS7799信息安全管理标准，澳大利亚

和新西兰制定了共同的风险管理标准AS/NZS 4360:1995。此外，荷兰、德国、挪威等国也制定了相应的本国标准。所有这些标准，都强调风险评估和管理的重要性、基础性作用。

国际标准化组织于1996年着手制定了ISO/IEC 13335《信息技术—安全技术—信息安全管理指南》，它分成ISO/IEC 13335-1（ISO/IEC 13335-1：《IT安全的概念和模型》）、ISO/IEC 13335-2（ISO/IEC 13335-2:《IT安全管理和策划》）、ISO/IEC 13335-3（ISO/IEC 13335-3:《IT管理技术》）、ISO/IEC 13335-4（ISO/IEC 13335-4:《防护措施的选择》）、ISO/IEC 13335-5（ISO/IEC 13335-5:《网络安全管理指南》）五个部分。

1997年12月，美国国防部发表了《信息技术安全认证和批准程序》（DITSCAP），成为美国涉密信息系统的安全评估和风险管理的重要标准和依据。这个阶段的风险管理理论和实践的特点是：从只注重单机安全转变到同时注重操作系统、网络和数据库的安全；试图通过对安全产品的质量保证和安全评测来保障系统安全。

3）20世纪90年代末至今，全球化发展阶段

由于20世纪90年代以来互联网、移动通信和跨国光缆的高速发展，各国原本局限于国内的信息网络迅速突破国土疆域的界限连成一体，一些发达国家的军事、政治、经济和社会活动对信息基础设施的依赖程度达到了空前的高度。与此同时，国际范围内出现了大规模黑客攻击，信息战的理论逐步走向成熟并成为一种新型的作战样式，信息安全问题成为世界各国面临的共同挑战。

在共同需求的驱动下，1999年国际标准组织（ISO）发布了ISO/IEC 15408《信息技术—安全技术—信息技术安全性评估共同准则》。2000年又发布了ISO/IEC 17779:2000 《信息技术—信息安全管理实施规则》，提出了基于风险管理的信息安全管理体系及其构建步骤。这一阶段的信息系统风险管理特点是，风险管理已经成为一种通用的方法论和基础理论，并应用到广泛的信息安全实践工作之中。

纵观国际情况，信息安全风险管理经历了一个从只重技术到技术与管理并重，从单机到网络再到信息系统基础设施，从关注单一安全属性到关注多种安全属性的发展过程，当前还处在不断深化完善之中。

2. 我国信息安全风险管理发展

我国的信息安全管理工作是随着对信息安全问题的认识的逐步深化而不断发展的[3]。

早期的信息安全工作中心是信息保密，通过保密检查来发现信息处理流程中的问题并改进提高。

20世纪80年代后，随着计算机的推广应用，随即提出了计算机安全的问题，开展了计算机安全检查工作。

20世纪90年代后，随着互联网在我国得到了广泛的社会化应用，国际上的信息安全问题和信息战的威胁直接在我国的信息环境中有所反映。1994年2月颁布的《中华人民共和国计算机信息系统安全保护条例》提出了计算机信息系统实行安全等级保护的要求。其后，在有关部门的组织下，不断开展了有关等级保护评价准则、安全产品的测评认证、系统安

全等级划分指南的研究，初步提出了一系列相关技术标准和管理规范。信息安全的风险意识也开始建立，并逐步有所加强。

2003年7月，国家信息化领导小组召开了第三次会议，讨论了信息安全问题。会议审议通过了《关于加强信息安全保障工作的意见》，并且明确提出了要重视信息安全风险评估工作的要求。

近年来国内对信息安全风险管理的研究进展较快，方法也在不断改进。具体方法也从早期简单的漏洞扫描、人工审计、渗透测试等单一类型的纯技术操作，逐渐过渡到目前普遍采用OCTAVE等系统化的方法，并参照NIST SP 800-26《IT系统安全自评估指南》、NIST SP 800-30《IT系统风险评估实施指南》（简称NIST SP 800-30）、GB/T 31509—2015《信息安全技术　信息安全风险评估实施指南》（简称GB/T 31509）等国内外标准，充分发挥信息安全管理在维护我国信息安全中的作用。

1.3　信息安全风险评估

1.3.1　信息安全风险评估的定义

信息安全风险评估是风险评估理论和方法在信息系统中的运用，是从风险管理的角度出发，依据相关评估标准，运用科学评估手段，系统分析组织所面临的威胁及存在的脆弱性，评估风险事件一旦发生可能造成的危害程度，为防范和化解信息安全风险或者将风险控制在可以接受的水平，制定有针对性的抵御威胁的防护对策和整改措施，最大限度地保障网络和信息安全提供科学依据。

GB/T 25069—2010《信息安全技术　术语》定义信息安全风险评估是：风险识别、风险分析和风险评价的整个过程。GB/T 20984《信息安全技术　信息安全风险评估规范》（2018征求意见稿）（简称GB/T 20984）定义信息安全风险评估是：依据有关信息安全技术与管理标准，对业务和信息系统及由其处理、传输和存储的信息的保密性、完整性和可用性等安全属性进行评价的过程。信息安全风险评估要评估业务和资产面临的威胁，以及威胁利用脆弱性导致安全事件的可能性，并结合安全事件所涉及的业务和资产价值来判断安全事件一旦发生对组织造成的影响。

1.3.2　信息安全风险评估的目的和意义

信息安全风险评估是信息安全管理的核心环节。通过开展信息安全风险评估工作，发现组织在信息安全方面存在的主要问题和矛盾，合理地做出规划，正确地开展安全建设，提高信息安全保障水平。

1. 信息安全风险评估是信息安全建设的起点和基础

信息安全风险评估是风险评估理论和方法在信息安全中的运用，科学分析组织的信息和信息系统在保密性、完整性、可用性等方面的问题，明确组织的安全风险，可以准确地了解组织的安全现状，才能做出决策并采取正确的措施。

所有信息安全建设都应该基于信息安全风险评估，只有在正确、全面地理解风险后，才能在控制风险、减少风险、转移风险之间做出正确的判断，决定调动多少资源、以什么代价、采取什么样的应对措施去控制风险。

2．信息安全风险评估是需求主导原则的具体体现

信息安全建设必须从实际出发，坚持需求主导原则，并突出重点，风险评估就是这一原则在实际工作中的重要体现之一。风险总是客观存在的，安全是安全风险与安全建设管理代价的综合平衡。不考虑风险的信息化必然要付出代价；不计成本、片面地追求绝对安全，试图消灭风险或完全避免风险也是不现实的。应当坚持从实际出发，坚持需求主导、突出重点，科学地评估风险，有效控制风险。

3．信息安全风险评估结果是后续安全建设的依据

单独的安全风险值没有实际意义，不能将计算风险值作为风险评估的唯一重点，也不能把风险值作为风险评估的唯一成果。将风险评估视为对风险值的数据处理是一种误区，只有将评估结果纳入整体的建设规划中，指导后续安全建设，风险评估才能发挥作用。

4．信息安全评估是组织实现信息系统安全的重要步骤

通过信息安全风险评估，可以全面、准确地了解组织机构的安全现状，发现信息安全问题及其可能的危害，分析组织的安全需求，找出目前的安全策略和实际需求的差距，为决策者制定安全策略、构架安全体系提供严谨的分析依据。

1.3.3　信息安全风险评估的原则

在有效的规则约束下，才能确保风险评估实施质量。因此，在进行风险评估之前，应该确定评估所遵循的原则。信息安全风险评估的原则包括以下几项。

（1）标准性原则：评估信息系统的安全风险，应按照GB/T 20984中规定的评估流程实施，并对各阶段的工作进行评估。

（2）关键业务原则：信息安全风险评估应以被评估组织的关键业务作为评估工作的核心，把设计这些业务的相关网络与系统，包括基础网络、应用基础平台、业务网络、业务应用平台等作为评估的重点。

（3）可控性原则：在风险评估项目实施过程中，应严格按照标准的项目管理方法对人员与信息、服务、过程和工具等进行控制，以保证风险评估实施过程的可控和安全。

- 人员与信息可控性：所有评估的工作人员均应签署保密协议，以保证项目信息的安全；对工作过程中产生的中间数据和结果数据应进行严格管理，未经授权不得泄露给任何单位或个人。

- 服务可控性：评估方应先在评估工作沟通会议中向用户介绍评估服务流程，明确用户需要提供的工作内容，确保整个安全评估服务工作的顺利进行。
- 过程可控性：评估项目管理应依据项目管理方法，成立项目实施团队，执行项目组长负责制，达到项目过程的可控。
- 工具可控性：所使用的评估工具均应通过多方综合性能比较、精心挑选，在项目实施前获得用户许可，包括产品本身、测试策略等，并取得有关专家论证和相关部门的认证。

（4）最小影响原则：对在线业务系统的风险评估，应基于最小影响原则，保障业务系统的稳定运行；对需要进行攻击测试的工作内容，需要与用户沟通并进行应急备份，同时选择避开业务高峰时间进行。从项目管理层面和工具技术层面，力求将风险评估对系统正常运行的可能性影响降低到最低。

1.3.4　信息安全风险评估过程

风险评估包括风险评估准备、风险识别、风险分析和风险评价四个主要阶段。

（1）风险评估准备阶段：风险评估准备阶段是整个风险评估过程可控性及评估结果客观性的有效保证。在信息安全风险评估实施前应进行充分的准备和计划，通常准备活动包括确定信息安全风险评估的目标、对象、范围和边界；组建评估团队、开展前期调研、确定评估依据、制定评估方案并获得组织最高管理者的支持和批准。

（2）风险识别阶段：风险识别阶段是风险评估过程的重要阶段，通过对组织和系统中的发展战略及业务、资产、威胁、脆弱性、已有安全措施等要素进行识别，是进行信息安全风险分析的前提。

（3）风险分析阶段：风险分析阶段的主要工作是进行风险分析和计算，计算出风险值，确定风险等级。

（4）风险评价阶段：风险评价阶段是对组织或信息系统总体信息安全风险的评价。

风险评估工作是持续性的活动，当被评估对象的政策环境、外部威胁环境、业务目标、安全目标等发生变化时，应重新开展风险评估。

1.3.5　信息安全风险管理与风险评估的关系

我们可以简单地认为，风险评估是风险管理的一个阶段，是在更大的风险管理流程中的一个评估风险的阶段。如果把风险管理理解成一个"对症下药"的过程，那么风险评估就是其中的"对症"过程，只是找到问题所在，并没有义务解决。而风险管理还包括风险处置的环节，是在整个组织内把风险降低到可接受水平的过程。风险评估和风险处置是风险管理活动的两大主体，风险管理活动就是这两大主体过程不断循环、不断迭代的过程。

信息安全风险管理要依靠风险评估的结果来确定随后的风险处置等活动。风险评估使得组织能准确定位风险管理的策略、实践和工具，能够将信息安全管理活动的重点聚焦在重要问题上，能够选择成本效益合理的和适当的安全对策。基于风险评估的风险管理方法是被大量实践证明有效和实用的，被广泛应用于各个领域。因此，信息安全风险评估是信息安全风险管理的基础，是对组织的安全性进行分析的基础资料，也是信息安全领域最重要的内容之一，为实施风险管理和风险控制提供了直接依据。

　　了解组织信息安全需求最主要的方式就是对组织的业务实施风险评估，实施风险评估后，组织首先能够评估风险的后果，如对组织业务有多大的影响与损害；其次可以做出风险管理决策，如采取接受、转移、降低、规避风险等措施；最后还可以采取相应的措施来实施风险决策，包括选择相关控制目标和控制措施。因此风险评估是组织确定安全需求和实施风险管理的重要一环。

1.4　小　　结

　　本章介绍了风险管理和信息安全风险管理的基础知识。首先介绍了风险和风险管理概念和发展历程；然后介绍了信息安全、信息安全风险的基本概念、信息安全风险基本要素、要素之间的关系、信息安全常见问题，在此基础上介绍了信息安全风险管理的相关内容；最后，重点介绍了信息安全风险评估的相关概念，包括定义、评估原则，以及实施过程等。

习　　题

1. 风险的定义是什么？风险最突出特性是什么？
2. 信息安全风险管理包括哪些环节？
3. 信息安全风险评估的目的和意义是什么？
4. 信息安全风险管理与风险评估的关系如何？

第2章　信息安全风险管理相关标准

标准是科学、技术和实践经验的总结，是人类社会有序、高效运转的基础。在信息安全领域、风险管理领域有许多标准。由于信息技术发展的快速性，这些标准也在不断完善和发展之中。本章主要介绍风险管理、信息安全风险管理、风险评估等方面的国际标准和国家标准。这些标准是从事风险管理的基础，也是进行风险管理的行为准则。本章首先介绍制定风险管理相关标准的组织机构，包括国际标准化组织、部分国家的标准化组织、中国的标准化组织；接着介绍国际标准化组织制定的风险管理标准体系的ISO 31000家族，重点介绍ISO 31000:2018主要内容及其与ISO 31000:2009的差异；之后介绍专门针对信息安全风险管理的国际标准ISO/IEC 27005《信息技术—安全技术—信息安全风险管理》（简称ISO/IEC 27005）；最后介绍我国的信息安全风险评估规范GB/T 20984。

2.1　标准化组织

2.1.1　国际的标准化组织

2.1.1.1　国际的标准化组织

标准化组织包括国际标准化组织和各个国家自己的标准化组织，各行业一般也有自己的标准化组织，但是其影响力相对有限。国际上最著名的标准化组织主要有国际标准化组织（International Organization for Standardization，ISO）[9]、国际电工委员会（International Electrotechnical Commission，IEC）[10-11]和国际电信联盟（International Telecommunication Union，ITU）。

国际标准化组织（ISO）总部设在瑞士日内瓦，是一个全球性的非政府组织，成立于1947年。国际标准化组织（ISO）现有会员国164个，技术委员会（SC）782个，共发布了23067项国际标准及相关文件，涵盖了几乎所有的行业。中国于1978年加入国际标准化组织（ISO），2008年成为该组织的常任理事国；2013年，张晓刚当选国际标准化组织（ISO）主席。国际电工委员会（IEC）成立于1906年，是世界上成立最早的国际性电工标准化组织，总部设在瑞士日内瓦，是一个全球性的非政府组织。国际电工委员会（IEC）现有成员国88个，下设技术委员会和分技术委员会209个。我国于1957年加入国际电工委员会（IEC），2011年成为常任理事国。国际电信联盟（ITU）成立于1865年，总部设在瑞士日内瓦，1947年成为联合国15个专门机构之一。国际电信联盟（ITU）现有成员国193个有约900个企业、大学等组织参与。中国于1920年加入国际电信联盟（ITU），1972年恢复合法席位，2014年，赵厚麟当选国际电信联盟新一任秘书长，并于2018年11月1日高票连任。每年的5月17日是世界电信日。

2.1.1.2 国际风险管理标准化组织及标准

与信息安全风险管理相关的国际标准化组织（ISO）包括ISO/TC 262（风险管理技术委员会）和ISO/IEC JTC1-SC 27（信息技术联合技术委员会下设的信息安全分技术委员会）[12]。

1. ISO/TC 262：国际标准化组织/风险管理技术委员会

ISO/TC 262于2011年成立，是国际标准组织（ISO）下属的风险管理技术委员会，秘书处设在英国BSI（British Standards Institution，英国标准学会），参加国59个，观察员国23个，工作组12个，目前已经发布标准4个，正在研制的标准有5个。ISO/TC 262是制定风险管理标准的技术委员会，目的是根据市场需要构建一套逻辑严谨、前后一致的系列标准。ISO/TC 262在风险管理领域所制定的国际标准，可以帮助组织在遇到系统事故、灾难或者故障时，对其影响进行管理并最小化、对大型破坏性风险做出响应并恢复。

ISO/TC 262已经发布的风险管理相关标准：

- ISO Guide 73《风险管理—术语》
- ISO 31000:2018《风险管理—指南》
- ISO/TR 31004:2013《风险管理—ISO 31000实施指南》
- IEC 31010:2019《风险管理—风险评估技术》
- ISO 31022:2020《风险管理—法律风险管理指南》

ISO/TC 262正在研制的标准有：

- ISO 31030《旅行风险管理—组织指南》
- ISO 31050《管理新型风险增强应变能力指南》
- ISO 31070《风险管理—核心概念指南》
- ISO 31073《风险管理—风险管理词汇》

2. ISO/IEC JTC1 SC 27：ISO/IEC 信息技术联合技术委员会/信息安全分技术委员会

国际标准化组织（ISO）和国际电工委员会（IEC）联合下属的信息技术第一联合技术委员会JTC1成立于1987年，由ISO/TC97、IEC/TC47/SC47B、IEC/TC83合并而成，秘书处设在美国ANSI（American National Standards Institute，美国国家标准学会）。参加国34个，观察员国66个。JTC1目前已发布标准3240个（其中由JTC1直接负责的标准493个），正在研制的标准559个（其中由JTC1直接负责的有20个）。

JTC1下设22个分技术委员会、17个顾问组和3个工作组。其中SC 27是负责信息安全、网络空间安全和隐私保护的分技术委员会。SC 27成立于1989年，秘书处设在德国标准化组织DIN，参加国50个，观察员国28个，SC 27目前已发布标准190个，正在研制的标准74个。

SC 27下设1个专家组（或者叫顾问咨询组）、3个研究组、1个技术特别工作组和5个工作组。其中第1工作组WG1负责信息安全管理体系（Information Security Management Systems，ISMS）标准的制定，发布了著名的ISO/IEC 27000系列标准，如图2-1所示。

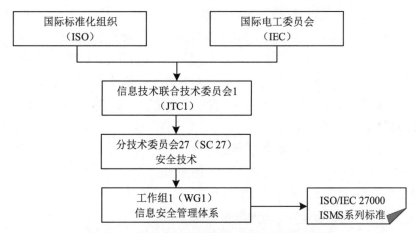

图 2-1　ISO/IEC 27000 系列标准的创建组织图

ISO/IEC JTC1 SC 27已经发布的风险管理相关标准主要有ISO/IEC 27005等。

ISO/IEC JTC1 SC 27正在研制的风险管理相关标准主要有ISO/IEC AWI 27554《ISO 31000在身份管理风险评估中的应用》。

2.1.2　部分国家的标准化组织及相关标准

ANSI（American National Standards Institute，美国国家标准学会）成立于1918年，总部设在纽约，是一个非营利性质的民间标准化团体，也是国际标准化组织（ISO）的成员单位。截至2020年1月，有超过240个标准开发机构通过了ANSI认证，有超过12.5万家公司和350万专业人士参与。ANSI已发布美国国家标准11500多个。

BSI（British Standards Institution，英国标准学会）成立于1901年，总部设在伦敦，是一个非营利机构。经过100多年的发展，现已成为世界闻名的，集标准研发、标准技术信息提供、产品测试、体系认证和商检服务五大互补性业务于一体的国际标准服务提供商，面向全球提供服务。BSI目前在世界110个国家和地区设有办事处或办公室，拥有员工5500人，其中75%在英国之外。

SAC（Standardization Administration of the People's Republic of China，中国国家标准化管理委员会）成立于2001年10月，总部设在北京，是国家质检总局管理的直属事业单位，履行国务院授权的行政管理职能，统一管理全国标准化工作。2018年3月起，SAC划入国家市场监督管理总局，SAC职责和名称不变。

2.1.2.1　我国风险管理标准化组织及标准

我国与风险管理方向相关的标准化组织有"全国风险管理标准化技术委员会"（SAC/TC 310）和"全国信息安全标准化技术委员会"（SAC/TC 260）[13]。

1．全国风险管理标准化技术委员会（SAC/TC 310）

2007年11月，全国风险管理标准化技术委员会（SAC/TC 310）成立，秘书处设在中国标准化研究院，主要负责风险管理领域国家标准的制定和修订工作，对口ISO/TC 262。全国风险管理标准化技术委员会（SAC/TC 310）是我国负责风险管理标准化的技术委员会，风险管理的术语、方法、指南等相关基础，风险识别、风险分析、风险评估等风险管理技术，以及公司治理、业务持续管理、合同、人力资源管理、外购管理、公共政策制定等典型活动的风险管理等标准化技术工作。全国风险管理标准化技术委员会（SAC/TC 310）已经制定的风险管理相关国家标准如下。

- GB/T 23694—2009《风险管理 术语》
- GB/T 24353—2009《风险管理 原则与实施指南》
- GB/T 24420—2009《供应链风险管理指南》
- GB/T 26317—2010《公司治理风险管理指南》
- GB/T 27921—2011《风险管理 风险评估技术》
- GB/T 27914—2020《企业法律风险管理指南》

2．全国信息安全标准化技术委员会（SAC/TC 260）

全国信息安全标准化技术委员会（SAC/TC 260）于2002年4月15日成立，秘书处设在中国电子技术标准化研究院，是国际标准化组织/第一联合技术委员会/安全技术分技术委员会安全技术分技术委员会（SC27）在中国开展标准化工作的接口单位，主要工作范围包括信息安全技术、机制、服务、管理、评估等领域的标准化技术工作。

图2-2是SAC/TC 260工作组布局。共有七个组：WG1（信息安全标准体系与协调工作组）的任务是研究信息安全标准体系，跟踪国际信息安全标准发展动态，研究、分析国内信息安全标准的应用需求，研究并提出新工作项目及工作建议；WG2（涉密信息系统安全保密标准工作组）的任务是研究提出涉密信息系统安全保密标准体系，制定和修订涉密信息系统安全保密标准；WG3（密码技术标准工作组）的任务是对密码算法、密码模块、密钥管理标准进行研究与制定；WG4（鉴别与授权标准工作组）的任务是对国内外PKI（Public Key Infrastructure，公钥基础设施）/PMI（Project Management Institute，项目管理协会）标准进行分析、研究和制定；WG5（信息安全评估标准工作组）的任务是调研国内外测评标准现状与发展趋势，研究提出测评标准项目和制定计划；WG6（通信安全标准工作组）的任务是调研通信安全标准现状与发展趋势，研究提出通信安全标准体系，制定和修订通信安全标准；WG7（信息安全管理标准工作组）的任务研究信息安全管理动态，调研国内管理标准需求，研究提出信息安全管理标准体系，制定信息安全管理相关标准；SWG-BDS（大数据安全特别工作组）的任务是负责大数据和云计算相关的安全标准化研制工作。

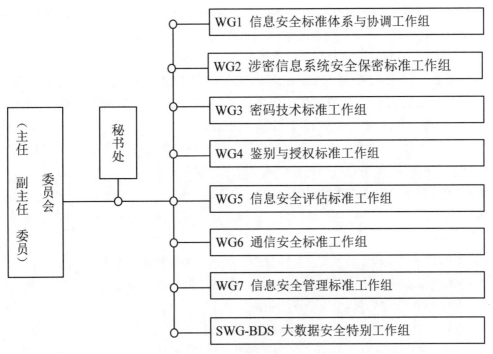

图 2-2　SAC/TC 260 工作组布局

全国信息安全标准化技术委员会（SAC/TC 260）目前已发布标准290个，其中与信息安全风险管理相关的也有很多，本书主要涉及以下国家标准：

- GB/T 20984《信息安全技术　信息安全风险评估规范》（2018征求意见稿）
- GB/Z 24364—2009《信息安全技术　信息安全风险管理指南》
- GB/T 31509—2015《信息安全技术　信息安全风险评估实施指南》
- GB/T 31722—2015《信息技术　安全技术　信息安全风险管理》
- GB/T 33132—2016《信息安全技术　信息安全风险处理实施指南》
- GB/T 36466—2018《信息安全技术　工业控制系统风险评估实施指南》
- GB/T 36637—2018《信息安全技术　ICT供应链安全风险管理指南》

2.1.2.2　其他国家风险管理标准化组织及标准

国际上很多国家都在风险管理、信息安全等领域设立了相关的标准化组织，并制定了自己的标准。

1. 美国 ANSI 及标准

美国ANSI等标准化组织是国际标准的积极制定者，ANSI与风险管理相关的标准，叫作《网络风险的财务管理：首席财务官实施框架》，网络风险的财务管理标准引入了一个新的框架来管理和降低与网络攻击相关的财务风险，这些攻击会威胁到企业和社会的安全。

除了ANSI，美国还有一个重要的标准化组织，名为NIST（National Institute of Standards and Technology，美国国家标准与技术研究院）。NIST直属美国商务部，从事物理、生物和工程方面的基础和应用研究，以及测量技术和测试方法方面的研究，提供标准、标准参考数据及有关服务，在国际上享有很高的声誉。NIST SP 800（Special Publications 800）是美国NIST发布的一系列关于信息安全的指南。在NIST的发布的系列文件中，虽然NIST SP系列并不是正式的法定标准，但在实际工作中，该系列已经成为许多国家认可的事实标准和权威指南。目前，NIST SP 800系列包含近90个同信息安全相关的正式文件，形成了从计划、风险管理、安全意识培训和教育到安全控制措施的一整套信息安全管理体系。目前已经发布的SP标准为182项，其中有关信息安全风险管理的标准如下：

- NIST SP 800-30《IT系统风险评估实施指南》
- NIST SP 800-37《信息系统和组织的风险管理框架：安全和隐私的系统生命周期方法》
- NIST SP 800-39《信息安全风险管理：组织、使命和信息系统》
- NIST SP 800-53《联邦信息系统和组织的安全和隐私控制》
- NIST SP 800-55《信息安全评测指南》
- NIST SP 800-60《信息和信息系统安全分类指南》

2. 英国 BSI 及标准

作为全球权威的标准研发和国际认证评审服务提供商，BSI倡导制定了世界上流行的ISO 9000、ISO/IEC 27000系列管理标准，在全球多个国家拥有注册客户，注册标准涵盖质量、环境、健康和安全、信息安全、电信和食品安全等几乎所有领域。BSI有5大业务部门，4大业务，管理着24万个现行的、7000个正在研制的英国国家标准。BSI已经发布与风险管理相关的标准包括BS 7799-3《信息安全风险管理指南》、BS ISO/IEC 19770-5《IT 资产管理的概述和术语》、BS ISO/IEC 19770-8《IT资产管理—工业实践与ISO/IEC 19770系列标准之间的映射指南》等。

3. 德国、法国、日本、澳大利亚、加拿大等国家的标准化协会及标准

DIN（德国标准化学会），成立于1917年，总部设在德国柏林，是德国最大的具有广泛代表性的公益性标准化民间机构。DIN于1951年加入了国际标准化组织。

AFNOR（法国标准化协会），成立于1926年，总部设在法国巴黎，是法国政府认可并资助的公益性非营利机构。AFNOR于1947年加入了国际标准化组织。

JISC（日本工业标准调查会），成立于1949年，总部设在日本东京，是根据日本工业标准化法建立的全国性标准化管理机构。JISC于1952年加入国际标准化组织。

SA（澳大利亚标准协会），成立于1922年，总部设在澳大利亚悉尼，是非政府非营利的标准化组织。SA于1947年加入国际标准化组织。澳大利亚/新西兰标准联合技术委员会在1995年发布的AS/NZS 4360:1995在全球引起了一定的关注。

CSA（加拿大标准协会），成立于1919年，总部设在加拿大多伦多，是一个独立的私营机构。CSA于1947年加入国际标准化组织。1997年，加拿大发布了CAN/CSA-Q850《风险管

理—决策者指南》。与AS/NZS 4360:1995不同的是，加拿大的风险管理专家们在其标准中强调了沟通与咨询的重要性。

1991年，挪威标准机构在奥斯陆发布的《风险分析要求》（挪威语），是全球第一个与风险相关的标准，从此开始了持续至今的风险管理标准化之路。《风险分析要求》虽然不是一个典型的风险管理标准，但已经开始具备了一些风险管理标准的要素，这些要素到今天仍然存在。各个国家在国际标准化组织的指导下，不同程度地开展了对风险管理相关标准的研究、制定和实施。

2.1.3　我国信息安全风险管理标准体系框架

风险管理在各行各业有着很好的应用，发挥了非常重要的作用。比如：企业全面风险管理已经成功地在国内推广，帮助许多企业在发展、壮大的过程中规避风险，化险为夷，持续发展。又比如风险管理在银行业的应用也相对成熟，有不少的成功案例。大部分银行内部设有风险管理专职部门，一般对管理层或董事会负责，银行从业者要通过相关考试后方能上岗。但是风险管理在信息安全的应用还很不规范，还有很长的路要走。特别是新形势下信息安全面临着巨大的挑战，各种新技术广泛应用，网络空间攻防之间对抗强度增加，网络攻击的规模化、专业化程度和趋利性日益增强，新的攻击形态层出不穷，这些都亟待用风险管理的思想、原则、架构、过程和方法加以解决。所以，业界有识之士开始关注风险管理在信息安全领域里的应用、推广和普及，这自然也就关注到了信息安全风险管理标准体系的研究问题。

国家信息中心信息与网络安全部承接了全国信息安全标准化技术委员会（简称信安标委，TC 260）信息安全风险管理标准体系研究的项目课题，2018年10月在《信息安全研究》杂志上发表了《信息安全风险管理标准体系研究》，指出了风险管理标准体系亟待调整、新技术下标准不能适应、我国标准与国际标准接轨等问题，提出了在当前形势下我国信息安全风险管理标准体系的框架结构。

我国的信息安全风险管理标准体系框架分为四个层面，包括：政策法规支撑、基础标准、新技术标准和行业标准。

框架的底层是政策法规支撑。我国从2003年起发布了多项相关政策，引导风险管理的发展，包括《关于开展信息安全风险评估工作的意见》《国家信息化领导小组关于加强信息安全保障工作的意见》等，为国内信息安全风险管理奠定了良好的基础。特别是2016年颁布的《中华人民共和国网络安全法》，使信息安全行业有法可依。

框架的第二层是基础标准。基础标准包括已经发布的GB/T 20984—2007《信息安全技术　信息安全风险评估规范》、GB/Z 24364—2009《信息安全技术　信息安全风险管理指南》、GB/T 31722—2015《信息技术　安全技术　信息安全风险管理》、GB/T 33132—2016《信息安全技术　信息安全风险处理实施指南》等，这些标准作为基础标准的基础，指导了国内信息安全风险管理和风险评估工作的开展，为国内信息安全风险管理工作的落地提供了最佳实践。

框架的第三层是新技术标准。新技术标准给出了风险管理和风险评估标准在新技术领域的实施流程和方法，包括GB/T 39335《信息安全技术 个人信息安全影响评估指南》GB/T 36637《信息安全技术ICT供应链安全风险管理指南》、GB/T 36466《信息安全技术 工业控制系统风险评估实施指南》，以及正在研究制定中的《大数据业务安全风险控制实施指南》《云计算安全风险评估实施指南》《区块链安全风险评估指南》等。

框架的顶层是行业标准。行业标准指导具体工作在各行业的开展和实施，包括《金融行业信息安全风险评估规范》《政务信息安全风险评估规范》《交通行业信息安全风险评估规范》《金融行业信息安全风险评估指南》《政务信息安全风险评估指南》《交通行业信息安全风险评估指南》等。

这样就基本上形成了以国家颁布的法律法规和行业政策为支撑，由信息安全风险管理过程各阶段标准为基础，层出不穷的新技术标准为补充，行业标准落地应用为实践的信息安全标准体系架构，用来支撑和指导我国的信息安全风险管理工作，同时也在信息安全风险管理过程中，取其精华去其糟粕，不断地补充和完善。

2.2 风险管理标准 ISO 31000

ISO/TC 262制定的风险管理标准ISO 31000:2018《风险管理—指南》于2018年2月正式发布。该标准为组织管理所面临的风险提供了指南，提供了管理任何类型风险的通用方法，与行业无关。ISO 31000提供了风险管理的原则、框架和过程，它可以被任何组织使用，不管组织的大小、活动或领域。

使用ISO 31000，可以帮助组织增加实现目标的可能性，更好地识别威胁，有效地分配和使用资源来进行风险管理。ISO 31000可以为内部审计或外部审计项目提供指导，但不能用于认证目的。ISO 31000可以在组织的整个生命周期中使用，并且可以应用于任何活动，包括所有级别的决策。与ISO 31000配套的还有另外两个标准，构成ISO 31000系列标准，如表2-1所示。

表 2-1 ISO 31000 系列标准

标　　准	内　　容
ISO 31000:2018 《风险管理—指南》	提供了一种通用方法，管理任何类型的风险
IEC/ISO 31010:2019《风险管理—评估技术》	评估风险时所使用的技术
ISO/TR 31004:2013《风险管理—ISO 31000 实现指南》	为组织实现 ISO 31000 提供指南，从而有效地管理风险

2.2.1 风险管理历史沿革

2.2.1.1 ISO 31000 的推出

1995年，澳大利亚/新西兰标准联合技术委员会发布了风险管理标准AS/NZS 4360，掀起了研究和制定风险管理标准的热潮。AS/NZS 4360于1999年和2004年进行了两次版本更新。在第二版中借鉴了加拿大CAN/CSA-Q850《风险管理—决策者指南》的内容，增加了沟通与咨询要素；在第三版中把风险识别纳入了风险评估的范畴。

1996年，国际标准化组织（ISO）和国际电工委员会（IEC）曾组织过一个国际会议，讨论根据AS/NZS 4360制定国际标准，但由于部分国家和组织考虑自身利益的原因，并未成功。但是，这次会议促使了ISO/IEC的指南——ISO Guide 73:2002《风险管理—词汇》的发布。直到2004年，澳大利亚、新西兰和日本重新提出要求，希望ISO采用AS/NZS 4360作为国际标准。国际标准化组织（ISO）在2005年9月份，成立了由各个国家专家代表组成的专门研究风险管理标准的工作组，开始着手将澳大利亚和新西兰的经验转化为国际通行的风险管理标准。

2009年，经过四年的研究和反复讨论，国际标准化组织（ISO）终于推出了ISO 31000:2009。该标准采用了原则、框架和过程的整体结构，制定了风险管理的原则，框架采用PDCA的管理模式，过程参照了AS/NZS 4360中的管理流程。2018年，国际标准化组织（ISO）对该标准进行了修订，更名为ISO 31000:2018《风险管理—指南》，并替代了ISO 31000:2009。

2.2.1.2　ISO 31000 范围

ISO 31000适用于任何组织，与组织的规模或业务无关。ISO 31000可以用于公共组织或者私有组织中，可以用在各种集团、协会、企业中。ISO 31000并不面向特殊的领域或者行业，可应用于任何类型的风险。ISO 31000可以应用于战略层面，协助决策；也可以用于项目、服务、资产等具体业务层面。如何应用ISO 31000取决于组织的需要、目的和面临的挑战。

2.2.1.3　ISO 31000 的益处

组织采用ISO 31000，会带来如下好处：
- 增加组织达成目标的可能性；
- 提高组织识别威胁与机会的能力；
- 提高组织的整体弹性；
- 提高组织的运营效率与效果；
- 鼓励个体识别并处理风险；
- 改进分析管理控制措施；
- 符合法律法规的要求；
- 提高组织治理活动的有效性；
- 为组织进行决策与计划提供良好基础；
- 改善事件管理，预防损失发生；
- 鼓励并支持组织不断学习；
- 提高相关方的信任与信心；

- 推进必须与自愿地报告；
- 遵守国际标准与准则。

2.2.2　ISO 31000:2018 主要内容

ISO 31000:2018虽然只有短短十几页的内容（英文版16页），但都是定位、原则、方向、方针等关键内容，这些内容对任何情况下开展风险管理工作均适用。其定位为"任何组织、任何类型、全生命周期、任何活动"。

（1）定制。ISO 31000:2018为组织管理风险提供了指南，在应用这些指南时要进行定制，以适应不同类型的组织，以及组织所处的环境。

（2）通用。ISO 31000:2018提供了一种通用的方法来管理任何类型的风险，并非面向某一具体的行业，也不是面向某种类型的风险。

（3）全生命周期。ISO 31000:2018可以在组织的整个生命周期中使用。

（4）任何活动。ISO 31000:2018可以应用于组织的任何活动，包括各种层次的决策活动。

2.2.2.1　ISO 31000:2018 的框架

图2-3是ISO 31000:2018的框架图，该图提炼了该标准的主要内容。ISO 31000:2018的全文都是围绕着这个"三轮车"图来展开论述的。图中用分别称为原则轮、框架轮和过程轮的三个圆形图表示该标准的原则、框架和流程。

在图2-3的三个轮中，原则轮核心内容为"创造和保护价值"，体现八大原则；框架轮核心内容为"领导力与承诺"，包含五个过程；过程轮中则包含六个环节。

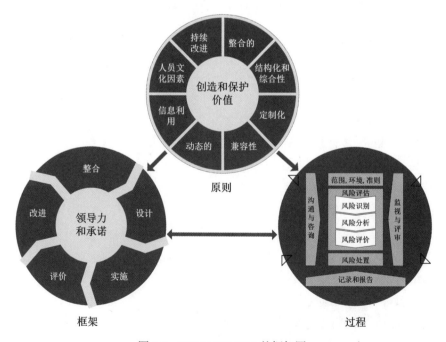

图 2-3　ISO 31000:2018 的框架图

2.2.2.2　风险管理的原则

图2-4概述了ISO 31000风险管理的八大原则。这些原则是管理风险的基础，应在建立组织的风险管理框架和流程时予以考虑，使组织能够管理不确定性对其目标的影响。这8大原则分别是：整合的、结构化和综合性、定制化、兼容性、动态的、信息利用、人员文化因素和持续改进，最核心的内容为"创造和保护价值"。

图 2-4　ISO 31000 风险管理原则

八大原则进一步解释如下。

1．整合的

整合的，是指风险管理是所有组织活动的组成部分，必须整合到组织管理活动中，而不是单独存在。

2．结构化和综合性

结构化和综合性，是指风险管理的结构化和综合性方法有助于获得一致和可比较的结果。风险管理的结构化原则，体现在必须包括若干职责清晰的风险管理过程，这些过程综合在一起，共同实现风险管理。

3．定制化

定制化，是指风险管理框架和流程是根据组织与其目标相关的外部和内部环境定制的，并与其相适应。风险管理的框架和流程必须与组织的内部环境和外部环境相适应，体现组织的特殊性，符合组织的目标。

4．兼容性

兼容性，是指利益相关方及时、恰当地参与到风险管理中，使他们的知识、观点和看法在风险管理中被认真考虑。这样，使得所有人的风险管理意识得到提高，风险管理的信息也更为全面。

5．动态的

动态的，是指随着组织内部和外部环境的变化，风险可能会出现、变化或消失。风险管理会以适当的方式及时预测、检测、承认和响应这些变化和事件。

6．信息利用

信息利用，是指风险管理是基于历史和当前的信息，以及对未来的预期，要明确考虑到与这些信息和期望相关的任何限制和不确定性。信息应及时、清晰地提供给相关的利益相关方。如果信息不及时或者信息不完整，甚至信息有错误，都会影响利益相关方的风险的判断。

7．人员文化因素

人员文化因素，是指风险管理与人的素质、意识、教育等息息相关，还与社会环境的约束有关。因此，风险管理受人员文化因素的影响。

8．持续改进

持续改进，是指通过学习和实践不断提高风险管理水平。持续改进符合PDCA（计划、执行、检查、处理）原则，即通过迭代逐步提高风险管理水平。

2.2.2.3　风险管理的框架

图2-5说明了ISO 31000风险管理框架的组件。风险管理的有效性取决于是否将风险管理纳入组织治理和决策过程中。所以想要让风险管理产生效果，形式上要在组织治理层面考虑风险管理，内容上要支持组织的各类决策行为。这需要利益相关方，特别是最高管理层的支持。风险管理提高了绩效，鼓励创新并支持实现目标，实现目标必须有合理的框架做支撑。在ISO 31000中，风险管理框架的核心是"领导力和承诺"，包含整合、设计、实施、评价和改进五个过程。

图 2-5　ISO 31000 风险管理框架

1．领导力和承诺

领导力和承诺是风险管理框架的核心。在标准中制定了领导层的职责及应该有的承诺。领导重视是第一要务，推动风险管理工作的责任方是最高管理层。在适当的情况下，还需要有监督机构负责监督风险管理，监督最高管理层将风险管理融入组织所有活动。

2．整合

风险管理框架的第一个过程是整合。风险管理框架的目的是协助组织将风险管理纳入重要的活动和职能。组织架构中的每个部分都需要进行风险管理，组织中的每个人都有责任管理风险。而整合的意义就在于，使得风险管理成为组织目的、治理、领导力和承诺、战略、目标和运营的一部分，而不是相互分离。说到底，就是明确在组织中随时随地都不能忘了风险管理。

3．设计

风险管理框架的第二个过程是设计。

在设计风险管理框架时，组织应该检视并理解其内部和外部环境。

高级管理层和监督机构在适当情况下应通过政策、声明或其他形式清楚地表达组织的目标和对风险管理的承诺，并把承诺传达给内部和利益相关方。

设计的第三个内容是分配角色、权限和职责，并强调风险管理和核心责任。

第四个内容是分配资源，包括：人员、技能、经验和能力，组织用于风险管理的流程、方法和工具，记录过程和程序，信息和知识管理系统，专业发展和培训需求。

组织在设计阶段还应建立一个经过批准的沟通与咨询方法。其内容应反映相关利益方的期望。

4．实施

风险管理框架的第三个过程是实施。组织应当制定适当的计划，包括时间表和资源配置；在整个组织内，确定在什么地点、什么时间、由谁来进行不同类型的决策；在必要时调整适用的决策程序；确保组织的风险管理安排得到清晰的理解和实施。

框架的成功实施需要利益相关方的参与和了解。这使组织能够明确地应对决策中的不确定性，同时确保在出现任何新的不确定性时可以将其考虑在内。通过正确地设计和实施风险管理框架，可以确保风险管理流程是整个组织所有活动（包括决策）的一部分，并将充分反映内外部环境的变化。

5．评价

风险管理框架的第四个过程是评价。为了评价风险管理框架的有效性，组织应当根据风险管理框架的目的、实施计划、指标和预期行为定期衡量风险管理框架的绩效；确定其是否仍然适合支持实现组织的目标。

6．改进

风险管理的第五个过程是改进，改进包括两个方面。

一是适应性：组织应不断监视和调整风险管理框架，以适应外部和内部变化。这样做，组织可以提高其价值。

二是持续改进：组织应持续改进风险管理框架的适宜性、充分性和有效性，以及改进风险管理流程的整合方式。

一旦相关差距或改进条件已经确定，组织应制定计划和任务，并将其分配给负责实施的人员。这些改进措施一旦实施，应有助于加强风险管理。

2.2.2.4　风险管理的过程

ISO 3100风险管理过程如图2-6所示。风险管理过程应该成为管理和决策的一个组成部分，并融入组织的结构、运作和流程中。它可以应用于战略、运营、计划或项目层面。组织内部可以有很多风险管理流程的应用，这些应用是为实现目标而定制的，并适合它们所应用的外部和内部环境。在整个风险管理过程中，应考虑人类行为和文化的动态性和变化性。

虽然风险管理过程通常表现为按顺序的，但实际上是迭代的。风险管理过程包括以下六个环节。

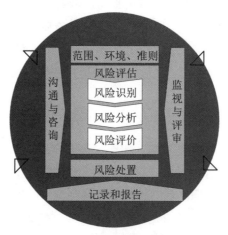

图 2-6　ISO 31000 风险管理过程

1．范围、环境、准则

风险管理过程的第一个环节是范围、环境、准则。该环节的目的是有针对性地设置风险管理流程，实现有效的风险评估和适当的风险处置。范围、环境、准则涉及确定流程的范围，并了解外部和内部的背景。

这个环节中要确定风险准则。相对于目标而言，组织应该明确承担风险的数量和类型。还应该定义评估风险重要性水平和支持决策过程的准则。风险准则应与风险管理框架相一致，并根据具体活动的目的和范围进行针对性的设计。风险准则还应反映组织的价值观、目标和资源，并与风险管理的政策和声明保持一致。根据组织的义务和利益相关方的考虑来定义准则。

2．风险评估

风险管理过程的第二个环节是风险评估。风险评估是风险识别、风险分析和风险评价的整个过程。风险评估应该利用利益相关者的知识和观点，系统地、迭代地和协作地进行。它应该使用最好的可用信息，并在必要时辅以进一步的调查。

风险识别的目的是发现、识别和描述可能有助于或妨碍组织实现目标的风险。

风险分析的目的是理解包括风险水平在内的风险性质和特征。风险分析涉及对不确定性、风险源、后果、可能性、事件、情景、控制及其有效性的详细考虑。

风险评价的目的是支持决策。风险评价涉及将风险分析的结果与既定的风险准则进行比较，以确定需要采取何种应对措施。

3．风险处置

风险管理过程的第三个环节是风险处置。风险处置的目的是选择和实施处置风险的选项。风险处置涉及以下迭代过程：制定和选择风险处置方案、规划和实施风险处置、评估处置的有效性、确定残余风险是否可接受来不断反复优化，直至将风险降低到用户可接受的水平范围内。

选择最合适的风险处置方案，强调的是成本收益之间的一种经济平衡，同时还应该考虑到组织的义务、自愿承诺和利益相关方的观点。

4．沟通与咨询

风险管理过程的第四个环节是沟通与咨询。沟通与咨询的目的是协助利益相关方理解风险，做出决策的依据，以及需要采取特定行动的原因。沟通旨在促进对风险的认识和风险意识，而咨询涉及获取反馈和信息以支持决策。两者之间的密切协调应该促进真实的、及时的、实质性的、准确和可理解的信息交换，同时考虑到信息的保密性和完整性，以及个人的隐私权。

从风险管理框架的设计阶段到风险管理过程的起始，ISO 31000始终强调沟通与咨询的重要性，特别是和利益相关方的沟通与咨询，这些都是风险管理工作开展的基础。利益相关方的诉求对设计整个风险管理框架和制定风险管理范围、评估标准都具有参考意义。而且在整个风险管理流程中，都要与利益相关方保持一定的沟通与咨询。

5．监视与评审

风险管理过程的第五个环节是监视与评审。监视与评审的目的是确保和改进过程设计、实施和结果的质量和有效性。对风险管理过程及其结果的持续监视和定期评审应该是职责明确的风险管理过程部分。监视与评审应该在过程的所有阶段进行。监视与评审过程包括规划、收集和分析信息，记录结果和提供反馈。其结果应纳入整个组织的绩效管理、衡量和报告活动中。

6. 记录和报告

风险管理过程的第六个环节是记录和报告。应通过适当的机制记录和报告风险管理过程及其结果。记录和报告的目的是：在整个组织内传达风险管理活动和结果；为决策提供信息；改进风险管理活动；协助与利益相关方的互动，包括对风险管理活动负责任人员和有职责的人员。

2.2.3 新旧版本标准比较

图2-7是ISO 31000:2009的"三框图"框架，与图2-3所示的"三轮车"框架相比较，可以发现两者有着明显的不同。

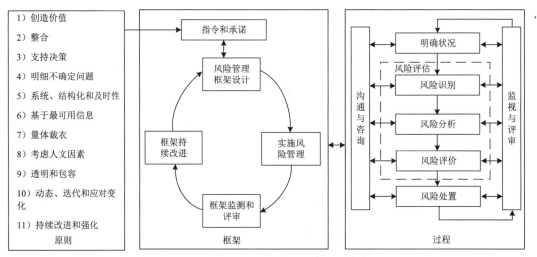

1) 创造价值
2) 整合
3) 支持决策
4) 明细不确定问题
5) 系统、结构化和及时性
6) 基于最可用信息
7) 量体裁衣
8) 考虑人文因素
9) 透明和包容
10) 动态、迭代和应对变化
11) 持续改进和强化

原则

指令和承诺
风险管理框架设计
实施风险管理
框架持续改进
框架监测和评审

框架

沟通与咨询
明确状况
风险评估
风险识别
风险分析
风险评价
风险处置
监视与评审

过程

图 2-7　ISO 31000:2009 的"三框图"框架

对ISO 31000进行修订的主要出发点是：昔日的风险管理经验对于应对今天的威胁未必是合适的，因此需要不断升级。从篇幅上看，新版风险管理标准比第一版共减少了7页，缩减了将近三分之一。国际标准化组织（ISO）一直宣称，ISO 31000:2018的修订使风险管理标准更简洁、更清晰，更利于理解和运用，具体表现在以下方面。

（1）原则部分：重新审阅了所有的风险管理原则，由11项原则缩减为8项，这些原则是风险管理是否能够取得成功的关键。ISO 31000:2009（图2-7）的原则仅指向框架中的指令和承诺，没有指向过程；但是ISO 31000:2018（图2-3）的原则已经指向了框架和过程。

（2）框架部分：重点强调了高级管理层的职责，以及各项管理活动整合的重要性，应确保风险管理从组织管理开始纳入所有组织活动中。在ISO 31000:2018（图2-3）的框架中，领导力和承诺是框架的核心；而在ISO 31000:2009（图2-7）的框架中，领导力和承诺是切入点，没有成为核心。

（3）流程部分：强调了对范围和标准的定义，以及对于记录与报告的突出。更加强调风险管理工作的迭代性质，提示了在每一个流程环节，利用新的经验、知识和分析对流程要素、方案和控制的修正。

（4）整体上看：新版示意图更能体现原则、框架、过程三者之间的相互作用关系。精简内容，更加注重维持开放系统模式，定期与外部环境交换反馈，以适应多种需要和背景。

2.3　信息安全风险管理标准 ISO/IEC 27005

2.3.1　ISO/IEC 27000 系列标准

ISO/IEC 27005《信息技术—安全技术—信息安全风险管理》（简称ISO/IEC 27005）是ISO/IEC 27000系列标准中的一个，该系列标准，如图2-8所示，它们构成了信息安全风险管理工具包。

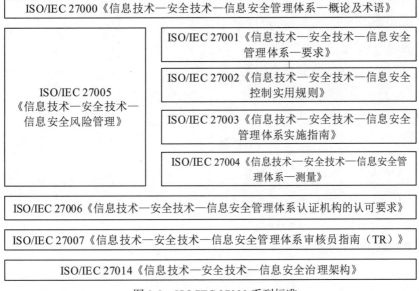

图 2-8　ISO/IEC 27000 系列标准

2.3.2　ISO/IEC 27005 版本的演化

由于信息安全最重要的任务是控制风险，因此风险管理在其中有举足轻重的作用，而ISO/IEC 27005作为ISO/IEC 27000系列标准中唯一讨论信息安全风险管理方法论的标准，其重要性是不言而喻的。ISO/IEC 27005共经历了三个版本的演化。ISO/IEC 27005的最新版本，即第三个版本于2018年发布，其他两个版本分别是2008版和2011版。2008版是信息安全风险评估标准的第一个版本，来自ISO/IEC TR 13335-3:1998和ISO/IEC TR 13335-4:2000，以及BS 7799-3:2005。

整体而言，ISO/IEC 27005的三个版本细节有改变，但是无根本性改变，尤其是在框架、流程方面，变化不大。具体表现为：

（1）与PDCA过程的映射关系：ISO/IEC 27005的2008版和2011版都有风险评估过程与信息安全管理体系（ISMS）中PDCA过程的映射关系，在2018版中不再强调，不过依然遵循了PDCA原则。这可能是因为ISO/IEC 27001:2013虽然本质上依然是PDCA，但是描述上有所变化相关。

（2）ISO/IEC 27005:2018版删除了与ISO/IEC 27001联系过度紧密的描述，ISO/IEC 27001从2011版中的规范性引用文件被移到参考文献中；ISMS要求被加入引言中。但是这并不意味着两者的联系度降低，在引言中，两者依然可以配合应用。

2.3.3　ISO/IEC 27005:2018 标准主要内容

ISO/IEC 27005:2018标准提供了组织中信息安全风险管理的指导方针。该标准中并未提供任何特定的信息安全风险管理方法，而是提供了通用的风险管理过程和风险处置活动，为组织提供"原因、内容和方式"，以便能够有效地管理组织的信息安全风险，有助于证明组织已经具备强大的风险处理能力，更有利于事业的发展。

2.3.3.1　信息安全风险管理框架

ISO/IEC 27005:2018包含12章、6个资料性附录。第1章为范围，第2章为规范性引用文件，第3章为术语和定义，第4章为文档结构，第5章介绍了背景信息，第6章给出了信息安全风险管理过程的框架，如图2-9所示。

图 2-9　ISO/IEC 27005:2018 信息安全风险管理过程框架

2.3.3.2　信息安全风险管理过程

信息安全风险管理过程可以应用于组织的一部分（如部门、物理场所、服务），或应用于整个组织及任何信息系统。信息安全风险管理的方法是系统的、有效的，其目标与组织的总体目标相一致。

ISO/IEC 27005:2018标准提出信息安全的风险管理过程可以采用在ISO 31000中描述的风险管理过程，包括环境建立、风险评估、风险处置、风险接受、沟通与咨询、监视与评审共六个过程。标准的第7章至第12章对风险管理过程展开论述，如图2-10所示。

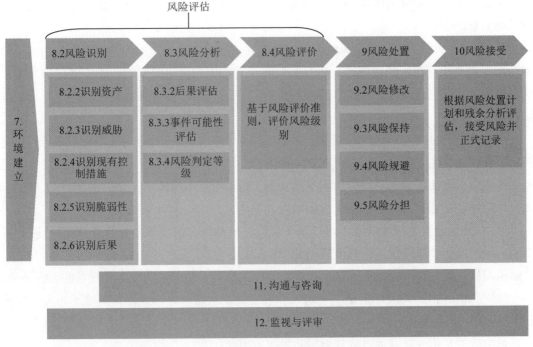

图 2-10　ISO/IEC 27005:2018 第 7 章至第 12 章主要内容

第7章对信息安全风险管理环境建立提供指导，它明确了需要在开始就要确定的"基本准则"。包括：风险管理方法、风险评价准则、影响准则和风险接受准则。这都是风险管理领域通用的。

组织需要选择适合基本准则的风险管理方法，同时必须评估必要资源的可用性，如：

● 执行风险评估并建立风险处理计划；
● 制定并执行方针和程序，包括所选控制的实施；
● 监视控制；
● 监视信息安全风险管理过程。

随后，在开发风险评价准则时需要考虑：

● 组织信息过程的战略价值；
● 涉及信息资产的关键程度；
● 法律和法规要求和合同义务；
● 可用性、保密性和完整性对运营和商业的重要性；
● 相关方的期望和看法，以及对商誉和声誉的负面影响。

确定影响准则，要表明信息安全事件将如何影响信息资产、运营、业务、财务价值、计划、声誉，以及是否符合法律、法规、合同的要求。

风险接受准则取决于组织，并且可以包括在最高管理层批准的例外情况下，风险在期望目标水平的多个阈值。这些准则可以表示为估算利益与估算风险的比率。

信息安全风险管理的范围和边界需要由组织确定。这使组织能够确保在风险评估中考虑到相关资产。

第8章主要介绍了信息安全风险评估。风险评估确定信息资产的价值，识别适用的威胁和存在（或可能存在）的脆弱性，现有的控制及其对识别风险的影响，确定潜在的后果，并对得到的风险优先排序，根据在环境建立时设定的风险评价准则对其设定等级。风险评估包括风险识别、风险分析和风险评价。

风险识别的目的是，确定可能发生什么事件（风险），会导致潜在的损失，并了解如何防止、在何处发生，以及为什么可能发生损失。

风险分析方法可分为定性分析和定量分析，最后确定风险水平。

风险评价指依据风险分析结果提出风险处置建议。

第9章是信息安全风险处置，可以基于风险评估结果和成本效益分析选择4种风险处置方式：风险修正、风险保留、风险规避和风险分担。

风险修正通过技术控制等手段实现风险等级的变化，要考虑的成本和效益的经济平衡。

风险保留是指对风险评估结果表明风险可接受，就可以简单地保留风险，不需要变更任何控制。

风险规避是指通过其他方式规避风险发生的可能化。

风险分担将风险分摊给第三方，如保险公司或分包商。但需要注意的是，风险分担并不意味着责任的分担，因为事件后果仍然在该组织。

在风险处置后，组织需做出是否接受残余风险的决定，由负责的管理者审查和批准。

第10章是风险接受。

第11章是信息安全风险沟通与咨询。信息安全风险需要在风险责任人和利益相关方之间进行沟通。这种信息安全风险沟通应为风险管理成果提供保障、分享风险评估结果、支持决策和提升意识。组织应为正常和紧急情况编制风险沟通计划。

第12章是为信息安全风险因素提供监视与评审。由于风险会因为脆弱性、可能性或后果的变化而改变，所以组织需要持续监测。组织需要监测的内容包括：风险管理范围内的新资产、修正的资产价值、新威胁、新漏洞、可导致不可接受风险水平升高的影响或后果，以及信息安全事件。

此外，在对信息安全风险管理不间断地进行监督和评审，以保持其适应性的同时，还需要对相应管理人员的知识水平进行必要的提升。组织应该定期验证风险及其要素的测量准则依然有效，并与业务目标、战略和策略保持一致。在信息安全风险管理过程中还要充分考虑业务背景的变化。该阶段需要关注的问题是：法律和环境背景、竞争环境、风险评估方法、资产价值和类别、总拥有成本和必要的资源，用以保障有持续可用的风险评估和风险处置资源来评审风险，解决新的或改变的威胁或脆弱性，并提出相应的管理建议。监督和改进的结果可能是修改或添加风险管理过程中采用的途径、方法或工具。

2.3.4　ISO 31000 与 ISO/IEC 27005 的比较

1．相同点

1）　解决的问题相同

ISO 31000与ISO/IEC 27005都是为帮助组织解决"风险"而设立的国际标准，这两个标准为组织开展相关活动提供了关键信息。

ISO/IEC 27005与ISO/IEC 27001中处理风险管理的部分紧密关联。ISO/IEC 27005关于信息安全风险管理的一般框架实际上是对ISO/IEC 27001的4.2.1c至4.2.1h，以及4.2.3d条款的详细阐述，也与ISO 31000的风险管理一般框架密切相关。ISO/IEC 27005符合ISO 31000中提出的风险管理的通用要求。

2）　一致的风险管理过程

ISO/IEC 27005从2008版到2011版，直至2018版都直接沿用了 ISO 31000的信息安全风险管理框架。

2．不同点

1）范围不同——主从关系

ISO 31000是针对任何领域、所有风险管理的主标准，包括财务、工程、安全等；尽管很多组织已经有了一套方法来管理风险，但是ISO 31000定义的原则是必须遵守的，以确保风险管理的有效性。

ISO/IEC 27005是从标准，是专门针对信息安全风险管理最佳实践的从标准，遵循信息安全管理体系（ISMS）的要求ISO/IEC 27001。

2）角度不同——通用和具体

ISO 31000从战略上全面进行风险管理，可以将此标准视为组织风险管理的框架，但是对信息安全风险评估和风险处置并不提供建议。

ISO/IEC 27005则是用来完成这些建议的，它介绍如何识别资产、威胁、脆弱性，从而进行评估并计算风险的后果和可能性，但是遵循ISO 31000的通用原则。

ISO 31000和ISO/IEC 27005之间的关系如图2-11所示。

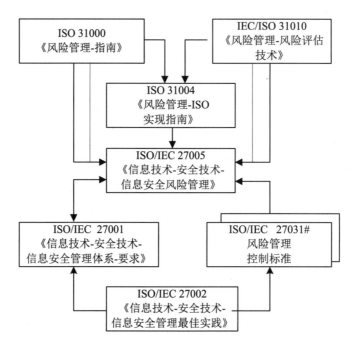

图 2-11　ISO 31000 和 ISO/IEC 27005 之间的关系

注：ISO/IEC 27031#代表特定风险指南类控制标准

2.4　信息安全风险评估规范 GB/T 20984

2.4.1　我国信息安全风险评估发展历程

我国的信息化建设起步较晚。2003年7月，国务院信息化工作办公室（以下简称国信办）委托国家信息中心牵头组建"信息安全风险评估课题组"，提出将信息安全风险评估工作作为提高我国信息安全保障水平的重要举措。课题组对我国信息安全风险评估工作现状进行了全面深入的了解，提出开展信息安全风险评估的对策和办法。先后完成了《信息安全风险评估调查报告》《信息安全风险评估研究报告》和《关于加强信息安全风险评估工作建议的报告》三份报告。

2004年1月，全国信息安全保障工作会议在北京召开。会议将信息安全风险评估列为我国信息安全保障体系建设要抓的五项基础性工作之一。2004年3月，国信办启动风险评估相关标准的制定工作。同年9月完成《信息安全风险评估指南》和《信息安全风险管理指南》两个国家标准草稿。

2005年2月，国信办启动信息安全风险评估试点工作，成立了风险评估试点工作领导小组、专家组和文件起草组。2005年7月，基本完成了《信息安全风险评估规范》标准草案。同年，在有关主管部门具体指导和支持下，由国家信息技术安全研究中心、中国信息安全测评中心等多家国家指定的专业检测机构承担，组织开展了信息安全风险评估试点工作，并取得了很好的效果。2005年9月，国信办在上海召开的总结大会上对试点工作的成绩给予高度评价。

2006年1月，国信办发布《关于开展信息安全风险评估工作的意见》。意见明确了信息安全风险评估工作的内容、原则、基本要求和有关安排，标志着我国信息安全领域一项基础性、全局性工作正式启动。

在前期一系列工作的基础上，2007年6月，国家标准化管理委员会颁布国家标准：GB/T 20984—2007《信息安全技术 信息安全风险评估规范》，为政府部门、金融机构等国家信息网络基础设施和重要信息系统提供信息安全风险评估指南。信息安全风险评估工作在全国范围内全面展开。

2017年6月1日，《中华人民共和国网络安全法》实施。其中第二章第十七条指出："国家推进网络安全社会化服务体系建设，鼓励有关企业、机构开展网络安全认证、检测和风险评估等安全服务"。风险评估以法律的形式明确下来。

随着技术的发展和普及，GB/T 20984—2007已无法充分满足信息安全需求，无法全面评价信息安全风险。为了提出有针对性的抵御威胁的防护对策和整改措施，防范和化解信息安全风险，将风险控制在可接受的水平，2018年国家标准化管理委员会启动了对GB/T 20984—2007的修订。相较于2007版，GB/T 20984的修订版不仅包含了风险评估的基本概念、风险要素关系、风险分析原理、风险评估实施流程，还提出了基于业务、面向信息系统生命周期（规划、设计、实施、运行维护和废弃）的风险评估方法，分析了业务及支撑的信息系统所面临的威胁及其存在的脆弱性，全面评估安全事件造成的危害程度。

风险评估是风险管理的重要组成部分。我国在制定适合我国国情的风险评估规范的同时，也参考国际标准制定了一系列与风险管理相关的标准，表2-2列出了部分标准。

表 2-2 我国关于风险管理的部分标准

序 号	标 准	说 明
1	GB/T 20984《信息安全技术 信息安全风险评估规范》（2018 征求意见稿）	新版本增加了战略识别、业务识别
2	GB/T 24345《风险管理 原则与实施指南》	参考了 ISO 31000
3	GB/T 24364《信息安全技术 信息安全风险管理指南》	参考 ISO/IEC 27005
4	GB/T 31722《信息技术 安全技术 信息安全风险管理》	等同采用 ISO/IEC 27005
5	GB/T 31509《信息安全技术 信息安全风险评估实施指南》	GB/T 20984 的操作性指导标准

2.4.2 GB/T 20984 规范主要内容

2.4.2.1 风险评估框架

在GB/T 20984中，规定了风险评估的要素及其相关关系，如图2-12所示。

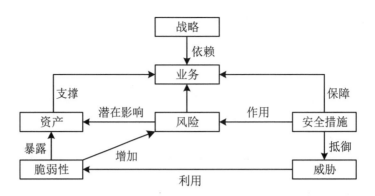

图 2-12　风险评估各要素关系图

在图2-12中，风险评估的基本要素包括战略、业务、资产、威胁、脆弱性、安全措施和风险，并基于以上要素开展风险评估。

在对风险评估的7个要素进行分析时，应考虑这些要素的以下关系：

（1）组织的发展战略依赖业务实现，业务重要性与其在战略中所处的地位相关。

（2）业务的开展需要资产作为支撑，而资产会暴露出脆弱性。

（3）安全措施的实施要考虑需保障的业务，以及所应对的威胁。

（4）风险的分析与计算应综合考虑业务、资产、脆弱性、威胁和安全措施等基本因素。

在风险评估框架中，基于图2-12中所示的风险评估的各个要素，需要综合分析信息安全面临的风险，主要考虑两个方面：一是安全事件发生的可能性；二是安全事件发生后造成的损失。根据安全事件发生的可能性，以及安全事件发生后造成的损失，确定被评估对象面临的风险。

安全事件发生的可能性主要从以下四个方面考虑：

（1）依据业务种类、业务重要性及其业务所处内外部环境，结合威胁的来源、种类和动机，确定威胁的行为和能力。

（2）依据威胁的行为，综合考虑威胁发生的时机、频率、能力，确定威胁出现的可能性。

（3）对脆弱性与已实施的安全措施进行关联分析后确定脆弱性被利用的可能性。

（4）根据威胁出现的可能性及脆弱性被利用的可能性确定安全事件发生的可能性。

而安全事件发生后造成的损失主要从以下三个方面考虑：

（1）综合考虑业务在发展战略中所处的地位，确定业务重要性。

（2）根据资产在业务开展中的作用，结合业务重要性确定资产重要性。

（3）根据脆弱性的严重程度及其作用的资产重要性确定安全事件发生后对被评估对象造成的损失。

2.4.2.2　风险评估流程

前面提到了风险评估的七要素，即战略、业务、资产、威胁、脆弱性、安全措施和风险，介绍了风险分析的原理。在具体进行风险评估时，必须遵守恰当的评估流程，才能正确实现风险评估。因此，GB/T 20984给出了信息安全风险评估的实施流程，如图2-13所示。

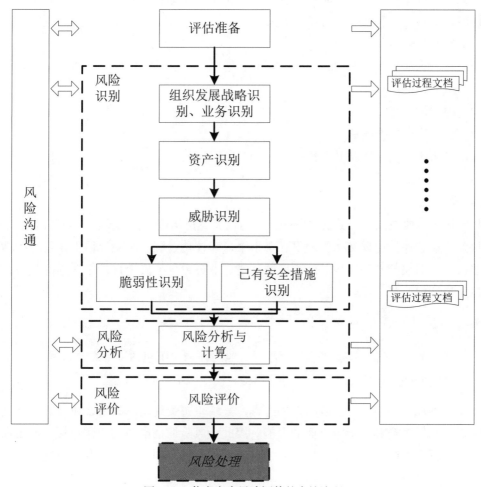

图 2-13　信息安全风险评估的实施流程

风险评估流程包括以下内容：

（1）评估准备；

（2）风险识别；

（3）风险分析；

（4）风险评价。

其中，评估准备阶段应包括以下内容：

（1）确定风险评估的目标；

（2）确定风险评估的对象、范围和边界；

（3）组建评估团队；

（4）开展前期调研；

（5）确定评估依据；

（6）制定评估方案。

组织应形成完整的风险评估实施方案，并获得组织最高管理者的支持和批准。

风险识别阶段应包括以下内容：

（1）发展战略和业务识别；

（2）资产识别；

（3）威胁识别；

（4）脆弱性识别；

（5）已有安全措施识别。

风险分析阶段应包括以下内容：

（1）风险分析；

（2）风险计算。

风险评价阶段根据风险分析阶段的分析与计算，得出被评估对象的风险等级。

风险沟通和评估过程文档管理贯穿于整个风险评估过程。风险评估工作是持续性的活动，当被评估对象的政策环境、外部威胁环境、业务目标、安全目标等发生变化时，应重新开展风险评估。

2.4.2.3 风险评估实施

根据前面的信息安全风险评估实施流程，风险评估实施包括以下六个过程。

1. 风险评估准备

组织实施风险评估是一种战略性的考虑，其结果将受到组织战略、业务、业务流程、安全需求、系统规模和结构等方面的影响。因此，风险评估准备的工作包括：确定风险评估目标、组件评估团队、开展前期调研、确定评估依据、制定评估方案、获得最高管理者支持。

2. 风险识别

风险识别的工作包括：发展战略和业务识别、资产识别、威胁识别、脆弱性识别、已有安全措施识别。

（1）发展战略识别是风险评估的重要环节，识别内容包括组织的属性及职能定位、发展目标、业务规划、竞争关系，发展战略识别时的数据应来自管理人员或者熟悉组织整体业务情况的人员。

（2）业务识别是风险评估的关键环节，识别内容包括业务的定位、业务关联性识别和业务完整性。

（3）资产识别包括资产识别内容和资产重要性等级赋值两个方面。

（4）威胁识别包括识别威胁的来源、种类、动机和频率，然后对威胁可能性等级进行赋值。

（5）脆弱性识别可从技术和管理两个方面进行审视，以资产为核心，依据国际或国家安全标准，或者行业规范、应用流程的安全要求，进行脆弱性识别，采用等级方式对已识别的脆弱性的可利用性和严重程度进行赋值。

（6）已有安全措施识别：以威胁为核心识别组织已有安全措施，在进行威胁识别的同时，评估人员应对已采取的安全措施进行识别。安全措施可以分为预防性安全措施和保护性安全措施两种。可通过比对分析方式、漏洞扫描、渗透测试等方式对脆弱性和已有安全措施进行关联分析。

3．风险分析和计算

风险分析和计算是在风险识别的基础上开展的。风险分析包括确定安全事件发生的可能性、确定安全事件发生后的损失、确定被评估对象面临的风险；风险计算指采取适当的方法与工具确定安全事件发生的可能性和损失。

4．风险评价

首先根据国家法律法规要求及行业环境建立风险评价准则，然后根据所采用的风险计算方法，得出资产的风险等级、业务的风险等级。

5．风险沟通

风险评估实施团队在风险评估过程中与内部相关方和外部相关方保持沟通，并对沟通内容予以记录。

6．风险评估文档记录

按照风险评估文档记录要求，记录风险评估过程产生的过程文档和结果文档。

2.4.2.4　风险评估的工作形式

1．检查评估

检查评估是指被评估对象上级管理部门组织的或国家有关职能部门开展的风险评估。

检查评估可依据GB/T 20984的要求，实施完整的风险评估过程。也可在自评估实施的基础上，对关键环节或重点内容实施抽样评估，包括但不限于以下内容：

- 自评估队伍及技术人员审查；
- 自评估方法的检查；
- 自评估过程控制与文档记录检查；
- 自评估资产列表审查；
- 自评估威胁列表审查；
- 自评估脆弱性列表审查；
- 现有安全措施有效性检查；
- 自评估结果审查与采取相应措施的跟踪检查；
- 自评估技术技能限制未完成项目的检查评估；
- 上级关注或要求的关键环节和重点内容的检查评估；

- 软硬件维护制度及实施管理的检查；

- 突发事件应对措施的检查。

检查评估也可委托风险评估服务技术支持方实施，但评估结果仅对检查评估的发起单位负责。由于检查评估代表了主管机关，涉及的评估对象也往往较多，因此，要对实施检查评估机构的资质进行严格管理。

2．自评估

自评估是指被评估对象的拥有、运营或使用单位发起的对本单位进行的风险评估。自评估应在GB/T 20984的指导下，结合被评估对象特定的安全要求实施。周期性进行的自评估可以在评估流程上适当简化，重点针对自上次评估后被评估对象发生变化后引入的新威胁，以及脆弱性的完整识别，以便于两次评估结果的对比。当被评估对象发生重大变更时，应依据GB/T 20984进行完整的评估。

自评估可由发起方实施或委托风险评估服务技术支持方实施。由发起方实施的评估可以降低实施的费用、提高相关人员的安全意识，但可能由于发起方缺乏风险评估的专业技能，其结果不够深入准确；同时，受到组织内部各种因素的影响，其评估结果的客观性易受影响。委托风险评估服务技术支持方实施的评估，过程比较规范、评估结果的客观性比较好，可信程度较高；但由于受到行业知识技能及业务知识的限制，导致对被评估对象的了解，尤其是在业务方面存在一定的局限。由于引入风险评估服务技术支持方本身就是一个风险因素，因此，对其背景与资质、评估过程与结果的保密要求等方面应进行控制。

此外，为保证风险评估的实施，被评估对象的相关方也应配合，以防止给其他方的使用带来困难或引入新的风险。

2.4.2.5　风险评估在被评估对象生命周期不同阶段的不同要求

风险评估应贯穿于被评估对象生命周期的各阶段。被评估对象生命周期各阶段中涉及的风险评估的原则和方法是一致的，但由于各阶段实施的内容、对象、安全需求不同，使得风险评估的对象、目的、要求等方面也有所不同。在规划设计阶段，通过风险评估以确定被评估对象的安全目标；在建设验收阶段，通过风险评估以确定被评估对象的安全目标达成与否；在运行维护阶段，要持续的实施风险评估以识别被评估对象面临的不断变化的风险和脆弱性，从而确定安全措施的有效性，确保安全目标得以实现。因此，每个阶段风险评估的具体实施应根据该阶段的特点有所侧重地进行。

1．规划阶段的风险评估

规划阶段进行风险评估的目的是，识别被评估对象的业务战略，以支撑被评估对象安全需求及安全战略等。规划阶段的评估应能够描述被评估对象建成后对现有业务模式的作用，包括技术、管理等方面，并根据其作用确定被评估对象建设应达到的安全目标。在本阶段评估中，资产、脆弱性不需要识别；威胁应根据未来应用对象、应用环境、业务状况、操作要求等方面进行分析。评估着重在以下六个方面：

（1）是否依据相关规则，建立了与战略相一致的安全规划，并得到最高管理者的认可；

（2）是否建立了与业务相契合的安全策略，并得到最高安全管理者的认可；

（3）系统规划中是否明确被评估对象开发的组织、业务变更的管理、开发优先级；

（4）系统规划中是否考虑被评估对象的威胁、环境，并制定总体的安全方针；

（5）系统规划中是否描述被评估对象预期使用的信息，包括预期的信息系统、资产的重要性、潜在的价值、可能的使用限制、对业务的支持程度等；

（6）系统规划中是否描述所有与被评估对象安全相关的运行环境，包括物理和人员的安全配置，以及明确相关的法规、组织安全策略、专门技术和知识等。

规划阶段的评估结果应体现在被评估对象整体规划报告或项目建议书中。

2．设计阶段的风险评估

设计阶段的风险评估需要根据规划阶段所明确的运行环境、业务重要性、资产重要性，提出安全功能需求设计阶段的风险评估结果应对设计方案中所提供的安全功能符合性进行判断，作为采购过程风险控制的依据。

在本阶段评估中，应详细评估设计方案中对系统面临威胁的描述，将被评估对象使用的具体设备、软件等资产及其安全功能需求列在表中。对设计方案的评估着重在以下方面：

（1）设计方案是否符合被评估对象建设规划，并得到最高管理者的认可；

（2）设计方案是否对被评估对象建设后面临的威胁进行了分析，重点分析来自物理环境和自然的威胁，以及由于内部破坏、外部入侵等造成的威胁；

（3）设计方案中的安全需求是否符合规划阶段的安全目标，并基于对威胁的分析制定被评估对象的总体安全策略；

（4）设计方案是否采取了一定的手段来应对可能的故障；

（5）设计方案是否对设计原型中的技术实现，以及人员、组织管理等方面的脆弱性进行评估，包括设计过程中的管理脆弱性和技术平台固有的脆弱性；

（6）设计方案是否考虑随着其他系统接入而可能产生的风险；

（7）系统性能是否满足用户需求，并考虑到峰值的影响，是否在技术上考虑了满足系统性能要求的方法；

（8）应用系统（含数据库）是否根据业务需要进行了安全设计；

（9）设计方案是否根据开发的规模、时间及系统的特点选择开发方法，并根据设计开发计划及用户需求，对系统涉及的软件、硬件与网络进行分析和选型；

（10）设计活动中所采用的安全控制措施、安全技术保障手段对风险的影响。在安全需求变更和设计变更后，也需要重复这项评估。

设计阶段的评估可以以安全建设方案评审的方式进行，判定方案所提供的安全功能与信息技术安全技术标准的符合性。评估结果应体现在被评估对象需求分析报告或建设实施方案中。

3．实施阶段的风险评估

实施阶段的风险评估，目的是根据安全需求和运行环境对系统开发、实施过程进行风险识别，并对建成后的安全功能进行验证。根据设计阶段分析的威胁和制定的安全措施，在实施及验收时进行质量控制。

基于设计阶段的资产列表、安全措施，实施阶段应对规划阶段的安全威胁进行进一步细分，同时评估安全措施的实现程度，从而确定安全措施能否抵御现有威胁、脆弱性的影响。实施阶段风险评估主要对业务及其相关信息系统的开发、技术与产品获取，系统交付实施两个过程进行评估。开发、技术与产品获取过程的评估要点如下：

（1）法律、政策、适用标准和指导方针：直接或间接影响被评估对象安全需求的特定法律；影响被评估对象安全需求、产品选择的政府政策、国际或国家标准；

（2）被评估对象的功能需要：安全需求是否有效地支持系统的功能；

（3）成本效益风险：是否根据被评估对象的资产、威胁和脆弱性的分析结果，在符合相关法律、政策、标准和功能需要的前提下最合适的安全措施；

（4）评估保证级别：是否明确系统建设后应进行的测试和检查，从而确定评估满足项目建设、实施规范的要求。

系统交付实施过程的评估要点如下：

（1）根据实际建设的系统，详细分析资产、面临的威胁和脆弱性；

（2）根据系统建设目标和安全需求，对系统的安全功能进行验收测试；评价安全措施能否抵御安全威胁；

（3）评估是否建立了与整体安全策略一致的组织管理制度；

（4）对系统实现的风险控制效果与预期设计的符合性进行判断，如存在较大的不符合，应重新进行被评估对象安全策略的设计与调整。

本阶段风险评估可以采取对照实施方案和标准要求的方式，对实际建设结果进行测试、分析。

4．运行阶段的风险评估

运行维护阶段的风险评估的目的是了解和控制运行过程中的安全风险，是一种较为全面的风险评估。评估内容包括真实运行环境中的战略、业务、资产、威胁、脆弱性等方面。

（1）战略评估：对真实运行的发展战略进行评估，包括属性及职能定位、发展目标、业务规划、竞争关系；

（2）业务评估：对运行的业务进行评估，包括业务定位、业务关联性、完整性、业务流程分析；

（3）资产评估：在真实环境下较为细致的评估，包括实施阶段采购的软硬件资产、系统运行过程中生成的信息资产、相关的人员与服务等，本阶段资产识别是前期资产识别的补充与增加；

（4）威胁评估：应全面地分析威胁的可能性和影响程度，对威胁导致安全事件的评估可以参照威胁来源动机、能力和安全事件的发生频率；

（5）脆弱性评估：是全面的脆弱性评估，包括运行环境中物理、网络、系统、应用、安全保障设备、管理等方面的脆弱性。技术脆弱性评估可以采取核查、扫描、案例验证、渗透性测试的方式实施；安全保障设备的脆弱性评估，应考虑安全功能的实现情况和安全保障设备本身的脆弱性；管理脆弱性评估可以采取文档和记录核查等方式进行验证；

（6）风险计算：采用标准介绍的相关方法，对风险进行定性或定量的风险分析，描述不同业务、资产的风险高低状况。

运行维护阶段的风险评估应定期执行。当组织的业务流程、系统状况发生重大变更时，也应进行风险评估。重大变更包括以下情况（但不限于）：

（1）增加新的应用或应用发生较大变更；

（2）网络结构和连接状况发生较大变更；

（3）技术平台大规模的更新；

（4）系统扩容或改造；

（5）发生重大安全事件后，或基于某些运行记录怀疑将发生重大安全事件；

（6）组织结构发生重大变动对系统产生了影响。

5. 废弃阶段的风险评估

废弃阶段风险评估着重在以下四个方面：

（1）确保硬件、软件等资产及残留信息得到了适当的处置，并确保系统组件被合理地丢弃或更换。

（2）如果被废弃的系统是某个系统的一部分，或与其他系统存在物理或逻辑上的连接，还应考虑系统废弃后与其他系统的连接是否被关闭。

（3）如果在系统变更中废弃部分资产，除对废弃部分外，还应对变更的部分进行评估，以确定是否会增加风险或引入新的风险。

（4）是否建立了流程，确保更新过程在一个安全、系统化的状态下完成。

本阶段应重点对废弃资产对组织的影响进行分析，并根据不同的影响制定不同的处理方式。对由于系统废弃可能带来的新的威胁进行分析，并改进新系统或管理模式。对废弃资产的处理过程应在有效的监督之下实施，同时对废弃的执行人员进行安全教育，被评估对象的维护技术人员和管理人员均应该参与此阶段的评估。

2.4.3　GB/T 20984 与 ISO 31000 和 ISO/IEC 27005 的关系

GB/T 20984、ISO 31000和ISO/IEC 27005三个标准之间的关系如下。

1. 都与风险相关

GB/T 20984是信息安全风险评估规范，ISO 31000是风险管理标准，ISO/IEC 27005是信息安全风险管理标准。

2. 制定机构不同

GB/T 20984是我国制定的国家标准，由SAC/TC 260制定；ISO 31000是国际标准化组织ISO/TC 262制定，ISO/IEC 27005是ISO和IEC联合技术委员会ISO/IEC JTC1 SC 27制定，参见2.1节。

3. 应用范围不同

GB/T 20984是我国的国家标准，它针对信息安全风险评估，不能用于信息安全风险管理；ISO 31000适用于"任何组织、任何类型、全寿命周期、任何活动"，强调标准在风险管理领域的普遍适用性；ISO/IEC 27005是ISO 31000在信息安全领域的应用，同时考虑ISO/IEC 27000系列标准中的其他信息安全标准。

2.5 小　　结

本章对风险管理中的标准进行了介绍。由于中英文语言的差异，在相关标准中风险管理、风险评估、风险分析、风险评价等词虽然有固定的内涵，但是从中文理解的角度容易弄混，表2-3给出了它们的比较，本书在使用这些词汇时，通常参照标准中的用法。

表2-3　标准中概念比较

中　文	英　文	定　义	理解重点
风险管理	Risk Management	针对风险指挥和控制组织的协调活动（ISO 31000:2018）	基于PDCA原则，强调方针、程序和实践
风险评估	Risk Assessment	风险识别、分析和评价的整个过程（GB/T 20984，ISO 31000:2018）	是管理的组成部分，本过程包括三个阶段：识别、分析和评价
风险分析	Risk Analysis	综合运用已知信息，识别灾难，估计风险（ISO/IEC Guide 63:2019）	是评估的组成部分，本过程强调方法，即采用"定性"或者"定量"
风险评价	Risk Evaluation	对照给定风险准则、比较估算风险的过程，从而判定风险可接受性（ISO/IEC Guide 63:2019）	是风险分析的结果，本过程得到风险可接受的判定结果（Judgement）

习　　题

1. 简述GB/T 20984、ISO 31000、ISO/IEC 27005都是什么标准，它们之间的关系如何？
2. 简述ISO 31000:2018的主要内容。
3. 简述ISO/IEC 27005:2018的主要内容。

第3章 环境建立

环境建立是指通过搜集所有与信息安全风险管理环境有关的组织信息，创建信息安全风险管理的外部和内部环境，包括建立信息安全风险管理所必需的基本准则、范围和边界，并由适当的组织机构来实施安全风险管理[7]。

3.1 环境建立概述

3.1.1 环境建立定义

环境建立是信息安全风险管理的第一步。所谓环境建立是指确定风险管理的对象和范围，做好实施风险管理的准备，进行相关信息的调查和分析，确定风险管理方法、定义基本准则、组建风险管理团队，对信息安全风险管理项目进行规划和准备，保障后续风险管理活动顺利进行的过程[4]。

风险管理过程的环境应根据对组织运行的外部和内部环境的理解来确定。风险管理过程的外部和内部环境在设计组织风险管理框架时已建立。

外部和内部环境是指有助于理解组织、寻求界定和实现目标的组织内部和外部的规定、承诺、关系和文化等相关信息[5]。

1．组织的内部环境

组织的内部环境是在实现目标过程中所面临的组织内部的历史、现在和未来的各种相关信息。

信息安全风险管理过程要与组织的文化、经营过程和结构相适应，包括组织内影响其风险管理的任何事物。组织需明确内部环境信息，因为风险可能会影响组织战略、日常经营或项目运营等方面，从而会进一步影响组织的价值、信用和承诺等。风险管理是在组织的特定目标和管理条件下进行的，其具体活动的目标和有关准则应放到组织整体目标的环境中考虑。

组织的内部环境包括但不局限于：

（1）组织愿景、使命和价值观；

（2）组织治理、组织结构及其角色分工和责任；

（3）组织发展目标和策略；

（4）组织的文化；

（5）组织采用的标准、准则和模型；

（6）组织获取资源和相关知识（例如资本、时间、人员、知识产权、流程、系统和技术）的能力；

（7）数据、信息系统、信息流、正式或非正式的决策流程；

（8）内部利益相关方的观点、价值观和相互依赖关系；

（9）合同中的关于内部关系和承诺的条款。

2. 组织的外部环境

组织的外部环境是组织在实现目标过程中所面临的外界的历史、现在和未来的各种相关信息。

为保证在制定风险准则时能充分考虑外部利益相关者的目标和关注点，组织需要了解外部环境信息。外部环境以组织所处的整体环境为基础，包括法律和监管要求、利益相关者的诉求和与具体风险管理相关的其他方面的信息等。

组织的外部环境包括但不局限于：

（1）国际、国内社会、政治、经济、自然、文化、科技、法律、金融，以及竞争环境因素；

（2）与组织相关的监管、财务或技术限制；

（3）影响组织目标的关键驱动因素和趋势；

（4）外部利益相关方的需求、观点、价值观和相互依赖关系；

（5）合同中的关于外部关系和承诺的条款；

（6）网络环境中外部依赖关系及其复杂性。

3.1.2 环境建立目的和依据

环境建立是为了明确信息安全风险管理的范围和对象，设定信息安全风险管理所必需的基本准则，确定对象的特性和安全要求，并建立运行信息安全风险管理的适当的组织，对信息安全风险管理项目进行规划和准备，保障后续的风险管理活动顺利进行的过程[4]。因为风险管理是在组织目标和活动的背景下进行的，组织因素也可能是风险的来源，同时风险管理的目标可能与整个组织的目标相关联，所以环境建立显得尤为重要。

环境建立的主要依据包括国家、地区或行业的相关政策、法律、法规和标准，以及风险管理对象的业务目标、特性、外部和内部环境[4]，具体体现在以下内容（但不局限于下述内容）。

（1）适用的法律、法规，例如《中华人民共和国网络安全法》《中华人民共和国保密法》等；

（2）现行国际标准、国家标准、行业标准。例如：国际标准ISO 31000、ISO/IEC 27005，国家标准GB/T 24364、GB/T 20984和GB/T 22239等；

（3）组织发展战略，相关业务职能；

（4）行业主管机关的业务系统的监管要求和制度；

（5）与网络安全保护等级相应的基本要求；

（6）被评估组织的安全要求；

（7）系统自身的实时性或性能要求等。

根据风险管理依据，应考虑风险的安全需求来选择具体的风险评估、风险处置的方法和工具，并依据业务实施对系统安全运行的需求，确定相关的判断依据，使之能够与组织环境和安全要求相适应。

3.1.3 基本准则

基本准则是在风险管理框架的基础上依据组织风险管理目标、组织的能力等因素定义的一系列用于评估风险重要性、支持风险管理决策过程的标准、原则和方针。基本准则一般包括风险评价准则、影响准则和风险接受准则。它反映了组织的价值观、目标、义务，以及利益相关方的关切。

3.1.3.1 风险评价准则

风险评价准则是一系列用于指导风险评估活动的标准、原则和方针。制定风险评价准则应考虑以下因素[7]：

（1）风险评估的规范性、法律法规的要求和合同的义务，例如推导出标准性原则，指导风险评估的流程规范化；

（2）业务信息化的战略价值，例如推导出关键业务原则，明确评估重点；

（3）涉及信息资产的范围和边界，例如推导出关键业务原则和最小影响原则，指导评估范围和评估时机；

（4）相关信息资产的危急程度；

（5）运营和业务的重要性、可用性、保密性和完整性，例如推导出最小影响原则、可控性原则、可恢复性原则和保密性原则，指导评估工作自身风险控制、意外情况恢复和签订保密协议等；

（6）利益相关方的期望和观念，以及风险对商誉和声誉的负面影响，例如推导出可控性原则，保证风险评估活动服务可控、人员信息可控、过程可控、工具可控等；

（7）决定风险处置的优先顺序，例如推导出标准性原则和关键业务原则，指导风险分析与评价，为后续风险处置提供建议。

3.1.3.2 影响准则

影响是指信息安全风险给组织的目标所带来的不利变化。值得注意的是国际标准ISO 31000使用"后果准则"的概念而不是"影响准则"，强调风险带来的正面和负面的双重后果。

所谓影响准则是一系列标准、原则或方针，用于判断信息安全威胁利用资产或安全措施的脆弱性、并结合业务和资产的重要性对组织造成的损失和损害。

定义影响准则应考虑下列因素[7]：

（1）受影响的信息资产的级别；

（2）对信息安全属性的破坏情况（如保密性、完整性和可用性的丧失）；

（3）业务运行中的损失（内部或第三方）；

（4）商业和财务价值的损失；

（5）对计划和最终期限的破坏；

（6）对组织声誉的损毁；

（7）对法律法规或合同要求的违背等。

3.1.3.3 风险接受准则

风险接受是组织管理者通过评估正式决定接受某一风险的决策。风险接受准则是指组织应该为风险接受水平的尺度所制定的一系列标准、原则和方针。风险接受准则通常与组织的方针、目标和利益相关方的利益有关。在定义风险接受准则时组织应考虑以下因素[7]：

（1）风险接受准则可以规定多个具有风险预期目标水平的阈值，但在确定的情形下，提交给高层管理者接受的风险可能超出该级别；

（2）风险接受准则可以表示为估计利润（或其他商业利益）与估计风险的比率；

（3）不同类别的风险需对应不同的风险接受准则，例如，导致不符合法律法规的风险可能是不可接受的，但可能允许接受导致违背合同要求的高风险；

（4）应与风险处置的要求相对应，例如，通过实施风险处置措施，在规定的时间段内将风险降低到可接受的水平，则可以接受风险；

（5）根据预期风险存在的不同时间，风险接受准则也应不同，例如可以与临时或短期风险相对应；

（6）其他考虑因素还包括商业运作标准、技术水平、财力、人道主义和社会因素等。

3.1.4 范围和边界

范围是与组织相关的引发信息安全风险的各种因素。边界是与组织信息安全相关的物理或逻辑上的管理界限。组织应明确信息安全风险管理的范围，以确保在风险管理中考虑所有相关的组织战略、业务和资产。此外，需要识别边界以解决通过这些边界可能产生的风险。例如常见的风险管理范围可以是IT应用程序、IT基础设施、业务流程或组织确定的部分；常见的边界可以是组织的逻辑边界、管理权限边界、内外网的连接点或物理环境边界等。

另外，由于风险管理过程可能适用于不同的层面，例如战略、运营、计划、项目或活动等，因此所考虑的范围和边界也会不同。

3.1.5 信息安全风险管理组织

这里的信息安全风险管理组织是指组织内部成立的信息安全风险管理机构，负责确定和保持信息安全风险管理过程的角色和责任。以下是该组织的主要职责：

（1）制定适合组织的信息安全风险管理方针、原则、计划、方法和过程；

（2）明确利益相关方并进行沟通；

（3）确定组织内部和外部所有各方的角色和职责；

（4）在组织和利益相关方之间建立所需的关系，包括建立利益相关方与组织高层风险管理职能（例如运作风险管理）部门的联系，以及建立本信息安全风险管理组织与其他相关项目或活动的联系；

（5）确定信息安全风险管理批准监督的流程和路径；

（6）保存、记录和规范信息安全风险管理文档。

信息安全风险管理组织应由组织的高层管理者如决策层来批准。

3.2　环境建立过程

环境建立过程包括风险管理准备、调查与分析、信息安全分析、基本原则确立、实施规划五个阶段[4]。在信息安全风险管理过程中，环境建立过程是一次信息安全风险管理主循环的起始，为风险评估提供输入；监视与评审、沟通与咨询两个过程贯穿于环境建立过程的五个阶段之中，如图3-1所示。

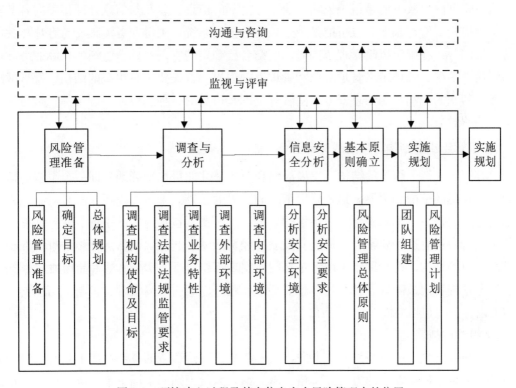

图 3-1　环境建立过程及其在信息安全风险管理中的位置

3.2.1　风险管理准备

风险管理准备阶段的工作过程包括确定风险管理的范围和边界、明确信息安全风险管理的目标、制定风险管理总体规划和获得组织最高管理者的批准，如图3-2所示。

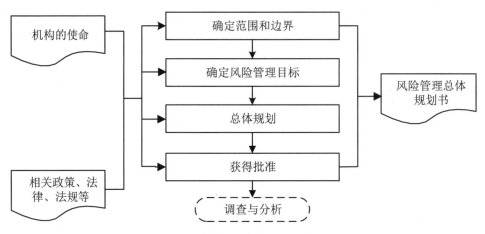

图 3-2　风险管理准备阶段的工作过程

3.2.1.1　确定风险管理范围和边界

风险管理的对象可能是组织战略、业务等全部的信息，以及与信息处理相关的各类资产、管理机构、管理制度，也可能是某个独立的信息系统、关键业务流程、与客户相关的系统或部门等。在确定风险管理范围时，应结合已确定的管理目标、组织的实际业务和信息系统建设情况，合理定义管理对象和管理范围边界。首先要了解组织的结构、发展战略和业务；其次需识别影响信息安全风险管理范围和边界的各种约束或限制条件；最后确定风险管理的对象。

1. 了解组织的结构、发展战略和业务

只有深入了解了组织的结构、发展战略和业务，才能更加准确地把握一个组织的信息安全风险管理的范围和边界。这是确定范围和边界的基础。了解的途径一般是对组织进行评估，通过评估，了解和识别组织特性的要素。这些要素包括组织的宗旨、业务、使命、价值和战略。所有这些要素应与促进其发展的经营活动一起加以确认。评估的难点在于准确理解组织的结构，这有助于了解每个部门在实现组织目标方面的作用和重要性。例如，信息安全管理者向最高管理者报告信息安全事项就可以表明最高管理者参与了信息安全。了解的内容一般包括方面[7]。

1）组织的战略

组织的战略决定了组织的发展方向，并不断从其经营领域的革新过程中获益。组织的战略通常决定了信息安全的方针和策略，需要纳入风险识别的范围中来。组织的发展目标是组织存在的理由，例如其侧重的经营领域、市场细分战略等。

2）组织的业务

由组织成员拥有的技术和技艺所支撑的组织业务，能让其顺利达成目标。组织的业务决定了组织的经营活动领域，同时也形成了组织特有的文化。

3）组织的功能

组织的功能为实现组织的战略目标服务。为确定组织的功能，需要了解组织为最终用户提供的服务或产品是什么。

4）组织的价值

组织的价值是应用于业务活动的主要原则或明确的行为准则。这可能关系到人员、与外部机构（如客户等）的关系、所提供产品或服务的质量。例如，以提供公共服务为目的、以运输为业务、以接送儿童上学和放学为使命的组织，其价值可能是服务中的准时和运输中的安全。

5）组织结构

组织结构通常分为部门结构和职能结构。部门结构是一种纵向管理结构，每个部门都设有部门管理者负责其所在部门的战略、行政和业务决策等职权，下级向上级负责。职能结构是一种横向管理结构或扁平化管理结构，是按工作程序、工作性质、决策或计划等职能来划分组织结构的。具有部门结构的组织也可按职能结构进行划分，反之亦然。如果一个组织具有两种结构，就可以说它具有矩阵结构。

在任何组织结构中，可分成如下层级：

a）决策层（负责战略的制定）；

b）管理层（负责协调和管理）；

c）执行层（负责生产和支持活动等）。

6）组织结构图

组织结构图即组织结构的示意性图示。它应该突出各层级的分布和领导关系，也可体现出业务信息流向。

2. 考虑影响信息安全风险管理范围的多种约束

由于不断发生的动态变化而需要及时调整的原因，风险管理范围受到多种约束的影响。约束也使得风险的不确定性有所增加，甚至改变信息安全的属性，因而需要全面掌握约束的情况。

所谓约束在这里是指与组织实现其目标有关的各种限制。例如：法律法规、政策制度、文化习惯、突发状况、成本效益、内外环境等。确定范围和边界应识别影响组织和决定其信息安全策略的所有约束。来源于组织内部的约束一般可控，而组织之外的约束通常具有不可协商性。资源类（例如预算、人员等方面的约束）和紧急性的约束是最重要的[7]。

1）现有过程的约束

项目不一定是同时开发的，一些项目依赖已有的过程。即使一个过程能够被分解成多个子过程，这个过程并不一定受另一个已有过程所有子过程的影响。

2）技术约束

技术约束通常来自与信息基础设施有关的硬件和软件，例如：办公文档方面要求、网络拓扑结构（集中式、分布式或客户端-服务器）方面的要求、定制应用软件方面要求、成品套装软件方面要求、硬件方面要求、通信网络方面要求、建筑基础设施方面要求等。

3）财务约束

信息安全风险处置建议的安全控制措施可能伴随较高的成本。虽然将安全投资建立在成本效益的基础上并不总是恰当的，但组织的财务部门通常需要成本核算。例如，无论是公共组织还是企业，安全控制的总成本不应超过风险造成的潜在损失。因此，如果最高管理层想要避免过高的安全成本，就应该评估风险带来的损失并采取恰当的风险处置方式。

4）时间约束

实施安全控制所需的时间应考虑信息系统升级的难度和工作量大小，如果实施时间较长，那么预估风险可能已经改变。因此时间是选择风险处置方案和处置措施优先级的决定因素之一。

5）环境约束

环境约束来自过程实施所处的地理或经济环境：国家、气候、自然风险、地理环境、经济形势等。

6）方法相关的约束

需要实施与组织知识相符合的办法，如项目计划、规范、开发等。

7）组织管理的约束

管理的约束体现在信息系统运营方面、信息系统维护方面、人力资源管理方面、行政管理方面、软件开发管理方面和外部关系管理方面。

确定范围和边界的方法一般是通过调研、收集有关组织的信息，以确定其所处的环境及其与信息安全风险管理过程的相关性。

3.2.1.2　确定风险管理目标

信息安全风险管理的一般目标是按照风险评价准则、影响准则和风险接受准则的要求，通过风险评估确定风险等级，将风险控制到可接受的水平，保护组织信息资产，确保组织业务正常开展，实现组织发展战略。

环境建立的最主要目的是，考虑到组织的风险管理战略，为实现有效的风险评估和适当的风险处置做准备，具体体现在诸如支持信息安全管理体系ISMS、符合法律和尽职的证据、准备业务连续性计划和事件响应计划、描述某个产品、服务或机制对信息安全的要求[7]。环境建立是信息安全风险管理活动必不可少的，这会影响风险管理的整个过程。

3.2.1.3　制定风险管理总体规划

制定风险管理总体规划，包括明确风险管理的目的、意义、范围、目标、组织结构、经费预估和初步进度安排等，目的是为风险管理团队实施活动提供一个总体计划，用于指导风险管理团队开展各项工作，使评估风险管理各阶段工作可控，并作为项目验收的主要依据之一。

3.2.1.4　获得支持

为了确保风险管理工作的顺利开展，在确定了风险管理的范围和边界，以及风险管理目标后，风险管理总体规划应得到组织最高管理者的支持和批准。同时，需要对管理层和技术人员进行传达，在组织范围内就风险管理相关内容进行培训，以明确有关人员在风险管理中的职责[8]。

3.2.2　调查与分析

前期的风险管理调研活动是为了确定风险管理对象和范围，了解组织业务和风险管理对象现状。风险管理工作组应进行充分的业务调研、系统调研和人员访谈，认真分析，为风险管理依据和方法的选择、方案的制定、评估和处置工作的实施奠定基础。

调研内容至少应包括以下内容。

- 组织发展战略及组织职能；
- 业务及相关流程，具体管理和支撑部门及其相关人员；
- 业务相关IT支撑措施；
- 主要的业务功能和要求；
- 信息系统安全保护等级；
- 网络结构与网络环境，包括内部连接和外部连接；
- 系统边界，包括业务逻辑边界、网络及设备载体边界、物理环境边界、组织管理权限边界等；
- 主要的硬件、软件；
- 数据和信息；
- 系统和数据的敏感性；
- 支持和使用系统的人员；
- 信息安全管理组织建设和人员配备情况；
- 信息安全管理制度；
- 系统脆弱性；
- 系统面临的威胁；
- 法律法规及服务合同；
- 其他。

调研活动可以采取问卷调查、人员访谈、现场考察、辅助工具等多种形式，根据实际情况灵活采用或结合使用。调查问卷是提供一套关于管理或操作控制的《风险管理对象调查表》，提供组织各级管理、业务和技术人员填写；人员访谈是系统调查和威胁识别的途径之一，通常需要编制评估对象的人员访谈记录表、威胁识别的人员访谈记录表等文档；现场考察则是由评估人员到现场核查设备的具体位置、实际配置等情况，收集系统在物理、环境和操作等方面的信息。

如图3-3所示，风险管理对象调查阶段的工作过程和内容如下[4]。

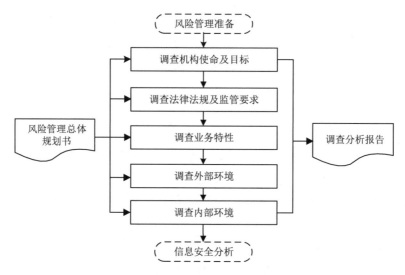

图 3-3　风险管理对象调查阶段的过程和内容

（1）调查机构的使命及目标。了解机构的使命，包括战略背景和战略目标等，从中明确支持机构完成其使命的风险管理对象的业务目标。

（2）调查法律法规及监管要求等。了解与组织业务相关的国家、地区或行业的相关政策、法律、法规和标准的规定。

（3）调查业务特性。了解机构的业务，包括业务内容和业务流程等，从中明确支持机构业务运营的风险管理对象的业务特性、可能涉及的信息资产及载体类别。

（4）调查外部环境，包括组织的地点及其地理特征、外部利益相关者的期望，影响组织的制约因素等。

（5）调查内部环境，包括组织愿景、使命、战略目标、组织结构、文化、采用标准、组织涉及资产、内部利益相关者的观点及合同内部关系相关条款。

（6）汇总上述调查结果，形成描述报告，其中包含机构使命及目标、法律法规监管要求、业务特性、外部环境和内部环境等方面的内容。

3.2.3　信息安全分析

如图3-4所示，信息安全分析阶段的工作过程和内容如下[8]：

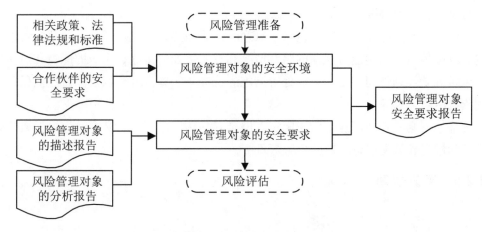

图 3-4　风险管理对象调查阶段的过程和内容

（1）分析风险管理对象的安全环境。依据国家、地区或行业的相关政策、法律、法规和标准，考虑合作伙伴的合同要求，对风险管理对象的安全保障环境进行分析，明确环境因素对风险管理对象安全方面的影响和要求。

（2）分析风险管理对象的安全要求。依据风险管理对象的描述报告和风险管理对象的分析报告，结合上述安全环境的分析结果，分析和提出对风险管理对象的安全要求，包括保护范围和保护等级等。

（3）汇总上述分析结果，形成风险管理对象的安全要求报告，其中包含风险管理对象的安全环境和安全要求等方面的内容。

3.2.4　基本原则确立

3.2.4.1　风险管理方法

在信息安全领域，风险管理就是最大范围地保护信息资产，确保信息的保密性、完整性和可用性，在可接受的成本范围内，识别、控制、降低或排除安全风险的流程。因此，掌握信息安全风险识别、风险分析和风险控制的方法，组织才能充分利用信息技术提供更便捷、更优质的产品或服务，同时保障信息的合理使用和安全。

风险管理的生命周期包括风险评估、风险处置、风险沟通与咨询、监视与评审等相关的过程；根据风险管理的范围和目标，在风险评估阶段和风险处置阶段采用不同的风险管理方法，为组织的信息安全风险管理提供有力的保障。

3.2.4.2　风险管理准则

基本准则包括风险评价准则、影响准则和风险接受准则。选择或设置适合当前风险管理对象的风险管理准则，应与风险管理框架相一致，并根据具体活动的目的和范围进行针对性设计。风险准则应结合业务和利益相关方的需要，还应反映组织的价值观、目标和资源，并与风险管理的政策和声明保持一致。

可供定义基本准则的参考因素包括：风险的性质和类型、风险评估方法及一致性、时间因素、风险等级如何确定、风险的组合情况和重要性如何排序、组织的能力和风险处置成本、风险处置计划如何制定、风险处置措施的选择与实施方针，以及能否提供风险管理全过程监视所需资源等。

尽管基本准则是在环境建立阶段制定，但是它并非一成不变，必要时应根据风险管理过程的实际情况和监视审查结果进行动态调整。

3.2.5 实施规划

3.2.5.1 组建风险管理团队

组建风险管理团队，包括确定子团队类别、团队成员、组织结构、角色和责任等内容，团队一般分为总体规划组、风险评估组、风险处置组、监视评审组等。总体规划组负责制定组织的发展战略、总体结构和资源计划，通常由高层管理人员担任。风险评估和风险处置作为风险管理两个相对独立的项目，其团队的组成基本一致，一般都是由领导组、执行组和专家组三层机构组成，有关风险评估团队和风险处置团队成员分工的内容参见本书3.4.3节和11.2.2节。监视评审一般由相关的管理和技术人员构成，负责对风险管理各过程的监控、审查。

风险管理团队应召开风险管理工作启动会议，做好管理前的表格、文档、检测工具等各项准备工作，进行风险管理技术培训和保密教育，明确各子团队在风险管理中的任务，制定风险管理过程管理相关规定，编制应急预案等。

3.2.5.2 制定实施规划

制定风险管理实施规划的目的是为风险管理活动的实施提供一个总体计划，用于指导风险管理团队开展工作，使管理各阶段工作可控，并作为风险管理项目验收的依据之一。详细的实施规划包括以下内容：

（1）实施团队架构，各团队负责人，可能涉及的部门；

（2）每个阶段的时间、涉及地点、具体包含和除外的内容；

（3）各阶段负责人、入口及出口标准，预期在每一步流程中取得的成果；

（4）需要的资源、责任和记录；

（5）预算；

（6）对过程实施监控，监控内容及规则；

（7）实施过程需要遵守的原则、最终完成标准等。

3.3　环境建立文档

为了确保文档资料的完整性、准确性和安全性，应遵循以下原则：

（1）指派专人负责管理和维护项目进程中产生的各类文档，确保文档的完整性和准确性；

（2）文档的存储应进行合理的分类和编目，确保文档结构清晰可控；

（3）所有文档都应注明项目名称、文档名称、版本号、审批人、编制日期、分发范围等信息；

（4）不得泄露给与本项目无关的人员或组织，除非预先征得风险管理组织项目负责人的同意。

表3-1是环境建立过程主要输出文档及内容。输出文档的数量、名称和主要内容可根据组织的具体情况进行增加、删减或修改，但应涵盖表3-1中文档内容部分规定的内容。

表 3-1　环境建立过程主要输出文档及内容[4]

阶　段	输出文档	文档内容
风险管理准备	风险管理总体规划书	风险管理的目的、意义、范围、目标、组织结构、经费预算和进度安排等
调查与分析	风险管理对象的描述报告	风险管理对象的业务目标、业务特性、管理特性和技术特性等
	风险管理对象的分析报告	风险管理对象的体系结构、关键要素及内外部环境
信息安全分析	风险管理对象安全要求报告	风险管理对象的安全环境和安全要求等
实施规划	风险管理实施规划书	组建风险管理团队，实施团队架构，各阶段涉及时间、地点及内容，负责人，标准及成果，需要资源及监控、预算等

3.4　风险评估准备

环境建立完成后就进入信息安全风险管理的第二步——风险评估。根据风险评估流程中的各项工作内容，一般将风险评估实施划分为风险评估准备、风险要素识别、风险分析与评价几个阶段。其中风险评估准备是风险评估实施的前提。组织实施风险评估是一种战略性的考虑，其结果将受到组织的业务战略、业务流程、安全需求、系统规模和结构等方面的影响。因此，为了保证评估过程的可控性及评估结果的客观性，在信息安全风险评估实施前应进行充分的准备和计划。本节介绍信息安全风险评估准备阶段的内容，具体包括确定信息安全风险评估的目标、确定信息安全风险评估的范围、组建风险评估团队、进行系统调研、确定信息安全风险评估方法和依据、选定评估工具和制定信息安全风险评估方案，以及准备阶段工作保障。

3.4.1　确定信息安全风险评估的目标

信息安全风险评估准备阶段首先应明确目标，为整个信息安全风险评估的过程提供导向，也为下一步完善管理制度，以及今后的安全建设和风险管理提供第一手资料。信息安全需求是一个组织为保证其业务正常、有效运转而必须达到的信息安全要求。通过分析组织必须符合的相关法律法规，分析组织在业务流程中对信息安全等的保密性、完整性、可用性等方面的需求，来确定信息安全风险评估的目标。

风险评估的目标是，根据满足组织发展战略和业务职能相关持续发展对安全和法律法规合规性的需要，识别现有业务、技术及管理上的不足，分析确定风险大小，评价可能造成的影响，为下一步风险处置和安全加固提供依据。

风险评估应贯穿于被评估对象生命周期的各阶段中，由于被评估对象生命周期各阶段中风险评估实施的内容、对象、安全需求均不同，因此被评估组织应首先根据当前被评估对象的实际情况来确定其在生命周期中所处的阶段，并以此来明确风险评估目标。

按照GB/T 31509，组织确定的各阶段的评估目标应符合以下原则。

（1）规划阶段风险评估的目标是，识别被评估对象的业务战略，以支撑系统安全需求及安全战略等。规划阶段的评估应能够描述被评估对象建成后对现有业务模式的作用，包括技术、管理等方面，并根据其作用确定被评估对象应达到的安全目标。

（2）设计阶段风险评估的目标是，根据规划阶段所明确的系统运行环境、业务重要性、资产重要性，提出安全功能需求。设计阶段的风险评估结果应对设计方案中所提供的安全功能符合性进行判断，作为采购过程中对产品或服务进行风险控制的依据。

（3）实施阶段风险评估的目标是，根据安全需求和运行环境对系统开发、实施过程进行风险识别，并对系统建成后的安全功能进行验证。根据设计阶段分析的威胁和制定的安全措施，在实施及验收时进行质量控制。

（4）系统交付阶段风险评估的目标是，采取对照实施方案和标准要求的方式，对实际建设结果进行测试、分析、验收。如存在较大的不符合，应重新进行被评估对象安全策略和措施的设计与调整。

（5）运行维护阶段风险评估的目标是，了解和控制运行过程中的安全风险。评估内容包括被评估对象的战略、业务、资产、面临威胁、自身脆弱性及已有安全措施等方面。

（6）废弃阶段风险评估的目标是，确保废弃资产及残留信息得到适当的处理，并对废弃资产对组织的影响进行分析，以确定是否会增加或引入新的风险。

3.4.2　确定信息安全风险评估的范围

在确定风险评估所处的阶段及相应目标之后，应进一步确认风险评估的范围。

风险评估范围可能是组织全部的信息及与信息处理相关的各类资产、管理机构等，也可能是组织所属的一个或几个子结构或子部门。

描述范围最重要的是对评估边界的描述。确定了清晰的评估边界，就相当于规定了风险评估小组的授权范围，并提供了进行评估的必要信息，例如硬件、软件、人员和基础设施等。

组织通常按照物理边界和逻辑边界来描述风险评估的范围。物理边界定义了一个系统起于哪里止于何处，信息系统的物理边界元素包括我们常见的信息资产，如工作站、服务器、网络设备、线路、外设、建筑物和建筑物内独立的房间。逻辑边界定义了分析所需的广度和深度。

3.4.3　组建风险评估团队

在风险评估的准备阶段，评估组织应成立专门的评估团队。风险评估团队应由被评估组织、评估机构共同组建风险评估工作组；由被评估组织领导、相关部门负责人及评估机构相关人员成立风险评估领导小组；聘请相关专业的技术专家和技术骨干组成专家组。

风险评估小组应完成评估前的表格、文档、检查工具等各项准备工作，进行风险评估技术培训和保密教育，制定风险评估过程管理相关规定；编制应急预案等。双方应签署保密协议，并根据需要签署个人保密协议。

1．风险评估工作组

为确保风险评估工作有效进行，委托评估时风险评估工作组通常由评估机构和被评估机构相关人员共同参与组建，自评估时风险评估工作组则由机构自己组建。风险评估活动应采用项目管理机制。评估机构和被评估机构的主要成员角色与职责说明如表3-2和表3-3所示。

表 3-2　风险评估工作组中评估机构主要成员角色与职责说明[8]

评估机构人员角色	工作职责
项目组长/项目经理	项目组长或项目经理是风险评估项目中实施方的管理者、责任人，具体工作职责包括以下内容： 1. 根据项目情况组建评估项目实施团队； 2. 根据项目情况与被评估方一起确定评估目标和评估范围，并组织项目组成员对被评估方实施系统调研； 3. 根据评估目标、评估范围及系统调研的情况确定评估依据，并组织编写评估方案； 4. 组织项目组成员开展风险评估各阶段的工作，并对实施过程进行监督、协调和控制，确保各阶段工作的有效实施； 5. 与被评估组织进行及时有效的沟通，及时商讨项目进展状况及可能发生问题的预测等； 6. 组织项目组成员将风险评估各阶段的工作成果进行汇总，编写《风险评估报告》与《风险处置建议书》等项目成果； 7. 负责将项目成果移交被评估组织，向被评估组织汇报项目成果，并提请项目验收

（续表）

评估机构人员角色	工作职责
安全技术评估人员	安全技术评估人员是负责风险评估项目技术方面评估工作的实施人员。具体工作职责包括以下内容： 1. 根据评估目标与评估范围参与组织的风险调研，并编写《风险调研报告》的技术部分内容； 2. 参与编写《评估方案》； 3. 遵照《评估方案》实施各阶段具体的技术性评估工作，主要包括：信息资产调查、威胁调查、安全技术脆弱性核查等； 4. 对评估工作中遇到的问题及时向项目组长汇报，并提出需要协调的资源； 5. 将各阶段的技术性评估工作成果进行汇总，参与编写《风险评估报告》与《风险处置建议书》等项目成果； 6. 负责向被评估方解答项目成果中有关技术性细节的问题
安全管理评估人员	安全管理评估人员是负责风险评估项目管理方面评估工作的实施人员。具体工作职责包括以下内容： 1. 根据评估目标与评估范围参与组织的风险调研，并编写《风险调研报告》的管理部分内容； 2. 参与编写《评估方案》； 3. 遵照《评估方案》实施各阶段具体的管理性评估工作，主要包括：信息资产调查、威胁调查、安全管理脆弱性核查等； 4. 对评估工作中遇到的问题及时向项目组长汇报，并提出需要协调的资源； 5. 将各阶段的管理性评估工作成果进行汇总，参与编写《风险评估报告》与《风险处置建议书》等项目成果； 6. 负责向被评估方解答成果中有关管理性细节的问题
质量管控员	质量管控员是负责风险评估项目中质量管理的人员具体工作职责包括以下内容： 1. 监督审计各阶段工作的实施进度与时间进度，对可能影响项目进度的问题及时通告项目组长； 2. 负责对项目文档进行管控

表 3-3　风险评估工作组中被评估机构主要成员角色与职责说明[8]

被评估组织 人员角色	工作职责
项目组长	项目组长是风险评估项目中被评估组织的管理者。具体工作职责包括以下内容： 1. 与评估机构的项目组长进行工作协调； 2. 组织本单位的项目组成员在风险评估各阶段活动中的配合工作； 3. 组织本单位的项目组成员对项目过程中实施提交的评估信息、数据及文档资料等进行确认，对出现的偏离及时指正； 4. 组织本单位的项目组成员对风险评估实施组织提交的《风险评估报告》与《风险处置建议书》等项目成果进行审阅； 5. 组织对风险评估项目进行验收； 6. 可授权项目协调人负责各阶段性工作，代理实施自己的职责

(续表)

被评估组织 人员角色	工作职责
信息安全 管理人员	信息安全管理人员是指被评估组织的专职信息安全管理人员。在风险评估项目中的具体工作职责包括以下内容： 1. 在项目组长的安排下，配合风险评估实施组织在风险评估各阶段中的工作； 2. 参与对风险评估实施组织提交的《评估方案》进行研讨； 3. 参与对项目过程中实施方提交的评估信息、数据及文档资料等进行确认，及时指正出现的偏离； 4. 参与对风险评估实施组织提交的《风险评估报告》与《风险处置建议书》等项目成果的审阅； 5. 参与对风险评估项目的验收
项目协调人	项目协调人是指被评估组织的协调人员。具体工作职责是负责与被评估组织各级部门之间的信息沟通，及时协调、调动资源，包括工作场地、物资、人员等，以保障项目的顺利开展
业务人员	业务人员是指在被评估组织的业务使用人员代表（应由各业务部门负责人或其授权人员担任）。在风险评估项目中的具体工作职责包括以下内容： 1. 在项目组长安排下，配合风险评估实施组织在风险评估各阶段中的工作； 2. 参与对风险评估实施组织提交的《评估方案》进行研讨； 3. 参与对项目过程实施方提交的评估信息、数据及文档资料等进行确认，及时指正出现的偏离； 4. 参与对风险评估实施组织提交的《风险评估报告》与《风险处置建议书》等项目成果的审阅； 5. 参与对风险评估项目的验收

如被评估机构不设开发人员岗位，其职责和分工可由信息系统运维人员承担。

2. 风险评估领导组

风险评估领导组主要负责决策风险评估工作的方针、目标，参与并指导风险评估准备阶段的启动会议，协调评估实施过程中的各项资源，组织评估项目验收会议，批准、推进并监督风险处置工作，开展风险处置效果评价，与利益相关方进行沟通，进行风险管理全过程监视与评审等。

当信息安全风险评估采取委托评估方式时，风险评估领导组一般由被评估组织主管信息化或信息安全工作的领导负责，成员一般包括：被评估组织信息技术部门负责人、相关业务部门负责人等，并有风险评估实施组织的项目经理和相关部门负责人参与[8]。在自评估方式下，风险评估领导组则由单位自己组建。

3. 风险评估专家组

对于大型复杂的风险评估项目，应考虑在项目期间聘请相关领域的专家对风险评估项目的关键阶段进行工作指导。专家的具体职责包括以下内容[8]。

（1）帮助被评估组织和实施方规划风险评估项目的总体工作思路和方向；

（2）对出现的关键性难点问题进行决策；

（3）对风险评估结论进行确定；

（4）开展风险评估过程相关议题的咨询活动。

3.4.4 进行系统调研

在环境建立阶段对风险管理对象进行了充分的调查与分析。在此基础上，风险评估团队通过调查问卷、人员访谈、现场考察、核查表等形式对组织的业务、组织结构、管理、技术等方面进行调查。依据调查表列表（如表3-4所示），可以调查系统的管理、设备、人员管理的情况，并结合现场核查设备的实际配置等情况。例如，用于组织发展战略和业务识别、资产识别、威胁识别、脆弱性识别，以及已有安全措施的确认等调查工作，得出系统在物理、环境和操作方面的信息。

表 3-4   调查表列表

1.《单位基本情况调查表》	11.《服务器设备情况》
2.《参与测评项目相关人员名单》	12.《应用系统软件情况》
3.《信息资产登记表》	13.《业务系统功能登记表》
4.《信息系统等级情况》	14.《信息系统承载业务（服务）表》
5.《外联线路及设备端口》（网络边界情况）	15.《业务数据情况调查》
6.《信息系统网络结构》（环境情况）	16.《数据备份情况》
7.《安全设备情况》	17.《应用系统软件处理流程》（多表）
8.《网络设备情况》	18.《业务数据流程》（多表）
9.《物理环境情况》	19.《管理文档情况调查》
10.《终端设备情况》	20.《安全威胁情况》

以《业务和业务流程调查表》为例，其样表如表3-5所示。该表用于业务识别之用。业务和业务流程识别的主要手段是访谈、文档查阅和资料调查。该表作为业务识别的辅助工具，帮助记录风险评估对象的各项业务或业务流程。

表 3-5   业务和业务流程调查表样表

序　号	业务系统名称	业务描述	应用模式	开 发 商	运行平台	访问地址
1	……	……	……	……	……	……
2	……	……	……	……	……	……

3.4.5 确定信息安全风险评估的依据和方法

信息安全风险评估涉及组织内部有关的重要信息，被评估组织应慎重选择评估单位、评估人员的资质和资格，并遵从国家或行业相关管理要求。根据前期的调研结果，并根据评估的工作形式（自评估或检查评估）确定评估依据，具体可参考3.1.3节。

根据信息安全风险评估依据，综合考虑信息安全风险评估的目的、范围、时间、效果、评估人员素质等因素，选择具体的风险识别方法和风险分析、计算方法，并依据业务实施对系统安全运行的需求，确定相关的判断依据，使之能够与组织环境和安全要求相适应。

3.4.6　选定评估工具

评估工具是信息安全风险评估中用于风险识别、已有安全措施确认和风险分析的各类信息收集工具或表格，包括自动化搜集探测工具、调查表或检查列表等。

根据在风险评估过程中的主要任务和作用原理的不同，风险评估工具可以分成风险评估与管理工具、系统基础平台风险评估工具、风险评估辅助工具三类。

风险评估与管理工具是一套集成了风险评估各类知识和判据的管理信息系统，用于规范风险评估的过程和操作方法，或者用来收集评估所需要的数据和资料，基于专家的经验对输入、输出进行模型分析。例如：基于NIST SP 800-30、ISO/IEC 27005或ISO/IEC TR 13335等标准的风险评估工具，基于知识库的风险综合评估工具，以及基于定性或定量方法进行模型分析的风险评估工具等。

系统基础平台风险评估工具主要用于对信息系统的主要部件（如操作系统、数据库系统、网络设备等）的脆弱性进行分析，或对基于脆弱性攻击的可能性进行发现，例如：漏洞扫描工具、渗透性测试工具等。

风险评估辅助工具则实现对数据的采集、现状分析和趋势分析等单项功能，为风险评估各要素的赋值、定级提供依据，例如：基于特定基线标准的检查列表、IDS、IPS（Intrusion Prevention System，入侵防御系统）、安全审计工具、拓扑发现工具、资产信息收集电子调查表、评估指标库、算法库、模型库、国家漏洞库，以及专业机构发布的漏洞与威胁统计数据等。

选定评估工具首先要从现有风险评估方法和工具库中选择合适的风险评估方法和工具，形成入选风险评估方法和工具列表；其次，根据评估对象和评估内容合理选择相应的评估工具。评估工具的选择和使用具体应遵循以下原则[8]。

（1）系统脆弱性评估工具应具备全面地对被评估对象脆弱性进行核查与检测的能力。

（2）评估工具的检测规则库应具备升级功能，能够及时更新。

（3）评估工具使用的检测方式不应对被评估对象造成不正常影响。

（4）可采用多个评估工具对同一测试对象进行检测，如果出现检测结果不一致的情况，应采用必要的人工关联分析，并给出与实际情况最为相符的结果判定。

（5）评估工具的选择和使用必须符合国家有关规定。

信息安全风险评估实施组织应根据调研结果确定具体的工作内容，积极准备开展评估工作时所必需的条件，选择完成评估活动所要用到的工具和表格，并制定相应的风险评估方案。

3.4.7　制定信息安全风险评估方案

制定信息安全风险评估方案的目的是为风险评估实施活动提供一个总体计划，用于指导评估团队开展评估工作，使评估各阶段工作可控，并作为评估项目验收的主要依据之一。风险评估方案应得到被评估组织的信息安全风险管理决策层和管理层的认可和批准。风险评估方案的内容一般包括[8]以下内容。

（1）风险评估概况：包括评估目标、评估意义、评估范围和评估依据等。

（2）评估团队组织：包括评估工作组成员、组织结构、角色、责任；如有必要还应包括风险评估领导组和专家组介绍等；

（3）评估工作计划：包括各阶段工作内容、工作形式、工作成果等；

（4）评估工作自身风险管理：包括保密协议、评估工作环境要求、评估方法、工具选择、应急预案等；

（5）经费预算：主要涉及评估工作经费预算；

（6）时间进度安排：评估工作实施的时间进度安排；

（7）项目验收方式：包括对验收方式、验收依据、验收结论的定义等。

上述所有内容确定后，应形成较为完善的风险评估实施方案，得到组织最高管理者的支持和批准。

3.4.8　准备阶段工作保障

3.4.8.1　文档管理

为了确保文档资料的完整性、准确性和安全性，应遵循以下原则：

（1）指派专人负责管理和维护项目进程中产生的各类文档，确保文档的完整性和准确性；

（2）文档的存储应进行合理的分类和编目，确保文档结构清晰可控；

（3）所有文档都应注明项目名称、文档名称、版本号、审批人、编制日期、分发范围等信息；

（4）不得泄露给与本项目无关的人员或组织，除非预先征得被评估组织项目负责人的同意。

3.4.8.2　评估工作自身风险的控制

风险评估工作自身也存在风险，一是评估结果是否准确有效、能够达到预先目标存在风险；二是评估中的某些测试操作可能给被评估组织或信息系统引入新的风险。应通过以下工作消除或降低评估工作中可能存在的风险。

风险评估工作应实行质量控制，以保证评估结果的准确有效。风险评估工作应明确划分各个阶段。在各个阶段中，一是要根据相应的管理规范开展评估工作；二是保证数据采集的准确性和有效性；三是充分了解被评估组织的行业背景及安全特性要求，以及对被评估信息系统所承担的业务和自身流程的理解。

在进行脆弱性识别前，应做好应急准备。风险评估实施组织应对测试工具进行核查。核查内容包括：测试工具是否安装了必要的系统补丁，是否存在与本次评估工作无关的残余信息、病毒木马，漏洞库或检测规则库升级情况及工具运行情况如何。核查人员应填写测试工具核查记录；评估人员事先应将测试方法与被评估组织相关人员充分沟通；在测试过程中，评估人员应在被评估组织相关人员配合下进行测试操作[8]。

3.5 项目管理基础

3.5.1 项目管理概述

信息安全风险管理活动通常以项目管理的方式进行。本节以信息安全风险评估项目为例，说明项目管理的相关定义、十大知识领域、生命周期和管理过程等项目管理的基本概念。

3.5.1.1 项目管理定义

1. 项目的定义和特征

美国项目管理协会（PMI）在其出版的《项目管理知识体系指南》（Project Management Body of Knowledge，简称 PMBOK）中为项目所做的定义是：项目是为创造独特的产品、服务或成果而进行的临时性工作。例如：开发一项新产品、计划举行一项大型活动，以及开展一次信息安全风险评估等。

项目的基本特征表现在：有一个明确的目标；由一系列互相关联的任务构成，是有组织的整体；具有有限的资源（比如时间、人力和成本等）和生命周期；是一次性、独特性和不确定性的活动。

一个项目无论大小、特点如何，一般包括下列要素：具体交付的结果（产品或成果）；明确的开始与结束日期（项目开始日期及其结束日期）；既定的预算（包括人员、资金、设备、设施和资料等的限额）等。

2. 管理的定义和特征

广义的管理是指运用科学的手段安排组织社会活动，使其有序进行，对应的英文是Administration或Regulation；狭义的管理是指为保证一个单位全部业务活动而实施的一系列计划、组织、协调、控制和决策的活动，对应的英文是Manage或Run。

管理通常包括五个要素：管理主体、管理客体、管理目标、管理方法和管理理论。此外，管理还有五大职能，分别为：计划、组织、指挥、监督和调节，其中计划是最基本职能。

3. 项目管理的定义和分类

所谓项目管理，是指项目的管理者在有限的资源约束下，运用系统的观点、方法和理论，对项目涉及的全部工作进行有效的管理，即从项目的投资决策开始到项目结束的全过程进行计划、组织、指挥、协调、控制和评价，以实现项目的目标[14]。因此，项目具有一个包含四个阶段的生命周期——开始项目、组织与准备、执行项目、结束项目。

根据不同的运用领域，项目管理可以划分成三类，分别是信息项目管理、工程项目管理和投资项目管理，比如信息安全风险评估项目就是信息项目管理。

人类数千年来进行的组织工作和团队活动，都可以视为项目管理行为。但项目管理被发展、提炼成一种具有普遍科学规律的理论模式，却只是近几十年来的事。项目管理发展史研究专家以20世纪80年代为界，把项目管理划分为两个阶段：早期项目管理阶段和现代项目管理阶段。

3.5.1.2 项目管理发展历史与现状

1. 早期项目管理阶段

项目管理最早起源于美国。在1950年至1980年期间，应用项目管理的主要是国防建设部门和建筑公司。传统的观点认为，项目管理者的工作就是单纯地完成既定的任务。有代表性的项目管理技术比如甘特图（Gantt Chart）、CPM（Critical Path Method，关键路径法）和PERT（Program Evaluation and Review Technique，计划评审技术），它们是三种分别独立发展起来的技术。甘特图又叫横道图、条状图。它是用条形图显示项目及其进度的标志系统。CPM假设每项活动的作业时间是确定值，重点在于费用和成本的控制。PERT是用概率的方法进行估计的估算值，另外，它也并不十分关心项目费用和成本，重点在于时间控制，主要应用于含有大量不确定因素的大规模开发研究项目。随后CPM和PERT常常被结合使用，以求得时间和费用的最佳控制。关键链是传统CPM的最新扩充。工作分解结构（简称WBS）则扩展了PERT。20世纪60年代，项目管理的应用范围还只是局限于建筑、国防和航天等少数领域。项目管理因为在美国的阿波罗登月项目中取得巨大成功而风靡全球，国际上许多人开始对项目管理产生了浓厚的兴趣，并逐渐形成了两大项目管理体系。其一是以欧洲为代表的国际项目管理协会（IPMA）；另一个是以美国为代表的美国项目管理协会（PMI）。二者为市场经济体系积累了大量的市场经验和管理经验。

2. 现代项目管理阶段

现代项目管理发展阶段通常被认为始于20世纪80年代。项目管理的应用逐渐扩展到其他工业领域或行业，如制药行业、通信业、软件开发业等。项目管理者也不再被认为仅仅是项目的执行者，还需要能胜任各个领域的更为广泛的工作，同时具有一定的经营技巧。1987年，美国项目管理学会推出了一套项目管理知识体系（PMBOK），这是项目管理领域的一个里程碑。PMBOK是指任何可用于项目管理过程中并能使项目合理、有效运行的知识、方法和工具。国际标准化组织以PMBOK为框架，制定了ISO10006项目管理的标准。同时PMI严格按照国际标准化组织的更新要求，每四年更新一次PMBOK，目前已经更新到第6版。PMBOK把项目管理划分为十大知识领域，即：项目范围管理、项目进度管理、项目成本管理、项目质量管理、项目资源管理、项目沟通管理、项目风险管理、项目采购管理、项目整合管理和项目相关方管理。

除了PMBOK，项目管理方法还有个体软件过程（PSP）[15]、团队软件过程（TSP[16]）、IBM全球项目管理方法（WWPMM[17]）及英国商务部推出的受控环境下的项目管理流程PRINCE2[18]等。这些项目管理知识体系试图把项目开发小组的活动标准化，使其更容易预测、管理和跟踪。

我国项目管理由华罗庚教授于20世纪60年代引进中国，当时的项目管理方法被称为统筹法和优选法，并不断得到发展。20世纪80年代起，在我国部分重点建设项目中开始尝试运用项目管理模式。基于美国PMI和欧洲IPMA的项目管理知识体系，由中国项目管理研究委员会（PMRC）开始建立适合我国国情的中国项目管理知识体系（Chinese Project Management Body of Knowledge，简称C-PMBOK），于2001年5月正式推出了第一版《中国项目管理知识体系》，并发布了符合中国国情的《国际项目管理专业资质认证标准》（C-NCB），促进了我国项目管理学科体系的不断完善。

3.5.2　项目管理的重点知识领域

项目管理知识体系是项目管理中使用的各领域知识的总和，其中范围管理、进度管理、质量管理、成本管理四个知识领域为项目管理知识体系中的核心知识领域，这四个知识领域直接决定项目的成败，需要更多的管理技术。而其他知识领域是项目管理的辅助知识领域[19]，对项目的成功起着辅助作用，需要更多的管理艺术。

四个核心知识领域的管理对象，范围、进度、质量和成本，相互制约，形成项目制约因素。在项目执行过程中，项目经理必须平衡范围、进度、质量和成本这四个要素，满足相关方的要求与期望，顺利完成项目。

下面结合信息安全风险评估项目，阐述风险评估项目管理相关的知识要点。

3.5.2.1　项目范围管理

所谓项目范围管理，就是为了实现项目的目标，对项目的工作内容进行控制的管理过程。它通常包括范围的界定、范围的规划和范围的调整等。项目范围管理包括为成功完成项目所需要的一系列过程，以确保项目包含且仅仅只包含项目所必须完成的工作。范围管理主要包括明确范围、确定成果、任务分解、范围控制和成果核实等过程。对信息安全风险评估项目，应从广度、深度、位置和手段等方面与客户确定项目范围，创建WBS，并控制好评估范围的变更。

1. 明确范围

信息安全风险评估是技术服务产业，它不同于产品类项目，一般在合同中对范围规定得比较模糊，因此，在项目计划准备阶段首先应从广度、深度、位置、手段四个方面跟客户进一步确定项目范围。广度方面应该落实到具体的被评估对象，如某项具体业务、OA系统、ERP系统等；深度方面应该落实到物理、网络、系统及应用各层面，确定是否包括安全管理方面的评估；对于跨地域的被评估对象，应该确定其具体的实施位置；另外，还应该对风险评估所采用的手段进行规定。项目范围的确定是一个谈判的过程，要本着双赢的原则，以实现客户等关键相关方的需求与期望为目标。

2．确定成果

应在信息安全风险评估项目开始之前，与客户将项目提交的成果及要求确定下来。确定成果的目的，一是在项目执行过程中以此成果为目标，二是将此成果作为项目验收的交付标准。对于信息安全风险评估项目来说，最主要的成果应是风险评估报告。

3．创建 WBS

创建WBS的目的是把项目可交付成果和项目工作分解成较小的、更易于管理的组成部分。WBS是以可交付成果为导向的工作层级分解。计划要完成的工作包含在WBS底层组成部分中，这些组成部分被称为"工作包"。在信息安全风险评估项目中，WBS层级以二到三级、工作包以单人能完成、时间控制在一周之内为宜。表3-6给出了一个信息安全风险评估项目创建WBS的例子。

表 3-6　信息安全风险评估项目创建 WBS 示例

大纲级别	任务名称	工　期	每工作日需要的资源	约束条件
1	评估准备			1 周内完成
1.1	组建团队	1 工作日	项目经理 1 名，技术人员 3 名	
1.2	调研分析	5 工作日	项目经理 1 名，技术人员 3 名	
1.3	选定工具	1 工作日	项目经理 1 名，技术人员 1 名	保证业务连续性
1.4	制定方案	4 工作日	项目经理 1 名，技术人员 3 名	
1.5	获得批准	1 工作日	项目经理 1 名，相关信息安全业务主管	提前与项目相关方沟通
……	……	……	……	……
2	风险识别	5 工作日	项目经理 1 名，技术人员 3 名	在线业务不能中断等
3	风险分析与评价	3 工作日	项目经理 1 名，技术人员 3 名	
4	成果验收与交付	1 工作日	项目经理 1 名，技术人员 3 名	
5	项目结束			

4．范围控制

范围是所有计划的基础，如果范围发生变化，势必会引起时间、成本、质量和计划等的连锁反应，因此要控制风险评估范围的变更。对于信息安全风险评估项目，在委托评估的情况下，对于来自客户的范围变更一定要谨慎对待。首先不能明确拒绝，然后要分析客户变更的原因及目的，尽快估计出变更所需人工及预算，以及对时间和质量的影响，再做决定。如果变更所需费用在预算承受范围内，对时间和质量影响不大，可以接受客户的范围变更的请求，并考虑让客户在其他方面进行补偿。这些仍应按照变更管理流程，由客户提出书面的变更申请，经相关领导审批之后再执行。如果客户要求的变更，对项目的预算、时间影响比较大，这种变更原则上不能接受，但也不能直接拒绝，可与客户协商，通过另外的项目来达到客户提出的要求，必要时可请商务部门出面协调。

5．成果核实

成果核实是正式验收项目已完成可交付成果的过程，对信息安全风险评估项目而言就是对风险评估报告评审的过程。通过该过程，取得关键相关方对项目范围的最终认可。它要求审查可交付成果和工作结果，以保证一切工作均已正确无误且令人满意地完成。如不能满足验收标准，则提交变更申请进行变更。

3.5.2.2　项目进度管理

项目进度管理是为了确保项目最终按时完成而进行的一系列管理过程。它包括活动排序、时间估计、进度安排及时间控制等工作。

在考虑进度安排时要把人员的工作量与花费的时间联系起来，合理分配工作量，并利用进度安排的有效分析方法来严密监视项目的进展情况，以使项目的进度不被拖延。信息安全风险评估项目通常是通过项目团队成员的技术能力为客户提供安全服务的，以人天为单位计算工作量，因此更应该做好进度管理。在信息安全风险评估项目中，应通过定义活动、活动排序、估算工期等过程，使用甘特图或关键链等进度编制工具来制定项目进度计划，并严格控制项目进度。

信息安全风险评估项目的进度管理包括以下几个方面。

1．制定进度管理计划

为制定进度管理计划，项目团队成员要进行详细的项目结构分析，系统剖析整个项目的结构，包括实施过程和细节；将项目分解为内容单一的、相对独立的、易于成本核算与检查的项目活动（实施项目时安排工作的最基本的工作单元）。

制定项目计划是一个反复多次的过程，项目计划至少包含以下内容：要进行的项目工作；项目过程所需进行的各项活动；为了保证项目质量所需进行的各项活动；开展各项活动所需的资源与实践，以及对各项目团队成员的要求；各项活动之间的依赖关系；与提供信息和服务相关的外部依赖关系；活动的开始时间和结束时间；监督、控制项目进展的监控点；认可的允许偏差等。

2．定义活动

活动（或称为任务）是项目实施期间所需要完成的工作包或工作包的集合。定义活动就是在WBS基础上，识别和确定为完成项目可交付成果所需要进行的所有具体活动的过程。如，为完成脆弱性识别，需要进行漏洞扫描、主机配置检查、管理制度审查等工作。

3．活动排序

活动排序是识别项目活动清单中各项活动的相互关联与依赖关系，并据此安排和确定项目各项活动先后顺序的过程。活动之间有强制、自由和外部三种依赖关系。在信息安全风险评估项目中，强制依赖关系（也称为硬逻辑关系）就是依据合同要求开展的、由内在本质联系所决定的依赖关系。如，进行漏洞扫描活动之前必须先提交申请，那么提交申请与漏洞扫描之间就是一种强制依赖关系。自由依赖关系（也称为软逻辑关系）是由项目团队根据最佳实践来决定的依赖关系，如文档审查与现场访谈就是一种自由依赖关系。外部依赖关系是项目与非项目活动之间的依赖关系，如漏洞扫描与外部供应商能否及时交付扫描器之间的关系。确定了活动之间的依赖关系后，可对之排序。排序关系有四种，最常见的是完成—开始（FS），其他还包括：开始—开始（SS）、完成—完成（FF）和开始—完成（SF）。其中，"完成—开始"关系指的是一项活动（A）必须先完成，另外一项活动（B）才能开始，例如：组建风险评估团队活动完成后才能开始调研分析；"开始—开始"关系指的是一项活动（A）开始前另一项活动（B）不能先开始，例如：资产识别活动与脆弱性识别活动可相继开始，但资产识别活动开始前脆弱性识别活动不能先开始；"完成—完成"关系指的是一项活动（A）完成前，另一项活动不能先完成（B），例如：选定评估工具活动与制定评估方案活动可相继完成，但选定评估工具活动完成前制定评估方案活动不能先完成；"开始—完成"关系则较少使用。

4．项目活动时间估算

项目活动时间估算是根据对开展活动所需资源的估计，估算完成单项活动所需时间的过程。在信息安全风险评估项目中，需根据活动的具体情况、负责活动的人员情况来进行估算。如在做被评估对象调研或漏洞扫描等项目活动时，应将协调客户的时间计算在内。项目活动时间估算常采用三点估算法（即PERT，计划评审技术）的计算公式估算：

项目活动时间=（悲观估计时间+4×最大可能估计时间+乐观估计时间）/6

5．进度安排

进度安排是完成定义活动、活动排序、估算项目活动时间等时间管理过程的结果，是编制项目进度计划的过程。可使用进度计划编制工具来确定项目活动的计划开始日期与计划完成日期，以及相应的里程碑，制定出有效可行的项目进度计划。信息安全风险评估项目常使用甘特图工具来做进度安排，但由于受到多种外部因素制约，且项目组成员有限，在此推荐采用关键链进度编制技术制定项目进度计划。首先，根据活动排序、项目活动时间估算来绘制项目进度网络图；然后计算关键路径，在确定了关键路径之后，将资源的有无和多寡情况考虑进去，制定出资源约束进度表，资源约束的关键路径就是关键链；最后，在网络图中增加作为"非工作进度活动"的持续时间缓冲，用来应对不确定性。放置在关键链末端的缓冲称为项目缓冲，用来保证项目不因关键链的延误而延误。放置在非关键链与关键链的结合点的缓冲为接驳缓冲，则用来保护关键链不受非关键链延误的影响。这两种缓冲都是加入计划的一段额外的时间，这样，如果前面任务发生一定程度的延期，首先会侵占这段额外的时间，只要延期不超出这段额外的时间，就不会推迟后面任务，或者不会推迟项目交付时间。

下面以风险评估准备项目进度安排为例，看一下如何采用关键链法呈现项目进度，如图3-5所示。

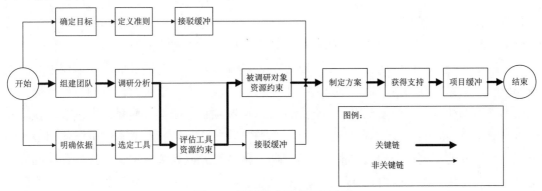

图 3-5　关键链法呈现项目进度

6．进度控制

进度控制是监督项目状态进展、管理进度计划变更的过程。进度控制是实施整体变更控制过程的一个组成部分。进度控制的主要内容是：判断项目进度的当前状态，对引起进度变更的因素施加影响，确定项目进度是否已经发生变更，在变更实际发生时对进度进行管理。

3.5.2.3　项目成本管理

项目成本管理是指在项目的实施过程中，为了保证完成项目所花费的实际成本不超过其预算成本而展开的项目成本估算、项目预算编制和项目成本控制等方面的管理活动。项目成本是评价一个项目是否成功的关键因素之一。

1．项目成本估算

项目成本估算是对完成项目活动所需资金进行近似估算的过程。成本估算是在某个特定时间点，根据已知信息所做出的成本预测。成本估算的依据主要有项目章程、项目范围说明书、项目计划、WBS、进度管理计划、员工管理计划、风险事件、环境和组织因素。

信息安全风险评估项目的主要成本是人工成本及实施直接成本（包括差旅费、会务费、评审费、培训费、资料费等），其中人工成本是主要部分，需要重点做出估算。在估算人工成本时，需要根据进度计划估算项目团队成员的人工工时。各团队成员的人工工时乘以相应的工时费率，然后相加即可得到人工成本的估算成本。

2．项目预算编制

项目预算编制是汇总所有单个活动或工作包的估算成本，建立一个经批准的成本基准的过程。成本基准中包括所有经批准的预算。项目预算决定了被批准用于项目的资金。根据批准的预算，考核项目成本绩效。

3．项目成本控制

项目成本控制是监督项目状态以更新项目预算、管理成本基准变更的过程。更新项目预算需要记录截至目前的实际成本。只有经过对实施整体变更控制过程的批准，才可以增加预算。在成本控制中，应重点分析项目资金支出与相应完成的实体工作之间的关系。有效成本控制的关键在于，对经批准的成本绩效基准及其变更进行管理。

在信息安全风险评估项目中，项目成本控制实施内容有：对造成成本基准变更的因素施加影响；确保所有的变更请求都获得及时响应；当变更实际发生时，管理这些变更；确保成本支出不超过批准的资金限额，包括阶段限额和项目总限额；监督成本绩效，找出并分析与成本基准间的偏差；对照资金支出，监督工作绩效；防止在成本或资源使用报告中出现未经批准的变更；向相关方报告所有经批准的变更及其相关成本；设法把预期的成本超支控制在可接受的范围内；在项目成本控制中，设法弄清引起正面和负面偏差的原因。虽然各个过程是彼此独立、相互间有明确界限的组成部分，但在实践中它们可能会交叉重叠、相互影响，同时与其他知识领域的过程也相互作用。为保证项目能够完成预定目标，必须加强对项目实际发生成本的控制，一旦项目成本失控，就很难在预算内完成项目。不良的成本控制常常会使项目处于超出预算的危险境地。

项目成本预算是进行项目成本控制的基础。它是一项将项目的成本估算分配到项目的各项具体工作上，以确定项目各项工作和活动的成本定额、制定项目成本的控制标准、规定项目以外成本划分与使用规则的项目管理工作。有效成本控制的关键是经常及时地分析成本绩效，尽早发现成本差异和成本执行的效率，以便在情况变坏之前能够及时采取纠正措施。一旦项目成本失控，要在预算内完成项目是非常困难的。如果没有额外的资金支持，那么成本超支的后果有三种，要么推迟项目工期；要么降低项目的质量标准；要么缩小项目工作范围。这三种情况都将导致项目质量严重下降。

3.5.2.4　项目质量管理

项目质量管理是为了确保项目达到客户规定的质量要求所实施的一系列管理过程。它包括质量计划、质量控制和质量保证等。

1．制定质量计划

制定质量计划的主要目的是确保项目的质量标准能够实现，其关键是确保项目按期完成，同时要处理与其他项目计划之间的关系。

质量计划确定将使用的质量技术与标准，并决定如何满足这些标准。同时应确定包括项目经理及项目团队成员所承担的质量职责。依据质量方针、项目范围、项目成果、标准规范等制定出质量管理计划、质量度量标准，以及一系列质量检查表格。质量计划必须综合考虑成本效益，达到高产出、低支出及增加客户满意度等要求。信息安全风险评估项目来说，制定质量计划主要包括以下内容。

（1）编制目的；

（2）适用范围；

（3）编制依据与原则；

（4）风险评估项目概况；

（5）质量目标；

（6）质量管理分工与职责（可按风险评估团队的组成进行分工）；

（7）质量控制措施（分评估前、评估过程中和评估完成三个阶段进行质量控制）；

（8）质量检验或验收措施（可实行分阶段和分项检验或验收）；

（9）不合格结果处理程序；

（10）质量保证措施（分为评估方法工具、评估实施人员素质和评估操作过程的质量保证措施等）；

（11）记录或文档的收集、维护与保存。

2．质量保证

质量保证贯穿于项目实施的全过程之中，是所有计划和工作达到质量规划要求的基础，为项目质量系统的正常运转提供可靠的保证。它是在质量体系内实施并按需证实的有计划的系统性活动，提供质量保证表明项目能够满足质量要求。它是质量管理的一个更高层次，是对质量规划、质量控制过程的控制。项目质量保证包括制定质量标准、设计质量控制流程及建立质量保证体系。在信息安全风险评估项目中，质量保证实施内容有：确定评估目标与质量标准；为在连续改进的评估周期中使用数据编制计划；为建立和维持绩效评估编制计划；质量审核；提出质量改进措施，提高项目的效能和效率。质量审核是确定风险评估活动和结果是否符合评估计划安排，以及这些安排是否有效贯彻并达到目标的系统且独立的审查。通过质量审核，评价风险评估过程和结果是否符合目标的要求，并确定是否需采取改进措施或重新进行风险评估。

3．质量控制

质量控制是对项目实施过程中的工作进行持续不断的检查、度量、评价和调整，保证项目实施过程满足质量目标的活动。质量控制同样贯穿于信息安全风险评估项目实施的全过程。在这个过程中，项目管理人员需持续采取有效措施，监督项目的具体实施结果，判别它们是否符合有关的项目质量标准，并确定控制途径以保证项目目标的顺利实现。项目质量控制活动一般包括保证由内部或外部机构进行监测管理的一致性、发现与质量标准的差异、审查质量标准以确定可达到的目标及成本效益问题，并且在需要时还可以修订项目的质量标准或项目的具体目标。

在信息安全风险评估项目中，质量控制实施内容有：选择控制点；为提供可能的正确行动决策设定标准；建立度量方法；将实际结果与质量标准进行对比；通过收集信息，将非一致性的过程和材料统一到标准上来；管理和校准测量工具。在质量管理中广泛应用的工具包括直方图、控制图、因果图、排列图、散点图、核对表和趋势分析等。

此外，质量审查技术也广泛应用于质量控制过程。质量审查技术用于评价项目质量是否符合预期目的或符合要求。首先要确定与正在审查中的项目质量有关的所有项目相关方。其次，精心组织会议讨论要审查的项目质量要求，以及审查者的意见。项目相关方对项目的任何必要变更应达成一致意见，同时贯彻执行必要的行动方案。最后，完成所有必要的变更，项目最终被正式签署验收后，质量审查工作才告结束。这代表本次项目满足规定的质量标准，并被批准通过验收。

4．质量验收

信息安全风险评估项目的质量验收包括以下内容。

（1）文档类交付物验收

文档类交付物是指在工作说明书中明确列出需要交付的文档；当风险评估实施组织完成项目过程中必须提交文档类交付物的复制文档（包括pdf、excel、ppt等可编辑、可打印、可摘录的格式）；被评估对象所在组织相关部门对交付物进行审核或提出修改意见，在5个工作日内对可交付物进行反馈，如超过5个工作日没有响应则视为通过验收。

（2）事件类交付物验收

事件类交付物是指为达成信息安全风险评估项目目标，而组织的项目协调会议（包括项目启动会或研讨会、审议会等，但不包括例行项目进展通报会或项目管理例会等）、访谈、研讨会和培训等活动。事件类交付物在事件完成时即被视为验收。

（3）项目质量验收标准

按照项目计划组织并完成项目实施，提交项目检测评估报告，得到被评估对象所在组织的风险评估领导组签字确认，完成项目验收。当以上"事件类交付物"和"文档类交付物"全部通过验收且符合项目质量验收标准后，本项目视为通过验收。

3.5.2.5　项目团队管理

项目团队管理是为了保证所有项目关系人的能力和积极性都得到最有效的发挥和利用所做的一系列管理措施。它包括组织的规划、团队的建设、人员的选聘和项目的团队建设等一系列工作。换言之，项目团队管理就是要在对项目目标、规划、任务、进展及各种变量进行合理、有序的分析、规划和统筹的基础上，对项目过程中的所有人员，包括项目经理、项目团队其他成员、项目发起方、投资方、项目业主及项目客户等给予有效的协调、控制和管理，使他们能够与项目团队紧密配合，尽可能地适合项目发展的需要，最大可能地挖掘人才潜力，最终实现项目目标。

1．编制人员计划

编制人员计划是指识别和记录项目角色，人员职责、所需技能及报告关系，并编制人员配备和管理计划的过程。通过编制人员计划，识别和确定那些拥有项目所需技能的人力资源。在人员计划中，应该包含项目角色与职责记录、项目组织结构图。有些执行时间比较长的信息安全风险评估项目，可能还包含培训需求、团队建设策略、认可与奖励计划、合规性考虑及安全问题等。项目团队可采用责任分配矩阵（RAM）显示工作包或活动与项目团队成员之间的联系。责任分配矩阵能反映与每个人相关的所有活动，以及与每项活动相关的所有人员，可确保任何一项任务都只有一个人负责，从而避免混乱。在一些大的风险评估项目中，可在多个层次上制定责任分配矩阵。例如，高层次的责任分配矩阵可定义项目团队中各小组分别负责WBS中的对应工作包，而低层次的责任分配矩阵则可在各小组内为具体活动分配角色、职责和职权。

2. 建设项目团队

团队建设是一个持续的过程，对项目成功至关重要。对于信息安全风险评估项目而言，需要评估方与被评估方密切合作，共同组建项目团队，合力实现项目目标，因此需要持续不断地开展团队建设。项目经理应该持续地监督团队机能和绩效，确定是否需要采取措施来预防或纠正各种团队问题。团队建设通常经过五个阶段，分别是：形成阶段，团队成员开始相互认识，并了解项目情况，以及他们在项目中的正式角色与职责，这时的团队成员倾向于相互独立，不怎么开诚布公；震荡阶段，团队开始从事项目工作，制定技术决策和讨论项目管理方法，如果团队成员对不同观点和意见不能采取合作和开放的态度，团队环境可能恶化并具有破坏性；规范阶段，团队成员开始协同工作，并按团队的需要来调整各自的工作习惯和行为，团队成员开始相互信任；成熟阶段，进入这一阶段后，团队就像一个组织有序的单位那样工作，团队成员之间相互依靠，平稳高效地解决问题；解散阶段，团队完成所有工作，团队成员离开项目。某个阶段持续时间的长短，取决于团队活力、团队规模和团队领导力。

3. 管理项目团队

无论是项目计划的实施还是控制、调整，最终都要落实到具体的人员。信息安全风险评估项目特别依赖项目团队成员的能力与态度，因此管好项目团队尤其重要。管理项目团队的目标具体包括：提高团队成员的知识和技能，增强他们完成项目可交付成果的能力，并降低成本、缩短工期和提高质量；增进团队成员之间的信任和认同感，提振士气、减少冲突和增进团队协作；创建富有生气和凝聚力的团队文化，以提高个人和团队生产率，鼓励团队成员之间的交叉培训和辅导，并互相分享知识和经验。

为保障项目的顺利进行，参与项目实施的人员还必须遵守相关管理制度，如：履行服务义务、严守商业道德、规范日常行为和遵守安全保密规定等。

3.5.2.6　项目沟通管理

项目沟通管理是为了确保项目信息的合理收集和传输所需要实施的一系列措施，包括沟通规划、信息传输和进度报告等。沟通的主旨在于互动双方建立彼此相互了解的关系，相互回应关切，并且期待能经由沟通的行为与过程相互接纳以达成共识。沟通管理也是项目成功的关键因素之一。

项目沟通管理包括以下内容。

1．制定沟通管理计划

首先，项目沟通需要明确项目的相关方或称为利益相关方；其次，需要掌握项目相关方的信息和沟通需求，例如：哪些人是项目的相关方、他们对该项目的收益水平和影响程度如何、谁需要什么样的信息、何时需要，以及应怎样分发给他们等；最后，基于5W，即根据WHO（谁）、WHAT（什么）、WHEN（何时）、WHERE（何地）、WHY（为何）来制定沟通管理计划。

（1）识别相关方

对于信息安全风险评估项目而言，相关方一般可分为项目实施方、客户方及第三方三类。其中客户方的相关方对项目成功的影响最大。例如，在银行系统中，客户方的相关方一般包括信息科技部相关领导、安全处处长及安全管理员、综合处处长及相关人员、运维处处长及相关管理员、信息中心相关人员、研发中心相关人员等。在识别出客户方的项目相关方之后，还应分析他们之间的关系。可以从汇报关系和内部关系两个方面进行相关方之间关系分析。汇报关系是组织内部职权设置的直接体现，内部关系则是指组织成员工作之外的关系，如由于共同爱好等形成的朋友关系。识别出相关方之间关系之后，就可以有针对性地研究沟通策略，在项目实施过程中平衡他们之间的需求与期望。实施方的相关方，主要包括项目发起者、商务（或销售）部门等。项目发起者是最主要的相关方，对项目的整体成功负责，并帮助协调安排相关项目组成员，协调与公司内部高层领导的关系。另外，商务部门也是项目实施单位的相关方，项目的成功与否直接影响其利益，并且在必要的时候协调跟客户的关系。

（2）掌握相关方需求与期望

项目团队应在充分了解项目背景的基础上，运用一定的方法与技巧掌握相关方的需求与期望，了解项目背景。可以通过向咨询顾问、商务人员或直接向客户方项目相关方询问、查阅招标书或投标书或利用网络信息搜索等方法了解项目背景。咨询顾问或者商务人员参与项目较早，相对清楚项目背景，向他们咨询是一条比较简捷的途径。招标书或者投标书一般都有项目背景介绍，通过这些文件也可以了解到相关项目背景。网络信息搜索可能会得到一些项目的真实背景。如果是比较熟悉的客户，也可直接询问客户有关项目的真实背景。风险评估项目的项目背景一般包含：有关法规或监管要求、内部出现安全事件、自身安全建设需要、其他项目引出的需求等。掌握相关方需求与期望的方法，可以应用马斯洛需求层次理论来了解相关方需求与期望。该理论将人的需求分为生理需要、安全需要、社会需要、尊重需要、自我实现需要五个层次，依次由低层次到高层次阶梯排列。通过马斯洛层次理论可以大致了解相关方的需求，然后通过换位思考、沟通交流等手段，进一步确认相关方的期望。

（3）制定沟通计划

项目沟通可提炼为5W。WHO是指与谁沟通，即相关方；WHAT即沟通什么内容，要确定向谁发布哪些信息或者需要从何处获得什么信息；WHEN指的是在何时进行沟通，应保证沟通的及时性；WHERE是指在何处进行沟通，应以方便沟通为原则；WHY是指沟通的方式，应该选择相关方喜欢的方式，如果项目相关方偏爱听取汇报，就应采取汇报的方式进行沟通。对于信息安全风险评估项目来说，可采用5W工具表制定一个规范的沟通计划。

2．管理沟通

管理沟通旨在以合适的方式或方法及时向项目相关方提供所需信息。在项目沟通中，不同信息的沟通需要采取不同的沟通方式，根据沟通的严肃性程度分为正式沟通和非正式沟通；根据沟通的方向分为单向沟通和双向沟通，横向沟通和纵向沟通；根据沟通的工具分为书面沟通和口头沟通等。

影响选择沟通方式的因素主要有以下几个方面。

（1）沟通需求的紧迫程度；

（2）沟通方式的有效性；

（3）项目相关人员的能力和习惯；

（4）项目本身的规模等。

具体沟通方式可采用以下几种。

会议：如每周例会、每月汇报会、每季度和每半年总结会、不定期会议。会议内容包括：技术交流、业务培训、专题研讨、沟通协调和成果汇报等。

电话或短信：在项目启动阶段，搜集确认项目双方任务组各成员的联系电话，制作成通信录并发送给每位任务组成员，确保遇到紧急问题时双方可，以及时交流、协调，尽快解决问题。

电子邮件：在项目启动阶段，搜集确认项目双方任务组各成员的电子邮箱，制作成通信录并发送给每位任务组成员，服务方任务组可通过发送电子邮件的方式每日、每周汇报项目进展情况，双方可利用电子邮件发布项目相关信息。

社交软件：在项目启动阶段，在微信、QQ或MSN等主流网络社交软件上建立项目组的沟通群，可以保证项目实施过程中双方任务组成员可及时沟通讨论工作内容，提高工作效率。

3．监督沟通

监督沟通旨在收集并分发有关项目绩效的信息，包括状态、进度报告和预测等。在项目实施过程中，监督沟通重点应关注：是否确保评估方与被评估方及时交流项目进展情况、是否解决实际问题、是否采用多种交流方式和工具加强双方之间的沟通协作，同时监督交流过程中的信息的扩散范围，加强信息保密管理。

3.5.2.7　项目风险管理

信息安全风险评估项目与其他经济活动一样带有风险，可能遇到各种不确定因素。要避免和减少损失，将危险转化为机会，项目主体就必须了解和掌握项目风险的来源、性质和发生规律，进而施行有效的管理。

项目风险管理的目标在于提高项目积极事件发生的概率和影响，降低项目消极事件发生的概率和影响。信息安全风险评估项目的规模相对较小，其风险管理流程需根据具体项目实际情况定制或简化，一般可采用风险识别、风险评价、风险处置和持续监控四个过程，相应的措施包括：准备应急预案、风险处置措施实施前测试、保密管理等。

1. 项目风险管理过程

（1）风险识别

风险识别是判断哪些风险会影响项目，提前防范和记录其特征的过程。针对信息安全风险评估项目，重点应识别项目引入的威胁和脆弱性。例如，检测工具使用的检测方式不应对被评估对象造成不正常影响。风险评估实施组织应对检测识别工具进行核查，在进行脆弱性识别前，应做好应急预案准备。另外，可采用核对表的方式进行风险识别，并根据以往类似项目或从其他渠道积累的历史信息与知识，编制风险识别核对表。

（2）风险分析与评价

对于信息安全风险评估项目而言，只需要进行定性分析和评价即可。实施定性风险分析，就是根据风险发生的相对概率或可能性、风险发生后对项目目标的相应影响，以及其他因素（如风险应对的时间要求，与项目成本、进度、范围和质量等制约因素相关的风险承受力等）来评估已识别风险的优先级。

（3）风险处置

规划风险处置是针对项目目标制定提高积极风险、降低消极风险的方案和措施的过程。对于消极风险，一般有规避、转移、降低、保留四种方式；对于积极风险，通常有开拓、分享、提高、接受四种方式。风险处置措施测试是降低风险处置过程风险的有效方法。在风险处置措施正式实施前，项目实施人员在选择风险处置的关键措施时（尤其实施对象是在线生产系统时），应进行测试以验证风险处置措施是否符合风险处置目标、判断措施的实施是否会引入新的风险，同时检验应急恢复方案是否有效。

（4）持续监控

持续监控是在整个项目中，循环监控风险处置计划实施、跟踪已识别风险变化、监测残余风险、识别新风险和评估风险处置有效性的过程。

2. 强化保密管理

为了加强项目执行过程中的保密管理，妥善保护交换的保密信息，防止数据泄露，需明确保密内容、保密义务和保密要求，不断强化人员保密管理责任，严格遵守保密规定。不管信息安全风险评估采取委托评估还是自评估的方式进行，只要是风险评估实施和参与人员都有义务对所接触到的信息保密。

（1）确定保密协调责任人

保密协调责任人是对保密信息的传授和接受等事宜进行协调的首要责任人。

（2）保密信息的内容和确定方式

保密信息是指在信息安全风险评估过程中涉及的所有的商业秘密、技术秘密或与本项目相关的其他保密信息，无论是书面的、口头的、图形的、电子的或其他任何形式的信息，包括但不限于数据、模型、样品、草案、技术、方法、设备和其他信息。

a）内部信息数据，是指国家有关主管部门、监管部门、信息数据产生部门规定应保密的数据，以及泄露后影响风险评估相关组织核心竞争力和信誉的数据。主要包括组织信息、网络设备、业务系统密钥和口令、业务和管理数据、应用系统源代码和技术文档等。

b）信息系统安全中所涵盖的计算机体系结构、网络结构、应用结构之策略、功能、管理、维护和检测等信息。

c）信息安全风险评估项目总体计划、实施进度及结果等有关技术服务情况。

d）安全检测服务过程中涉及的数据结构、网络结构、技术细节、实现方式、设备参数配置、IP地址、操作监控手段、数据加解密算法、源代码、系统日志等与信息安全相关的技术文档和技术档案等。

e）载有保密信息和关键数据的各类载体等。

对于书面的或其他有形的信息，在交付时必须标明专有或秘密信息，并注明秘密信息的所有者。

对于口头信息，在透露给接收方前必须声明是专有或秘密信息，进行书面记录，并注明专有或秘密信息的所有者。

（3）保密义务

所有风险评估实施和参与人员应保证严格控制保密信息，未经书面许可，不以任何方式向与本项目无关的他方透露安全保密信息，并保证采取所有必要的方法对安全保密信息进行保密，包括但不限于执行和坚持适当的监督程序来避免非授权透露、使用或复制安全保密信息。

所有风险评估实施和参与人员应保证项目涉及的各项内容，仅限于本项目相关人员（包括参与本项目人员及有必要了解保密信息的其他员工）知悉。信息安全风险评估实施组织应向所有相关人员明示本项目的保密性和应承担的保密义务，并与相关人员签署内部保密协议。信息安全风险评估实施组织应保证参与本项目人员的相对稳定，如需更换人员应报管理层批准，并按前述做好保密教育及政审工作。根据项目参与人员权限不同，本着"最小知情权"原则，按照权限不同分别履行保密义务和责任。

在安全检测服务过程中，当信息安全风险评估实施人员无法独立完成任务需要后备技术力量支持时，需经管理层书面同意并批准后，方可将相关信息透露给后备技术支持人员，同时提供后备技术人员名单，以及签订的有关保密协议书。

信息安全风险评估实施组织应保证在保密期限内，不向与本项目无关的他方及不参与本项目工作的其他员工透露本协议的存在或本协议的任何内容，未经双方书面许可，参与安全检测服务人员不得以任何方式向本项目无关的他方透露整个安全检测服务过程和安全检测服务结果。

（4）使用方式和责任

信息安全风险评估实施组织只能为本项目服务而使用相关的安全保密信息，不得将安全保密信息的全部或部分进行复制。风险评估实施组织应告知并以适当方式要求参与本项目工作的人员遵守本协议规定。若参与本项目工作的人员违反本协议规定，违约方应承担责任。

（5）保密信息的交回

在委托评估的情况下，还涉及保密信息的交回。首先，当一方以书面形式要求另一方交回安全保密信息时，接受方应当立即交回所有书面的或其他介质的安全保密信息，以及所有描述和概括该安全保密信息的文件，不得留有备份；其次，没有书面许可，任何一方不得擅自丢弃和处理任何书面的或其他介质的安全保密信息；第三，安全检测服务结束后，带入工作环境的介质经核实并认可后方可带出，其余进行销毁或删除处理。

3.5.2.8 项目采购管理

项目采购管理是为了从项目实施组织之外获得所需资源或服务所采取的一系列管理措施。它包括采购计划、采购与征购、资源的选择及合同的管理等项目工作。

项目采购管理是项目执行的关键性工作，是做好项目的重要方面，项目采购管理的模式在某种程度上决定了项目管理的模式，对项目整体管理起着决定性作用。采购工作又是项目执行的物质基础和主要内容。规范的项目采购管理要兼顾经济性、合理性和有效性，有效降低项目成本，促进项目顺利实现各项目标，成功完成项目。

为项目所采购的物资或技术资源必须符合项目设计和计划要求，如果采购的产品或服务不符合设计要求，到货或服务周期无法满足工期需求，将会直接影响项目的质量，甚至导致项目的失败。根据不同种类的项目和项目特点，项目采购及其管理的类型、方式也有所不同。

对于信息安全风险评估项目来说，采购管理不仅能让项目团队获得所需的产品或服务，而且由于绝大多数客户也会采用同样的方式来采购风险评估服务，掌握项目采购管理也能够有助于项目经理管理好这个项目。采购管理包括编制采购计划、编制询价计划、询价招投标、供方选择、合同管理和收尾等过程。

1. 编制采购计划

编制采购计划是指在明确项目采购目标后确定采购方法、流程、潜在的卖方、采购数量、采购时间等的过程。项目采购计划与进度计划会相互影响。编制采购计划需考虑每一个"自制/外购"决定的风险，还要考虑采用哪种类型的合同以降低风险或转移风险。

2. 编制询价计划

编制询价计划过程为下一步招标所需要的文件做准备，并确定选择供方所需要的评定标准。要为每一个采购对象制定工作说明书，以确定其使用时机和各项指标。编制询价计划过程应与项目进度计划有良好的协调。常见的询价文件有方案邀请书（Request For Proposal，RFP）、报价邀请书（Request For Quoting，RFQ）、征求供应商意见书（Request For

Information，RFI）、投标邀请书（Invitation for Bid，IFB）、招标通知、洽谈邀请或承包商初始建议征求书等。

3．询价招投标

询价过程是从潜在的卖方处获取如何满足项目需求的答复，如投标书和建议书。通常在这个过程中由潜在的卖方完成大部分实际工作，项目或买方无须支付直接费用。招投标过程涵盖了询价计划编制过程、询价过程和供方选择过程。招标人依照《中华人民共和国招标投标法》规定提出招标项目、进行招标。招标人有权自行选择招标代理机构，委托其办理招标事宜。由招标人主持开标。招标人根据评标委员会提出的书面评估报告和推荐的中标候选人确定中标人。

4．供方选择

供方选择过程是接受多个潜在的卖方的标书或建议书，并运用评估标准选择一个或多个合适的卖方。询价计划编制过程为供方选择过程提供了评估标准。除了使用采购成本或价格，这个过程也会使用综合评价标准。对于那些关键性采购，应采用多种渠道以规避风险（如送货不及时、不符合质量要求等）。但是，多渠道可能带来更高的采购成本。

5．合同管理和收尾

买卖双方均需要确保对方能正常履约，以维护其合法权利，这就需要对合同进行管理。合同管理过程依据合同和认可的合同变更，审查并记录卖方执行合同的绩效。合同收尾过程也包含管理活动，如更新记录以反映最终结果、存档信息以便将来使用。在合同的条款与条件中，通常明确规定对合同正式收尾的要求，如，对项目可交付物正式验收的要求，以及如何处理不符合要求的项目可交付物的程序。应详细记录相关经验教训，以利于未来采购管理过程的改进。

3.5.2.9　项目变更管理

项目变更管理指的是信息安全风险评估实施组织审查所有变更请求，批准变更，管理对可交付成果、单位过程资产、项目文件和项目管理计划的变更，并对变更处理结果进行沟通的过程。该过程贯穿项目始终，重点加强问题管理和遵守变更流程。

1．问题管理

信息安全风险评估实施组织应捕获、记录所有项目问题，并将项目问题进行分类，确定项目问题后计入问题记录单中。在项目的任何时间点，任何与项目或项目成果有利益关系的人都可以提出项目问题。

项目问题是指对项目产生影响作用的任何事情（包括危害性的问题和有益的问题）。项目问题包括：需求上的变化、项目环境的变化、项目过程中未预料的问题、项目过程中预料到但又无法避免的问题、项目过程中发生的问题或差错，以及对项目任何方面提出的疑问。

项目问题确认后，应就问题的性质进行初步评价。除一般性问题或疑问外，还有两类具体的变更，分别为：

（1）变更申请。无论何种原因，会引起项目规范要求或验收标准的变更；

（2）不合格项。包括已完成或计划未来执行的工作中的差错或遗漏。

2．变更流程

当实施计划被要求变更时，必须根据以下详细流程进行：

信息安全风险评估项目实施团队提交项目变更申请，申请人需识别项目中任何方面的变更需求（如范围、可交付成果、时限、组织等），填写变更申请表，并呈交给项目经理，必须说明变更内容、变更原因、变更成本及变更将会对项目产生的影响。

项目经理审查提出的变更申请，并确定是否将变更申请送交信息安全风险评估实施组织的管理层。

管理层将审核提议的变更申请，识别变更可行性，确保对所有的变更可选项进行调查，包含以下内容：变更需求、变更内容、变更成本及利益、变更风险及事项、变更带来的影响、变更的建议和计划。

审核变更申请大致可参照以下标准：

（1）实施变更给项目带来的风险；

（2）不实施变更给项目带来的风险；

（3）实施变更对项目产生的影响（时间、资源、财务、质量方面）。

管理层经过审核后决定批准或拒绝变更，也可要求提供与变更相关的更多信息。在委托评估的情况下，变更申请由评估方提出，经由评估与被评估双方共同审议决定批准或拒绝变更。

3.5.2.10　项目相关方管理

相关方是积极参与项目或受项目影响的一群人或组织，是一般项目管理中的习惯称谓，在信息安全风险管理中即指利益相关方，如：项目发起者、客户方、项目团队和供应商等。

项目相关方管理用于开展下列工作的各个过程：识别能影响项目或受项目影响的全部人员、群体和组织；分析相关方对项目的期望和影响；制定适合的管理策略来有效调动相关方参与项目决策和执行。相关方管理还关注与相关方保持持续沟通，以便了解相关方的需要和期望，管理利益冲突，解决实际发生问题，同时应该把相关方满意度作为一个关键的项目目标进行管理。项目相关方管理包含的项目管理过程有：

1．识别相关方

识别相关方能影响信息安全风险评估项目或受项目影响的全部人员、群体和组织，以及对风险评估项目决策、活动或结果影响的人、群体或组织，并在此基础上定义组织内、外部各方的角色和职责，建立信息安全组织架构。

2．制定相关方参与计划

基于对相关方需求、利益及对项目成功的潜在影响的分析，制定合适的管理策略，以有效调动相关方参与整个项目生命周期的过程。

3．管理相关方参与

在整个信息安全风险评估项目周期中，在组织和相关方之间建立必要的联系，与相关方进行沟通和协作，以满足其需求与期望，解决实际出现的问题，并促进相关方合理参与项目活动的过程。

4．监督相关方参与

全面监督项目相关方之间的关系，调整策略和计划，以调动相关方参与的过程。

对于信息安全风险评估项目，项目经理在定义基本总则时需要考虑相关方的期望、认知和利益；在沟通管理中，要与决策者、其他相关方进行交换和共享有关风险的信息……总之，项目经理正确识别并合理管理相关方的能力，是决定项目成败的重要因素。

3.5.3　项目生命周期

项目的生命周期是描述项目从开始到结束所经历的各个阶段，一般的划分是将项目分为"开始项目、组织与准备、执行项目、结束项目"四个阶段。在实际工作中，项目的生命周期根据不同领域或不同方法可进行具体的划分。如信息安全风险评估项目生命周期通常包括：项目获取、项目准备、项目执行和项目结束四个阶段，如图3-6所示。

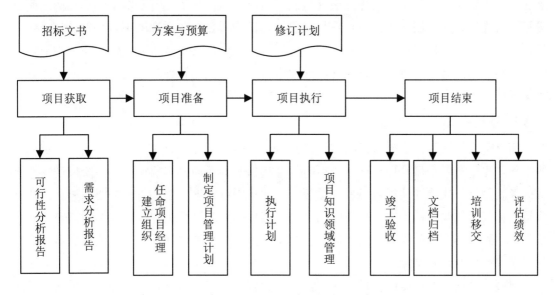

图 3-6　信息安全风险评估项目管理生命周期

1. 项目获取

项目生命周期的第一阶段是定义需求和需求分析阶段。针对信息安全风险评估项目，项目获取是项目的开始阶段，通常以商务沟通和商务文件的往来为主。首先，客户向承约商发出招标文书，征询信息安全风险评估需求建议；其次，承约商信息安全风险评估项目团队对客户提出的需求进行分析、评估，明确项目目标、范围、要求和预期结果等，并开展商业论证，形成可行性分析报告和需求分析报告。

2. 项目准备

项目生命周期的第二个阶段是提出需求解决方案的阶段。在此阶段，项目团队制定开展信息安全风险评估项目的解决方案并向客户提交申请文书，描述并估计所需资源的种类、数量，设计执行解决方案所需花费的资金、时间等。所有的承约商都把书面申请书提交给客户，在客户评估了申请书并选出中标者后，将与中标客户签署项目合同和保密协议。承约商项目团队最终取得项目执行权，并正式任命项目经理或成立项目领导组，组建项目实施团队，同时结合信息安全风险评估环境建立过程的要求和步骤，开展评估准备工作。例如，明确信息安全风险评估范围和边界、进行系统调研、准备评估工具、制定评估计划、召开风险评估启动会议，在双方充分沟通的基础上获得决策和管理层的支持来启动信息安全风险评估项目。

3. 项目执行

项目生命周期的第三个阶段是执行信息安全风险评估方案和计划的阶段。此阶段开始于客户已决定了哪个解决方案将能最好地满足需求，客户与提交方案申请的承约商之间已签订了合同后，此阶段即进入执行项目阶段，包括为项目制定详细的项目管理计划，然后执行计划以实现项目目标。这个阶段的重点任务是完成信息安全风险评估的几个主要环节风险识别、风险分析和风险评价，并由此而进行的项目范围管理、进度管理、成本管理、质量管理、资源管理、沟通管理、采购管理、整合管理和项目相关方管理等。

4. 项目结束

项目生命周期的最后阶段是结束项目阶段，一般包括竣工验收、文件归档、培训移交等工作。当信息安全风险评估项目结束时，某些后续的活动仍需执行。这一阶段的一个重要任务就是评审风险评估项目质量和绩效，以便从中得知该在哪些方面需要改进，迭代地进行信息安全风险评估。这一阶段应当涉及从客户那里获取反馈，以查明客户满意度和项目是否达到了客户的期望等活动。同样也应从项目团队那里得到反馈，以便得到有关未来项目绩效改善方面的建议。

项目生命周期的长度依项目内容、复杂性和规模而定。而且，并不是所有项目都必然经历项目生命周期的四个阶段。一般来说，当项目在商业环境中执行时，项目生命周期会以更正式、更完整的流程展开。当项目由私人或志愿者执行时，项目生命周期则趋向于较随便、不太正式的简化方式展开。

3.5.4　项目管理过程

所谓过程就是基于一定输入，采用相关工具和技术，产生一定输出的活动集合。项目是由各种过程组成的，这些过程可分为两类：

（1）与项目管理有关的过程，涉及项目组织和管理；

（2）与产品有关的过程，涉及具体的项目产品生成。

项目管理知识领域主要讨论的是项目管理过程。根据重要程度，项目管理知识领域把项目管理过程分为核心过程和辅助过程两类。核心过程指那些大多数项目都必须具有的项目管理过程，这些过程具有明显的依赖性，在项目中的执行顺序也基本相同。辅助过程指那些是项目实际情况可取舍的项目管理过程。

如果按时间逻辑，项目管理知识领域把项目管理分为五个过程：

（1）启动。成立项目组开始项目或进入项目的新阶段。启动是一种认可过程，用来正式认可一个新项目或新阶段的存在。

（2）规划。定义和评估项目目标，选择实现项目目标的最佳策略，制定项目计划。

（3）执行。调动资源，执行项目计划。

（4）监控。监控和评估项目偏差，必要时采取纠正行动，保证项目计划的执行，实现项目目标。

（5）收尾。正式验收项目或阶段，使其按程序结束。

每个管理过程包括输入、输出、所需工具和技术。各个过程通过各自的输入和输出相互联系，构成整个项目管理活动。

3.5.4.1　项目启动

项目启动是一个过程，它始于某个触发条件（如信息安全风险评估需求等）而结束于在项目目标的明确或量化。通常该阶段会持续比较长的时间用于论证，以免给投资人造成损失。而在项目目标达成一致后，项目经理或项目管理机构也会被委任或建立，并带领项目实施团队开展各项计划工作。

1. 项目启动标志

项目正式开始有两个明确的标志。一是任命项目经理或建立风险评估项目管理团队，二是项目章程的批准。项目经理的选择和领导组的组建是项目启动的关键环节，强有力的领导是优秀项目管理的必要组成部分。项目经理必须领导项目成员，处理好与关键项目相关方的关系，理解项目的商业需求，准备可行的项目计划。同时项目章程的批准标志着正式批准项目或项目的正式启动。所谓项目章程是由项目发起人发布、授权项目经理运用组织资源开展项目活动的文件。

2. 主要任务

项目启动是指成功启动一个项目的过程，项目启动最主要的目的是为了获得对项目的授权。项目启动意味着开始定义一个项目的所有参数，以及开始计划针对项目的目标和最终成果的各种管理行为。项目启动过程也是由项目团队和项目利益相关者共同参与的一个过程，在项目启动阶段主要包括以下任务。

制定项目目标；

（1）项目的合理性说明；

（2）项目范围的初步说明；

（3）确定项目的可交付成果；

（4）预计项目的持续时间及所需要的资源；

（5）确定高层管理者在项目中的角色和义务等。

3．评估项目启动会议

为保障风险评估工作的顺利开展，确立工作目标、统一思想、协调各方资源，应召开风险评估项目启动会议。启动会一般由风险评估领导组负责人组织召开，参与人员应该包括评估实施团队全体成员、被评估方相关业务部门主要负责人，如有必要还可邀请相关专家成员参加。

启动会主要内容包括：被评估组织领导宣布此次评估工作的意义、目的；确定目标范围、开展前期调研和需求分析；确定双方对接人员及评估工作中的责任分工；被评估组织项目组长说明本次评估工作的计划和各阶段工作任务，以及需配合的具体事项；评估团队项目组长介绍评估工作一般性方法和工作内容等。

通过启动会可对被评估组织参与评估人员及其他相关人员进行评估方法和技术培训，使全体人员了解和理解评估工作的重要性，以及各工作阶段所需配合的工作内容，双方对提交的计划等内容进行确认。

3.5.4.2　项目规划

项目规划包括以下项目管理中的子过程：项目整合管理中的制定项目管理计划；项目范围管理中的规划范围管理、收集需求、定义范围、创建WBS等；项目进度管理中的规划进度管理、定义活动、估算活动持续时间、排列活动顺序和制定进展计划；项目成本管理中的规划成本管理、估算成本、编制预算；项目质量管理中的规划质量管理；项目资源管理中的规划资源管理、估算活动资源；项目沟通管理中的规划沟通管理；项目风险管理中的规划风险管理、识别风险、实施定性风险分析、实施定量风险分析、规划风险处置；项目采购管理中的规划采购管理；项目相关方管理中的规划利益相关方管理等。

3.5.4.3　项目执行

项目执行包括以下项目管理中的子过程：项目整合管理中的指导与管理项目工作、管理项目知识；项目质量管理中的管理质量；项目资源管理中的获取资源、建设团队、管理团队，项目沟通管理中的管理沟通；项目风险管理中的实施风险应对；项目采购管理中的实施采购；项目相关方管理中的管理利益相关方参与等。

3.5.4.4　项目监控

项目监控是跟踪、审查和报告项目的启动、规划、执行和结束，以实现项目管理计划中确定的绩效目标的过程。其主要作用是，让相关方了解项目的当前状态、已采取的步骤，以及对范围、进度和成本的预测。监督是贯穿于整个项目周期的项目管理活动之一，包括收集、测量和发布绩效信息，分析测量结果和预测趋势，以便推动过程改进。持续的监督使项目管理团队能洞察项目的健康状况，并识别须特别关注的任何方面。控制包括制定纠正或预防的措施，或者重新规划，并跟踪行动计划实施过程，以确保它们能有效解决问题。

如果按照项目管理的知识领域，项目监控包括以下项目管理中的子过程：项目范围管理中的确认范围、控制范围，项目进度管理中的控制进度，项目成本管理中的控制成本，项目质量管理中的控制质量，项目资源管理中的控制资源，项目沟通管理中的监督沟通，项目风险管理中的监督风险，项目采购管理中的控制采购，项目变更管理中的实施整体变更控制，项目相关方管理中的监督利益相关方参与等。

3.5.4.5　项目收尾

项目收尾和评价是项目收尾中的工作重点，指对已完成项目的目的、执行过程、效益、作用和影响所进行的系统、客观的分析。委托方通过填写满意度调查表评价受委托方项目工作情况，受委托方通过对项目活动的检查总结，确定项目预期目标是否达到，项目规划是否合理，项目的主要效益指标是否实现。通过分析评价找出成功或失败的原因，总结经验教训；同时，通过及时有效的信息反馈，为未来项目的顺利进行和项目管理水平提出建议。

3.6　小　　结

环境建立是为了明确信息安全风险管理的范围和对象，以及对象的特性和安全要求，对信息安全风险管理项目进行规划和准备，保障后续的风险管理活动顺利进行的前提。风险管理项目准备是整个风险管理过程有效性的保证。由于风险管理受到组织的业务战略、业务流程、安全需求、系统规模和结构等影响，因此，在风险管理实施前，应充分做好风险管理前的各项准备工作。本章在描述了环境建立相关概念的基础上，阐述了环境建立的具体内容和实施过程，为后续风险评估工作奠定基础。最后，从项目管理的角度介绍了与信息安全风险评估项目相关的项目管理基础知识，包括项目和项目管理的概念、发展历史与现状，风险评估项目管理的重点知识领域，项目生命周期和项目管理一般过程等内容。

习　　题

1. 作为信息安全风险评估项目，什么是范围和边界？
2. 简述环境建立的过程。
3. 从项目管理的角度简述风险评估项目生命周期的几个阶段任务。
4. 从项目管理的角度简述风险评估项目管理过程。
5. 项目启动标志是什么？
6. 从项目管理的角度简述，在风险评估项目管理过程中，如何做好质量管理？

第4章 发展战略和业务识别

风险识别是风险管理的基础，也是风险评估的重要工作阶段。只有在正确识别出信息安全风险管理对象自身所面临的风险的基础上，人们才能够主动选择适当有效的方法进行处理。

信息安全风险管理的对象是组织。一个单位是一个组织，某个业务部门也可以是一个组织。发展战略和业务是针对一个组织而言的。发展战略和业务是信息安全风险管理的基本要素，也是风险识别的首要对象。

4.1　风险识别概述

4.1.1　风险识别的定义

1. 风险识别的定义

风险识别是通过识别风险源、影响范围、事件及其原因和潜在的后果等，生成一个全面的风险列表。进行风险识别时要掌握相关的和最新的信息，必要时需包括适用的背景信息。除了识别可能发生的风险事件，还要考虑其可能的原因和可能导致的后果，包括所有重要的原因和后果。不论风险事件的风险源是否在组织的控制之下，或其原因是否已知，都应对其进行识别。此外，要关注已经发生的风险事件，特别是新近发生的风险事件。

风险识别的目的是决定可能发生什么会造成潜在损失，并深入了解损失可能是如何、在何地、为什么发生？经过识别阶段采集到的上述信息，将被用于风险分析阶段的输入数据。识别阶段获得的原始信息越翔实，就越能保证风险分析结果的客观性和相应建议的针对性，被评估组织就能从评估活动中获得更大的安全收益。所以我们说，风险识别的目的在于揭示组织面临的风险及其属性，指导组织界定风险管理的对象、范围，从而减少风险发生的因素；进一步构建组织的风险管理机制，促进组织执行和实施、实现其发展目标。

2. 风险识别的内容

组织应识别风险，不管其来源是否在其控制之下。应该考虑到可能有不止一种类型的结果，这可能会导致各种有形或无形的后果。

组织可以使用一系列技术来识别可能影响一个或多个目标的不确定性。应考虑以下因素，以及这些因素之间的关系：

- 有形和无形的风险来源；
- 原因和事件；

- 威胁和机会；

- 脆弱性和能力；

- 外部和内部环境的变化；

- 正在出现的风险指标；

- 资产和资源的性质和价值；

- 后果及其对目标的影响；

- 信息的知识和可靠性的限制；

- 时间相关因素；

- 参与者的偏见，假设和信念。

通过刚才的分析，根据GB/T 20984，将风险识别分为五个部分：

（1）识别发展战略和业务，并对业务重要性进行赋值。依据环境建立输出的文档，选择适当的识别方法，对风险管理对象的发展战略进行识别，包括组织的属性及职能定位、发展目标、业务规划、竞争关系，形成发展战略清单。同时识别出实现其发展战略相关业务，包括对业务的属性、定位、完整性和关联性识别，确定业务的重要性级别，形成业务重要性清单。

（2）识别需要保护的资产并赋值。依据环境建立输出的文档，选择适当的资产识别方法，识别对组织使命具有关键和重要作用的需要评估的资产，并确定资产的重要性级别，形成需要保护的资产清单。

（3）识别面临的威胁并赋值。依据环境建立输出的文档，参照威胁库，选择适当的威胁识别方法，识别组织的信息资产面临的威胁，依据威胁属性包括威胁的来源、种类、动机、时机和频率等确定威胁的属性等级，形成面临的威胁列表。威胁库是有关威胁的外部共享数据和内部历史数据的汇集。

（4）识别存在的脆弱性并赋值。依据环境建立输出的文档，参照漏洞库，选择适当的脆弱性识别方法，识别组织在物理、网络、系统、中间件、应用系统、管理上存在的脆弱性，并确定脆弱性的属性等级，可参考的脆弱性属性包括脆弱性被利用程度、脆弱性严重程度等，形成存在的脆弱性列表。漏洞库是有关脆弱性／漏洞的外部共享数据和内部历史数据的汇集。

（5）确认已有的安全措施。依据环境建立输出的文档，即风险管理对象的描述报告、风险管理对象的分析报告和风险管理对象的安全要求报告，确认已有的安全措施，包括技术层面（即物理平台、系统平台、网络平台和应用平台）的安全功能、组织层面（即结构、岗位和人员）的安全控制和管理层面（即策略、规章和制度）的安全对策，形成已有安全措施列表。

通过这五个部分的识别，将会建立一个基于风险事件的全面风险清单，为风险分析和评价提供输入，具体这五大部分的识别将在后续章节详细介绍。

4.1.2　风险识别的原则

风险识别应该遵循以下原则：

（1）全面性：为了对风险进行识别，在明确识别范围的前提下，应尽可能全面地识别风险。全面考察、了解各种风险事件存在和可能发生的概率，以及损失的严重程度、风险因素及因风险的出现而导致的其他问题。损失发生的概率及其后果的严重程度，直接影响人们对损失危害的衡量，最终决定风险政策措施的选择和管理效果的优劣。因此，必须全面了解各种风险的存在和发生及其将引起的损失后果的详细情况，以便及时而清楚地为决策者提供比较完备的决策信息。

（2）系统化：风险识别是风险管理的前提和基础，识别的准确与否在很大程度上决定风险管理效果的好坏。为了保证最初分析的准确程度，就应该进行全面系统的调查分析，将风险进行综合归类，揭示其性质、类型及后果。如果没有科学系统的方法来识别和衡量，就不可能对风险有一个总体的综合认识，就难以确定哪种风险是可能发生的，也不可能较合理地选择控制和处置的方法。

（3）客观性：对风险进行识别的过程，也是对风险管理对象的状况及其所处环境进行量化核算的具体过程。风险的识别和衡量要以严格的数学理论作为分析工具，在普遍估计的基础上，要尽量客观，避免主观因素的干扰，采用定性和定量相结合的方法，尽可能地进行统计和计算，以得出比较科学合理的分析结果。

（4）符合性：风险识别的目的在于为风险管理提供前提和决策依据，保证风险管理对象减少风险损失，获得安全保障。因此，在风险识别和衡量的同时，应综合进行考察，同时风险具体的辨识方法要结合组织的实际情况和管理要求，明确目标、界定重点、融入组织的管理过程中。

4.1.3　风险识别的方法工具

在具体识别风险时，需要综合利用一些专门技术和工具，以保证高效率地识别风险并不发生遗漏。风险识别的方法和工具不是万能的，它更多的是一种手段。风险库中风险事件的质量高低更多取决于人们的风险意识和对风险的认识能力。但是一定的方法工具将有助于提高风险识别的全面性和系统性。

一般的风险识别方法包括德尔菲法、头脑风暴法、检查表法、SWOT 分析法、检查表法、分解分析法和失误树分析法等。

（1）德尔菲法：德尔菲法是众多专家就某一专题达成一致意见的一种方法。风险管理专家以匿名方式参与此项活动。主持人用问卷征询有关重要风险的见解，问卷的答案交回并汇总后，随即在专家之中传阅，请他们进一步发表意见。此项过程进行若干轮之后，就不难得出关于主要风险的一致看法。德尔菲法有助于减少数据中的偏差，并防止任何个人对结果不适当地产生过大的影响。

（2）头脑风暴法：头脑风暴法的目的是取得一份综合的风险清单。头脑风暴法通常由项目团队主持，也可邀请多学科专家来实施此项技术。在一位主持人的推动下，与会人员集思广益。可以以风险类别作为基础框架，然后再对风险进行分门别类，并进一步对风险的定义加以明确。

（3）SWOT分析法：SWOT 分析法是一种环境分析方法。通过识别风险管理对象的优势（Strength）、劣势（Weakness）、机会（Opportunity）和挑战（Threat），从多角度对风险进行定性识别。

（4）检查表法：检查表是管理中用来记录和整理数据的常用工具。在用它进行风险识别时，将风险管理对象可能发生的许多潜在风险列于一个表上，供识别人员进行检查核对，用来判别某管理对象是否存在表中所列或类似的风险。检查表中所列都是历史上类似风险管理对象曾发生过的风险，是风险管理经验的结晶，对风险管理人员具有开阔思路、启发联想、抛砖引玉的作用。

（5）分解分析法：分解分析法指将一复杂的事物分解为多个比较简单的事物，将大系统分解为具体的组成要素，从中分析可能存在的风险及潜在损失的威胁。

（6）失误树分析法：失误树分析方法是以图解表示的方法来调查损失发生前种种失误事件的情况，或对各种引起事故的原因进行分解分析，具体判断哪些失误最可能导致损失风险发生。

风险识别还有其他方法，诸如环境分析、图解法、事故分析等。组织在识别风险时应该交互使用各种方法，更好地为全面查找风险服务。

4.2　发展战略和业务识别内容

4.2.1　发展战略识别

4.2.1.1　发展战略识别定义

1．发展战略定义

发展战略是组织为履行职能、使命，实现发展目标而制定的一组规则或要求。对组织而言，发展战略是组织如何实现发展的战略理论；对政府机构而言，发展战略是其履行职责、使命的战略理论，其他组织的发展战略可以此为借鉴。通常发展战略包括四个部分：属性及职能定位、发展目标、业务规划和竞争关系。属性及职能定位相当于组织的愿景，为组织指明了发展方向；发展目标明确了组织的发展速度与发展质量；业务规划明确了组织的战略发展点；竞争关系涉及直接竞争关系和间接竞争关系。通过这四个上下相互支撑的组成部分，形成了能够解决组织发展问题的发展战略理论体系。

2．发展战略识别的定义

发展战略识别是风险评估的重要环节。发展战略识别就是依据环境建立输出的文档，选择适当的发展战略识别方法，识别组织的属性及职能定位、发展目标、业务规划、竞争关系相关的使命、方针和策略，并形成发展战略清单的过程。

4.2.1.2　发展战略识别内容

发展战略的表现形式是多样的，其内容根据组织发展状况和外界情况会进行动态调整，并受政府、行业管控，法律、法规和监管，以及竞争关系等因素影响。

发展战略识别可以由战略推导出各项业务发展情况；也可以以各项业务为核心，针对各项业务的定位和情况确定整体发展战略情况。业务具有关联性，以业务为核心进行战略识别时，可根据业务间的关联性进行综合分析，也可参考组织自身的发展战略规划[6]。

发展战略识别的数据来自管理人员或者熟悉组织发展战略情况的人员。发展战略识别所采用的方法主要有：访谈、文档查阅、资料调查等，主要从属性及职能定位、发展目标、业务规划、竞争关系等方面进行。属性及职能定位涉及国家层面和民生层面的识别内容；发展目标涉及与各业务相关的长期目标层面和短期目标层面识别内容；业务规划涉及业务发展计划、业务流程、审批流程、相关制度等层面的识别内容。竞争关系涉及直接和间接竞争关系的识别内容等。如果信息安全对于组织有特殊重要的意义，例如拥有国家关键信息基础设施的组织，安全战略是其发展战略中不可或缺的内容，也应纳入识别的范围。安全战略通常涉及组织的安全管理方针和配套安全管理体系，在一般情况下，安全战略有关的内容也可能放入发展目标。表4-1提供了一种发展战略识别内容的参考。

表 4-1　发展战略识别内容表[6]

分　　类	示　　例
属性及职能定位	国家层面：根据与国家发展战略的契合度，对国家安全、国家形象、国家声誉、意识形态和国家核心竞争力等的影响程度确定组织属性及职能定位。对于政府和非营利机构，主要体现在落实国家政治、经济、社会公共事务、机构事务进行管理时应承担的职责和所具有的职能
	民生层面：根据对民众隐私信息、民众信用、民众生命安全、民众资金安全、劳动就业、便捷民众生活等的影响情况确定组织属性及职能定位
发展目标	长期目标：影响力、营利模式、持续发展、组织核心竞争力等
	短期目标：业务目标、利润目标、市场占有率等
业务规划	组织为实现发展目标而制定的业务发展计划、业务流程、审批流程或制度，包括组织的业务布局、业务发展部署、业务拓展规划等方面，体现了不同业务发展的侧重方向和重要性
竞争关系、竞争能力	直接竞争关系：生产经营同品类、同品种产品或服务，与组织有共同目标市场的竞争对手情况、竞争关系、市场排名
	间接竞争关系：来自其他行业的产品或新产品等，与组织之间的产品或服务具有一定的差异或具有替代性的竞争对手情况、竞争关系、产生竞争的原因
安全战略	制定满足网络安全法、国家标准规范要求和行业标准规范要求的安全方针，具备相应的安全管理体系

4.2.2 业务识别内容

4.2.2.1 业务识别定义

1. 业务定义

业务是组织内部某些生产经营活动或资产的组合。该组合一般具有投入、加工处理过程和产出能力，能够独立计算其成本费用或所产生的收入，但不构成独立法人资格。

2. 业务识别定义

业务识别是依据环境建立输出的文档，选择适当的业务识别方法，识别组织为实现发展战略所开展的生产经营活动或一系列创造价值的活动，并形成业务清单的过程。

4.2.2.2 业务识别内容

业务是组织发展的核心，具有价值、多样性、复杂性等特点。业务识别内容包括业务的属性、定位、业务关联性和业务完整性，是风险评估的关键环节，它与战略识别关系紧密，相互补充。业务识别的数据可来自熟悉组织业务结构的业务人员或管理人员。业务识别所采用的方法主要有：访谈、文档查阅、资料调查，还可通过对信息系统进行梳理后进行总结、整理和补充。表4-2提供了一种业务识别内容的参考。

表4-2　业务识别内容表[6]

分　类	示　　例
属性	业务功能、业务对象、业务流程、业务范围、覆盖地域等
定位	战略地位：发展战略中的业务属性和职能定位、与发展目标的契合度、业务布局中的位置和作用、竞争关系中竞争力强弱等
关联性	关联类别：并列关系（业务与业务间并列关系包括业务间相互依赖或单向依赖，业务间共用同一信息系统，业务属于同一业务流程的不同业务环节等）、父子关系（业务与业务之间存在包含关系等）、间接关系（通过其他业务，或者其他业务流程产生的关联性等）； 关联程度：如果被评估业务遭受重大损害，将会造成关联业务无法正常开展，此类关联为紧密关联，其他为非紧密关联
完整性	独立业务：业务独立，整个业务流程和环节闭环； 非独立业务：业务属于业务环节的某一部分，可能与其他业务具有关联性

4.2.2.3 业务重要性

业务重要性是评价业务和业务流程的一个重要属性。业务重要性赋值是指根据组织发展战略对业务的依赖程度，为业务的重要性划分等级并赋予一定等级数值的过程。业务的重要性对资产的重要性、威胁的动机和能力都会产生影响。根据业务的重要程度，将其分为五个不同的等级，分别对应业务在重要性上应达成的不同程度。表4-3提供了一种业务重要性等级赋值的参考。

表 4-3　业务重要性等级赋值标准[6]

赋　值	标　识	定　义
5	很高	业务在战略中极其重要，在战略的属性及职能定位层面具有重大影响，在战略的发展目标层面中短期目标或长期目标中占据极其重要的地位，在业务规划层面与较多业务交叉性强，是多个业务流程的重要环节，在核心竞争力中具有十分重要的作用
4	高	业务在战略中较为重要，在战略的属性及职能定位层面具有较大影响，在战略的发展目标层面中短期目标或长期目标中占据重要的地位，在业务规划层面与较多业务存在交叉性，在核心竞争力中具有重要地位
3	中等	业务在战略中具有一定重要性，在战略的属性及职能定位层面具有一定影响，在战略的发展目标层面中短期目标或长期目标中占据比较重要的地位，在业务规划层面与其他业务存在一定交叉性，在核心竞争力中比较重要
2	低	业务在战略中具有一定重要性，在战略的属性及职能定位层面具有较低影响，在战略的发展目标层面中短期目标或长期目标中占据一定的地位，在业务规划层面与其他业务存在较小的交叉性，在核心竞争力中有一定作用
1	很低	业务在战略中具有一定重要性，在战略的属性及职能定位层面具有较低影响，在战略的发展目标层面中短期目标或长期目标中占据较低的地位，在业务规划层面相对独立，在核心竞争力中地位不明显

4.2.3　发展战略、业务与资产关系

发展战略、业务和资产关系如图4-1所示。

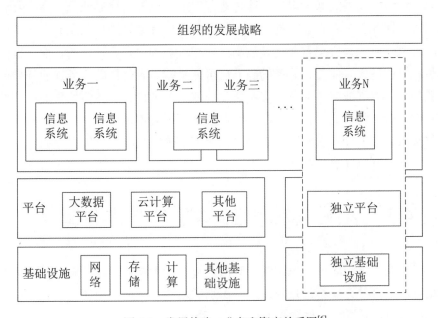

图 4-1　发展战略、业务和资产关系图[6]

发展战略、业务和资产的组织形式自上而下分别是战略、业务、信息系统、平台、基础设施，如图4-1所示。关联分析的重点是战略对业务的依赖性分析、业务对资产的依赖性分析和资产CIA属性丧失对业务/战略影响分析。

（1）发展战略对业务具有依赖性，组织战略的实施需要通过业务实现。业务重要性赋值需将战略对业务的依赖程度作为考虑因素，将战略和业务的关系进行量化。

（2）业务对资产具有依赖性，业务的运行需要搭载在资产之上，资产重要性赋值时需将业务对资产的依赖程度作为考虑因素，对业务和资产的关系进行量化。

（3）资产CIA属性丧失会对业务产生不同程度的影响，从而对战略产生不同程度的影响。

战略、业务和资产关联分析是明确被评估组织战略、业务和资产之间的关联性，将业务的价值传递到资产。业务重要性赋值不仅是对业务本身的重要性赋值，还要综合分析业务在战略中的重要性，资产重要性则依据资产的保密性、完整性和可用性，结合业务承载性和业务重要性，进行重要性等级划分和赋值。

4.2.4　发展战略识别和业务识别的目的和意义

信息技术的飞速发展，正深刻改变着企业经营和业务管理的方式。当前，组织将信息技术与业务流程紧密结合起来，以关键业务流程为中心，重点开展了业务流程的信息技术创新和电子商务。无论是组织管理还是业务流程都与信息系统和信息技术之间有着密切联系。与此同时，信息安全事件层出不穷，信息安全风险问题较为突出。组织需要从发展战略和关键业务的不断梳理中识别面临的风险，找出安全事故的源头，采取有效的安全控制措施，确保组织愿景和承诺目标得以实现。

一方面，组织的发展战略一般需要通过业务落地，业务的战略地位越高，要求其风险越小。另一方面，业务是有重要性的，组织的业务重要程度越高，以及对资产的依赖程度越高，资产价值就越大，资产重要性就越高。同时，业务也是有价值的，业务价值越大，面临的威胁就可能越大。此外，业务的脆弱性可能暴露具有价值的业务，业务脆弱性越高则风险可能越大。发展战略、业务、资产之间的依赖关系加大了风险发生的可能性和风险一旦发生对组织造成的影响。将发展战略和业务纳入风险识别范围，特别是对业务重要性赋值并参与到风险值的计算中来，得到的风险值更准确，风险的评级更全面，从而使信息安全风险管理过程更加科学、完整、规范。

4.3　发展战略和业务识别方法和工具

发展战略和业务识别既可通过访谈、文档查阅、资料调查，还可通过对信息系统进行梳理后总结整理进行补充。不论是发展战略识别还是业务识别，访谈的对象一般都是管理人员或者熟悉组织发展战略、整体业务和业务流程的人员。

4.3.1　发展战略识别方法和工具

组织的发展战略与其核心竞争力密不可分，而核心竞争力是保持组织持续竞争优势的源泉。因此，发展战略识别过程实际也是组织核心竞争力或核心能力识别的过程。组织经营管理者和风险管理工作组都必须能够正确识别它，以便就风险评估做出准确决策。但由于组织核心能力深植于组织产品技术生产流程、组织文化和制度之中，并与它们整体互动，这使得它们难以与组织中其他因素分离和度量，尤其分析鉴别它的细节或要素则更困难。如何选定一种科学识别方法一直是学术界关注的焦点，目前有代表性的识别方法如表4-4所示。

表 4-4　发展战略识别方法

分　类	推荐识别方法	方法描述
属性及职能定位	文字描述法	该方法需要回答好三个问题： 1. 从何处去寻找组织核心能力； 2. 产生核心能力的资源是什么； 3. 什么样的资源能成为组织的核心能力
发展目标	关键成功因素法	1. 通过与高级管理者的交流，了解组织的发展战略概要； 2. 再识别达成该战略的关键成功因素； 3. 最后确定关键成功因素的性能指标、发展目标、业务或业务流程规划
业务规划		
核心竞争力	层次分析法	层次分析法将组织核心能力分层细化，如： 1. 职能部门层次的基础能力； 2. 事业部层次的关键能力； 3. 组织层次的核心能力 按照分解、比较、判断、综合的思维方式进行核心竞争力的分析总结

信息安全风险管理工作组在识别核心竞争力时需要区别资源和能力这两个概念。如果组织具有非常独特的价值资源，但是却没有将这一资源有效发挥，那么，组织所拥有的这一资源就无法为其创造出竞争优势。另外，当一个组织拥有竞争者所不具有的竞争能力时，那么，该组织并不一定要具有独特而有价值的资源才能建立起独特的竞争能力。

这些关于组织发展战略的识别方法各有特点，适合深入、细致分析组织的发展战略和核心竞争优势，辅助组织决策和战略规划。识别组织发展战略四个层面的内容既可以使用某一种方法，也可以组合使用多种方法。信息安全风险管理团队应根据自身实际情况选择合适的识别方法。识别出的属性和职能定位、业务规划、发展目标或竞争关系等内容共同组成了组织的发展战略。

4.3.2　业务识别方法和工具

业务识别的方法除了访谈、文档查阅、资料调查等手段，还可以采用关键成功因素法和价值分析法等，如表4-5所示。

表4-5 业务识别的方法

分　类	适合的识别方法	方法描述
业务识别	关键成功因素法	1. 通过与高级管理者的交流或文档查阅，了解组织的发展战略； 2. 再识别达成该战略的关键成功因素； 3. 最后根据这些关键成功因素来确定关键业务或业务流程
	价值分析法	1. 选定对象； 2. 收集对象的相关情报，包括用户需求、销售市场等； 3. 进行功能分析，如进行功能的定义、分类、整理、评价等； 4. 进行价值分析，如经济效益、社会效益分析等； 5. 从中列出按价值排序的业务或业务流程

4.4　发展战略和业务识别过程和输出

4.4.1　发展战略识别过程和输出

4.4.1.1　发展战略识别过程

发展战略识别过程是指通过访谈、文档查阅、资料调研或其他方法，从属性及职能定位、发展目标、业务规划和竞争关系四个层面，识别分析出组织发展战略的过程。

组织的发展战略虽然有多种，但基本属性是相同的，都是对组织整体性、长期性、基本性问题的策略。例如：发展方向问题、发展目标问题、发展步骤问题、品牌建设问题、信誉建设问题、文化建设问题、人才开发问题、创新问题等。发展战略识别的内容主要集中于四个方面：组织的属性及职能定位、发展目标、业务规划和竞争关系等侧重整体性、发展性的规划和策略。

组织的发展战略通常的载体是组织文件，例如：《某公司三年/五年发展战略规划书》《某集团中期发展规划》《某集团发展战略报告》《某公司发展战略计划书》等。发展战略识别一方面通过与组织管理者进行面对面访谈并记录下来，另一方面通过查阅组织的相关文档获取。具体过程包括以下几个方面。

1. 明确识别对象

为识别发展战略需要明确访谈的具体人员和查阅的具体文档，并做好记录，如表4-6所示。访谈对象应来自高层管理人员或者熟悉组织发展战略情况的人员。

表4-6　访谈对象表

序　号	对象名称	说　明
1	总经理、机构负责人等	人员访谈
2	组织发展战略计划书或组织发展战略规划书	文档查阅
3	组织发展战略报告	文档查阅
4	组织发展战略规划方案	文档查阅

2．确定实施内容与计划

通过表格的形式将发展战略识别的工作内容、方法和计划确定下来，供风险管理组织确认。发展战略识别实施计划表如表4-7所示。

表4-7　发展战略识别实施计划表

序　号	评估内容		评估方式			评估计划	
	项目名称	工作内容	识别对象	识别方法	识别工具	实施地点	实施人数
1	信息安全风险评估	发展战略识别	被评估方发展战略计划书、发展规划方案等与发展战略相关的文书	文档查阅	访谈提纲、调查问卷等	某地	1～2人
……	……	……	……	……	……	……	……

3．明确风险管理责任

（1）风险评估工作组提供风险评估相关工具和样例；

（2）风险评估工作组负责组织发展战略的汇总与评估；

（3）组织自身需提供与被评估内容相关的文档或资料；

（4）组织自身需确保发展战略涉及的各个单位（部门）必须有专门的人员及时参与评估与讨论。

4．输出文档与验收

发展战略识别的成果是输出文档《发展战略分析报告》，并提交确认，进行阶段性工作验收。

4.4.1.2　发展战略识别输出文档

组织发展战略识别输出的文档有访谈记录、发展战略调查表等，经过整理，最终输出《发展战略分析报告》。它至少应包括组织概况、发展战略识别方法或工具、发展战略识别结果列表、访谈对象和参考文档等内容。

风险评估工作组提交《发展战略分析报告》，经组织与风险管理团队项目经理签字确认，即为验收通过。

4.4.2　业务识别过程和输出

4.4.2.1　业务识别过程

业务识别过程就是通过访谈、文档查阅或其他方法识别分析出业务和业务流程，再与发展战略做关联分析为业务重要性赋值的过程。

业务识别过程与发展战略识别的过程基本相同，包括以下内容：

（1）明确识别对象；

（2）确定实施内容与计划；

（3）明确风险管理责任；

（4）业务重要性赋值；

（5）输出文档与验收等。

所不同的是，业务识别需要为相应的业务重要性赋值。因为业务重要性取值将参与最终风险值的计算。

4.4.2.2　业务重要性赋值

组织的发展战略与业务的关系，或者业务在发展战略中的地位、作用重要性决定了业务的重要性。因此业务与发展战略四个方面的关系重要性共同决定了业务的重要性。

1. 业务与发展战略各层面的关系重要性赋值

发展战略对业务具有依赖性，组织战略的实施需要通过业务实现。因此，业务重要性赋值前需将战略对业务的依赖程度作为考虑因素，将战略和业务的关系进行量化，计算出发展战略对业务的依赖程度值。

战略和业务的关系包括：战略的属性及职能定位与业务的关系、战略的发展目标与业务的关系、战略的业务规划与业务的关系，以及战略的核心竞争力与业务的关系等四个方面。表4-8提供了一种业务与发展战略的属性及职能定位关系重要性的赋值参考。

表 4-8　业务与发展战略的属性及职能定位的关系重要性赋值表

赋　　值	标　　识	定　　义
5	很高	业务在战略中极其重要，在战略的属性及职能定位层面具有重大影响
4	高	业务在战略中较为重要，在战略的属性及职能定位层面具有较大影响
3	中等	业务在战略中具有一定重要性，在战略的属性及职能定位层面具有一定影响
2	低	业务在战略中具有一定重要性，在战略的属性及职能定位层面具有较低影响
1	很低	业务在战略中具有一定重要性，在战略的属性及职能定位层面影响不明显

表4-9提供了一种业务与发展战略的发展目标关系重要性的赋值参考。

表 4-9 业务与发展战略的发展目标的关系重要性赋值表

赋　值	标　识	定　义
5	很高	业务在战略中极其重要，在战略的发展目标层面中短期目标或长期目标中占据极其重要的地位
4	高	业务在战略中较为重要，在战略的发展目标层面中短期目标或长期目标中占据重要的地位
3	中等	业务在战略中具有一定重要性，在战略的发展目标层面中短期目标或长期目标中占据比较重要的地位
2	低	业务在战略中具有一定重要性，在战略的发展目标层面中短期目标或长期目标中占据一定的地位
1	很低	业务在战略中具有一定重要性，在战略的发展目标层面中短期目标或长期目标中占据较低的地位

表4-10提供了一种业务与发展战略的业务规划关系重要性的赋值参考。

表 4-10 业务与发展战略的业务规划的关系重要性赋值表

赋　值	标　识	定　义
5	很高	业务在战略中极其重要，在业务规划层面与较多业务交叉性强，是多个业务流程的重要环节
4	高	业务在战略中较为重要，在业务规划层面与较多业务存在交叉性
3	中等	业务在战略中具有一定重要性，在业务规划层面与其他业务存在一定交叉性
2	低	业务在战略中具有一定重要性，在业务规划层面与其他业务存在较小的交叉性
1	很低	业务在战略中具有一定重要性，在业务规划层面相对独立

表4-11提供了一种业务与发展战略的竞争关系重要性的赋值参考。

表 4-11 业务与发展战略的竞争关系重要性赋值表

赋　值	标　识	定　义
5	很高	业务在战略中极其重要，在核心竞争资源或核心竞争能力中具有十分重要的作用，是达成该战略的核心关键成功因素
4	高	业务在战略中较为重要，在核心竞争资源或核心竞争能力中具有重要地位，是达成该战略的关键成功因素
3	中等	业务在战略中具有一定重要性，在核心竞争资源或核心竞争能力中比较重要，是达成该战略的比较重要的成功因素
2	低	业务在战略中具有一定重要性，在核心竞争资源或核心竞争能力中有一定作用，是达成该战略的一般成功因素
1	很低	业务在战略中具有一定重要性，在核心竞争资源或核心竞争能力中作用不明显，是达成该战略的辅助因素

最后，综合评定业务与发展战略关系的重要性等级，得出发展战略对业务的依赖程度值，如表4-12所示。综合评定方法可结合自身特点，按照识别出业务与发展战略四个层面的

关系重要性赋值的基础上，通过直接求和取平均值的方法或加权求和取平均值的方法计算每项业务的发展战略对其依赖程度值。

表4-12　业务与发展战略关系重要性

业　　务		发展战略	业务与发展战略关系重要性赋值				发展战略对业务的依赖程度值
业务编号	业务名称		属性及职能定位	发展目标	业务规划	竞争关系	
B1	网购订单业务	重点发展人工智能领域，成为行业领军的智能化服务电商	4	4	4	4	4
B2	大数据服务业务流程		4	5	4	5	4.5

2．业务重要性赋值

业务重要性赋值的过程就是根据发展战略对业务的依赖程度按业务重要性等级标准划分等级并赋值。根据业务对组织发展战略的重要程度，将业务重要性分为五个不同的等级，前文的表4-3提供了一种重要性赋值的参考。

经业务与发展战略各层面关系量化得到的发展战略对业务的依赖程度值与业务重要性等级赋值标准对照后得到业务重要性赋值，如表4-13所示。

表4-13　业务重要性赋值

业务编号	业务名称	业务重要性赋值
B1	网购订单业务	4
B2	大数据服务业务流程	5

业务与资产、业务与威胁的关联分析均通过业务结构、业务流程进行统筹关联。业务的重要性会对资产的重要性产生影响，同时业务的重要性也会对威胁的动机、能力产生影响。业务重要性值将与资产重要性、威胁严重程度、脆弱性严重程度和已有安全措施一起用于风险值的计算。

4.4.2.3　业务识别输出文档

业务识别最终输出文档《业务分析报告》。它至少应包括组织概况、业务识别方法、业务重要性等级赋值标准、业务与发展战略四个层面的关系赋值表、业务重要性赋值表，以及访谈对象和参考文档列表等内容。

风险评估工作组提交《业务分析报告》，经组织与风险评估团队项目经理签字确认，即为验收通过。

4.5　发展战略和业务识别案例

以某公司的电商平台为例，本书给出了一种风险评估过程中发展战略和业务识别示例。该电商平台是全球知名的综合性网上购物商城。公司使命是让全球使用中文上网的人们能享受网上购物带来的乐趣——丰富的种类、7×24购物的自由、优惠的价格；坚持"诚信为本"的经营理念，率先提出"上门退货、当面退款"及"正规渠道、正品保证"的诺言，追求诚信经营，健康发展。

公司特点：

（1）经营商品种类超过百万级；

（2）参照国际先进经验独创的商品分类，智能查询、直观的网站导航和简洁的购物流程等，还有基于云计算的个性化导购，以及基于人群分组的社交化商务平台，为消费者提供了愉悦的购物环境；

（3）建立了庞大的物流体系，位于六个城市的十大物流中心，全国库房面积达到18万平方米，成为国内库房面积最大的电子商务企业。

公司发展战略包括以下内容。

（1）采用"跨界人才"战略。该电商平台选择从传统行业中招贤纳士，将传统行业成熟的管理模式和供应商资源引入，解决大量用人需求和内部人才供应不足的矛盾。

（2）借用大数据时代的营销工具完善体验，提高服务质量。

（3）利用自身的高知名度与品牌效应，提升在顾客心目中的地位。

（4）重点发展人工智能领域，不盲目模仿其他商业网站，成为行业领军的智能化服务电商，可与互补品类企业进行战略合作。

（5）丰富支付方式，完善支付安全。

公司发展理念包括以下内容。

（1）不断重组。以服务顾客为核心，重组资源、重组机构，流程再造。

（2）迎接变革。在变革中再造产品、流程、功能，引领变革，主动引发新创意、新产品、新服务。

通过对该公司相关背景资料的了解，假设该公司已经建立了信息安全风险管理组织架构，相关高层管理人员和各业务部门负责人可配合信息安全风险管理工作组进行发展战略和业务识别有关的工作。风险管理团队前期经历了明确识别对象、确定实施内容与计划、明确风险管理责任、输出文档和验收确认等识别过程。

4.5.1　发展战略识别

信息安全风险管理工作组通过对该电商平台所在企业的高层管理人员进行访谈，查阅公司有关发展战略的文档，利用发展战略识别的相关方法，整理归纳出该企业的发展战略如表4-14所示。

表 4-14　发展战略识别表

序　号	分　类	发展战略	识别方法
S1	属性及职能定位	成为值得用户信赖的电商平台，为用户带来最快捷的购物体验	文字描述法
S2	发展目标	重点发展人工智能领域，成为行业领军的智能化服务电商；借用大数据时代的营销工具完善体验，提高服务质量等	关键成功因素法
S3	业务规划	重点发展人工智能领域，成为行业领军的智能化服务电商；丰富支付方式，完善支付安全；建立完善的物流体系等	关键成功因素法
S4	核心竞争力	发挥业务模式的优势，更快、更贴心、更亲切；发挥自身的高知名度与品牌效应优势，提升在顾客心目中的地位；采用"跨界人才"战略等	文字描述法、关键成功因素法或层次分析法

　　由于企业在有关发展战略的表述上并没有清晰地界定以上四个层面的内容，需要风险管理工作组将整理出的发展战略就属性及职能定位、发展目标、业务规划和核心竞争力四个层面进行归类，以便于下一步进行业务识别与赋值。

4.5.2　业务识别与业务赋值

　　发展战略识别的同时展开对业务的识别。风险评估工作组通过与企业有关业务部门负责人访谈、查阅相关业务和产品资料，以及通过对企业信息系统的功能梳理，分析归纳出主要的业务和业务流程。业务识别表如表4-15所示。

表 4-15　业务识别表

序　号	业　务	内　容
B1	网购业务流程	广告推送业务→网购订单业务→支付业务→智能配送业务→智能售后业务和客服服务业务
B2	大数据服务业务流程	广告推送业务→支付业务→数据分析业务
B3	广告推送业务	由宣传部门负责，提供广告推送； 涉及信息系统包括广告系统、用户行为分析系统
B4	网购订单业务	由网购部门负责，提供网购订单形成；涉及信息系统包括购物系统、订单管理系统
B5	网络运维	由基础网络部门负责，为所有网络基础设施提供基础服务和安全服务
B6	主机运维	由主机部门负责，为所有服务器提供系统及中间件搭建等基础服务和安全配置服务
B7	支付业务	由金融部门负责，提供支付等金融服务。涉及支付系统等
B8	智能配送业务	由物流部门负责，提供物流服务。涉及物流信息系统、智能配送系统等
B9	数据分析业务	由大数据部门负责，向客户提供数据分析服务。涉及数据分析系统、数据基础平台、数据基础设施管理系统等

将上述业务或业务流程与已识别出的发展战略四个层面的内容进行关联分析，通过发展战略对各业务的依赖程度决定业务的重要性。另外，业务间的关联性也会对业务的重要性造成影响。若被评估业务与高于其重要性赋值的业务具有紧密关联关系，则该业务重要性赋值应在原赋值基础上进行赋值调整，即就高不就低。本案例暂不考虑此种情况。业务重要性赋值如表4-16所示。

表4-16　业务重要性赋值表

序　号	业　务	发展战略与业务的关系重要性赋值				业务重要性赋值
		属性及职能定位	发展目标	业务规划	竞争关系	
B1	网购业务流程	5	5	5	5	5
B2	大数据服务业务流程	4	5	4	5	5
B3	广告推送业务	3	4	3	2	3
B4	网购订单业务	4	4	4	4	4
B5	网络运维	3	3	3	3	3
B6	主机运维	3	2	4	3	3
B7	支付业务	5	5	5	5	5
B8	智能配送业务	5	3	4	4	4
B9	数据分析业务	4	4	4	4	4

参考业务重要性等级赋值标准分为1~5个等级，分别是很低、低、中等、高和很高。该公司的9项业务重要性均为中等以上，其中有3项重要性等级是很高，例如网购业务流程、大数据服务业务流程和支付业务。其发展战略对这3项业务的依赖程度最高。

风险评估工作组根据发展战略识别表（如表4-14所示）和业务重要性赋值列表（如表4-16所示）编制《某电商平台发展战略和业务分析报告》，经双方项目经理签字确认，即为该项工作验收通过。

4.6　小　　结

发展战略是组织发展的方针。发展战略对业务具有依赖性，组织战略的实施需要通过业务实现。一方面战略通过业务落地，业务的战略地位越高，要求其风险越小；另一方面业务是有价值的，组织的业务重要程度越高，对资产的依赖程度越高，资产价值就越大，面临的威胁就可能越大。发展战略和业务识别是风险评估中的新内容，特别是业务重要性赋值还将参与到风险计算公式中。本章描述了发展战略和业务识别的内容、方法、过程和输出文档等，最后通过案例阐释发展战略和业务识别的具体内容和实际操作。

习　题

1. 从信息安全风险要素间关系的角度，简述发展战略、业务和资产之间的关系。
2. 简述发展战略识别的内容。
3. 简述业务识别内容。
4. 如何进行业务重要性赋值？
5. 发展战略和业务识别的方法有哪些？

第5章 资产识别

风险评估离不开安全保护对象，首要的是确定评估对象。在风险评估实施中，资产识别的目的就是明确具体的保护对象，准确清晰地定位保护对象。这是非常关键的一步，它对于后续风险评估工作的开展起着至关重要的作用，同时资产识别内容的恰当与否，也决定着评估结果的公正性、合理性。

5.1 资产识别内容

5.1.1 资产识别的定义

1. 资产的定义

资产可以是对组织具有价值的任何东西，不能带来价值的资源不能作为资产。从资产的定义可以看出，资产的天然属性是必须具有价值，这也是资产的本质所在，也就是说，不管是有形的还是无形的，是流动的还是固定的，要成为资产，必须具备能产生经济利益的能力，否则不能称之为资产。比如已失效、已毁损的东西，它们已经没有价值，就不应该作为资产出现在资产列表中。资产价值具体表现为交换价值和使用价值，没有交换价值和使用价值的资源，不能确认为资产。

2. 信息资产的定义

在信息安全风险管理中，资产指的是信息资产。信息资产是对组织具有价值的信息或资源，是安全策略保护的对象。它的表现形式多样，包括有形的、无形的、软硬件、文档、代码服务、名誉等。通常情况下信息资产是指一个完整的信息系统的组成部分，是风险评估的对象。

在风险评估中，资产的价值不是以资产的经济价值来衡量的，而是由资产在安全属性上的达成程度或者其安全属性未达成时所造成的影响程度，以及资产与业务关联后的重要程度来决定的。安全属性达成程度的不同将使资产具有不同的价值，业务重要程度的不同使资产具有不同的重要性，而资产面临的威胁、存在的脆弱性，以及已采用的安全措施都将对资产安全属性的达成程度，以及它承载的业务安全程度产生影响。为此，风险评估应对组织中的资产进行识别，清晰地识别到所有的资产，特别是划入风险评估范围和边界的所有资产都应被确认和评估。通常保密性、完整性和可用性是评价信息资产的三个重要安全属性，也可以根据组织信息系统自身情况增加或删减参与评价信息资产的安全属性。

3. 资产识别的定义

资产识别具体指采用适当的方法识别对组织具有关键和重要作用的需要保护的资产的过程。资产识别包括根据资产类别进行识别和资产业务承载性识别两个方面，其中业务承载性又包括资产承载的业务类别和资产承载的业务关联程度及资产关联程度。在实际环境中，信息系统是非常复杂的，划分了大量的子系统、应用及模块，还包括了各种外来元素。如果对资产的识别不准确，风险评估的工作就失去了意义，最后评估得到的安全等级、提出的安全建议和技术方案等都不够准确有效。所以，在资产识别过程中首先要做的是对资产进行合理分类，其次还需体现资产之间的关联和业务承载关系。

5.1.2 资产分类

资产是风险评估的对象，不同资产，因功能的不同，其重要程度也不同。因此，对资产合理分类尤为重要，它是后续确定资产的重要程度，以及进行安全需求分析的基础。资产分类的方式多种多样，组织可根据不同的标准，以及组织的管理目标建立资产分类清单。由于风险评估的具体对象一般指信息资产，可将信息资产分为数据、服务、信息系统、平台或支撑系统、基础设施、人员管理等。在实际工作中，具体的资产分类方法还可以根据评估对象和要求决定。GB/T 20984中给出了一种基于表现形式的资产分类方式，如表5-1所示。

表 5-1 一种基于表现形式的资产分类方式

类　　别	分　　类	示　　例
有形资产	数据资源	保存在信息媒介上的各种数据资料，包括源代码、数据库数据、系统文档、运行管理规程、计划、报告、用户手册、各类纸质文档等
	信息系统和平台	应用系统：用于提供某种业务服务的应用软件集合； 应用软件：办公软件、各类工具软件、移动应用软件等； 系统软件：操作系统、数据库管理系统、中间件、开发系统、语句包等； 支撑平台：支撑系统运行的基础设施平台，如云计算平台、大数据平台等； 服务接口：系统对外提供服务，以及系统之间的信息共享边界，如云计算 PaaS 层服务向其他信息系统提供的服务接口等； 计算机设备：大型机、小型机、服务器、工作站、台式计算机、便携计算机等； 存储设备：磁带机、磁盘阵列、磁带、光盘、软盘、移动硬盘等； 智能终端设备：感知节点设备（物联网感知终端）、移动终端等
	基础网络	网络设备：路由器、网关、交换机等； 传输线路：光纤、双绞线等； 安全设备：防火墙、入侵检测/防护系统、防病毒网关、VPN 等
	其他	办公设备：打印机、复印机、扫描仪、传真机等； 保障设备：UPS、变电设备、空调、保险柜、文件柜、门禁、消防设施等

（续表）

类　别	分　类	示　例
无形资产	服务	信息服务：对外依赖该系统开展的各类服务； 网络服务：各种网络设备、设施提供的网络连接服务； 办公服务：为提高效率而开发的管理信息系统，包括各种内部配置管理、文件流转管理等服务； 供应链服务：为了支撑业务、信息系统运行、信息系统安全，第三方供应链，以及服务商提供的服务等； 平台服务：对外依赖云计算平台、大数据平台等开展的各类服务，如云主机服务、云存储服务等
	人员管理	运维人员：对基础设施、平台、支撑系统、信息系统或数据进行运维的人员，网络管理员、系统管理员等； 业务操作人员：对业务系统进行操作的业务人员或管理员等； 安全管理人员：安全管理员、安全管理领导小组等； 外包服务人员：外包运维人员、外包安全服务或其他外包服务人员等
	其他	声誉：组织形象、组织信用； 知识产权：版权、专利等

除此之外，资产也可以做如下分类：比如一个信息系统的资产可能包括物理资产、软件资产、数据资产和其他资产，其中物理资产又包括服务器设备、终端设备、网络设备及其他设备等；软件资产包括系统软件、业务应用软件、办公自动化软件及其他应用软件等；数据资产包括系统数据、业务数据、办公数据、技术文档数据及其他数据等；其他资产则包括被评估机构的人力、声誉等。

5.1.3　资产赋值

通常用于评价资产的三个安全属性分别为保密性、完整性和可用性，再结合业务承载性，综合衡量资产的重要程度。通过赋值的方式对资产的三个安全属性及业务承载性设定相应的值，采用加权等方式对资产价值做出定量/定性的综合评价。显然，资产各属性要求不同，资产的最终价值也就不同，它们接受保护的程度也不同。

下面分别介绍保密性、完整性、可用性、业务承载性四种安全属性赋值的方式[6,20]。

5.1.3.1　保密性赋值

资产的保密性赋值需要评估其保密性价值。资产的保密性价值是指该资产被暴露时对组织造成的损害，因此资产的保密性价值可分解为两个指标：一是资产被暴露时与所造成最严重后果之间的关系，二是后果对组织的最严重损害程度。资产被暴露时与所造成最严重后果可按照直接产生后果、容易产生后果和可能产生后果三种情况划分。

（1）直接产生后果：当资产被暴露时，后果既已发生。例如，组织的商业秘密，要求密级的涉密信息，这些信息一旦被暴露，后果随之发生，无法挽回。

（2）容易产生后果：当资产被暴露时，后果非常容易发生。例如，当操作系统的超级用户口令失密时，如果获知者无恶意，后果可能不会发生；但是如果获知者具有恶意，那么后果非常容易发生。

（3）可能产生后果：当资产被暴露时，后果有可能会发生，但离后果发生仍存在一定距离。例如某客户端软件被盗用，在没有得到服务器验证口令之前，后果仍未造成。

后果对组织的损害程度包括严重损害、中等损害和轻度损害。

综合以上两个要素可以对资产保密性赋值。

每种资产在保密性上都应该有相应的要求，实际工作中一般根据资产在保密性上的不同要求分为五个不同的等级，这五个等级分别对应资产在保密性上应达成的不同程度或者保密性缺失时对整个组织的影响。表5-2是GB/T 20984提供的一种资产保密性赋值的参考。

表 5-2　资产保密性赋值表

赋　　值	标　识	定　　义
5	很高	资产的保密性要求非常高，一旦丢失或泄露会对资产造成重大的或无法接受的影响
4	高	资产的保密性要求较高，一旦丢失或泄露会对资产造成会对资产造成较大影响
3	中等	资产的保密性要求中等，一旦丢失或泄露会对资产造成会对资产造成影响
2	低	资产的保密性要求较低，一旦丢失或泄露会对资产造成轻微影响
1	很低	资产的保密性要求非常低，一旦丢失或泄露会对资产造成影响的可以忽略

5.1.3.2　完整性赋值

资产完整性价值是指该资产不处于准确、完整或可依赖状态时对组织造成的损害程度，因此资产的完整性价值可分解为资产不处于准确、完整或可依赖状态时与所造成最严重后果之间的关系和后果对组织的最严重损害程度。

每种资产在完整性上都应该有相应的要求，实际工作中一般根据资产在完整性上的不同要求分为五个不同的等级，这五个等级分别对应资产的完整性程度或者完整性缺失的负面影响。表5-3是GB/T 20984提供的一种资产完整性赋值的参考。

表 5-3　资产完整性赋值表

赋　　值	标　识	定　　义
5	很高	资产的完整性要求非常高，未经授权的修改或破坏会对资产造成重大的或无法接受的影响
4	高	资产的完整性要求较高，未经授权的修改或破坏会对资产造成较大影响
3	中等	资产的完整性要求中等，未经授权的修改或破坏会对资产造成影响
2	低	资产的完整性要求较低，未经授权的修改或破坏会对资产造成轻微影响
1	很低	资产的完整性要求非常低，未经授权的修改或破坏对资产造成的影响可以忽略

5.1.3.3　可用性赋值

资产的可用性价值是指当某一项资产完全不可用时对业务系统所造成的后果。它可分解为资产不可用时对某个业务的影响和该业务系统的关键性程度。资产不可用时对某个业务的影响可分为：

（1）整体不可用：当资产不可用时，业务系统即不可用，例如服务器宕机、主干网络瘫痪等。

（2）局部不可用：当资产不可用时，业务系统局部不可用，例如局部网络瘫痪、网络阻塞等。

（3）个体不可用：当资产不可用时，业务系统的某个或某几个客户不可用，例如终端故障、客户机宕机等。

每种资产在可用性上都应该有相应的要求，实际工作中一般根据资产在可用性上的不同要求分为五个不同的等级，这五个等级分别对应资产的可用性程度或者可用性缺失的负面影响。表5-4是GB/T 20984提供的一种资产可用性赋值的参考。

表5-4　资产可用性赋值表

赋　　值	标　　识	定　　义
5	很高	资产的可用性要求非常高，合法使用者对资产的可用度达到年度 99.9%以上，或系统不允许中断
4	高	资产的可用性要求较高，合法使用者对资产的可用度达到每天 90%以上，或系统允许中断时间小于 10min
3	中等	资产的可用性要求中等，合法使用者对资产的可用度在正常工作时间达到 70%以上，或系统允许中断时间小于 30min
2	低	资产的可用性要求较低，合法使用者对资产的可用度在正常工作时间达到 25%以上，或系统允许中断时间小于 60min
1	很低	资产的可用性要求非常低,合法使用者对资产的可用度在正常工作时间低于25%

5.1.3.4　业务承载性赋值

结合资产所承载的业务，根据资产对所承载业务的影响不同，将其分为五个不同的等级，分别对应资产在业务承载性上应达成的不同程度或者资产安全属性被破坏时对业务的影响程度。表5-5是GB/T 20984提供的一种资产业务承载性赋值的参考。

表 5-5　资产业务承载性赋值表

赋　　值	标　　识	定　　义
5	很高	资产对于某种业务的影响非常大，其安全属性破坏后可能对业务造成非常严重的损失
4	高	资产对于某种业务的影响比较大，其安全属性破坏后可能对业务造成比较严重的损失
3	中等	资产对于某种业务的影响一般，其安全属性破坏后可能对业务造成中等程度的损失
2	低	资产对于某种业务的影响较低，其安全属性破坏后可能对业务造成较低的损失
1	很低	资产对于某种业务的影响非常低，其安全属性破坏后对业务造成很小的损失，甚至忽略不计

5.1.3.5　资产的重要等级

资产的重要等级是对资产价值的一个总评价，如果定义的资产评价安全属性为保密性、完整性和可用性三种性质，那么就根据资产在保密性、完整性和可用性上的赋值等级，以及与业务的关联分析结果，经过综合评定得出资产的重要等级。综合评定方法可以根据评估对象的特点，选择对资产保密性、完整性、可用性和业务承载性等进行加权计算，得到资产的重要性最终赋值结果。其中的加权方法可以相乘，也可以加权平均，根据组织的实际业务特点来确定。

为了和上面的安全属性赋值相对应，GB/T 20984中推荐的赋值方法是根据最终的等级将资产的重要等级划分为五级，级别越高表示资产越重要。实际工作中可以根据组织的实际情况确定资产识别中的赋值依据和等级，按照资产最终的赋值结果，确定重要资产的范围，并主要围绕重要资产进行下一步的风险评估。表5-6中的资产等级划分代表不同等级重要性的综合描述，也是GB/T 20984给出的一种资产重要性等级参考。

表 5-6　资产重要性等级表

赋　值	标　识	资产重要性等级描述
5	很高	综合评价等级为很高，安全属性破坏后对组织造成非常严重的损失
4	高	综合评价等级为高，安全属性破坏后对组织造成比较严重的损失
3	中等	综合评价等级为中，安全属性破坏后对组织造成中等程度的损失
2	低	综合评价等级为低，安全属性破坏后对组织造成较低的损失
1	很低	综合评价等级为很低，安全属性破坏后对组织造成很小的损失，甚至忽略不计

5.2　资产识别方法和工具

了解资产识别的相关内容之后，开始对资产进行识别。在实施资产识别之前，还需要确定识别的方法和工具，评估单位和被评估组织都应根据评估对象的实际情况确定具体的方法和工具，分析识别方法和工具的优缺点，规避在实际应用中采用不合适的识别方法，以及识别工具带来的风险。

5.2.1　资产识别方法

资产识别一方面要识别出有哪些资产，另一方面要识别出每项资产自身的关键属性。要做到对资产进行准确的识别需要采用科学合理的方法，资产识别的方法并非一成不变，而是根据实际的情况因地制宜。下面推荐几种常用的资产识别方法供参考。

5.2.1.1　调查分析法

资产调查是识别资产的重要途径。资产调查一方面应调查出有哪些资产，另一方面要调查出每项资产自身的关键属性。资产调查法包括阅读文档、访谈相关人员、查看相关资产、利用工具主动扫描或被动探测等。在一般情况下，可以通过查阅信息系统需求说明书、可行性研究报告、设计方案、实施方案、安装手册、用户使用手册、测试报告、运行报告、安全策略文件、安全管理制度文件、操作流程文件、制度落实的记录文件、资产清单、网络拓扑图等，识别组织和信息系统的资产及其重要性。

如果文档记录信息之间存在互相矛盾或不清楚的地方，以及文档记录信息与实际情况有出入，资产识别时需要就关键资产和关键问题与被评估组织相关人员进行核实，并选择在组织和信息系统管理中担任不同角色的人员进行访谈，包括主管领导、业务人员、开发人员、实施人员、运维人员、监督管理人员等。除此之外还可以使用技术手段，利用网络内资产使用的协议和开放的端口进行扫描和探测确定存在的资产。通常，经过阅读文档、工具测试和现场访谈相关人员，基本可清晰识别组织和信息系统资产，再对关键资产现场实际查看核实，确定资产的重要性。表5-7是一个资产调查表的示例。

表 5-7　资产调查表

序　号	资产名称	设备型号	IP 地址	物理位置	业务应用
A01	PC	联想 C560	10.1.2.1	二楼 201	研发使用
A02	防火墙	H3C SecPath F100-E	10.1.2.2	二楼 201	网络安全
A03	核心交换机	H3C S7603	10.1.2.3	二楼 201	网络通信
A04	部门交换机	H3C S1626	10.1.2.4	二楼 201	网络通信
A05	门户网站主服务器	WindowsServer2003	10.1.2.5	二楼 201	门户网站
A06	X 系统数据库	WindowsServer2003	10.1.2.6	二楼 201	X 系统
A07	空调	格力		二楼 201	

5.2.1.2　定性分析法

定性分析一般在调查之后、定量分析之前进行，定性分析法是识别组织由哪些资产组成，为设计或选择定量方法提供有用的输入信息，但并非所有的定量分析前都必须进行定性分析。定性分析方法一般由三个步骤组成，分别是分析综合、比较和抽象概括。在定性分析时，通常关心的是资产对组织的重要性或其敏感程度，即由于资产受损而引发的潜在的业务影响或后果，这些对评估者的经验和能力要求较高，容易受主观因素的影响。通常采用定性分析和定量分析相结合的方法完成资产的识别。

5.2.1.3　定量分析法

定量分析法指通过分析组织所包含资产的数量、资产安全属性的数量关系和数量变化，最后采用"数量"对风险加以描述。前面提到的对资产安全属性赋值就是半定量的方式。定量分析相对强调资产属性的客观性和可观察性，需要依据统计数据，建立数学模型，并用数学模型计算出分析资产的安全属性及重要性。

在风险评估的资产识别中，调查分析法、定性分析法和定量分析法三种方法通常结合使用，先采用调查分析法采集信息，再使用定性分析法确定安全属性的级别，最后采用定量分析法综合计算重要性的赋值和等级。

5.2.2　资产识别工具

通常采用的资产识别工具包括手工记录表格、自动化工具，以及其他的一些辅助材料。

1．手工记录表格

手工记录表格主要以资产调查表为主，资产调查表可以记录资产识别活动，常用于收集被评估组织信息资产的各方面信息，以及安全需求。

2．自动化工具

自动化工具包括资产信息收集工具、被动监测工具和主动探测工具等。

（1）资产信息收集工具

目前常见的资产信息收集工具是专为企业用户设计的工具，它的作用一般都是便于管理员管理企业的IT资产。通过提供调查表形式，完成被评估信息系统数据、管理、人员等资产信息的收集功能，了解到组织的主要业务、重要资产、威胁、管理上的缺陷、采用的控制措施和安全策略的执行情况。此类系统主要采取电子调查表形式，需要被评估系统管理人员参与填写，并自动完成资产信息获取。

（2）被动监测工具

被动监测工具是通过在所观测的网络中加入探测器，由它来采集信息，并发送到网络管理主机，从而形成网络的拓扑结构，识别网内的活动资产，并提供网络资产的相关信息，包括操作系统版本、型号等。被动监测工具的缺点是需要花费长时间才能收集到足够的信息，而且探测器的安装要覆盖全面，这在实际的工作中较难实现，除非网内已有监测工具，可以调取一段时间内的监测数据使用。

（3）主动探测工具

主动探测工具则通过服务器或者专业设备主动向待探测网络发送探测包，并采集返回的信息进行分析，自动完成网络硬件设备的识别、发现功能。这种方式的优点是能够较快地找出需要的资产，但缺点是需要产生的流量较大，容易被防护策略拦截。主动探测工具的种类很多，根据协议的不同有ARP协议探测、UDP协议探测、HTTP协议探测等。常见探测工具是漏洞扫描工具，它可以在专门的扫描策略下，完成对绝大部分IT资产的精确辨别。

3．辅助资料

除上面列出的工具外，根据实际情况可能还会用到一些辅助的工具或者材料。比如评估组织提供最新的、详细的网络拓扑图，以及行业运行流程图，这些辅助资料均有助于资产识别活动的开展，还可以避免在资产识别过程中发生遗漏。如果被评估组织以前曾经进行过风险评估，可以在上个评估活动生成资产识别列表的基础上，仅对变更的资产进行识别，也可大大节约本阶段所需要的时间，提高工作效率。

5.3　资产识别过程和输出

信息安全风险评估的基础是信息资产识别，脆弱性及威胁识别都是以资产识别为基础的。信息资产识别的主要目标是得到对组织有价值的资产明细，也就是得到需要首先和重点保护的资产。这个目标需要采用上面介绍的方法和工具经过一系列的动作得以实现，资产识别过程得到的结果是资产识别的输出，也是后续评估工作的输入，规范化的资产识别过程和输出有利于风险分析和评估。

5.3.1　资产识别过程

资产识别时首先需要对信息资产进行合理分类，其次分析其安全需求，最后确定资产的重要程度。所以，信息资产识别的过程一般经历三个步骤，分别是资产采集和分类、资产识别与分析、资产赋值及计算，同时将业务流程贯穿于整个信息资产识别的过程中。

5.3.1.1　资产采集和分类

信息资产作为信息系统的构成元素，范围十分广泛，不同信息资产的功能和重要程度也各不相同。因此，资产采集获得的原始信息越翔实，就越能保证风险分析结果的客观性和相应建议的针对性，被评估组织就能从评估活动中获得更大的安全收益。

另外，业务是组织存在的必要前提，信息系统承载的是业务，信息系统的正常运行不仅能保证业务的正常开展，还关乎组织的利益。前面的章节已经介绍了发展战略和业务识别，在识别各种业务后，根据组织战略识别和业务调查的结果，确定资产识别的范围和重点。同样，资产识别过程也应时刻考虑业务流程，两者不可分割。资产识别过程中需要确定每个信息系统处理哪些种类的业务，每种业务包括哪些具体业务功能，以及相关业务处理的流程，分析并清楚理解各种业务功能和流程，这样有利于分析系统中的数据流向及安全保证要求，从而确定哪些是关键资产。

资产采集可以从以下方面去调研：

（1）系统安全保护等级；

（2）主要的业务功能和要求；

（3）网络结构与网络环境，包括内部连接和外部连接；

（4）系统边界，包括业务逻辑边界、网络及设备载体边界、物理环境边界、组织管理权限边界等；

（5）主要的硬件、软件；

（6）数据和信息；

（7）系统和数据的敏感性；

（8）支持和使用系统的人员；

（9）信息安全管理组织建设和人员配备情况；

（10）信息安全管理制度；

（11）法律法规及服务合同；

（12）其他。

资产采集方式可以采取问卷调查、现场面谈方式，也可以在授权的情况下采用测试等其他技术方式。信息采集完后，按照5.1.2资产分类的方法对资产进行合理的分类。

5.3.1.2　资产识别与分析

资产采集时要求尽可能地全面，但大部分时候信息系统较复杂，不可能对所有的资产做全面分析，此时应重点识别关键资产，并对关键资产进行分析。

在采集和分类后形成的资产列表基础上，根据业务处理流程，识别出支撑和保障业务系统运行所需的硬件和软件资源，包括物理环境、网络、主机和应用系统，以及基础设施如服务器、交换机、防火墙等，并且识别出这些软硬件资源的保密性、完整性和可用性等安全属性。资产与业务的识别分析参考步骤如图5-1所示[8]。

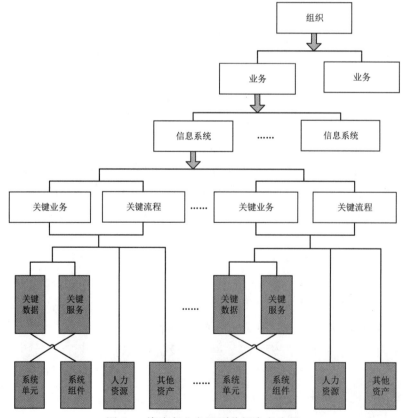

图 5-1　资产与业务识别分析参考步骤

资产与业务相结合的识别分析参考步骤如下：

（1）根据发展战略和业务识别的结果，确定信息系统需要识别的范围和重点；

（2）按照事先定好的资产分类标准识别承载关键业务和流程的资产；

（3）根据业务特点和业务流程识别业务需要处理的数据和提供的服务，尤其是关键数据和关键服务；

（4）识别处理数据和提供服务所需的硬件和软件资源，包括物理环境、网络、主机和应用系统，以及基础设施如服务器、交换机、防火墙等，尤其是关键资源；

（5）识别在硬件和软件资源上运行的操作系统、数据库、应用软件等，尤其是关键部分。

除此之外，还应该对其中包括的网络、人员和组织进行识别分析。

5.3.1.3　资产赋值及计算

1. 资产赋值

通过结合业务分析，对资产采集、分类、识别、分析，得到一份详细的资产清单，接下来应该对资产清单中的每项资产进行资产价值评价。虽然国外有一种资产价值评价方式是按照资产的经济价值来评判的，但信息安全风险评估中资产的价值并不是以资产的经济价值来衡量，而是以资产的重要等级来衡量，重要等级则以保密性、完整性和可用性安全属性和业务承载性综合评定。

前面的章节推荐了一种将保密性、完整性、可用性及业务承载性分成很高、高、中等、低、很低5种级别的赋值方法，其中安全属性级别越高表示资产的这种安全属性越重要，业务承载性和重要性越高表示资产承载的业务越多或越重要。尽管采用半定性半定量的方式对资产进行识别，但对资产保密性、完整性、可用性和业务承载性等安全属性的量化过程仍然容易带有主观性。为减少主观性带来的干扰，应该采用科学的方法，对保密性、完整性、可用性和业务承载性进行赋值，再利用加权等方法综合得出资产的重要等级。通常给资产安全属性赋值时主要参考的因素如下：

- 资产所承载业务的重要性；
- 资产所承载业务的安全等级；
- 资产对所承载信息安全正常运行的重要程度；
- 资产保密性、完整性、可用性等安全属性对信息系统，以及相关业务的重要程度。

2. 资产价值计算

资产价值根据资产保密性、完整性、可用性和业务承载性的赋值等级，经综合评定确定。综合评定的方法可以根据组织和信息系统所承载的业务对不同安全属性的依赖程度，选择资产保密性、完整性和可用性中最为重要的一个属性的赋值等级作为资产的最终赋值结果；也可以根据资产保密性、完整性、可用性和业务承载性的不同等级对其赋值进行加权计算得到资产的最终赋值结果，加权方法可根据组织的业务特点确定。资产赋值表如表5-8所示。

表5-8 资产赋值表

资产编号	资产名称	安全属性赋值			业务承载性赋值	权 值			
		保密性	完整性	可用性		保密性	完整性	可用性	业务承载性
A01	PC	C	I	A	Bc	δ_c	δ_i	δ_a	δ_{Bc}

假设资产编号为A01的资产保密性赋值为C，保密性权值为δ_c；完整性赋值为I，权值δ_i；可用性赋值为A，权值δ_a；业务承载性赋值为Bc，权值为δ_{Bc}；那么资产价值$V = C \times \delta_c + I \times \delta_i + A \times \delta_a + Bc \times \delta_{Bc}$，得到的值可以采用四舍五入法，对应资产重要性等级的五个等级之一。

评估人员根据资产赋值结果，确定关键资产范围，并围绕关键资产进行后续的风险评估工作。

5.3.2 资产识别输出

经过资产赋值及计算分析，可以确定组织和信息系统中的关键资产，明确资产价值，以及相应的保密性、完整性、可用性等安全属性和业务承载性情况，并且了解资产之间的相互关系和影响，识别出重要资产。在识别出的重要资产清单基础上，形成详细的资产列表和资产赋值报告。资产赋值报告是进行威胁识别和脆弱性识别的重要依据。在资产赋值报告中，应包括下面这些内容：

（1）各项资产信息，特别是关键资产的资产名称、类别、保密性赋值、完整性赋值、可用性赋值和资产所承载的业务赋值，以及资产重要性等级；

（2）通过资产保密性、完整性、可用性，结合业务承载性等计算资产价值的方法；

（3）关键资产说明等。

5.4 资产识别案例

某银行网上银行系统信息安全风险评估项目中网上银行系统（以下简称网银系统）主要面向企业、个人用户提供各种对公、对私金融服务。企业、个人用户通过网银系统提供的统一登录入口即可访问与网点柜面相同的金融服务，包括：账户余额查询、行内转账、跨行转账等业务。

首先对该银行网银系统的资产进行信息分类，如表5-9所示。

表 5-9　某银行资产分类调查表

分　　类	说　　明
委托单位基本情况	单位名称、所属行业、地址、邮编、法人信息、联系人信息等
被评估系统基本情况	系统名称、系统上线时间、系统状态、安全保护等级、承载业务、业务子系统个数、信息系统类型、系统业务类型、系统业务依赖程度、信息系统服务范围、网络类型等
对外 IP 地址及服务	系统提供的服务、IP 地址、域名等
第三方服务单位基本情况	第三方单位名称、情况简介、服务内容等
信息系统承载业务情况	业务名称、业务描述、业务处理信息类别、用户数量及分布、应用系统软件、运行状况、重要程度、责任部门等
信息系统网络结构情况	网络区域名称、主要业务和信息描述、IP 网段地址、服务器数量、终端数量、与其连接的其他网络区域、网络区域边界设备、重要程度、责任部门等
外联线路及设备端口（网络边界）情况	外联线路名称（边界名称）、所属网络区域、连接对象名称、接入线路种类、传输速率（带宽）、线路接入设备、承载主要业务应用等
网络设备情况	所属系统、网络设备名称、型号、物理位置、所属网络区域、IP 地址/掩码/网关、系统软件及版本、端口类型及数量、主要用途、是否存在备份、重要程度等
安全设备情况	所属系统、设备类别、网络安全设备、型号（软件/硬件）、物理位置、所属网络区域、IP 地址/掩码/网关、系统及运行平台、端口类型及数量、是否存在备份，资产赋值、用途等
服务器设备情况	所属系统、主机名、服务器名称、型号、物理位置、所属网络区域、IP 地址/掩码/网关、操作系统版本/补丁、安装应用系统软件名称、主要业务应用、涉及数据、是否存在备份等
系统软件情况	系统软件、版本、软件厂商、硬件平台、涉及应用系统等
应用软件情况	应用系统软件名称、开发商、软件模式、硬件/软件平台、涉及数据、现有用户数量、主要用户角色等
业务数据情况	数据名称、数据用户及其访问权限、数据安全性要求、数据日增量及总量、涉及业务应用、涉及存储系统与处理设备等
数据备份情况	备份数据名称、介质类型、备份周期、保存期、是否异地保存、过期处理方法、所属备份系统等

　　该网银系统包含多种形式的资产，本次信息安全风险评估覆盖被评估对象信息资产包括Web服务器区服务器集群、应用服务器区服务器集群，以及外联区、Web服务器区、应用服务器区网络通信基础设施和网络安全基础设施。通过与该银行信息技术部进行技术交流，收集系统相关服务器设备、网络设备、安全设备的型号、配置、编号；收集服务器系统软件、安全软件、应用软件的名称、版本、技术指标等信息；分析业务数据流、系统运维方式；分类描述系统信息资产的信息，形成该银行网银系统资产列表，如表5-10所示。

表 5-10　某银行资产列表（示例）

资产类别	资产编号	说　　明	名　　称	型　　号
网络安全设备	FW001	外联区-Web 服务器区防火墙	Juniper 防火墙 A	ISG-1000
	FW002	外联区-Web 服务器区防火墙	Juniper 防火墙 B	ISG-1000
	FW003	Web 服务器区-应用服务器区防火墙	天融信防火墙 A	FW4000-UF
	FW004	Web 服务器区-应用服务器区防火墙	天融信防火墙 B	FW4000-UF
	FW005	应用服务器区-核心区防火墙	思科 ASA 防火墙 A	Cisco ASA5540
	FW006	应用服务器区-核心区防火墙	思科 ASA 防火墙 B	Cisco ASA5540
	ADS001	串联在外联路由器后的抗 DDoS 设备	绿盟防 DDoS-A	ADS1600
网络通信设备	SW001	外联区交换机	外联交换机 A（3560a）	Cisco 3560a
	SW002	外联区交换机	外联交换机 B（3560b）	Cisco 3560b
	SW003	Web 交换机	Web 交换机 A、B（3750AB）（堆叠）	Cisco 3750AB
	SW004	Web 服务器区接入交换机	Web 服务器接入交换机 A（2960a）	Cisco 2960
	SW005	Web 服务器区接入交换机	Web 服务器接入交换机 B（2960b）	Cisco 2960
服务器	AS001	网银 Web 服务器	网银 Web1	X3850
	AS002	网银 Web 服务器	网银 Web2	X3850
	AS003	证书管理	RA1	X3850
	AS004	证书管理	RA2	X3850
	AS005	IPS 控制端	IPS 控制台	X3650
	AS006	网页防篡改	网页防篡改	X3650
	AS007	门户 Web 服务器	门户 Web3	X3650
	AS008	门户 Web 服务器	门户 Web4	X3650
	AS009	应用服务器	网银应用服务器 A	p520
	AS010	应用服务器	网银应用服务器 B	p520
	AS011	数据库服务器（涉及交易日志/客户信息）	网银主数据库	p520
	AS012	数据库服务器（涉及交易日志/客户信息）	网银备份数据库	p520
	AS013	签名验签	签名验签	
应用系统	A0001	个人版网银系统		

根据对该银行业务的分析，对其网银系统资产列表清单中的资产进行安全属性、业务承载性及权值赋值，如表5-11所示。

表5-11 某银行资产安全属性赋值表（示例）

资产类别	资产编号	说明	名称	型号	安全属性赋值			业务承载性赋值	权值			
					保密性	完整性	可用性		保密性	完整性	可用性	业务承载性
网络安全设备	FW001	外联区-Web服务器区防火墙	Juniper防火墙A	ISG-1000	2	4	5	3	0.2	0.3	0.4	0.1
	FW002	外联区-Web服务器区防火墙	Juniper防火墙B	ISG-1000	2	4	5	3	0.2	0.3	0.4	0.1
	FW003	Web服务器区-应用服务器区防火墙	天融信防火墙A	FW4000-UF	2	4	5	4	0.3	0.2	0.4	0.2
	FW004	Web服务器区-应用服务器区防火墙	天融信防火墙B	FW4000-UF	2	4	5	4	0.3	0.2	0.4	0.1
	FW005	应用服务器区-核心区防火墙	思科ASA防火墙A	Cisco ASA5540	2	4	5	4	0.3	0.2	0.4	0.1
	FW006	应用服务器区-核心区防火墙	思科ASA防火墙B	Cisco ASA5540	2	4	5	4	0.3	0.2	0.4	0.1
	ADS001	串联在外联路由器后的抗DDoS设备	绿盟防DDoS-A	ADS1600	2	4	5	4	0.3	0.2	0.4	0.1
网络通信设备	SW001	外联区交换机	外联交换机A（3560a）	Cisco 3560a	4	4	5	5	0.3	0.2	0.4	0.1
	SW002	外联区交换机	外联交换机B（3560b）	Cisco 3560b	4	4	5	5	0.3	0.2	0.4	0.1
	SW003	Web交换机	Web交换机A、B（3750AB）（堆叠）	Cisco 3750AB	4	4	5	5	0.3	0.2	0.4	0.1
	SW004	Web服务器区接入交换机	Web服务器接入交换机A（2960a）	Cisco 2960	4	4	5	5	0.3	0.2	0.4	0.1
	SW005	Web服务器区接入交换机	Web服务器接入交换机B（2960b）	Cisco 2960	4	4	5	5	0.3	0.2	0.4	0.1

（续表）

资产类别	资产编号	说明	名称	型号	安全属性赋值			业务承载性赋值	权值			
					保密性	完整性	可用性		保密性	完整性	可用性	业务承载性
服务器	AS001	网银 Web 服务器	网银 Web1	X3850	4	4	5	5	0.3	0.2	0.4	0.1
	AS002	网银 Web 服务器	网银 Web2	X3850	4	4	5	5	0.3	0.2	0.4	0.1
	AS003	证书管理	RA1	X3850	4	4	5	5	0.3	0.2	0.4	0.1
	AS004	证书管理	RA2	X3850	4	4	5	5	0.3	0.2	0.4	0.1
	AS005	IPS 控制端	IPS 控制台	X3650	4	4	5	5	0.3	0.2	0.4	0.1
	AS006	网页防篡改	网页防篡改	X3650	4	4	5	5	0.3	0.2	0.4	0.2
	AS007	门户 Web 服务器	门户 Web3	X3650	4	4	5	5	0.3	0.2	0.4	0.1
	AS008	门户 Web 服务器	门户 Web4	X3650	4	4	5	5	0.3	0.2	0.4	0.1
	AS009	应用服务器	网银应用服务器 A	p520	4	4	5	5	0.3	0.2	0.4	0.1
	AS010	应用服务器	网银应用服务器 B	p520	4	4	5	5	0.3	0.2	0.4	0.1
	AS011	数据库服务器（涉及交易日志/客户信息）	网银主数据库	p520	4	4	5	5	0.3	0.2	0.4	0.1
	AS012	数据库服务器（涉及交易日志/客户信息）	网银备份数据库	p520	4	4	5	5	0.3	0.2	0.4	0.1
	AS013	签名验签	签名验签		4	4	5	5	0.3	0.2	0.4	0.1
应用系统	A0001	个人版网银系统			5	5	5	5	0.3	0.3	0.2	0.2

　　根据对该银行网银系统资产的安全属性及其权值综合分析评估后，确定资产重要性等级，如表5-12所示。

表 5-12　某银行资产重要性等级表（示例）

资产类别	资产编号	说明	名称	型号	重要等级
网络安全设备	FW001	外联区-Web 服务器区防火墙	Juniper 防火墙 A	ISG-1000	4
	FW002	外联区-Web 服务器区防火墙	Juniper 防火墙 B	ISG-1000	4
	FW003	Web 服务器区-应用服务器区防火墙	天融信防火墙 A	FW4000-UF	4
	FW004	Web 服务器区-应用服务器区防火墙	天融信防火墙 B	FW4000-UF	4
	FW005	应用服务器区-核心区防火墙	思科 ASA 防火墙 A	Cisco SA5540	4

（续表）

资产类别	资产编号	说　明	名　称	型　号	重要等级
网络安全设备	FW006	应用服务器区-核心区防火墙	思科 ASA 防火墙 B	CiscoSA5540	4
	ADS001	串联在外联路由器后的抗DDoS 设备	绿盟防 DDoS-A	ADS1600	4
网络通信设备	SW001	外联区交换机	外联交换机 A3560a）	Cisco 3560a	5
	SW002	外联区交换机	外联交换机 B3560b）	Cisco 3560b	5
	SW003	Web 交换机	Web 交换机 A、B（3750AB）（堆叠）	Cisco 3750AB	5
	SW004	Web 服务器区接入交换机	Web 服务器接入交换机 A（2960a）	Cisco 2960	5
	SW005	Web 服务器区接入交换机	Web 服务器接入交换机 B（2960b）	Cisco 2960	5
服务器	AS001	网银 Web 服务器	网银 Web1	X3850	5
	AS002	网银 Web 服务器	网银 Web2	X3850	5
	AS003	证书管理	RA1	X3850	5
	AS004	证书管理	RA2	X3850	5
	AS005	IPS 控制端	IPS 控制台	X3650	5
	AS006	网页防篡改	网页防篡改	X3650	5
	AS007	门户 Web 服务器	门户 Web3	X3650	5
	AS008	门户 Web 服务器	门户 Web4	X3650	5
	AS009	应用服务器	网银应用服务器 A	p520	5
	AS010	应用服务器	网银应用服务器 B	p520	5
	AS011	数据库服务器（涉及交易日志/客户信息）	网银主数据库	p520	5
	AS012	数据库服务器（涉及交易日志/客户信息）	网银备份数据库	p520	5
	AS013	签名验签	签名验签		5
应用系统	A0001	个人版网银系统			5

从上面的列表中可以清晰地看到资产识别阶段识别出来的每一种资产的价值。

5.5　小　　结

本章详细讲述了资产识别的内容、方法及过程等，指导大家在风险评估实施过程理解资产、资产价值、信息资产、资产属性、资产分类、资产赋值的定义，掌握资产识别方法和工具，准确识别关键资产；能在实践中掌握资产识别的全过程，包括资产采集与分类、资产识别与分析、资产赋值及计算、资产识别结果报告。

习　　题

1. 在资产识别过程中识别出两台服务器，其中甲服务器购买时花费五万元，乙服务器花费五千，请问哪台服务器的价值更大？为什么？

2. 资产有哪些类别？请列举你掌握的资产类别。

3. 资产赋值应包含哪几个方面的赋值？

4. 资产各个等级分值如何划分？资产评价准则是什么？

5. 资产赋值报告应该包括哪些内容？

第6章 威胁识别

在风险评估中，威胁是指能够通过未授权访问、毁坏、泄露、数据修改或拒绝服务等方式对系统造成潜在危害的环境或事件，具体而言威胁是指特定威胁源成功利用特定脆弱性（漏洞）的潜在可能。当没有可利用的脆弱性时，威胁源并不代表风险。各类组织或信息资产可以面临来自人、组织、自然或信息资产自身故障等的威胁。因此，如何识别不同种类威胁对不同组织或信息资产的作用，成为预警和规避安全风险的关键工作之一。

6.1 威胁识别内容

6.1.1 威胁识别定义

1. 威胁定义

威胁是指可能导致危害系统或组织的安全事件的潜在起因。威胁是客观存在的，无论多么安全的系统都会存在威胁。由于威胁的存在，组织和信息系统才会存在风险。因此，在风险评估工作中，需要全面、准确地了解组织和信息系统所面临的各种威胁。

2. 威胁识别定义

威胁识别是分析可能造成安全事件潜在起因的过程。在识别分析过程中，首先要对组织或机构中需要保护的关键信息资产进行威胁发生可能性的识别；其次对每项信息资产面临的威胁进行定性或定量的赋值，以便于网络安全风险的评估。一项资产可能面临多种威胁，一种威胁也可能对不同资产造成影响。对威胁进行识别，需要掌握威胁的各种属性，只有通过对威胁各种属性的分析，才能得到准确的威胁识别结果。

6.1.2 威胁属性

威胁的属性有很多，其中包括威胁来源、动机、能力、频率、时机等。对威胁进行识别，需要掌握威胁的各种属性，只有通过对威胁各种属性的分析，才能得到准确的威胁识别结果。

1. 威胁来源

威胁来源包括环境、意外和人为三类。GB/T 20984中提供了一种威胁来源的分类方法，如表6-1所示。

表 6-1 威胁来源列表

来　源	描　　述
环境	断电、静电、灰尘、潮湿、温度、鼠蚁虫害、电磁干扰、洪灾、火灾、地震、意外事故等环境危害或自然灾害
意外	非人为因素导致的软件、硬件、数据、通信线路等方面的故障，或者依赖的第三方平台或者信息系统等方面的故障
人为	人为因素导致资产的保密性、完整性和可用性遭到破坏

2．威胁动机

威胁动机是指引导、激发人为威胁进行某种活动，对组织业务、资产产生影响的内部动力和原因。威胁动机可划分为恶意和非恶意，恶意包括攻击、破坏、窃取等，非恶意包括误操作、好奇心等。表6-2给出了一种威胁动机分类的参考。

表 6-2 威胁动机分类表

分　类	动　　机
恶意	挑战、叛乱、地位、金钱利益、信息销毁、信息非法泄露、未授权的数据更改、勒索、摧毁、非法利用、复仇、政治利益、间谍、获取竞争优势等
非恶意	媒体报道、好奇心、自负、无意的错误和遗漏（例如，数据输入错误、编程错误）等

3．威胁能力

威胁能力是指威胁来源完成对组织业务、资产产生影响的活动所具备的资源和综合素质。

4．威胁时机

威胁时机可划分为普通时期、特殊时期和自然规律。

5．威胁频率

威胁频率是指威胁的实施者利用资产所特定的漏洞实施威胁成功的概率。

6.1.3　威胁分类

在对威胁进行分类前，应考虑威胁的来源。根据威胁来源的不同，威胁可划分为信息损害和未授权行为等威胁种类，如表6-3给出了一种威胁种类划分的参考[6]。

表 6-3 威胁种类列表

种　类	描　　述
物理损害	对业务实施或系统运行产生影响的物理损害
自然灾害	自然界中所发生的异常现象，且对业务开展或者系统运行会造成危害的现象和事件
基本服务不可用	业务或系统所依赖的基本环节或者系统出现故障或在维修期间导致基本服务不可用

（续表）

种　类	描　述
辐射干扰	通过空间以电磁波、热等形式传播的干扰
信息损害	对系统或资产中的信息产生破坏、篡改、丢失、盗取等行为
技术失效	信息系统所依赖的软硬件设备不可用
未授权行为	超出权限设置或授权进行操作或者使用的行为
功能损害	对业务或系统运行的部分功能不可用或者损害

6.1.4　威胁赋值

在风险评估工作中对威胁赋值也即对威胁的可能性给出等级划分。确定威胁可能性等级是威胁识别重要内容。威胁的可能性等级应基于威胁行为、能力和频率，结合威胁发生的时机进行综合计算，并设定相应的评级方法进行可能性等级划分。下面提供威胁属性赋值的参考。

1. 威胁行为能力赋值

组织及业务所处的地域和环境决定了威胁的来源、种类、动机，进而决定了威胁行为能力，将威胁行为能力划分为不同的等级。表6-4给出了一种特定威胁行为能力赋值的参考，其中威胁行为是由威胁的种类和资产决定的；表6-5给出了威胁行为列表的参考；表6-6给出了一种资产、威胁种类、威胁行为关联分析的示例。

在表6-4中，级别越高表示威胁能力越强。另外，威胁动机对威胁能力有调整作用。

表 6-4　特定威胁行为能力赋值表

赋　值	标　识	描　述
3	高	恶意动力高，可调动资源多；严重自然灾害
2	中	恶意动力高，可调动资源少；恶意动力低，可调动资源多；非恶意或意外，可调动资源多；较严重自然灾害
1	低	恶意动力低，可调动资源少；非恶意或意外；一般自然灾害

表 6-5　威胁行为列表

种　类	威胁行为	威胁来源
物理损害	火灾、水灾、污染	环境、人为、意外
	重大事故、设备或介质损害、灰尘、腐蚀、冻结、静电、灰尘、潮湿、温度、鼠蚁虫害	环境、人为、意外
自然灾害	地震、火山、洪水、气象灾害	环境
基本服务不可用	空调或供水系统故障	人为、意外
	电力供应失去	环境、人为、意外
	外部网络故障、第三方平台故障、第三方接口故障	人为、意外
辐射干扰	电磁辐射、热辐射、电磁脉冲	环境、人为、意外

（续表）

种　类	威胁行为	威胁来源
信息损害	对阻止干扰信号的拦截、远程侦探、窃听、设备偷窃、回收或废弃介质的检索、硬件篡改、位置探测、信息被窃取、个人隐私被入侵、社会工程事件、邮件勒索、数据篡改、恶意代码	人为
	内部信息泄露、外部信息泄露、来自不可信源数据、软件篡改	人为、意外
技术失效	设备失效、设备故障、软件故障	意外
	信息系统饱和、信息系统可维护性破坏	人为、意外
未授权行为	未授权的设备使用、软件的伪造复制、数据损坏、数据的非法处理	人为
	假冒或盗版软件使用	人为、意外
功能损害	操作失误、维护错误	意外
	网络攻击、权限伪造、行为否认（抵赖）、媒体负面报道	人为
	权限滥用、供应商失效、第三方运维问题	人为、意外
	人员可用性破坏	环境、人为、意外

表6-6　威胁种类、资产、威胁行为关联分析示例表

资　产	种　类	威胁行为
硬件设备，如服务器、网络设备	软硬件故障	设备硬件故障，如服务器损害、网络设备故障
机房	物理环境影响	机房遭受地震、火灾等
信息系统	网络攻击	非授权访问网络资源、非授权访问系统资源等
外包服务人员	人员安全失控	滥用权限非正常修改系统配置或数据、滥用权限泄露秘密信息等
组织形象	网络攻击	媒体负面报道

2．威胁频率赋值

在评估威胁的动机、来源和能力的基础上，判断威胁出现的频率是威胁赋值的重要内容，而对威胁出现的频率进行赋值是开展威胁识别的重要工作。评估人员应该根据经验和（或）有关的统计数据来进行判断。在评估中，需要综合考虑以下四个方面，以形成在某种评估环境中各种威胁出现的频率：

（1）以往安全事件报告中出现过的威胁及其频率的统计；

（2）实际环境中通过检测工具，以及各种日志发现的威胁及其频率的统计；

（3）实际环境中的监测数据发现的威胁极其频率的统计；

（4）近一两年来国际组织发布的对整个社会或特定行业的威胁及威胁频率的统计，以及威胁预警。

对威胁出现的频率进行等级化处理，不同等级分别代表威胁出现的频率的高低，等级数值越大，威胁出现的频率越高。表6-7提供了一种威胁频率的赋值方法。在实际的评估中，威胁频率的判断依据在评估准备阶段根据历史统计或行业判断予以确定，并得到被评估方的认可。

表 6-7　威胁频率赋值表

等　级	标　识	描　　述
5	很高	出现的频率很高，或在大多数情况下几乎不可避免，或可以证实经常发生
4	高	出现的频率较高，或在大多数情况下很有可能会发生，或可以证实多次发生过
3	中等	出现的频率中等，或在某种情况下可能会发生，或被证实曾经发生过
2	低	出现的频率较小，或一般不太可能发生，或没有被证实发生过
1	很低	威胁几乎不可能发生，仅可能在非常罕见和例外的情况下发生

3. 威胁可能性等级

威胁的可能性赋值，即威胁的综合赋值，可结合威胁发生的动机、能力、频率进行综合计算，并设定相应的评级方法进行可能性等级划分。表6-8给出了威胁可能性等级的描述，等级越高，表示威胁发生的可能性越大，而综合计算的方法可结合被评估对象的实际情况进行确定，实际评估工作中要与被评估方共同确认。

表 6-8　威胁可能性等级表

等　级	标　识	威胁可能性等级描述
5	很高	综合评价等级为很高，威胁的行为、能力、频率和时机导致威胁发生的可能性很大
4	高	综合评价等级为高，威胁的行为、能力、频率和时机导致威胁发生的可能性较大
3	中等	综合评价等级为中，威胁的行为、能力、频率和时机导致威胁发生的可能性较小
2	低	综合评价等级为低，威胁的行为、能力、频率和时机导致威胁发生的可能性极小
1	很低	综合评价等级为很低，威胁的行为、能力、频率和时机导致威胁发生的可能性几乎为零

另外，威胁的可能性在不同的时机下可能会产生变化，应根据时机的影响对威胁可能性等级进行调整。

6.2 威胁识别方法和工具

上一节详细介绍威胁识别的内容，在实施风险评估项目时，如何识别这些内容，需要使用科学的方法和合适的工具。威胁识别的方法和工具应该根据实际被评估的对象情况来确定，下面介绍几种常用的方法和工具以供参考。

6.2.1 威胁识别方法

威胁识别方法多种多样，通用的威胁识别方法主要有[21]：经验判断、数据分析、表格检查、计算机模拟、故障树分析、试验验证，以及预先危险分析、头脑风暴、德尔菲法、访谈法、风险坐标图等重要方法。每一种方法都存在其优点也存在一些缺点，在实际评估中，应该根据被评估对象的特点从中选择适当的方法，最大限度地利用其优点，规避缺点，使评估公正、合理。

6.2.1.1 访谈法

访谈法是指识别人员通过与评估对象相关人员进行面对面的交流，加深对评估对象的了解以获取识别威胁要素信息的一种工作分析方法。其具体做法包括个人访谈、一般员工的群体访谈和主管人员访谈。一般在访谈之前都要设计一个访谈提纲，明确访谈的目的和所要获得的信息，列出所要访谈的内容和提问的主要问题。在访谈过程中要恰当进行提问，根据不同受访者进行有针对性的提问，并能准确捕捉相关信息。

访谈法的最大优点是灵活度大，可根据需要选择不同岗位的人员进行有针对性的提问，从而直接获得想了解的信息。但同时也有局限性，如需要花费大量时间准备、询问和整理，另外，对受访者的心理会产生一定影响，这种影响反过来会影响访谈结论的准确性。表6-9给出了人员访谈记录表的示例。

表 6-9 人员访谈记录表

威胁人员访谈记录表			
项目名称或编号		表格编号	
访谈活动信息			
日期		起止时间	
访谈者		访谈对象及说明	
地点说明			
记录信息			
受损资产		资产描述和类别	

（续表）

现象描述	
威胁主体	
威胁来源	
方式和途径	
结果和影响	
技术脆弱性	
缺失或薄弱的控制措施	
后续的补救措施	
备注	

6.2.1.2　文档调查法

查阅相关文档并让相关人员填写调查问卷表进行威胁识别也是比较常用的一种方法，这类方法有大量的应用。查阅的文档类型和设计的调查问卷应根据调查人员期望达到的目的而异。一般根据以往造成社会性影响或者行业影响的安全威胁，针对被评估对象的具体情况，合理地选择相关调查项，并让被调查人员配合填写。调查表的设计形式应具有启发性，不能设置太多的开放性问答，最好是能够让被调查人很容易将存在的问题一一列出，这样可以为后续分析提供合理的依据。

威胁调查表一般由被评估对象的基本情况、以往遭受过的安全事件及损失等组成。原则上被调查人员只需要依照表中所列一一查对并参照自身的经验积累给出相应结论即可。但是在实践中，这类表格的填写往往需要事先进行简单的培训才能达到效果。

无论威胁调查表采用哪种形式，编制时主要从以下四个方面考虑：

（1）被评估对象自身的活动，包括经营性质、经营方式、经营过程等；

（2）被评估对象的环境，主要包括自然环境、政治环境、经济环境、法律环境和社会环境；

（3）被评估对象自身或类似对象或项目发生过的安全事件及损失情况；

（4）其他识别因素。

在这类方法的应用中，调查表的设计是至关重要的一环。只有准确理解威胁识别的相关概念并具有将之应用于实践之中的能力，才有可能设计出针对性强、科学性好并对使用者要求不至于过高的调查表。表6-10所示的安全威胁调查表可供参考。

表6-10 安全威胁调查表

序　　号	安全事件调查	调查结果
1	是否发生过网络安全事件	□没有　□1次/年　□2次/年　□3次及以上/年　□不清楚 安全事件说明：（时间、影响）
2	发生的网络安全事件类型 （多选）	□感染病毒/蠕虫/特洛伊木马程序 □拒绝服务攻击 □端口扫描攻击　□数据窃取　□破坏数据或网络　□篡改网页　　□垃圾邮件　□内部人员有意破坏 □内部人员滥用网络端口、系统资源　　□被利用发送和传播有害信息 □网络诈骗和盗窃　□其他说明：
3	如何发现网络安全事件 （多选）	□网络（系统）管理员工作检查发现　□通过事后分析发现 □通过安全产品发现　□有关部门通知或意外发现 □他人告知　□其他说明：
4	网络安全事件造成损失评估	□非常严重　□严重　□一般　□比较轻微　□轻微 □无法评估
5	可能的攻击来源	□内部　□外部　□都有（内、外）　□病毒 □其他原因　□不清楚 攻击来源说明：
6	导致发生网络安全事件的可能原因	□未修补或防范软件漏洞　　□网络或软件配置错误 □登录密码过于简单或未修改　□缺少访问控制 □攻击者使用拒绝服务攻击　□攻击者利用软件默认设置 □利用内部用户安全管理漏洞或内部人员作案 □内部网络违规连接互联网　□攻击者使用欺诈方法 □不知原因　□其他说明：
7	是否发生过硬件故障	□有（注明时间、概率）　　　　　　□无 造成的影响是：
8	是否发生过软件故障	□有（注明时间、概率）　　　　　　□无 造成的影响是：
9	是否发生过维护失误	□有（注明时间、概率）　　　　　　□无 造成的影响是：
10	是否发生过因用户操作失误引起的安全事件	□有（注明时间、概率）　　　　　　□无 造成的影响是：
11	是否发生过物理设施/设备被物理破坏	□有（注明时间、概率）　　　　　　□无 造成的影响是：
12	有无遭受自然性破坏（如雷击等）	□有（注明时间、概率）　　　　　　□无 有请注明时间、后果：
13	是否发生过莫名其妙的故障	□有（注明时间、概率）　　　　　　□无 有请注明时间、后果：

6.2.1.3　数据分析法

由于威胁是潜在的可能性，其发生是不确定事件，发生的时间及后果在一定程度上都具有明显的不确定性。但由威胁产生事故的特性可知，其发生是有规律可循的，这个规律就包括统计规律。比如著名的海因里希法则，就是在对大量事故数据进行统计分析的基础之上，得出了平均在330起同类事故中有300起未遂事故、29起轻伤事故、1起重伤或死亡，也就是1:29:300的结论。

因此，在充分收集相关数据资料的基础上，通过对所收集数据的统计分析进而辨识相关安全威胁是比较常用的一种威胁识别方法。而描述数据的相关参数则可根据需要而定。比较简单的参数如均值、方差、中位数等，都可以用来表述该组数据的特性。如果需要更为深入全面地利用数据进行威胁识别，也可以应用概率分布等数理统计分析的方法。

6.2.2　威胁识别工具

威胁识别工具主要根据威胁识别的方法选取，一般包括威胁调查表、IDS、IPS、流量分析工具及审计工具，通过这些工具获取的数据、日志抽取其中的威胁信息。

威胁调查表主要是通过访谈、调查，从中发现被评估组织曾经发生过的安全事件及潜在的安全威胁，在上一节方法中已经详细介绍过访谈表和调查表；IDS主要是对入侵、攻击、非法访问等行为检测；IPS的检测入侵方式与IDS相同，但它可以自动阻断攻击或入侵；流量分析工具主要是对网络流量进行分析，从中发现异常访问行为；审计工具则主要是从系统日志中读取出曾经发生的安全事件，以此降低人工审计的工作量。

6.3　威胁识别过程和输出

威胁识别首先应对威胁进行分类，分类完成后通过威胁调查，可识别存在的威胁来源、动机及能力，威胁途径，威胁发生可能性，威胁影响的客体价值、覆盖范围、破坏严重程度和可补救性等。在威胁调查基础上，做威胁分析，构建威胁场景，给所有的关键资产和其所面对的实际和潜在威胁建立对应关系，再根据前面的结论对威胁进行定量赋值及计算，得出威胁识别的结果，最后输出威胁识别报告。

6.3.1　威胁识别过程

威胁并不会直接导致安全事件的发生，它需要利用脆弱性才会让安全事件发生，从而导致损失的产生。客观存在的威胁很多，有效识别实际项目中关注的威胁，做出合理的分析，是整个威胁识别过程应该达成的目标。威胁识别的过程包括威胁源识别、威胁调查、威胁分析，以及威胁赋值四个步骤。

威胁源识别得出威胁来源和种类，威胁调查进一步得出威胁动机、时机和频率，再通过威胁分析，将资产与威胁种类相结合可知威胁行为，而由威胁来源、种类和动机可判断威胁的能力。由威胁行为、威胁能力、威胁时机，以及威胁频率得出威胁的赋值。威胁识别的过程如图6-1所示。

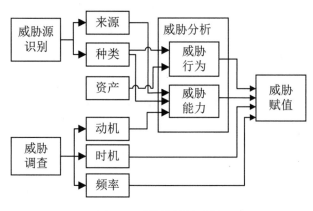

图 6-1　威胁识别的过程

6.3.1.1　威胁源识别

威胁是对资产或组织可能导致负面结果的一个事件的潜在源。在识别威胁源时，一方面要识别存在哪些威胁源，特别要了解组织的客户、伙伴或竞争对手，以及系统用户等情况；另一方面要识别不同威胁源的种类。通过威胁源的分析，识别出威胁源名称和种类（包括自然环境、系统缺陷、政府、组织、职业、个人等）。

威胁来源可分为环境因素、意外和人为因素。威胁来源的不同决定所涉及威胁的类别不同，通过威胁源对威胁进行分类，从而确定威胁的种类。

根据表6-1所示的威胁来源，可以根据其表现形式将威胁进行分类。表6-11提供了一种基于表现形式的威胁分类方法。

表 6-11　一种基于表现形式的威胁分类表

种　　类	描　　述	威胁子类
软硬件故障	对业务实施或系统运行、产生影响的设备硬件故障、通信链路中断、系统本身或软件缺陷等问题	设备硬件故障、传输设备故障、存储媒体故障、系统软件故障、应用软件故障、数据库软件故障、开发环境故障等
物理环境影响	对信息系统正常运行造成影响的物理环境问题和自然灾害	断电、静电、灰尘、潮湿、温度、鼠蚁虫害、电磁干扰、洪灾、火灾、地震等
无作为或操作失误	应该执行或没有执行相应的操作，或无意执行了错误的操作	维护错误、操作失误等
管理不到位	安全管理无法落实或不到位，从而破坏信息系统正常有序运行	管理制度和策略不完善、管理规程缺失、职责不明确、监督控管机制不健全等
恶意代码	故意在计算机系统上执行恶意任务的程序代码	病毒、特洛伊木马、蠕虫、陷门、间谍软件、窃听软件等
越权或滥用	通过采用一些措施，超越自己的权限访问了本来无权访问的资源，做出破坏信息系统的行为	非授权访问网络资源、非授权访问系统资源、滥用权限非正常修改系统配置或数据、滥用权限泄露秘密信息等

（续表）

种　类	描　述	威胁子类
网络攻击	利用工具和技术通过网络对信息系统进行攻击和入侵	网络探测和信息采集、漏洞探测、嗅探（账号、口令、权限等）、用户身份伪造和欺骗、用户或业务数据的窃取和破坏、系统运行的控制和破坏等
物理攻击	通过物理的接触造成对软件、硬件、数据的破坏	物理接触、物理破坏、盗窃等
泄密	信息泄露给不应了解的他人	内部信息泄露、外部信息泄露等
篡改	非法修改信息、破坏信息的完整性，使系统的安全性降低或信息不可用	篡改网络配置信息、篡改系统配置信息、篡改安全配置信息、篡改用户身份信息或业务数据信息等
抵赖	不承认收到的信息和所做的操作和交易	原发抵赖、接收抵赖、第三方抵赖等
供应链问题	由于信息系统开发商或者支撑的整个供应链出现问题	供应商问题、第三方运维问题等
网络流量不可控	由于信息系统部署在云计算平台或者托管在第三方机房，导致系统运行或者对外服务中产生的流量被获取，进而导致部分敏感数据泄露	数据外泄等
过度依赖	由于过度依赖开发商或者运维团队，导致业务系统变更或者运行，对服务商过度依赖	过度依赖等
司法管辖	在使用云计算或者其他技术时，数据存放位置不可控，导致数据存在境外数据中心，数据和业务的司法管辖关系发生改变	司法管辖
数据残留	云计算平台数据无法验证是否删除，物联网相关智能电表、智能家电等数据存在设备中或者服务提供商处	数据残留
事件管控能力不足	安全事件的感知能力不足，安全事件发生后的响应不及时、不到位	感知能力不足、响应能力不足、技术支撑缺乏、缺少专业支持
人员安全失控	违背人员的可用性、人员误用，非法处理数据，安全意识不足，因好奇、自负、情报等原因产生的安全问题	专业人员缺乏、不合适的招聘、安全培训缺乏、违规使用设备、安全意识不足、信息贿赂、输入伪造数据、窃听、监督机制不完善、网络媒体滥用
隐私保护不当	个人用户信息收集后，保护措施不到位，数据保护算法不透明，已被黑客攻破	保护措施缺乏、无效，数据保护算法不当
恐怖活动	敏感及特殊时期，遭受到带有政治色彩的攻击，导致信息战、系统攻击、系统渗透、系统篡改	高级持续性威胁攻击，邮件勒索，政治获益，报复，媒体负面报道
行业间谍	诸如情报公司、外国政府、其他政府为竞争优势、经济效益而产生的信息被窃取、个人隐私被入侵、社会工程事件等问题	信息被窃取、个人隐私被入侵、社会工程事件

6.3.1.2　威胁调查

在识别了威胁的来源和种类后，应对威胁可能的动机、时机和频率做进一步调查。

1．威胁调查内容

威胁调查工作内容包括调查威胁源动机及其能力、威胁途径和威胁可能性及其影响[8]。

1）威胁源动机及其能力

威胁源是产生威胁的主体。在进行威胁调查时，首要应识别存在哪些威胁源，同时分析这些威胁源的动机和能力。具体威胁源可参见表6-1，分为环境、意外和人为的。

威胁的动机主要是指威胁的实施者（指实施威胁的主体）利用资产所对应的漏洞实施威胁的企图和目的。威胁的动机可分为恶意和非恶意两种，参见表6-2。

不同的威胁源具有不同的攻击能力，攻击者的能力越强，攻击成功的可能性就越大。衡量攻击能力主要包括：施展攻击的知识、技能、经验和必要的资金、人力和技术资源等。下面介绍典型攻击者类型、动机、特点和攻击能力。

（1）恶意员工，主要指对机构不满或具有某种恶意的内部员工，具有的知识和技能一般非常有限，攻击能力较弱，但恶意员工可能掌握关于系统的大量信息，并具有一定的权限，而且比外部的攻击者有更多的攻击机会，攻击的成功率高，属于比较严重的安全威胁。

（2）独立黑客，是个体攻击者，企图寻找并利用系统的脆弱性，以达到满足好奇心、检验技术能力，以及恶意破坏等目的，目的性不强，可利用资源有限，主要采用外部攻击方式，通常发动零散的、无目的的攻击，攻击能力有限。

（3）国内外竞争者、犯罪团伙和恐怖组织是有组织攻击者，具有一定的资源保障，具有较强的协作能力和计算能力，攻击目的性强，可进行长期深入的攻击准备，并能够采取外部攻击、内部攻击和邻近攻击相结合的攻击方式，攻击能力很强。这类攻击具有明确动机，即通过窃取竞争对手的商业机密而获得竞争优势。

（4）来自国家行为的攻击，是能力最强的攻击。国家攻击行为不仅组织严密，具有充足资金、人力和技术资源，而且可能在必要时实施高隐蔽性和高破坏性的分发攻击，窃取组织核心机密或使网络和信息系统全面瘫痪，攻击能力是最强的。根据国家安全或网络空间军事行动的需要，由政府组织开展的针对网络与信息系统的攻击行为，以获取敌国机密信息或破坏敌国关键基础设施为目的，由于其组织严密、技术先进、隐蔽性强，成为网络空间面临的最严重威胁。表6-12分析了典型的攻击者类型、动机和能力。

表 6-12　典型的攻击者类型、动机和能力

类　型	描　述	主要动机	能　力
恶意员工	主要指对机构不满或具有某种恶意目的内部员工	由于对机构不满而有意破坏系统，或出于某种目的窃取信息或破坏系统	掌握内部情况，了解系统结构和配置；具有系统合法账户，或掌握可利用的账户信息；可以从内部攻击系统最薄弱环节

（续表）

类 型		描 述	主要动机	能 力
独立黑客		主要指个体黑客	企图寻找并利用信息系统的脆弱性，以达到满足好奇心、检验技术能力，以及恶意破坏等目的；动机复杂，目的性较强	占有少量资源，一般从系统外部侦察并攻击网络和系统；攻击者水平高低差异很大
有组织的攻击者	国内外竞争者	主要指具有竞争关系的国内外工业和商业机构	获取商业情报；破坏竞争对手的业务和声誉，目的性较强	具有一定的资金、人力和技术资源。主要是通过多种渠道搜集情报，包括利用竞争对手内部员工、独立黑客以至犯罪团伙
	犯罪团伙	主要指计算机犯罪团伙。对犯罪行为可能进行长期的策划和投入	偷窃、诈骗钱财；窃取机密信息	具有一定的资金、人力和技术资源；实施网上犯罪，对犯罪有精密策划和准备
	恐怖组织	主要指国内外恐怖组织	恐怖组织通过强迫或恐吓政府或社会以满足其需要为目的，采用暴力或暴力威胁方式制造恐慌	具有丰富的资金、人力和技术资源，对攻击行为可能进行长期策划和投入，可能获得敌对国家的支持
外国政府		主要指其他国家或地区设立的从事网络和信息系统攻击的军事、情报等机构	从其他国家搜集政治、经济、军事情报或机密信息，目的性极强	组织严密、具有充足的资金、人力和技术资源；将网络和信息系统攻击作为战争的作战手段

2）威胁途径

威胁途径是指威胁源对组织或信息系统造成破坏的手段和路径，是威胁实现其目的的方法，也称为威胁行为。

非人为的威胁途径表现为发生自然灾害、出现恶劣的物理环境、出现软硬件故障或性能降低等；人为的威胁手段包括：主动攻击、被动攻击、邻近攻击、分发攻击、误操作等。其中人为的威胁主要表现如下。

（1）主动攻击为攻击者主动对信息系统实施攻击，导致信息或系统功能改变。常见的主动攻击包括：利用缓冲区溢出（BOF）漏洞执行代码、插入和利用恶意代码（如：特洛伊木马、后门、病毒等）、伪装、盗取合法建立的会话、非授权访问、越权访问、重放所截获的数据、修改数据、插入数据、拒绝服务攻击等。

（2）被动攻击不会导致对系统信息的篡改，而且系统操作与状态不会改变。被动攻击一般不易被发现。常见的被动攻击包括：侦察、嗅探、监听、流量分析、口令截获等。

（3）邻近攻击是指攻击者在地理位置上尽可能接近被攻击的网络、系统和设备，目的是修改、收集信息，或者破坏系统。这种接近可以是公开的或隐秘的，也可能两种都有。常见的邻近攻击包括：偷取磁盘后又还回、偷窥屏幕信息、收集作废的打印纸、窃听、毁坏通信线路。

（4）分发攻击是指在软件和硬件的开发、生产、运输和安装阶段，攻击者恶意修改设计、配置等行为。常见的分发攻击包括：利用制造商在设备上设置隐藏功能，在产品分发、安装时修改软硬件配置，在设备和系统维护升级过程中修改软硬件配置等。直接通过互联网进行远程升级维护具有较大的安全风险。

（5）误操作是指由于合法用户的无意义行为造成了对系统的攻击，误操作并非故意破坏信息和系统，但由于误操作、经验不足、培训不足而导致一些特殊的行为发生，从而对系统造成了无意的破坏。常见的误操作包括：由于疏忽破坏了设备或数据、删除文件或数据、破坏线路、配置和操作错误、无意中使用了破坏系统命令等。

3）威胁可能性及其影响

前面在分析信息安全风险要素关系的时候，我们知道威胁是客观存在的，但对于不同的组织和信息系统，威胁发生的可能性不尽相同。威胁产生的影响与脆弱性是密切相关的。脆弱性越多、越严重，威胁产生影响的可能性越大。例如，在雨水较多的地区，出现洪灾的可能性较大。因此对于存在严重漏洞的系统，被威胁攻击成功的可能性较大。

威胁客体是威胁发生时受到影响的对象，威胁影响与威胁客体密切相关。当一个威胁发生时，会影响到多个对象。通常威胁直接影响的对象是资产，间接影响到信息系统和组织。在识别威胁客体时，首先识别那些直接受影响的客体，再逐层分析间接受影响的客体；同时，为进一步确定威胁影响的大小，需要调查威胁客体的重要性、确认威胁发生时受影响客体的范围和客体的价值及遭到威胁破坏的客体的可补救性，这些都将导致威胁产生影响的可能性增大。

2. 威胁调查方法

不同组织和信息系统由于所处自然环境、业务类型等不尽相同，面临的威胁也具有不同的特点。例如，处于自然环境恶劣的信息系统，发生自然灾难的可能性较大，业务价值高或敏感的系统遭遇攻击的可能性较大。威胁调查的方法多种多样，可以根据组织和信息系统自身的特点、发生的历史安全事件记录、面临的威胁分析等进行调查。调查主要从以下方面开展。

（1）运行过一段时间的信息系统，可根据以往发生的安全事件记录，分析信息系统面临的威胁。例如，系统受到病毒攻击频率、系统不可用频率、系统遭遇黑客攻击频率等。

（2）在实际环境中，通过检测工具，以及各种日志，可分析信息系统面临的威胁。

（3）对信息系统而言，可参考组织内其他信息系统面临的威胁来分析本系统所面临威胁：对组织而言，可参考其他类似组织或其他组织类似信息系统面临威胁分析本组织和本系统面临威胁。

（4）第三方组织发布的安全态势方面的数据。

6.3.1.3　威胁分析

通过威胁调查，可识别存在的威胁源名称、类型、攻击能力和攻击动机，威胁路径，威胁发生可能性，威胁影响的客体的价值、覆盖范围、破坏严重程度和可补救性。在威胁调查基础上，可做如下威胁分析。

1. 威胁可能性分析

通过分析威胁路径，结合威胁自身属性、资产存在的脆弱性，以及所采取的安全措施，识别出威胁发生的可能性。

威胁行为，也称为威胁途径，是威胁实现其目的的方法。威胁行为可以是对业务或信息系统直接或间接的攻击，也可能是偶发的或蓄意的事件。非人为的威胁途径表现为发生自然灾难、出现恶劣的物理环境、出现软硬件故障或性能降低等；人为的威胁手段包括主动攻击、被动攻击、邻近攻击、分发攻击、误操作等。

威胁源对威胁客体造成破坏，有时候并不是直接的，而是通过中间若干媒介的传递，形成一条威胁路径。在风险评估工作中，调查威胁路径有利于分析各个环节威胁发生的可能性和造成的破坏。威胁路径调查要明确威胁发生的起点、威胁发生的中间点，以及威胁发生的终点，并明确威胁在不同环节的特点。

正如6.1.4节所述，威胁的种类和资产决定了威胁的行为。因此结合威胁的种类、对应的资产，以及威胁行为进行关联分析，参见表6-6给出的资产、威胁种类、威胁行为关联分析示例，进一步分析威胁发生的可能性。

2. 威胁影响分析

通过分析威胁客体的价值和威胁覆盖范围、破坏严重程度和可补救性等，识别威胁影响。

威胁的影响与威胁客体密切相关，而这些威胁客体也有层次之分。在分析这些客体时，首先分析那些直接受影响的客体，再逐层分析间接受影响的客体。

一方面，威胁客体价值越高，威胁发生的影响越大；另一方面，威胁客体破坏的范围越广泛，威胁发生的影响越大。分析并确认客体价值及威胁发生时受影响客体的范围，有利于分析组织和信息系统存在风险的大小。

再有，我们还需要分析遭到威胁破坏的客体可补救性的情况，如果遭到威胁破坏时可以补救并且补救代价可以接受，则可以判断威胁造成的影响就小；反之，如果不能补救或补救代价难以接受，则威胁所造成的影响就比较严重。受影响客体的可补救性也是威胁影响的一个重要方面。

3. 分析并确定威胁值的大小

威胁值的大小由威胁源攻击能力、攻击动机，威胁发生概率、影响程度等计算，分析并确定。

在识别威胁源时，一方面要调查存在哪些威胁源，特别要了解组织的用户、伙伴或竞争对手，以及系统用户情况；另一方面要调查不同威胁源的攻击、特点、发动威胁的能力等。通过威胁源的分析，识别出威胁源名称、类型（包括自然环境、系统缺陷、政府、组织、职业个人等）、动机（非人为、人为非故意、人为故意等）。同时结合威胁发生的概率及其威胁导致的影响程度，进一步确定计算威胁值的方法。

综合分析上述因素，对威胁的可能性进行赋值。

6.3.1.4　威胁赋值

在风险评估工作中对威胁赋值也即对威胁的可能性给出等级划分，威胁的可能性等级应基于威胁行为，依据威胁的行为、能力和频率，结合威胁发生的时机进行综合计算，并设定相应的评级方法进行可能性等级划分，等级越高表示威胁发生的可能性越大。表6-8中给出了威胁可能性等级划分的描述。

威胁的可能性在不同的时机下可能会产生变化，应根据时机的影响对威胁可能性等级进行调整。

在实际的威胁识别过程中，准确度量威胁的出现频率是非常困难的。评估人员除了需要根据经验和（或）有关的统计数据来进行综合判断，识别的方法和数据也需要与被评估方反复沟通，并获得被评估方的认可。

6.3.2　威胁识别输出

通过威胁源识别、威胁调查、分析和赋值计算，可确定组织或信息系统面临的威胁源、威胁方式及影响。在此基础上，可以形成威胁分析报告。威胁分析报告是进行脆弱性识别的重要依据，在进行脆弱性识别时，对于那些可能被严重威胁利用的脆弱性要进行重点识别。

威胁分析报告应该包括如下内容：

（1）威胁名称、威胁类型、威胁源攻击能力、攻击动机、威胁发生概率、影响程度，以及威胁发生的可能性；

（2）威胁赋值及计算方法和结果；

（3）严重威胁说明等。

6.4　威胁识别案例

下面以某银行网银系统的威胁识别为例进行简单描述。

由于威胁是一种对资产构成潜在破坏的可能性因素，威胁针对的对象是网络与信息系统中的资产。因此，威胁识别应基于资产识别的结果。如果在之前的资产识别中将信息资产分为网络类、软硬件设备类、信息内容类及人员类等，接下来的威胁识别主要基于这几类的资产面临的威胁进行识别。

首先将该银行网银系统的安全威胁分为非人为安全威胁和人为安全威胁。非人为安全威胁分为自然灾害和技术局限性两类，通过访谈和调查识别关键威胁。通过对该银行网银系统防火墙和IDS近十天的安全日志整理分析，以及国家信息安全漏洞共享平台（CNVD）发布的软硬件漏洞所影响的对象类型和由此引发的威胁分布，将网银系统的主要人为威胁分为系统、网络、应用和会话四个部分。这些安全威胁可能导致信息网络的运行中断、重要数据丢失，或者不慎将敏感信息泄露。

1．非人为安全威胁分析

非人为的安全威胁主要分为两类：一类是自然灾难，另一类来自技术局限性。

自然灾难通常包括：地震、水灾、火灾、风灾等。自然灾难可以对网络系统造成毁灭性的破坏，其特点是：发生概率小，但后果严重。

技术局限性体现在网络技术本身的局限性、漏洞和缺陷，典型的漏洞包括链路老化、电磁辐射、设备以外故障。自然威胁可能来自各种自然灾害、恶劣的场地环境、电磁辐射和电磁干扰、网络设备自然老化等。这些无目的的事件，有时会直接威胁网络的安全，影响信息的存储媒体。

对于该银行网银系统，技术局限性还表现在系统、硬件、软件的设计实现上可能存在不足，配置上没有完全执行既定的安全策略等，这些都将威胁系统运行的强壮性、可靠性和安全性。信息系统的高度复杂性，以及信息技术的高速发展和变化，使得信息系统的技术局限性成为严重威胁信息系统安全的重大隐患。

2．人为安全威胁分析

主要分为对系统、网络、应用、会话四方面的人为攻击。这些攻击手段都是通过寻找系统的弱点达到破坏、窃取、篡改数据等目的，造成不可估量的损失。

1）系统攻击

系统攻击是指利用系统安全漏洞，非授权进入系统（主机或网络）的行为。系统攻击过程为收集信息、探测系统安全弱点、实施攻击。系统攻击的主要方法有系统扫描、口令攻击、IP欺骗等。

2）网络攻击

网络攻击是指利用网络存在的漏洞和安全缺陷对网络系统的硬件、软件及其系统中的数据进行的攻击。通过分析该银行网银系统防火墙和IDS设备的安全日志，发现网络攻击的行为有以下几种形式：TCP端口扫描、日志记录删除、SNMP默认共同体名称尝试、SNMP默认口令、SYN Flood攻击。

3）应用攻击

应用攻击是指利用安全漏洞和系统脆弱点对系统应用程序进行的攻击。通过分析网银系统防火墙和IDS设备的安全日志，发现应用攻击的行为有端口扫描攻击。

3．威胁赋值结果

威胁赋值结果如表6-13所示。

表 6-13 威胁赋值结果

标 识	威胁来源	威胁列表	威胁赋值
T01	无意识破坏内部人员	操作失误	3
T02	无意识破坏内部人员	滥用授权	3
T03	无意识破坏内部人员	行为抵触	3
T04	无合作的外部人员	身份假冒	4
T05	无合作的外部人员	密码攻击	4
T06	无合作的外部人员	漏洞利用	4
T07	合作的第三方人员	拒绝服务	3
T08	无合作的外部人员	恶意代码	1
T09	无合作的外部人员	窃取数据	3
T10	信息环境	物理破坏	1
T11	合作的第三方人员	社会工程	1
T12	信息载体故障	意外故障	2
T13	信息载体故障	通信中断	2
T14	信息载体故障	数据受损	3
T15	信息载体故障	电源中断	1
T16	信息环境	自然灾害	1
T17	无意识破坏内部人员	管理不当	2
T18		其他威胁	—

从上表中可以看出，该银行网银系统面临的最严重威胁是身份假冒、密码攻击和漏洞利用，其次是操作失误、滥用授权、行为抵触、拒绝服务、窃取数据和数据受损。这些威胁识别的结果将为风险识别分析提供依据。

6.5 小   结

本章给出了威胁和威胁识别的相关概念，介绍了威胁识别的内容、方法和工具，阐述了整个威胁识别的过程，包括威胁源识别、威胁调查、威胁分析和威胁赋值，以及如何输出威胁识别的结果，并分析了网银系统威胁识别案例。在实际的威胁识别工作中，需要根据评估对象的资产类型，结合评估人员的经验和有关的统计数据及外部参考数据，进行综合判断，以明确评估对象面临的各类威胁类型和威胁可能性赋值。

习　　题

1. 请说出威胁的三个属性。
2. 威胁识别指的是什么？
3. 请列举常见的威胁识别方法。
4. 威胁可以根据哪些内容来分类？
5. 如果让你去做威胁调查，你会调查哪些方面的内容？

第7章 脆弱性识别

脆弱性（Vulnerability）是资产本身的固有属性，它可以被威胁利用，引起资产或组织目标的损害。如果没有被威胁利用，单纯的脆弱性不会对资产造成损害；如果组织足够强壮，严重的威胁也不会导致安全事件发生，并造成损失。也就是说，威胁通过利用资产的脆弱性才可能造成危害。因此，组织一般通过尽可能消减资产的脆弱性，来阻止或消减威胁造成的影响，所以脆弱性识别是风险评估中最重要的一个环节。脆弱性可以从技术和管理两个方面进行识别，本章在介绍脆弱性识别概念的基础上，重点介绍技术脆弱性识别和管理脆弱性识别的过程、方法和工具，以帮助组织机构管理由于脆弱性所产生的风险。

7.1 脆弱性识别概述

7.1.1 脆弱性识别定义

1. 脆弱性定义

脆弱性，是指可能被威胁所利用的资产或若干资产的薄弱环节，或者说，是指可能会被一个或多个威胁所利用的资产或一组资产的弱点（ISO/IEC 13335-1:《IT安全的概念和模型》，ISO/IEC 27002《信息技术—安全技术—信息安全控制使用规则》）。这些薄弱环节可能位于物理环境、组织机构、业务流程、人员、管理、硬件、软件及通信设施等方面。另一方面脆弱性是与资产紧密相连的，是资产本身所具备的、可能被威胁利用的弱点，也就是我们常说的漏洞。威胁要利用脆弱性才能对组织造成危害。如果脆弱性没有对应的威胁，则无须实施控制措施，但应注意并监视它们是否发生变化。

实际上，资产的脆弱性本身具有隐蔽性，有些弱点只有在一定条件和环境下才能显现，这是脆弱性识别中最为困难的部分。另外，控制措施的不合理实施、控制措施故障或控制措施的误用本身也是脆弱性。

脆弱性是风险评估的重要元素。风险评估中关注的是脆弱性，而不是弱点。因此，在描述脆弱性时，一般要一并描述其可能面临的威胁，不能割裂威胁和脆弱性的识别过程。风险评估围绕着资产、威胁、脆弱性、安全需求和安全措施等基本要素展开，在这些基本要素及其相关属性之中，与脆弱性直接相关并具有重要影响的包括资产、威胁、安全需求，以及风险本身。这几个要素之间的关系是这样的，资产的脆弱性可能暴露资产的价值，资产具有的脆弱性越多则风险越大，脆弱性是未被满足的安全需求，威胁利用脆弱性危害资产。有效的安全控制措施能够减少风险及安全事件发生的可能性，也可以减轻安全事件造成的不良影响。我们识别脆弱性是在基于对预防、检测和反应领域的控制措施的基础上或基于关键资产上的，同时还需要进一步对控制措施执行到位的情况进行识别。

当然，如果没有脆弱性，威胁也就无法造成风险。所以，脆弱性又是相对的。与"脆弱性"相对的概念是"坚固性"，这两者在一定条件下也会相互转化。某些时候看似是优点，换个角度也许就成了脆弱性，比如可移动存储设备，优点是可移动、方便，但是站在信息保护的角度看，这就是脆弱性。所以脆弱性一方面是资产的固有属性，另一方面其显性的程度会随着资产的变化而变化，如果资产足够强健，那么严重的威胁也不会导致安全事件的发生并造成损失。

2. 脆弱性特征

系统的脆弱性往往体现在物理环境、组织、过程、人员、管理、配置、硬件、软件和信息等方面，从而可以使攻击者能够在未授权的情况下访问或破坏系统。系统的脆弱性特性可以从基本特征、时间特征、环境特征进行考虑[8]。

1）脆弱性的基本特征

（1）访问路径。该特征反映了脆弱性被利用的路径，包括：本地访问，邻近网络访问，远程网络访问。

（2）访问复杂性。该特征反映了攻击者能访问目标系统时利用脆弱性的难易程度，可用高、中、低三个值进行度量。

（3）鉴别。该特征反映了攻击者为了利用脆弱性需要通过目标系统鉴别的次数，可用多次、1次、0次三个值进行度量。

（4）保密性影响。该特征反映了脆弱性被成功利用时对保密性的影响，可用完全泄密、部分泄密、不泄密三个值进行度量。

（5）完整性影响。该特征反映了脆弱性被成功利用时对完整性的影响，可用完全修改、部分修改、不能修改三个值进行度量。

（6）可用性影响。该特征反映了脆弱性被成功利用时对可用性的影响，可用完全不可用、部分可用、可用性不受影响三个值进行度量。

2）脆弱性的时间特征

（1）可利用性。该特征反映了脆弱性可利用技术的状态或脆弱性可利用代码的可获得性，可用未证明、概念证明、可操作、易操作、不确定等进行度量。

（2）补救级别。该特征反映了脆弱性可补救的级别，可用官方正式补救方案、官方临时补救方案、非官方补救方案、无补救方案、不确定五个值进行度量。

（3）报告可信性。该特征反映了脆弱性存在的可信度，以及脆弱性技术细节的可信度，可用未证实、需进一步证实、已证实、不确定四个值进行度量。

3）脆弱性的环境特征

（1）破坏潜力。该特征反映了通过破坏或偷盗财产和设备，造成物理资产和生命损失的潜在可能性，可用无、低、中等偏低、中等偏高、高、不确定六个值进行度量。

（2）目标分布。该特征反映了存在特定脆弱性的系统的比例，可用无、低、中、高、不确定五个值进行度量。

（3）安全要求。该特征反映了组织和信息系统对IT资产保密性、完整性和可用性的安全要求，可以用低、中、高、不确定四个值进行度量。

3. 脆弱性的分类

脆弱性可以从很多角度进行分类，主要可以分为两种：一种是比较狭义的，这种定义以硬件、软件等资产中的安全问题为对象；另一种是比较广义的，是以信息系统中的安全问题为对象。

狭义的脆弱性一般可以分类两类：资产本身的脆弱性和安全控制措施的不足。前者一般指操作系统漏洞、产品设计时安全方面的先天不足，这些漏洞是当前流行的漏洞扫描工具的强项，也是风险评估人员过度关注的问题。但是，一组资产所面临的问题不能简单地累加，因为产品集成可能引进很多新的安全问题。后者一般针对组合起来的资产。一个信息系统从设计阶段就应该充分考虑其安全问题，如果安全控制措施不足也可以认为系统是存在弱点的。

信息系统是指由计算机及其相关的配套部件、设备和设施构成，按照一定的应用目标和规则对信息进行采集、加工、存储、传输、检索等处理的人机系统。它的脆弱性主要体现在，一是信息系统管理脆弱性，二是信息系统技术脆弱性。

管理脆弱性是针对信息系统的政策、法规和人员管理等方面的安全问题，主要是防止一些信息系统在物理层次出现安全问题，这些安全问题的出现是由于非技术原因所导致的，如水灾、火灾、盗窃等。

信息系统的技术脆弱性主要是由于技术原因出现的安全问题。这种安全问题存在于构成信息系统的软件、硬件等产品中。从脆弱性的宿主来看，有硬件类型的，如CPU、主板、BIOS、TMP芯片等；有软件类型的，如操作系统、数据库、应用软件等。从技术的起因来看，可以把脆弱性分为：

（1）设计型脆弱性：这种脆弱性不以存在的形式为限制，只要是实现了某种协议、算法、模型或设计，这种安全问题就会存在。例如，无论是哪种Web服务器，肯定存在超文本传输协议的安全问题。

（2）开发型脆弱性：这种脆弱性是被广泛传播和利用的，由于产品的开发人员在实现过程中的有意或者无意引入的缺陷，这种缺陷会在一定的条件下被攻击者利用，从而绕过系统的安全机制，造成安全事件的发生，这种脆弱性包含在了国际上广泛发布的漏洞库中，比如CVE（Common Vulnerabilities & Exposures，通用漏洞披露）漏洞库。

（3）运行型脆弱性：这种类型的脆弱性的出现是因为信息系统的组件、部件、产品或者终端，由于存在的相互关联性或者配置、结构等原因，在特定的通用漏洞披露环境下，可以导致违背安全策略的情况发生。这种安全问题一般涉及不同的部分，是一种系统性的安全问题。

4．脆弱性识别定义

脆弱性识别指分析和度量可能被威胁利用的资产薄弱点的过程，是风险评估中的重要环节。脆弱性识别以资产为核心，针对每一项需要保护的资产，识别可能被威胁利用的弱点，然后综合评价资产的脆弱性，并对脆弱性的严重程度进行评估，进行定性或定量的赋值；也可以从物理、网络、系统、应用等层次进行识别，然后与资产、威胁对应起来识别。

脆弱性识别的依据可以是国际或国家安全标准，也可以是行业规范、应用流程的安全要求等。对应用在不同环境中的相同的弱点，其脆弱性严重程度是不同的，评估者从组织安全策略和安全需求的角度出发，综合考虑和判断资产的脆弱性及其严重程度。

脆弱性识别的数据应来自资产的所有者、使用者，以及相关业务领域和软硬件方面的专业人员等。组织或信息系统所采用的协议、应用流程的完备与否、与其他网络的互联等也应考虑在内。对不同的识别对象，其脆弱性识别的具体要求应参照相应的技术或管理标准实施。组织或资产存在的脆弱性一般可以从脆弱性类型、识别对象、识别内容三个方面进行。通过对这三方面的选择可识别具体的脆弱性。

5．脆弱性识别内容

在现代的网络与信息系统中，脆弱性存在于信息环境资产、公用信息载体资产和专用信息及信息载体资产中，可以将脆弱性分为技术资产类（软硬件设备、数据等）和管理资产类（组织结构、人员等）两个方面。其中，技术脆弱性涉及物理环境层、设备和系统层、网络层、业务应用层等层面的安全问题；管理脆弱性又可分为技术管理脆弱性和组织管理脆弱性两类，前者与具体技术活动相关，后者与管理环境相关。

对不同的评估对象，其脆弱性识别的具体要求应参照相应的技术或管理标准实施。表7-1提供了一种脆弱性识别内容的参考。

表 7-1　脆弱性识别内容表

类　　型	识别对象	识别内容
技术脆弱性	物理环境	从机房场地、机房防火、机房供配电、机房防静电、机房接地与防雷、电磁防护、通信线路的保护、机房区域防护、机房设备管理等方面进行识别
	网络结构	从网络结构设计、边界防护、外部访问控制策略、内部访问控制策略、网络设备安全设置等方面进行识别
	系统软件	从补丁安装、物理防护、用户账号、口令策略、资源共享、事件审计、访问控制、新系统配置、注册表加固、网络安全、系统管理等方面进行识别
	应用中间件	从协议安全、交易完整性、数据完整性等方面进行识别
	应用系统	从审计机制、审计存储、访问控制策略、数据完整性、通信、鉴别机制、密码保护等方面进行识别
管理脆弱性	技术管理	从物理和环境安全、通信与操作管理、访问控制、系统开发与维护、业务连续性等方面进行识别
	组织管理	从安全策略、组织安全、资产分类与控制、人员安全、符合性等方面进行识别

7.1.2 脆弱性赋值

为了科学地把握脆弱性严重程度的大小，根据脆弱性对业务和资产的暴露程度、对资产的损害程度、技术实现的难易程度、弱点的流行程度，以及已有安全措施和脆弱性关联识别分析结果等，采用等级方式对已识别的脆弱性的可利用性和严重程度进行赋值。很多弱点反映的是同一方面的问题，或可能造成相似的后果，赋值时应综合考虑这些弱点，以确定这一方面脆弱性的可利用性和严重程度。

对某个资产，其技术脆弱性的严重程度还受到组织管理脆弱性的影响。因此，资产的脆弱性赋值还应参考技术管理和组织管理脆弱性的严重程度。

通过业务、威胁、脆弱性和已有安全措施识别结果，得出脆弱性可利用性和严重程度，并可以进行等级化处理，不同的等级代表业务和资产脆弱性可利用性和严重程度的高低。表7-2提供了一种脆弱性赋值的方法，脆弱性严重程度分为很高、高、中等、低、很低五个级别，等级数值越大，脆弱性越高。

表 7-2　脆弱性赋值表

等　　级	标　　识	定　　义
5	很高	如果脆弱性被威胁利用，将对业务和资产造成特别重大损害
4	高	如果脆弱性被威胁利用，将对业务和资产造成重大损害
3	中等	如果脆弱性被威胁利用，将对业务和资产造成一般损害
2	低	如果脆弱性被威胁利用，将对业务和资产造成较小损害
1	很低	如果脆弱性被威胁利用，将对业务和资产造成的损害可以忽略

7.1.3 脆弱性识别原则

在进行脆弱性识别时，尤其是在识别组织的脆弱性时，需要坚持以下原则[22]：

1. 全面考虑和突出重点相结合的原则

脆弱性可能存在于风险管理对象的任何环节、任何部位，所以识别时要进行全面的考虑，仔细考察每一个因素，可以从组织的共性总结出共同的脆弱性。但是，每个组织都有其独有的特点，其所处环境、服务对象和目的、系统结构提供服务和操作人员各不相同，所具有的脆弱性也各有侧重，需要针对具体系统做具体分析，从组织的实际需求出发，从业务角度进行识别，兼顾安全管理和业务运营。

2. 整体与局部相结合的原则

组织或信息系统是由硬件设备及其软件、应用服务、文档等对象组成的一个统一整体，系统中任何元素的脆弱性都会造成整个系统的脆弱性。因此，在确定组织的脆弱性时，必须考虑每个主机和设备甚至其单个组件的脆弱性。但这并不够，因为复杂的组织或信息系统是由组成它的各个元素相互作用的结果，所有单个元素本身不存在脆弱性，并不能保证它们交互的结果——整个系统不会产生新的脆弱性。所以，在从微观的角度考察各个组成元素的同时，更需要从整体上、从系统的角度来辨识整个风险管理对象的脆弱性。

3. 层次化原则

国际标准化组织（ISO）在开放系统互联标准中定义了包含七层的网络互联参考模型（OSI），不同的层次完成不同的功能。现有网络信息系统架构基本上遵循这一标准。因此，为了保障系统的安全性，需要在各层分别提供不同的安全机制和安全服务。相应地，系统在各个层次上都可能存在脆弱性，即脆弱性也具有层次性，评估时必须考虑层次化特点。

4. 手工与自动化工具相结合的原则

使用脆弱性的自动扫描工具可以加快进度，大大减轻手工劳动的强度，但在涉及管理方面的问题时，工具往往无能为力。例如，人员管理、制度等方面的脆弱性往往难以通过工具识别；另外，目前的识别工具大多只是进行局部识别，最多也只能够对单一主机的多种组件进行简单的相关检查，但对多台主机构成的网络信息系统进行有效的脆弱性识别还无能为力，只能依靠人力完成，通过人员访谈、问卷调查、会议、专家检查、入侵检测、渗透测试和审计等方法相结合识别出系统的脆弱性。

7.1.4　脆弱性识别方法和工具

7.1.4.1　脆弱性识别方法

依据GB/T 20984相关内容的阐述，脆弱性识别主要是通过工具扫描或手工等不同方式，识别资产或当前系统中存在的脆弱性。其中，工具检测具有非常高的效率，因而在实际项目评估中是评估单位优先选用的一种方式。但在那些对可用性要求较高的重要系统进行脆弱性识别时，经常会使用人工检查方式。目前，业界对脆弱性识别所采用的方法主要有[23]：

- 问卷调查；
- 工具检测；
- 人工检查；
- 文档查阅；
- 渗透性测试。

这里主要介绍最常见的脆弱性识别方法：工具检测和人工检查。

1. 工具检测

工具检测方式，是使用漏洞检测工具（或定制的脚本）识别脆弱性，对被评估系统进行扫描，可以获得较高的检测效率，省去大量的手工重复操作，花费低、效果好、节省人力和时间。扫描工具与网络相对独立，并且安装运行简单，可以避免仅靠人工检查形式防止漏洞，是进行风险分析的有力工具。因此，在实际评估项目中大都会选用这种方式。比如，在评估项目中，安全扫描主要是通过评估工具以本地扫描的方式对评估范围内的系统和网络进行扫描，从内部和外部（如在防火墙外）两个角度来检查网络结构、网络设备、服务器主机、数据和用户账号/口令等安全对象目标存在的安全风险、漏洞和威胁。从网络层次的角度来看，扫描活动可以覆盖系统层安全、网络层安全和应用层安全这三个层面的安全。但是，由于对被评估的实际业务系统进行工具扫描具有一定的危险性，可能会对被评估组织造成不良影响，因此在执行扫描前，应做好充分细致的计划和准备。扫描计划至少包括扫描对象或范围工具选择和使用扫描任务计划风险规避措施。

2. 人工检查

在对脆弱性进行人工检查之前，需要事先准备好设备、系统或应用的检查列表。在进行具体的人工检查活动中，识别小组成员一般只负责记录结果，而检查所需的操作通常由相关管理员来完成。

实际上，组织中存在的大量技术脆弱性，一般都与被评估组织的安全管理或操作控制措施的缺失或薄弱有关。例如，通过漏洞扫描工具检测到的绝大部分漏洞，一般都是由于系统或应用软件安全补丁缺失或是安全设置薄弱所致。造成这种局面表面上的原因是被评估组织缺少相应的安全控制措施（例如，补丁分发工具、漏洞扫描工具等），而更深层次的原因则是被评估组织在安全管理和操作上存在漏洞，相关人员的安全意识和技能欠缺。

为了避免在脆弱性识别过程中发生遗漏，GB/T 20984专门为不同类型的被检查对象，指明了需要重点识别的脆弱性，如表7-1所示。

另外，问卷调查方式是用精心设计的各种调查问卷对各个方面进行脆弱性识别和分析的工作，问卷调查可以进行手工分析，也可以输入自动化评估工具进行分析。评估者能够了解到关键业务、关键资产、主要威胁、管理上的缺陷、采用的控制措施和安全策略的执行情况。通过问卷调查并结合人工访谈方式与组织内关键人员的访谈，还可以了解到组织的安全意识、业务操作、管理程序等重要信息。

7.1.4.2 脆弱性识别工具

目前，业界常用的脆弱性识别工具有漏洞扫描工具、渗透测试工具、补丁检查工具和检查列表等。

1. 漏洞扫描工具

漏洞扫描工具也称为安全扫描、漏洞扫描器，能够扫描网络、服务器、防火墙、路由器和应用程序，发现其中的漏洞，评估网络或主机系统的安全性并且报告系统的脆弱点；漏洞扫描器还能对检测到的数据进行分析，查找目标主机的安全脆弱性并给出相应的建议。

目前，常见的漏洞扫描工具有以下几种类型[6]：

（1）基于网络的扫描器：在网络中运行，能够检测如防火墙错误配置或连接到网络上的易受攻击的网络服务器的关键漏洞。

（2）基于主机的扫描器：发现主机的操作系统、特殊服务和配置的细节，发现潜在的用户行为风险，如密码强度不够，也可实施对文件系统的检查。

（3）分布式网络扫描器：由远程扫描代理、对这些代理的即插即用更新机制、中心管理点三部分构成，用于企业级网络的脆弱性评估，分布于不同的位置、城市甚至不同的国家。

（4）数据库脆弱性扫描器：对数据库的授权、认证和完整性进行详细的分析，也可以识别数据库系统中潜在的脆弱性。

在脆弱性识别活动中，使用漏洞扫描工具对被评估系统进行扫描，在执行扫描前，应做好充分细致的计划和准备，制定扫描计划，在获取用户授权后开展扫描工作，同时对扫描过程中出现的风险做好规避处理措施。

2. 渗透测试

渗透测试是指在获取用户授权后，通过真实模拟黑客使用的工具、分析方法来发现实际漏洞的安全测试方法。这种测试方法可以非常有效地发现安全隐患，尤其是与代码审计相比，其使用的时间更短，也更有效率。渗透测试是风险评估过程中脆弱性检查的一个特殊环节。在确保被检测系统安全稳定运行的前提下，安全工程师尽可能完整地模拟黑客使用的漏洞发现技术和攻击手段，对目标网络、系统及应用的安全性进行深入的探测，发现系统最脆弱的环节，并进行一定程度的验证。在测试过程中，用户可以选择渗透测试的强度，例如，不允许测试人员对某些服务器或在线应用进行测试，防止影响其正常运行。通过对某些重点服务器进行准确、全面的测试，可以发现系统最脆弱的环节，便于对危害性严重的漏洞及时修补，以免后患。

需要注意的是，进行渗透测试应在业务应用空闲或在搭建的系统测试环境中进行；另外，渗透测试中采用的测试工具和攻击手段应在可控范围内，同时准备完善的系统恢复方案。

3. 各种检查列表

检查列表是根据相关安全标准、最佳安全实践，以及各自的经验积累，为各类评估实体对象设计的检查表，用于手工识别信息系统中常见组件中存在的安全漏洞。检查列表通常是基于特定标准或基线建立的，对特定系统进行审查的项目条款，通过检查列表，可以快速定位系统目前的安全状况与基线要求之间的差距。除了可以规避扫描工具引入的风险，依靠检查列表进行手工的脆弱性识别，还可以识别那些工具不易检测到的安全漏洞或薄弱设置。

7.2 物理脆弱性识别

7.2.1 物理安全相关定义

1. 物理安全的定义

信息网络在实际运行中总会有各种意想不到的情况出现，比如，不可抗拒的自然灾害，（如地震、洪水、海啸等），一些意外情况，（如火灾、停电等），或者一些人为的破坏，（如战争、恐怖分子爆炸活动、盗贼偷盗行为等），都有可能导致信息网络不能正常运行。一些攻击者还可能采用一些物理手段来窃取信息网络的信息，比如在线路上进行电磁窃听、从报废硬盘进行信息恢复等方式来获取一些机密信息等。在这些情况下，信息网络虽然还可以使用，却已经是在别人的监视之下，变得极其不安全了。

物理安全是指为保证系统安全可靠运行，确保系统在对信息进行采集、处理、传输、存储过程中，不受人为或自然因素从物理层面对信息系统保密性、完整性、可用性带来的安全威胁或危害，而使信息丢失、泄露或破坏，对计算机设备、设施（包括机房建筑、供电、空调等）、环境人员、系统等采取适当的安全措施。

物理安全是网络信息安全的最基本保障，是整个安全系统不可缺少和忽视的组成部分，包含以下三个方面的安全：

（1）整个系统的配套部件、设备和设施的安全性能。

硬件设备的安全性能直接决定了信息系统的保密性、完整性、可用性，如设备布置、介质保存、设备标识与外观、设备配置管理、设备性能管理、设备故障管理等。

（2）整个系统所处的环境安全。

组织所处物理环境的优劣直接影响了信息系统的可靠性，如机房防火、防水、防雷、防静电、供电能力等。

（3）整个系统可靠运行。

系统自身是否可靠运行、实体访问控制和应急处理计划也会对信息系统的保密性、完整性、可用性带来安全威胁，如灾难备份与恢复能力、区域防护能力等。

物理安全主要考虑的问题是环境、场地和设备的安全及实体访问控制和应急处理计划等，作为组织安全战略的一个重要组成部分，物理安全是整个信息系统安全的前提，是组织安全运行的基本保障，如果物理安全得不到保证，整个信息系统的安全也不可能实现。

2. 物理安全面临的威胁

组织的物理安全面临多种威胁，可能面临自然、环境和技术故障等非人为因素的威胁，也可能面临人员失误和恶意攻击等人为因素的威胁，这些威胁通过破坏系统的保密性（如电磁泄漏类威胁）、完整性（如各种自然灾难类威胁）、可用性（如技术故障类威胁）进而威胁信息的安全。造成威胁的因素可分为人为因素和环境因素，而人为因素又可分为恶意和非恶意两种，环境因素包括自然界不可抗的因素和其他物理因素。表7-3对物理安全面临的威胁种类进行了描述。

表 7-3　物理安全威胁分类表

种　类	描　述
自然灾害	鼠蚁虫害、洪灾、火灾、地震等
电、磁环境影响	断电、电压波动、静电、电磁干扰等
物理环境影响	灰尘、潮湿、温度等
软硬件故障	由于设备硬件故障、通信链路中断、系统本身或软件缺陷造成对信息系统安全可用的影响
物理攻击	物理接触、物理破坏、盗窃
无作为或操作失误	由于应该执行而没有执行相应的操作，或无意地执行了错误的操作，对信息系统造成的影响
管理不到位	物理安全管理无法落实，不到位，造成物理安全管理不规范，或者管理混乱，从而破坏信息系统正常有序运行
恶意代码和病毒	改变物理设备的配置、甚至破坏设备硬件电路，致使物理设备失效或损坏
网络攻击	利用工具和技术，如拒绝服务等手段，非法占用系统资源，降低信息系统可用性
越权或滥用	通过采用一些措施，超越自己的权限访问了本来无权访问的资源，或者滥用自己的职权，做出破坏信息系统的行为，如非法设备接入、设备非法外联
设计、配置缺陷	设计阶段存在明显的系统可用性漏洞，系统未能正确有效配置，系统扩容和调整引起的错误

3. 物理安全相关的技术

物理安全技术主要包括：环境安全技术、电源系统安全技术、电磁防护与设备安全技术、通信线路安全技术等。

（1）环境安全技术

环境是指周围所存在的条件，它总是相对于某一中心事物而言的。信息安全保障中环境是围绕"业务"这个核心对象的，因此环境的安全性直接影响"业务"的安全性。

环境安全是指为保证组织的安全可靠运行所提供的安全运行环境，使组织得到物理上的严密保护，从而降低或避免各种安全风险。

（2）电源系统安全技术

电源是计算机网络系统的命脉，电源系统的稳定可靠是计算机网络系统正常运行的先决条件。电源系统电压的波动、浪涌电流和突然断电等意外情况的发生还可能引起计算机系统存储信息的丢失、存储设备的损坏等情况的发生，电源系统的安全是计算机系统物理安全的一个重要组成部分。

（3）电磁防护与设备安全技术

设备安全是指为保证信息系统的安全可靠运行，降低或阻止人为或自然因素对硬件设备安全可靠运行带来的安全风险，对硬件设备及部件所采取的适当安全措施。

a）硬件设备的维护和管理

● 硬件设备的使用管理。要根据硬件设备的具体配置情况，制定切实可行的硬件设备的操作使用规程，并严格按操作规程进行操作；建立设备使用情况日志，并严格登记使用过程的情况；对设备的物理访问权限限制在最小范围内建立硬件设备故障情况登记表，详细记录故障性质和修复情况；坚持对设备进行维护和保养，并指定专人负责。

● 常用硬件设备的维护和保养。定期检查供电系统的各种保护装置及地线是否正常，对设备的物理访问权限限制在最小范围内。

b）电磁兼容和电磁辐射的防护

计算机网络系统的各种设备都属于电子设备，在工作时都不可避免地会向外辐射电磁波，同时也会受到其他电子设备的电磁波干扰，当电磁干扰达到一定的程度就会影响设备的正常工作，导致电磁辐射泄密的危险。

c）电磁辐射防护的措施

对传导辐射的防护，主要采取对电源线和信号线加装性能良好的滤波器，减小传输阻抗和导线间的交叉耦合。

对辐射的防护可分为：

● 采用各种电磁屏蔽措施，如对设备的金属屏蔽和各种接插件的屏蔽，同时对机房的下水管、暖气管和金属门窗进行屏蔽和隔离。

● 干扰的防护措施，即在计算机系统工作的同时，利用干扰装置产生一种与计算机系统辐射相关的伪噪声向空间辐射来掩盖计算机系统的工作频率和信息特征。

d）信息存储介质的安全管理

存储介质安全包括存储介质数据和存储介质本身的安全，存储介质安全的目的是保护存储在介质上的数据。介质数据的安全是指对介质数据的保护；介质本身的安全主要指存储介质的防毁，如防震、防霉和防砸等。

介质安全技术包括介质本身保护技术和介质数据保护技术。介质本身的保护技术主要有防震技术、故障检测技术等。介质防盗是防止介质数据被非法复制；防震是防止介质由于震动造成不能正常读取介质数据；介质数据保护技术主要有安全删除销毁技术、介质数据防盗技术、数据恢复技术、容错、容灾等。

（4）通信线路安全技术

通信线路安全包括防止电磁信息的泄露、线路截获，以及抗电磁干扰。通信线路安全技术是用一种简单（但很昂贵）的高技术加压电缆，可以获得通信线路上的物理安全。通信线缆密封在塑料套管中，并在线缆的两端充气加压。线上连接了带有报警器的监视器，用来测量压力。如果压力下降，则意味着电缆可能被破坏了，技术人员还可以进一步检测出破坏点的位置，以便及时进行修复。

4．物理安全相关标准

物理安全主要参照标准：

- GB/T 20984《信息安全技术　信息安全风险评估规范》
- GB/T 21052《信息安全技术　信息系统物理安全技术要求》
- GB/T 31509《信息安全技术　信息安全风险评估实施指南》
- GB 50174《电子信息系统机房设计规范》
- GB/T 2887《计算机场地通用规范》
- GB/T 9361《计算站场地安全要求》
- GB/T 50343《建筑物电子信息系统防雷技术规范》
- GB 50016《建筑设计防火规范》
- GB 50116《火灾自动报警系统设计规范》

7.2.2　物理脆弱性识别内容

7.2.2.1　物理脆弱性识别的定义

物理脆弱性是指信息系统在物理层面的各种薄弱环节，这些薄弱环节容易被上节物理安全面临的各种威胁和不安全因素利用，主要包括物理设备、物理环境安全和系统自身的安全及实体访问控制和应急处理计划等。

脆弱性是组织本身存在的，威胁总是要利用组织的脆弱性造成危害。物理设备安全的脆弱性可以从防电磁信息泄露、抗电磁干扰、电源保护，以及设备振动、碰撞、冲击适应性等方面进行识别；物理环境安全的脆弱性可以从机房场地选择、设备或线路遭到破坏或出现故障、遭到非法访问，设备被盗窃或破坏，出现信息泄露，出现用电中断、区域防护等方面进行识别；系统自身物理安全的脆弱性可以从灾难备份与恢复、边界保护、设备管理、资源利用等方面进行识别。

7.2.2.2　物理脆弱性识别的内容

物理脆弱性识别主要从机房场地、机房防火、机房供配电、机房防静电、机房接地与防雷、电磁防护、通信线路的保护、机房区域防护和机房设备管理等方面进行识别。

1．机房场地

机房场地主要包括环境和位置、基础设施两方面的内容。

（1）环境和位置

a）核查机房所在建筑物周边的交通、通信是否便捷，电力供给是否稳定可靠，自然环境是否清洁。

机房位置应便于设备（机柜、发电机、UPS、专用空调机等）的吊装、运输。

b）核查机房所在建筑物是否远离产生粉尘、油烟、有害气体，以及生产或储存具有腐蚀性、易燃、易爆物品的场所。

c）核查机房所在建筑物是否远离水灾、火灾隐患区域。

避免与浴室、卫生间、开水房、水泵房、厨房、洗衣房等用水设备及其他积水房间相邻或处于其下层；避免设在建筑物的低洼、潮湿区，如地下室，同时应避免设置在最高层；远离水管、蒸汽管道等高压流体和热源；与机房无关的管道不宜通过机房内部。

d）核查机房所在建筑物是否远离强震源和强噪声源，如空调及通风机房等振动场所附近，是否具有建筑物抗震设防审批文档。

机房附近的机器、车辆等产生的振动，当其振动频率为2～9Hz时，振幅不得超过0.3mm；当振动频率为9～200Hz时，其加速度不得超过$1m/s^2$。同时应避开地震频繁的地方。

e）核查机房所在建筑物是否避开强电磁场干扰。

设备间应尽量远离高低压变配电、电机、X射线、无线电发射等有干扰源存在的场地；避免设在电梯、变压器室、变配电室的楼上、楼下或隔壁；要避开落雷区，远离防雷引下线，不宜贴邻建筑物外墙（消防控制室除外），不应设置在雷电防护区的高级别区域内。

f）核查机房所在建筑物的屋顶、墙体、门窗和地面等是否有破损开裂的问题，门窗是否存在因风导致的尘土严重问题。机房是否有尘埃粒度测量计，满足尘埃粒度<18000粒/cm^3。

g）核查机房是否位于所在建筑物的顶层或地下室。

多层或高层建筑物内的机房宜设在建筑物二层及以上层，当地下为多层时，也可设在地下一层。

电话（用户）交换机房可设置在建筑物首层及以上各层，但不应设置在建筑物最高层；当建筑物有地下多层时，机房可设置在地下一层。

计算机机房或信息网络中心在多层建筑或高层建筑物内宜设于第二、三层或以上层，当地下为多层时，也可设在地下一层。

消防控制室（中心）应设置在建筑物的首层或地下一层。当设在首层时，应有直通室外的安全出口；当设置在地下一层时，距离通信室外安全出入口的距离不应大于20m，且均应有明显标志。

安全技术防范系统监控中心（安防监控中心）宜设置在建筑物首层，可与消防BAS（制动辅助系统）等控制室合用或毗邻，合用时应有专用工作区；安防监控中心宜位于防护体系的中心区域。

建筑物监控中心宜设在主楼低层接近被控制设备中心的地方，也可以设在地下一层。

通信设备间宜处于干线子系统的中间位置，并考虑主干缆线的传输距离与数量，以节省投资。通常设置在建筑物中部或第一、二层。

办公楼类建筑，公共广播控制室宜靠近主管业务部门；旅馆类建筑，服务性广播宜与电视播放合并设置控制室；航空港、铁路旅客站、港口码头等建筑，公共广播控制室宜靠近调度室；设置塔钟自动报时扩音系统的建筑，公共广播控制室宜设在楼房顶层。

（2）基础设施

a）温湿度控制

● 核查机房内是否配备了温湿度调节设施，若采用专用空调，则应设置漏水报警系统。

● 核查温湿度是否在设备运行所允许的范围之内。

依据GB 50174《电子信息系统机房设计规范》：

开机时A、B级机房温度为23±1℃，变化率小于5℃/h，相对湿度为40%～50%，无凝露；C级机房温度为18～28℃，变化率小于10℃/h，相对湿度为35%～75%，无凝露。

停机时A、B、C级机房温度为5～35℃，A、B级机房相对湿度为40%～70%，C级机房相对湿度为20%～80%，无凝露。

b）防水和防潮

● 核查窗户、屋顶和墙壁是否采取了防雨水渗透的措施，与机房无关的水管是否穿过机房，位于用水设备下层的计算机机房是否在吊顶上设防水层。

● 核查有暖气装置的计算机机房，沿机房地面周围是否设排水沟，是否对暖气管道定期进行检查和维修。

● 核查机房内空调风口位置是否设置在设备正上方，排水管道是否有防渗漏、防凝露措施。

● 核查机房内是否安装了对水敏感的检测报警装置并启用。

2. 机房防火

（1）核查机房验收文档是否明确相关建筑材料的耐火等级，是否具备完善的管理制度、防火设计验收文档，以及火灾系统运行记录；

机房的耐火等级不应低于二级；

当A级或B级机房位于其他建筑物内时，在主机房与其他部位之间应设置耐火极限不低于2h的隔墙，隔墙上的门应采用甲级防火门。

（2）核查机房管理员是否进行了区域划分，各区域间是否采取了防火措施进行隔离。

（3）核查机房吊顶的上、下及活动地板下是否均设置了固定灭火系统的感烟和感温两种类型探测器和喷嘴，并在机房内配有应急呼吸装置。

（4）核查机房内是否设置火灾自动消防系统，是否可以自动检测火情、自动报警并自动灭火，同时负责人员是否切断电源、关闭空调设备。

3. 机房供配电

（1）核查是否有电力供应安全设计/验收文档，文档中是否标明应单独为计算机系统供电，应配备稳压器、过电压防护设备（或电源应具备以上功能），以及短期备用电源设备等要求，是否有电源设备的检查和维护记录。

（2）核查机房是否配备UPS等后备电源系统，是否满足设备在断电情况下的正常运行要求。

（3）核查机房供电是否来自两个不同的变电站，机房内是否设置了冗余或并行的电力电缆线路为计算机系统供电。

（4）核查机房采用何种变压器，变压器与机房距离是否小于8m（当计算机独立配电时，宜采用干式变压器，采用油浸式变压器应选用硅油型），发电机与机房距离是否小于12m（并且发电机排出的油烟不得影响空调机组的正常运行）。

（5）核查机房基本照明：计算机机房距地面0.8m处，照度不应低于300 Lx。Lx是照度的国际单位（SI），又称米烛光。1 lm的光通量均匀分布在1m²面积上的照度，就是1Lx。基本工作间和第一辅助房间不低于200 Lx；计算机机房、终端室、已记录的媒体存放间照度在距地面0.8m处事故照明不应低于5 Lx；主要通道及有关房间照度在距地面0.8m处事故照明不应低于1 Lx。

4．机房防静电

（1）核查机房内是否安装了防静电地板或地面。

主机房和辅助区的地板或地面应有静电泄放措施和接地构造，且应具有防火、环保、耐污、耐磨性能。

主机房和辅助区中不使用防静电活动地板的房间，可铺设防静电地面，其静电耗散性能应长期稳定，且不应起尘。

（2）核查机房内是否配备了防静电设备并采用必要的接地防静电措施。

主机房和辅助区内的工作台面宜采用导静电或静电耗散材料，其静电性能指标应符合相关规范的规定。

机房内所有设备的金属外壳、各类金属管道、金属线槽、建筑物金属结构等必须进行等电位联结并接地。

静电接地的连接线应有足够的机械强度和化学稳定性，宜采用焊接或压接。当采用导电胶与接地导体黏接时，其接触面积不宜小于20cm²。

机房内所有导静电地板、活动地板、工作台面和座椅垫套必须进行防静电接地，不得有对地绝缘的孤立导体。

防静电接地可以经限流电阻及自己的连接线与接地装置相连，在有爆炸和火灾隐患的危险环境，为防止静电能量泄放造成静电火花引发爆炸和火灾，限流电阻值宜为1MΩ。

（3）核查是否有防静电设计/验收文档。

5．机房接地与防雷

（1）核查机房内机柜、设施和设备等是否进行接地处理。

IT系统直流工作接地要求电阻值小于等于1Ω，交流接地电阻值小于等于4Ω，安全保护接地电阻值小于等于4Ω，防雷接地电阻值小于等于10Ω。

（2）核查机房内是否设置防雷装置和防感应雷措施。

（3）核查防雷装置是否通过验收或国家有关部门的技术检测。

6．电磁防护

（1）核查机房内是否为关键设备配备了电磁屏蔽装置。

（2）核查机房内电源线缆和通信线缆是否隔离铺设，布线电缆的屏蔽层是否保持连续性并与地进行可靠的连接，综合布线电缆与附近可能产生电磁泄漏设备的最小平行距离应大于1.5m，或不满足时应采用金属管线屏蔽。

（3）核查机房是否采用防电磁干扰措施；信息系统低压配电设备是否采用TN-S系统；对于非线性负荷是否设置了专用线路，同时电源采取滤波措施；电子信息线路是否避开避雷引下线。

TN-S系统：低压配电系统，整个系统的中性线与保护线是分开的，俗称三相五线制，五线是指三根火线（A、B、C）、一根工作零线（N）、一根保护零线（PE），工作零线和保护零线均由变压器的中性点引出，中性点直接接地，接地电阻R不得大于4Ω；工作零线和保护零线均重复接地，接地电阻R不得大于10Ω。

（4）核查是否采用电磁屏蔽室、屏蔽门、滤波器、波导管、截止波导通风窗等屏蔽件实现电磁屏蔽。

电磁屏蔽室就是一个钢板房子，冷轧钢板是其主体屏蔽材料。它包括六面壳体、门、窗等一般房屋要素，要求严密的电磁密封性能，并对所有进出管线做相应屏蔽处理，进而阻断电磁辐射出入。

屏蔽门分为旋转式和移动式两种。在一般情况下，宜采用旋转式屏蔽门；当场地条件受到限制时，可采用移动式屏蔽门。

电磁干扰滤波器是近年来被推广应用的一种新型组合器件，能有效地去除电源噪声、抑制电网噪声，提高电子设备的抗干扰能力及系统的可靠性，可广泛用于电子测量仪器、计算机机房设备、开关电源、测控系统等领域。

波导管用来传送超高频电磁波，通过它，脉冲信号可以以极小的损耗传送到目的地。与滤波器类似，波导管的频率特性也可以用截止频率来描述，低于截止频率的电磁波不能通过波导管，高于截止频率的电磁波可以通过波导管。将波导管的截止频率设计成远高于要屏蔽的电磁波的频率，使要屏蔽的电磁波在通过波导管时产生很大的衰减。这种应用主要是利用波导管的频率截止区，因此将这种波导管称为截止波导管。

截止波导通风窗内的波导管宜采用等边六边形，通风窗的截面积应根据室内换气次数进行计算。

7．通信线路的保护

（1）核查电信（交接）间、电信进线间及无线通信机房的位置是否合理。

电信（交接）间应与电源间分开设置，并相应地在电信（交接）间内或紧邻电信（交接）间设置干线通道。各电信（交接）间应设置管槽或竖井加以路由沟通。电信（交接）间内可以设置信息竖井。电信（交接）间的位置应上下楼层对位，并有独立对外的门。同时，就能按照所服务的楼层情况来考虑楼层干线通道和电信（交接）间的数目。如果给定楼层所要服务的信息插座都在90cm范围内，宜设置一个电信（交接）间。当超出这一范围时，可设置两个或多个电信（交接）间，并在电信（交接）间内或监控处设置干线通道。电信（交接）间宜设置于建筑平面中心的位置。在每层的信息点数量较少、水平缆线长度保证不大于90cm的情况下，宜几个楼层合设一个电信（交接）间。

电信进线间宜靠近外墙和在地下设置，以便于缆线的引入。电信进线间或通信接入交接设备机房应设在建筑物内底层或在地下一层（当建筑物有地下多层时）。进线间应满足缆线的敷设路由、终端位置及数量、光缆的盘长和缆线的弯曲半径、充气维护设备、配线设备安装所需要的空间和场地面积。

无线通信机房应避免电台馈线过长，以小于15m距离为佳，机房应尽量设置在靠近天线安装场地的建筑物顶层。

（2）核查机房内是否采用综合布线系统。

综合布线系统采用星型结构，主要由六个子系统（工作区子系统、垂直干线子系统、水平干线子系统、管理子系统、设备间子系统、建筑群子系统）构成，而这六个子系统每一个都可以独立的、不受其他子系统的影响进入PDS（综合布线系统）终端中。

（3）核查是否采用标签标志来对布线系统进行管理或通过智能物理层管理系统对布线系统进行实时智能管理。

标签标志是布线系统管理的基础，也是机房的基本要素。好的标签标志系统将帮助网管人员快速查找相关信息，缩短移动、增加和变更布线系统的时间。良好的标签标志在为拥有者增加附加价值、提高美观度的同时，还可使工作更加高效、灵活和可靠。

智能物理层管理系统帮助网管人员了解网络的连通性，通过实时监测连接状况，可迅速识别任何网络的中断，并立即向系统管理员报告。这有助于快速排除故障和安全威胁，最大限度减少宕机时间。此外，智能物理层管理系统数据库不断记录系统和物理层的资产移动和配置变更。这些信息可用于满足行业规定的报告要求或建立客户机房的服务水平协议，避免手工分析表可能存在的人工错误。

（4）核查承担信息业务的传输介质是否采用光纤或6类及以上等级的对绞电缆，通信线缆是否铺设在隐蔽安全处，如桥架中等，通信线路是否被破坏。

通信线路安全技术是用一种简单（但很昂贵）的高技术加压电缆，可以获得通信线路上的物理安全。通信线缆密封在塑料套管中，并在线缆的两端充气加压。线上连接了带有报警器的监视器，用来测量压力。如果压力下降，则意味电缆可能被破坏了，技术人员还可以进一步检测出破坏点的位置，以便及时进行修复。

（5）核查系统是否有防止通信线路被截获及干扰的功能，至少满足以下一种功能：预防线路截获，使线路截获设备无法正常工作；对线路截获、阻止线路截获设备的有效使用；定位线路截获，发现线路截获设备工作的位置；探测线路截获，发现线路截获并报警。

8. 机房区域防护

机房区域防护包括区域划分、物理访问控制和防盗窃防破坏三方面。

（1）区域划分

在区域划分方面，主要完成：

a）核查放置IT设施的区域是否有全方位的、周密的物理防护，是否明确划分安全区域，安全区是否有合理的位置和可靠的边界设施；

b）核查有人操作区域和无人操作区域是否分开布置；在放置有信息处理设备的区域内，是否做了如下的考虑，禁止饮食/吸烟/饮酒；

c）核查是否采用应急设备和备份介质的存储位置与主安全区域保持一个安全距离。

（2）物理访问控制

物理访问控制，主要包括物理出入控制、访问权限控制。

a）物理出入控制

- 核查机房是否设立单独区域划分出入口，另设多个紧急疏散出口，疏散出口处是否有明显的疏散线路指示和标志灯。出入口设立一个人工值守的接待区域，安排专人值守，机房门口是否配备了一次性鞋套。

面积大于$100m^2$的主机房，安全出口不应少于两个，且应分散布置。面积不大于$100m^2$的主机房，可设置一个安全出口，并可通过其他相邻房间的门进行疏散。门应向疏散方向开启，且应自动关闭，并应保证在任何情况下均能从机房内开启。走廊、楼梯间应畅通，并应有明显的疏散指示标志。

- 核查是否在机房配置了电子门禁系统和监控系统；重要区域出入口是否配置第二道电子门禁系统。

门禁系统顾名思义就是指"门"的禁止权限，是对"门"的戒备防范，它是在传统的门锁基础上发展而来的。传统的机械门锁仅仅是单纯的机械装置，无论结构设计多么合理，材料多么坚固，人们总能通过各种手段把它打开。在出入人员很多的通道（像办公大楼、酒店客房）钥匙的管理很麻烦，钥匙丢失或人员更换都要把锁和钥匙一起更换。为了解决这些问题，就出现了电子磁卡锁、电子密码锁，这两种锁的出现从一定程度上提高了人们对出入口通道的管理程度，使通道管理进入了电子时代，但随着这两种电子锁的不断应用，它们本身的缺陷就逐渐暴露，磁卡锁的问题是信息容易复制，卡片与读卡机具之间磨损大，故障率高，安全系数低。密码锁的问题是密码容易泄露，又无从查起，安全系数很低。同时这个时期的产品由于大多采用读卡部分（密码输入）与控制部分合在一起安装在门外，很容易被人在室外打开锁，这个时期的门禁系统还停留在早期不成熟阶段，因此当时的门禁系统通常被人称为电子锁，应用也不广泛。

随着感应卡技术、生物识别技术的发展，门禁系统得到了飞跃式的发展，进入了成熟期，出现了基于感应卡式、指纹、虹膜、面部识别、指静脉识别、乱序键盘等技术的门禁系统，它们在安全性，方便性，易管理性等方面都各有特长，门禁系统的应用领域也越来越广。

巡更系统：是门禁系统的一个变种，是一种对门禁系统的灵活运用。它的工作目的是帮助管理人员利用本系统来完成对巡更人员和巡更工作记录进行有效的监督和管理，同时系统还可以对一定时期的线路巡更工作情况做详细记录。

巡更系统的特点是在传统人力巡更的基础上加入巡检线路导航系统，实现巡检地点、人员、事件等数据的实时远程获取和图形化显示，方便管理员管理，同时可以避免人力巡更系统的漏检和误检情况，确保对物理边界检查的完整性。

巡更系统的基本工作原理是：将巡更点安放在巡逻路线的关键点上，保安在巡逻的过程中用随身携带的巡更棒读取自己的人员点，然后按线路顺序读取巡更点，在读取巡更点的过程中，如发现突发事件可随时读取事件点，巡更棒将巡更点编号及读取时间保存为一条巡逻记录。定期用通信座将巡更棒中的巡逻记录上传到计算机中。管理软件将事先设定的巡逻计划同实际的巡逻记录进行比较，就可得出巡逻漏检、误点等统计报表，通过这些报表可以真实地反映巡逻工作的实际完成情况。

电子巡更系统大致可以分为两类：在线式电子巡更系统和离线式电子巡更系统。在线式电子巡更系统是在一定的地区范围内进行综合布线，将巡更机设置在一定的巡更点上，巡更人员携带信息钮或信息卡，按布线的范围进行巡视检查。管理者只需要在中央监控室就可以看到巡更人员所走的巡更路线，到达巡更点的时间，以及一些相关信息。如果巡更人员发生意外，在没有读卡时，监控中心可以快速核查，及时处理突发事件。由于在线式或以实现实时控制，因此，在一些对巡更要求特别严格或巡更工作有一定危险性的地方，都比较适合使用在线式的电子巡更系统。

离线式电子巡更系统又分为接触式和非接触式两种。

接触式巡更系统也叫作信息钮式巡更产品，它利用的是美国DALLAS公司的Touch-Memory技术和IButton技术。其工作程序是在巡更点上安装信息钮（也叫Tbutton、TM卡），巡更人员在巡更时手持巡更机走到各个巡更点，在信息钮上触碰一下，巡更机便读取了信息钮中的数据。完成整个巡更任务以后，巡更人员回到监控中心，管理人员通过软件把手持巡更机内存储的信息传回到计算机，对巡更数据进行分析并打印报表，以备查验。TM卡的优点在于它的号码是全球唯一的，不受电磁干扰，识读无误差。另外，它的物理性能十分坚固，不怕雨雪，耐高低温，耐腐蚀性能优越，在恶劣环境下非常适用。

非接触式巡更系统主要是射频识别技术（RFID）在电子巡更系统上的应用。它的优点是读取数据不需要接触信息钮，当巡更人员到达巡更点的时候，只要将巡更机靠近信息钮，巡更机就能自动探测到巡更点的信息，并自动记录下来。由于信息钮不需要接触，信息钮可埋入隐蔽性较高的物体（如墙内），这样就让别有用心的人无法知道巡更的地点，从根本上解决了信息枢纽容易被破坏的问题。

- 核查是否对访问人员身份进行登记，对携带物品进出机房人员检查其携带的物品后进行记录，发放/佩戴身份识别标志。

b）访问权限控制

- 核查在安全区域是否有监控措施，能够监控访问者（如全程有人陪同），在访问者离开后收回访问权限。

● 核查是否制定相关制度，限制敏感区域访问。

（3）防盗窃和防破坏

a）核查是否按照专业标准安装IDS来保护办公室、房间和其他设施安全。

红外防护系统：周界防范是动物和人类的一种自我本能。动物可以凭借各种特殊的方式来构筑自己的势力范围，比如有些动物就用尿液来圈占自己的地盘，有些动物会在物体上留下自己的气味来警示其他动物这是自己的势力范围，不容侵犯。早期的人类则同样以做记号、画标记等这些原始的方式体现自己的周界防范意识，后来又发展到以架围栏、筑围墙的方法进行周界防范，其中最有代表性的就是中国的万里长城，它是人类历史上最浩大的周界防范工程。红外防护系统就属于一种周界防范手段，利用红外技术可检测物理入侵行为并报警。

红外防护系统包括主动和被动红外入侵探测两种方式。主动红外入侵探测器由发射机和接收机组成，在正常情况下，接收机收到的是一个稳定的光信号，当有人入侵该警戒线时，红外光束被遮挡，接收机收到的红外信号发生变化，提取这一变化，经放大和适当处理，控制器发出的报警信号。根据对应的发射器和接收机配置在防范区域的同一端或两端又细分为反射式主动红外入侵探测器和对射式主动红外入侵探测器。反射式主动红外探测器经发射端发出红外线信号后，接收端接收到的信号在达到一定阈值时产生报警信号；当对射式主动红外探测器的发射器发出红外脉冲射束被完全遮断或按百分比部分被遮断时，接收机接收不到红外信号而产生报警信号。

被动红外探测器主要是根据外界红外能量的变化来判断是否有人在移动。人体的红外能量与环境有差别，当人通过探测区域时，探测器收集到这个不同的红外能量的位置变化，进而通过分析发出报警。

b）核查是否24小时对通道及关键部位进行视频监控。

视频监控系统是安全防范系统的重要组成部分，如图7-1所示，包括前端设备（摄像机）、传输部分、后端设备（控制主机、显示与记录）等部分。摄像机通过同轴视频电缆、网线、光纤将视频图像传输到控制主机，控制主机再将视频信号分配到各监视器及录像设备，同时可将需要传输的语音信号同步录入录像机内。通过控制主机，操作人员可发出指令，对云台的上、下、左、右的动作进行控制及对镜头进行调焦变倍的操作，并可通过控制主机实现在多路摄像机及云台之间的切换。利用特殊的录像处理模式，可对图像进行录入、回放、处理等操作，使录像效果达到最佳。

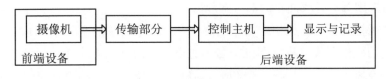

图 7-1　视频监控系统

从技术角度出发，视频监控系统发展第一代为模拟视频监控系统（CCTV），第二代基于"PC+多媒体卡"数字视频监控系统（DVR），第三代完全基于IP网络视频监控系统（IPVS），第四代视频监控是基于云计算。

c）核查是否安装防盗门窗，安装防盗报警装置，报警设备应能与视频监控系统及出入口控制联动，实现有效监视。

9. 机房设备管理

（1）安全监控中心

a）安全监控中心的建立

- 核查是否在机房配备了环境动力监控系统，对机房内部设备及温湿度、烟雾、地水、门禁等环境量提供有效的安全保障。
- 核查是否建立了安全防范管理系统和监控中心，并通过管理系统实现对视频监控系统、出入口控制系统等子系统的自动化管理与监控。

b）安全监控中心的运行

- 核查监控中心是否能够对设备、器材、电路、网络、软件、地址等信息进行管理，具备必要的远程参数配置、远程软件升级、远程启动能力。
- 核查监控中心是否使用网络拓扑发现技术，实现网络的物理布局、逻辑布局及电气布局的网络布局显示。
- 核查监控中心是否能提供设备管理接口，对设备的运行状态，如CPU利用率、内存利用率等进行监视；对处理器工作温度、风扇转速、系统核心电压等进行监视；
- 核查监控中心是否能采取技术手段对网络性能的有效性、响应时间、差错率等面向服务质量指标进行监测；是否采取技术手段对吞吐率、利用率等网络效率指标进行监测并记录结果。

c）安全监控中心的报警

- 核查监控中心是否设置告警策略，定义告警事件指标，对设备、部件及网络运行过程中的故障进行告警。
- 核查监控中心是否设置故障定位策略，对线路、设备故障进行自动定位各子系统的运行在故障时应不影响其他子系统的正常运行。
- 核查是否对故障告警数据进行安全策略分析并进行报告和事件记录。

（2）设备布置

a）核查机柜是否按一排或多排放置，IT系统设备使用的前进风、后出风方式冷却的机柜或机架是否采用背对背或面对面的方式放置；

合理布置机柜对于确保机柜保持适当温度和周围有足够的空气流动非常重要。采取面对面、背对背的机柜摆放及将空调设备与热通道对齐的方式，这样在两排机柜的正面面对通道中间布置冷风出口，会形成一个"冷通道"的冷空气区，冷空气流经设备后形成了热空气，再被排放到两排机柜背面中的"热通道"中，最后经过"热通道"上方布置的回风口回到空调系统，使整个机房气流、能量流的流动通畅，不但提高了机房精密空调器的利用率，而且还进一步提升了制冷效果。机房气流和机械设计是改进冷却效果的关键因素。机柜对于防止设备排出的热气短路循环进入设备进气口至关重要。热空气被轻微增压，再加上设备进气过程中的吸力，将可能导致热空气被重新吸入设备进气口。气流短路问题可能导致IT设备的温度上升8℃，其导致的后果远远大于热气造成的影响。

由于模块化数据网络设备基本上是水平方向进出风（最常见的方式是前进后出），因此空调制冷气流也应符合这种气流组织；尽量将冷气送到所有数据设备的前方位置。

采用标准机柜的盲板可以大幅度减小气流短路比例，能消除机架下面的垂直温度梯度，防止高温排出空气回流到机架前部区域，并确保供应的冷空气在机架上下配送均匀。

b）核查壁挂式机箱底部距地面的高度是否大于300mm。

c）核查主机房内通道与设备间的距离是否符合规定。

● 用于搬运设备的通道净宽不应小于1.5m。

● 面对面布置的机柜或机架下面之间的距离不宜小于1.2m。

● 背对背布置的机柜或机架背面之间的距离不宜小于1m。

● 当需要在机柜侧面进行维修测试时，机柜与机柜、机柜与墙之间的距离不宜小于1.2m；

● 当成行排列的机柜长度超过6m时，两端应设有出口通道；当两个出口通道之间的距离超过1.5m时，在两个出口通道之间还应增加出口通道。出口通道的宽度不宜小于1m，局部可为0.8m。

d）核查是否合理规划分阶段进入机房的设备及预留扩充设备的相对位置。

（3）设备资产标识

a）核查机房内设备或主要部件是否固定无松动，KVM（是Keyboard、Video、Mouse的缩写，KVM通过直接连接键盘、视频和鼠标端口，能够访问和控制计算机）的使用是否灵活，设备布局合理，对设备进行统计管理。

b）核查机房内设备或主要部件上是否设置了明显且不易除去的标识。标识是否有产品名称、型号或规定的代号、制造厂商的名称或商标、安全符号或国家规定的3C认证标志。

c）核查设备表面是否有明显凹痕、裂缝、变形和污染；表面涂层是否均匀、不应起泡、龟裂、脱落和磨损。

（4）设备接入和访问

a）核查对接入系统的设备是否按规定进行设备标识。

b）核查是否对接入设备的身份进行鉴别，鉴别信息是否使用密码系统保护；鉴别失败后是否采取相应措施。

c）核查是否制定访问控制策略，为不同类别的用户设定不同的访问操作权限。

d）核查对于非法接入的设备，能否根据设备的标识信息进行鉴别，能否发现非法接入事件并进行报警。

e）核查能否对设备联网状态进行探测，发现非法外联事件能否实现报警。

（5）介质安全管理

a）核查是否建立专门的介质库，对出入介质库的人员实施登记。

b）核查是否对有用、重要、使用价值高的数据、关键作用数据和秘密程度很高的数据记录介质实施分类标记并登记保存。

c）核查介质库是否具备防盗、防火功能，对磁性介质是否有防止被磁化的措施。

d）核查是否对介质的借用规定审批权限，对有很高使用价值或带秘密程度的数据是否采用加密方法进行保护，对应该删除和销毁的重要数据，是否有严格的管理和审批手续，具备有效的措施防止非法复制。

（6）备份和应急响应

a）核查是否建立了数据处理系统的灾难备份中心。

b）核查在灾难故障发生时，对易受到损坏的网络设备是否进行网络设备备份。

c）核查是否对业务应用所需要的所有相关数据是否进行了完全数据备份，并将备份数据通过专用网络传送到数据备份中心。

d）核查是否规定了备份数据的备份周期和备份方式。

e）核查是否建立了应急恢复机制，关键业务的恢复时间是否小于30分钟，能否在规定时间将业务应用通过手工转移方式切换至备份中心。

7.2.3　物理脆弱性识别方法和工具

1. 物理脆弱性识别方法

物理脆弱性识别常用的方法有：人员访谈、问卷调查、文档查阅和现场核查等。

人员访谈是根据物理安全核查表里的条款询问主要负责人，包括项目负责人和机房安全负责人。询问被评估对象的物理环境现状，也可以将要核查的内容编制成表，通过调查问卷的形式来获取信息。

问卷调查不受时间和空间的约束，可以针对不同类型的人员制定不同的问卷调查表，使风险评估小组成员得到第一手的资料，其结果也可以成为现场核查时的辅助用表。

文档查阅主要是根据访谈时被评估方提到的管理类、自检类、运维类、资料类文档进行实际的查阅，审核文档的清晰性、内容与访谈过程中呈现的一致性等。

现场核查是根据人员访谈的结果到实地去进行一一核查，一是检验访谈人员提供信息的真实性；二是验证已采取的安全措施的有效性。

2. 物理脆弱性识别工具

由于物理脆弱性识别主要是通过与相关责任人的沟通交流和到实际物理环境中去核查，所以最主要的识别工具是人员访谈表、问卷调查表、测试用例，以及物理脆弱性核查表，如表7-4所示。

人员访谈表和问卷调查表要做到设计合理、问题具体，便于被访谈对象做出清晰、明确的回答；测试用例和核查表是根据被测对象的实际情况进行设计，便于实地核查和操作，突出重点，切忌大而全。

表 7-4 物理脆弱性核查表

序号	核查项			核查点	核查结果
1	机房场地	环境和位置		机房所在建筑物周边的交通、通信是否便捷，电力供给是否稳定可靠，自然环境是否清洁	
2				机房所在建筑物是否远离水灾、火灾隐患区域	
3				机房所在建筑物是否远离产生粉尘、油烟、有害气体，以及生产或储存具有腐蚀性、易燃、易爆物品的场所	
4				机房所在建筑物是否远离强振源和强噪声源	
5				机房所在建筑物是否避开强电磁场干扰	
6				机房所在建筑物的屋顶、墙体、门窗和地面等是否没有破损开裂的问题，门窗是否存在因风导致的尘土严重问题。机房是否有尘埃粒度测量计，满足尘埃粒度<18000 粒/cm3	
7				机房是否位于所在建筑物的顶层或地下室	
8		基础设施	温湿度控制	机房内是否配备了温湿度调节设施；若采用专用空调，则应设置漏水报警系统	
9				温湿度是否在设备运行所允许的范围之内（开机时 A、B 级机房温度 23±1℃，变化率小于 5℃/h，相对湿度 40%～50%，无凝露；C 级机房温度 18-28℃，变化率小于 10℃/h，相对湿度 35%～75%，无凝露；停机时 A、B、C 级机房温度在 5～35℃，A、B 级机房相对湿度 40%～70%，C 级机房相对湿度 20%～80%，无凝露）	
10			防水和防潮	窗户、屋顶和墙壁是否采取了防雨水渗透的措施，与机房无关的水管是否穿过机房，位于用水设备下层的计算机机房是否在吊顶上设防水层	
11				有暖气装置的计算机机房，沿机房地面周围是否设排水沟，是否对暖气管道定期进行检查和维修	
12				机房内空调风口位置是否设置在设备正上方，排水管道是否有防渗漏、防凝露措施	
13				机房内是否安装了对水敏感的检测报警装置并启用	
14	机房防火			机房验收文档是否明确相关建筑材料的耐火等级，是否具备完善的管理制度、防火设计验收文档，以及火灾系统运行记录	
15				机房管理员是否进行了区域划分，各区域间是否采取了防火措施进行隔离	
16				机房内是否设置火灾自动消防系统，机房吊顶的上、下及活动地板下是否均设置了固定灭火系统的感烟和感温两种类型探测器和喷嘴，并在机房内配有应急呼吸装置	
17				火灾自动消防系统是否可以自动检测火情、自动报警和自动灭火，同时负责人员是否切断电源、关闭空调设备	
18	机房供配电			是否有电力供应安全设计/验收文档，文档中是否标明应单独为计算机系统供电，应配备稳压器、过电压防护设备（或电源应具备以上功能），以及短期备用电源设备等要求，是否有电源设备的检查和维护记录	
19				机房是否配备 UPS 等后备电源系统，是否满足设备在断电情况下的正常运行要求	
20				机房供电是否来自两个不同的变电站，机房内是否设置了冗余或并行的电力电缆线路为计算机系统供电	

（续表）

序号	核查项		核查点	核查结果
21			机房采用何种变压器，变压器与机房距离是否小于 8m（当计算机独立配电时，宜采用干式变压器，采用油浸式变压器应选用硅油型），发电机与机房距离是否小于 12m（并且发电机排出的油烟不得影响空调机组的正常运行）	
22			核查机房基本照明：计算机机房距地面 0.8m 处，照度不应低于 300Lx；基本工作间和第一辅助房间不低于 200Lx。计算机机房、终端室、已记录的媒体存放间照度在距地面 0.8m 处事故照明不应低于 5Lx；主要通道及有关房间照度在距地面 0.8m 处事故照明不应低于 1Lx	
23	机房防静电		机房内是否安装了防静电地板或地面	
24			机房内是否配备了防静电设备并采用必要的接地防静电措施	
25			是否有防静电设计/验收文档	
26	机房接地与防雷击		机房内机柜、设施和设备等是否进行接地处理	
27			机房内是否设置防雷装置和防感应雷措施	
28			防雷装置是否通过验收或国家有关部门的技术检测	
29	电磁防护		机房内是否为关键设备配备了电磁屏蔽装置	
30			机房内电源线缆和通信线缆是否隔离铺设，布线电缆的屏蔽层是否保持连续性并与地进行可靠的连接，综合布线电缆与附近可能产生电磁泄漏设备的最小平行距离应大于 1.5m，或不满足时应采用金属管线屏蔽	
31			机房是否采用防电磁干扰措施；信息系统低压配电设备是否采用 TN-S 系统；对于非线性负荷，是否设置专用线路，同时电源采取滤波措施；电子信息线路是否避开避雷引下线	
32			是否采用电磁屏蔽室、屏蔽门、滤波器、波导管、截止波导通风窗等屏蔽件实现电磁屏蔽	
33	通信线路和保护		电信（交接）间、电信进线间及无线通信机房的位置是否合理	
34			机房内是否采用综合布线系统	
35			是否采用标签标志来对布线系统进行管理或对布线系统进行实时智能管理	
36			承担信息业务的传输介质是否采用光纤或 6 类及以上等级的对绞电缆，通信线缆是否铺设在隐蔽安全处，如桥架中等，通信线路是否被破坏	
37			系统是否有防止通信线路被截获及干扰的功能，至少满足以下一种功能：预防线路截获，使线路截获设备无法正常工作；对线路截获、阻止线路截获设备的有效使用；定位线路截获，发现线路截获设备工作的位置；探测线路截获，发现线路截获并报警	
38	机房区域防护	区域划分	放置 IT 设施的区域是否有全方位的、周密的物理防护，是否明确划分安全区域，安全区是否有合理的位置和可靠的边界设施	
39			有人操作区域和无人操作区域是否分开布置，在放置有信息处理设备的区域内，是否做了如下的考虑：不饮食/吸烟/饮酒	
40			是否采用应急设备和备份介质的存储位置与主安全区域保持一个安全距离	

（续表）

序号	核查项			核查点	核查结果
41	物理访问控制	物理出入控制		机房是否设立单独出入口，另设多个紧急疏散出口，疏散出口处是否有明显的疏散线路指示和标志灯。出入口设立一个人工值守的接待区域，安排专人值守，机房门口是否配备了一次性鞋套	
42				是否在机房配置了电子门禁系统和监控系统；重要区域出入口是否配置第二道电子门禁系统	
43				是否对访问人员身份进行登记，对携带物品进出机房人员检查其携带的物品后进行记录，发放/佩戴身份识别标志	
44		访问权限控制		在安全区域是否有监控措施，能够监控访问者（如全程有人陪同），在访问者离开后收回访问权限	
45				是否制定相关制度，限制敏感区域访问	
46	防盗窃和防破坏			是否按照专业标准安装 IDS 来保护办公室、房间和其他设施安全	
47				是否 24 小时对通道及关键部位进行视频监控	
48				是否安装防盗门窗，安装防盗报警装置，报警设备应能与视频监控系统及出入口控制系统联动，实现有效监视	
49	机房设备管理	安全监控中心	建立	是否在机房配备了环境动力监控系统，对机房内部设备及温湿度、烟雾、地水、门禁等环境量提供有效的安全保障	
50				是否建立了安全防范管理系统和监控中心，并通过管理系统实现对视频监控系统、出入口控制系统等子系统的自动化管理与监控	
51			运行	监控中心是否能够对设备、器材、电路、网络、软件、地址等信息进行管理，具备必要的远程参数配置、远程软件升级、远程启动能力。	
52				监控中心是否使用网络拓扑发现技术，实现网络的物理布局、逻辑布局及电气布局的网络布局显示	
53				监控中心是否能提供设备管理接口，对设备的运行状态，如 CPU 利用率、内存利用率等进行监视；对处理器工作温度、风扇转速、系统核心电压等进行监视	
54				监控中心是否能采取技术手段对网络性能的有效性、响应时间、差错率等面向服务质量指标进行监测；是否采取技术手段对吞吐率、利用率等网络效率指标进行监测并记录结果	
55			报警	监控中心是否设置告警策略，定义告警事件指标，对设备、部件及网络运行过程中的故障进行告警	
56				监控中心是否设置故障定位策略，对线路、设备故障进行自动定位各子系统的运行在故障时应不影响其他子系统的正常运行	
57				是否对故障告警数据进行安全策略分析并进行报告和事件记录	
58		设备布置		机柜是否按一排或多排放置，IT 系统设备使用的前进风、后出风方式冷却的机柜或机架是否采用背对背或面对面的方式放置	
59				壁挂式机箱底部距地面的高度是否大于 300mm	
60				主机房内通道与设备间的距离是否符合规定	
61				是否合理规划分阶段进入机房的设备及预留扩充设备的相对位置	
62		设备资产标识		机房内设备或主要部件是否固定无松动，KVM 的使用是否灵活，设备布局合理，对设备进行统计管理	

序号	核查项	核查点	核查结果
63		机房内设备或主要部件上是否设置了明显且不易除去的标识。标识是否有产品名称、型号或规定的代号、制造厂商的名称或商标、安全符号或国家规定的3C认证标志	
64		设备表面是否有明显凹痕、裂缝、变形和污染；表面涂镀层是否均匀、不应起泡、龟裂、脱落和磨损	
65	设备接入和访问	对接入系统的设备是否按规定进行设备标识	
66		是否对接入设备的身份进行鉴别，鉴别信息是否使用密码系统保护；鉴别失败后是否采取相应措施	
67		是否制定访问控制策略，为不同类别的用户设定不同的访问操作权限	
68		对于非法接入的设备，能否根据设备的标识信息进行鉴别，能否发现非法接入事件并进行报警	
69		能否对设备联网状态进行探测，发现非法外联事件能否实现报警	
70	介质安全管理	是否建立专门的介质库，对出入介质库的人员实施登记	
71		是否对有用、重要、使用价值高的数据、关键作用数据和秘密程度很高的数据记录介质实施分类标记并登记保存	
72		介质库是否具备防盗、防火功能，对磁性介质是否有防止被磁化的措施	
73		是否对介质的借用规定审批权限，对有很高使用价值或带秘密程度的数据是否采用加密方法进行保护，对应该删除和销毁的重要数据，是否有严格的管理和审批手续，具备有效的措施防止非法复制	
74	备份和应急响应	是否建立了数据处理系统的灾难备份中心	
75		在灾难故障发生时，对易受到损坏的网络设备是否进行网络设备备份	
76		是否对业务应用所需要的所有相关数据是否进行了完全数据备份，并将备份数据通过专用网络传送到数据备份中心	
77		是否规定了备份数据的备份周期和备份方式	
78		是否建立了应急恢复机制，关键业务的恢复时间是否小于30分钟，能否在规定时间将业务应用通过手工转移方式切换至备份中心	

7.2.4 物理脆弱性识别过程

物理脆弱性识别过程大体上可以分为以下几个步骤。

1. 检查准备

检查项目组获取被测系统的物理环境基本情况，从基本资料、人员、计划安排等方面为物理安全现场检查的实施做基本准备。

通过查阅被测系统机房相关资料，包括机房及外部边界布线、区域防护相关设计验收文档等，了解机房各方面的组成和保护情况，为编写检查方案和开展现场检查工作奠定基础。

根据已经收集到的资料，以及物理安全涉及的基本内容和基本要求，制作各个项目的检查用例和检查表，填写检查内容、检查流程及预期效果等。

检查用例和检查表根据实际情况可以同时使用，也可以选择其中一个使用。检查表在实际现场检查时使用比较简单、方便，检查用例则更适合于在后期脆弱性识别、编制报告时使用。

2．人员访谈

在进行物理脆弱性识别时，交流访谈的对象主要为项目负责人和机房负责人等。根据已编写好的物理脆弱性核查列表，逐条与访谈人员进行沟通，询问并记录细节内容，尤其是物理机房或设备曾经发生过的安全事件、对事件的处置方式及造成的影响，都可以作为物理脆弱性识别的依据。

3．现场检查

现场检查是指测评人员通过对测评对象（如机房、各类设备、存储介质等）进行观察、查验、分析以帮助测评人员理解、澄清或取得证据的过程。检查的主要对象包括机房、各类设备、设备配置、存储介质等，使用的主要工具是检查表（或称调查表）。技术上，现场检查的内容应该是具体的、较为详细的机制配置和运行实现。管理上，现场检查的方法主要用于规范性要求（检查文档）。通过在现场与机房相关人员沟通交流，查阅机房设计验收文档和各种记录文档、管理制度，以及现场实地检查，获取相关证据，逐一填写各个检查项目的实际状态，客观记录物理安全情况，完成检查表中"实际结果"内容。

4．查阅文档

查阅文档是指测评人员通过调阅机房设计验收文档、检查记录文档，以及管理制度文档，将查阅结果与预期的结果进行比对的过程。检查的主要对象包括各类设计文档、记录文档、管理文档等。技术上，查阅文档的内容应该是具体的、较为详细的记录配置和运行实现。管理上，查阅文档的方法主要用于规范性要求，验证相关管理制度是否完善。

5．物理脆弱性赋值

经过现场核查及验证之后，将不符合测评要求的内容罗列出来，构成了识别出来的物理脆弱性。对物理脆弱性进行赋值，就是要分析脆弱性一旦被威胁利用以后会给业务造成的影响程度。物理脆弱性分为五级，五级最高，一级最低。其中，评估工程师的经验值占有很大比重。

6．物理脆弱性输出

物理脆弱性的输出是物理脆弱性识别列表，如表7-5所示。

表 7-5　物理脆弱性识别列表

序　　号	资产名称	脆弱点	脆弱性描述	风险描述	脆弱性赋值
1	中心机房	机房场地	XXX	XXX	XX
2		机房防火	XXX	XXX	XX
3		机房供配电			
……		……	……	……	……

7.2.5　物理脆弱性识别案例

本节以××银行网上银行系统（以下简称网银系统）信息安全风险评估项目为例，介绍物理脆弱性识别过程。

1. 项目简介

××银行股份有限公司成立于1998年，2012年末，资产规模接近1300亿元。在锦州、北京、天津、沈阳、大连、哈尔滨、丹东、抚顺、鞍山设立9家分行。目前，与70多个国家及地区500多个金融机构开展业务，代理行网络遍及世界各地。

××银行网银系统主要面向企业和个人用户提供各种对公、对私金融服务。企业和个人用户通过网银系统提供的统一登录入口即可访问与网点柜面相同的包括账户余额查询、行内转账、跨行转账等金融服务业务。

××银行网银系统分为个企业版和个人版。通过互联网为客户提供全天候银行金融服务的自助理财系统。××银行网银系统的注册用户可通过网银系统办理查询账户余额和交易明细、转账、修改密码等自助业务。

为落实银监会《电子银行安全评估指引》《商业银行信息科技风险管理指引》和人民银行《网上银行系统信息安全通用规范（试行）》的要求，完善和加强××银行网上银行业务信息科技风险管控体系建设，××银行启动对网上银行安全风险评估项目。该项目的主要目的是通过对网银系统关键信息资产的识别，分析其自身存在的脆弱性和其面临的安全威胁，识别各层面的主要风险，从风险防范的角度提出加强控制措施建议，采取相关的控制措施，以降低、转移或消除风险，从而为××银行网上银行业务运行连续性提供保障。

××银行网银系统信息安全风险评估内容包括资产识别、威胁识别、物理脆弱性识别、网络脆弱性识别、系统脆弱性识别、应用脆弱性识别、管理脆弱性识别、已有安全措施有效性，以及风险分析等。该项目的检测内容较多，检测计划也很完整，但是由于本节介绍的是物理脆弱性识别案例，所以，其他检测略去不讲，只介绍与物理脆弱性相关的安全检测。其中，物理脆弱性识别内容包括环境物理安全脆弱性识别、系统物理安全脆弱性识别和设备物理安全脆弱性识别。

2. 物理脆弱性检测

××银行网银系统信息安全风险评估项目的范围从机构层面、业务层面、系统层面加以划分。机构层面涉及总行信息技术部、电子银行部、网银系统托管机构等。业务层面涉及网银渠道业务（包括网上银行渠道支付与结算业务、网上银行渠道代理服务等）和信息发布业务（包括企业形象宣传、服务推介、公告发布等）。系统层面则涉及物理、网络、系统、应用、数据、管理、已有安全措施、源代码、客户端等多个层面，其中物理层面包括支撑网银系统的场所、所处的周边环境，以及场所内保障计算机系统正常运行的设施，包括机房环境、门禁、监控、环控、电源等。

××银行网银系统物理脆弱性检测对象包括网银系统机房场地、机房物理环境及机房设备管理等。

（1）机房场地脆弱性检测

××银行网银系统相关设备部署在××银行五层计算机中心机房，机房建设规范依据《电子计算机机房设计规范》A级标准执行。机房内部及外部整体环境较好，无火灾、水灾隐患，无明显污染源和噪声源干扰，环境控制设施中的湿度波动、机房内部和通道的照明情况符合GB/T 2887 《计算机场地通用规范》的相关要求。

（2）机房物理环境脆弱性检测

机房防火材料、供配电系统、静电防护措施、防雷击措施、接地措施、电磁防护和通信线路的保护措施都符合满足国家A级机房的建设标准和防护要求，但未在吊顶上侧和地板下侧安装火灾探测器和喷嘴，存在安全隐患。机房区域防护方面，符合国标GB 50174对主机房、辅助区、支持区、行政管理区划分的相应要求；物理访问控制和防盗窃、防破坏符合要求。

（3）机房设备管理脆弱性检测

××银行网银系统的安全监控中心能够实现对设备、器材、电路、网络、软件等信息的管理、对设备运行状况的监控和报警。设备物理安全状况良好，设备标志、设备和部件标记清晰明显且无法擦去。设备外观保持完好，无破损现象。设备布局合理，同类设备集中放置并标记，便于管理。对设备的接入和访问符合要求，介质管理、备份和应急响应管理满足业务需求。

根据核查表，对被测网上银行的物理环境进行测评，得到物理脆弱性检测结果如表7-6所示。

表7-6　物理脆弱性检测结果列表

序　号	核 查 项		核 查 点	核查结果
1	机房场地	环境和位置	机房所在建筑物周边的交通、通信是否便捷，电力供给是否稳定可靠，自然环境是否清洁	符合要求
2			机房所在建筑物是否远离水灾、火灾隐患区域	符合要求
3			机房所在建筑物是否远离产生粉尘、油烟、有害气体，以及生产或储存具有腐蚀性、易燃、易爆物品的场所	符合要求
4			机房所在建筑物是否远离强振源和强噪声源	符合要求
5			机房所在建筑物是否避开强电磁场干扰	符合要求
……	……		……	……
16	机房防火		机房内是否设置火灾自动消防系统，机房吊顶的上、下及活动地板下是否均设置了固定灭火系统的感烟和感温两种类型探测器和喷嘴，并在机房内配有应急呼吸装置	吊顶上侧和地板下侧未安装火灾探测器和喷嘴
……	……		……	……
76	机房设备管理	备份和应急响应	是否对业务应用所需要的所有相关数据是否进行了完全数据备份，并将备份数据通过专用网络传送到数据备份中心	符合要求
77			是否规定了备份数据的备份周期和备份方式	符合要求
78			是否建立了应急恢复机制，关键业务的恢复时间是否小于30分钟，能否在规定时间将业务应用通过手工转移方式切换至备份中心	符合要求

3．物理脆弱性赋值

依据脆弱性被威胁利用的难易程度及对业务造成影响的程度来进行赋值。

由于吊顶上侧和地板下侧未安装火灾探测器和喷嘴。当发生火灾时，无法及时启动灭火装置，可能造成财产损失甚至业务中断。根据对机房负责人的访谈得知，该机房自建立以来还未发生过火灾，故可以推断火灾发生的概率很小。再综合其他因素全面考虑，该脆弱性的赋值为低。物理脆弱性赋值表如表7-7表示。

表 7-7　物理脆弱性赋值表

序　号	脆弱点	脆弱性描述	脆弱性赋值
1	防火	吊顶上侧和地板下侧未安装火灾探测器和喷嘴	2

4．物理安全风险分析

经检测，××银行网银系统风险等级为2级，属于低风险等级。

××银行网银系统物理安全保护体系较为完善，建立了完整的环境保障、监测、控制措施，机房访问控制措施，系统运行状态、安全状态检测措施，并制定了较为完善的机房管理和审查制度、维护操作流程，可以有效保护网银系统的设备、设施、媒体和信息免遭自然灾害、环境事故、人为误操作，以及各种以物理手段进行的违法犯罪行为导致的破坏和丢失。但是，机房管理制度执行存在不足，相关的问题主要集中在火灾检测探测气和固定灭火设施的覆盖范围存在盲区。物理脆弱性风险列表如表7-8所示。

表 7-8　物理脆弱性风险列表

序　号	资　产	物理脆弱性描述	风险描述	脆弱性赋值
1	计算机中心机房	火灾探测器和喷嘴安装不完善	吊顶上侧和地板下侧未安装火灾探测器和喷嘴。当发生火灾时，无法及时启动灭火装置，可能造成财产损失甚至业务中断	2

7.3　网络脆弱性识别

7.3.1　网络安全相关定义

1．网络安全的定义

网络安全是指网络系统的硬件、软件及其系统中的数据受到保护，不因偶然的或者恶意的原因而遭受到破坏、更改、泄露，系统连续可靠正常地运行，网络服务不中断。

网络安全从其本质上来讲就是网络上的信息安全。它涉及的领域相当广泛。从广义来说，凡是涉及网络上信息的保密性、完整性、可用性、真实性和可控性的相关技术和理论，都是网络安全所要研究的领域。

网络安全是一个很复杂的问题，因技术性和管理上的诸多原因，一个网络的安全由主机系统、应用和服务、路由、网络、安全设备、网络管理和管理制度等因素决定。从用户的角度，他们希望涉及个人和商业的信息在网络上传输时受到机密性、完整性和真实性的保护，避免其他人或对手利用窃听、冒充、篡改、抵赖等手段对自己的利益和隐私造成损害和侵犯。从网络运营商和管理者的角度来说，他们希望对本地网络信息的访问、读写等操作受到保护和控制，避免出现病毒、非法存取、拒绝服务和网络资源的非法占用和非法控制等威胁，制止和防御网络"黑客"的攻击。

网络安全根据其本质的界定，具有以下基本特征：

（1）保密性：是指信息不泄露给非授权的个人和实体，或供其使用的特性。在网络系统的各个层次上都有不同的机密性及相应的防范措施。在物理层，要保证系统实体不以电磁的方式向外泄露信息；在运行层面，要保障系统依据授权提供服务，使系统任何时候都不被非授权人使用。

（2）完整性：是指信息未经授权不能被修改、不被破坏、不被插入、不延迟、不乱序和不丢失的特性。完整性的目的就是保证计算机系统上的数据和信息处于一种完整和未受损害的状态，这就是说，信息不会因有意或无意的事件而被改变或丢失。信息完整性的丧失直接影响到信息的可用性。

（3）可用性：是指合法用户访问并能按要求顺序使用信息的特性，即保证合法用户在需要时可以访问到信息及相关资料。在物理层，要保证信息系统在恶劣的工作环境下能正常进行；在运行层面，要保证系统时刻能为授权人提供服务，保证系统的可用性，使得发布者无法否认所发布的信息内容。接受者无法否认所接收的信息内容，对数据抵赖采取数字签名。

（4）可控性：是指对信息的传播及内容具有控制能力。

（5）不可抵赖性，也称为不可否认性：是指通信的双方在通信过程中对于自己所发送或接收的消息不可抵赖：即发送者不能抵赖他发送过消息的事实和消息内容，而接收者也不能抵赖其接收到消息的事实和消息内容。

2．网络安全面临的威胁

网络安全潜在威胁形形色色，多种多样，有人为和非人为的、恶意的和非恶意的、内部攻击和外部攻击等。网络安全面临的主要威胁包括但不限于以下情况。

（1）恶意软件：在网络通信数据中隐藏恶意代码，或在网络系统中运行恶意代码，主要包括病毒、木马、蠕虫、间谍软件、窃听软件等。

（2）拒绝服务：主要是通过消耗网络带宽和连通性等方式，造成目标网络系统响应减慢甚至瘫痪，无法正常提供服务。

（3）信息篡改：非法修改或破坏信息的完整性，如篡改网络配置信息、篡改安全配置信息等。

（4）网络窃听：通过监视网络数据获得敏感信息，从而导致信息泄密。

（5）网络嗅探：利用工具或其他技术手段，进行网络漏洞、端口等信息嗅探。

（6）非授权访问：未预先经过同意，使用网络或计算机资源。如：非法用户进入网络系统进行违法操作、合法用户以未授权方式进行操作等。

（7）社会工程：通过心理学、语言学、欺诈学等方式获取敏感数据信息，如网络设备口令信息、网络安全策略等。

3. 网络安全相关技术

（1）防火墙技术

网络防火墙是位于两个不同安全要求的网络（两个具有不同安全要求的安全域）之间的，根据定义的访问控制策略检查并控制这两个安全域之间所有通信流的相关技术或技术组合。

防火墙处于5层网络安全体系中的底层，属于网络层安全技术范畴。在这一层上，对安全系统提出的问题是：所有的IP是否都能访问到企业的内部网络系统，如果答案是"是"，则说明企业内部网还没有在网络层采取相应的防范措施。作为内部网络与外部公共网络之间的第一道屏障，防火墙是较早受到人们重视的网络安全产品。虽然从理论上看，防火墙处于网络安全的底层，负责网络间的安全认证与传输，但随着网络安全技术的整体发展和网络应用的不断变化，现代防火墙技术已经逐步走向网络层之外的其他安全层次，不仅要完成传统防火墙的过滤任务，同时还能为各种网络应用提供相应的安全服务。还有多种防火墙产品正朝着数据安全与用户认证，防止病毒与黑客侵入等方向发展。

防火墙产品主要有堡垒主机、包过滤路由器、应用层网关（代理服务器），以及电路层网关、屏蔽主机防火墙、双宿主机等类型。

在逻辑上，防火墙是一个分离器，一个限制器，也是一个分析器，能有效地监控流经防火墙的数据。也就是说，防火墙是逻辑隔离而非物理隔离。无论什么种类的防火墙，就其实质来说，都是一种访问控制技术，还可以实现IP地址欺骗防护、NAT（Network Address Translation，网络地址转换）等安全功能。

防火墙的两种基本策略：

a）一切未被允许的就是禁止的——这是一种白名单方式。防火墙默认情况下应关闭所有的服务和通信，然后根据安全策略配置防火墙规则，对希望提供的服务和通信进行开放。该策略最大限度地限制了未授权服务，提升了安全性。其缺点是：用户所能使用的服务范围受到严格限制，一些合法的服务，由于没有配置防火墙规则进行允许，而无法正常使用。

b）一切未被禁止的就是允许的——这是一种黑名单方式。防火墙默认情况下应转发所有的信息流，然后逐项屏蔽具有潜在威胁的服务。该方法可在安全策略允许的情况下尽可能地保持通信畅通，可为用户提供更多的服务。其缺点是：在提升网络可用性的同时，难以对策略外的非授权数据进行过滤。

虽然防火墙是保护网络免遭黑客袭击的有效手段，但也有明显不足：无法防范通过防火墙以外的其他途径的攻击，不能防止来自内部变节者和不经心的用户们带来的威胁，也不能完全防止传送已感染病毒的软件或文件，以及无法防范数据驱动型的攻击。

（2）病毒防护技术

病毒历来是信息系统安全的主要问题之一。由于网络的广泛互联，病毒的传播途径和速度大大加快。

病毒的传播途径可分为：

a）通过FTP，电子邮件传播；

b）通过软盘、光盘、磁带传播；

c）通过Web游览传播，主要是恶意的Java控件网站；

d）通过群件系统传播。

病毒防护的主要技术如下：

a）阻止病毒的传播：在防火墙、代理服务器、SMTP服务器、网络服务器、群件服务器上安装病毒过滤软件。在桌面PC安装病毒监控软件；

b）检查和清除病毒：使用防病毒软件检查和清除病毒；

c）病毒数据库的升级：病毒数据库应不断更新，并下发到桌面系统；

d）在防火墙、代理服务器及PC上安装Java及ActiveX控制扫描软件，禁止未经许可的控件下载和安装。

（3）入侵检测技术

利用防火墙技术，经过仔细的配置，通常能够在内外网之间提供安全的网络保护，降低了网络安全风险。但是，仅仅使用防火墙来保证网络安全还远远不够：

a）入侵者可寻找防火墙背后可能敞开的后门；

b）入侵者可能就在防火墙内；

c）由于性能的限制，防火墙通常不能提供实时的入侵检测能力。

入侵检测技术是新型网络安全技术，目的是提供实时的入侵检测及采取相应的防护手段，如记录证据用于跟踪和恢复、断开网络连接等。通过对计算机网络或计算机系统中的若干关键点收集信息并对其进行分析，从中发现网络或系统中是否有违反安全策略的行为和被攻击的迹象的软件与硬件的组合入侵检测和防护技术。

实时入侵检测能力之所以重要，首先它能够对付来自内部网络的攻击；其次它能够缩短Hacker入侵的时间。

IDS可分为两类：基于主机和基于网络的系统。

基于主机的IDS用于保护关键应用的服务器，实时监视可疑的连接、系统日志检查，非法访问的闯入等，并且提供对典型应用的监视，其安全监控系统具备如下特点：

● 可以精确地判断入侵事件；

- 可以判断应用层的入侵事件；
- 对入侵时间立即进行反应；
- 针对不同操作系统特点；
- 占用主机宝贵资源。

基于网络的IDS用于实时监控网络关键路径的信息，其安全监控系统具备如下特点：

- 能够监视经过本网段的任何活动；
- 实时网络监视；
- 监视粒度更细致；
- 精确度较差；
- 防入侵欺骗的能力较差；
- 交换网络环境难于配置。

（4）安全扫描技术

在网络安全技术中，另一类重要技术为安全扫描技术。安全扫描技术与防火墙、安全监控系统互相配合能够提供安全性很高的网络。

安全扫描工具源于Hacker在入侵网络系统时采用的工具。商品化的安全扫描工具为网络安全漏洞的发现提供了强大的支持。安全扫描工具通常也分为基于服务器和基于网络的扫描器。

a）基于服务器的扫描器主要扫描服务器相关的安全漏洞，如Password文件、目录和文件权限、共享文件系统、敏感服务、软件、系统漏洞等，并给出相应的解决办法建议，通常与相应的服务器操作系统紧密相关。

b）基于网络的安全扫描主要扫描设定网络内的服务器、路由器、网桥、变换机、访问服务器、防火墙等设备的安全漏洞，并可设定模拟攻击，以测试系统的防御能力。通常该类扫描器限制使用范围（IP地址或路由器跳数）。

安全扫描器不能实时监视网络上的入侵，但是能够测试和评价系统的安全性，并及时发现安全漏洞。

（5）认证签名技术

认证技术主要解决网络通信过程中通信双方的身份认可，数字签名作为身份认证技术中的一种具体技术，同时数字签名还可用于通信过程中的不可抵赖要求的实现。

认证技术将应用到企业网络中的以下方面：

a）路由器认证，路由器和交换机之间的认证；

b）操作系统认证，操作系统对用户的认证；

c）网管系统对网管设备之间的认证；

d）VPN（VirtualPrivateNetwork，虚拟专用网络）网关设备之间的认证；

e）拨号访问服务器与客户间的认证；

f）应用服务器（如Web Server）与客户的认证；

　　g）电子邮件通信双方的认证。

　　数字签名技术主要用于：

　　a）基于PKI认证体系的认证过程；

　　b）基于PKI的电子邮件及交易（通过Web进行的交易）的不可抵赖记录。

　　认证过程通常涉及加密和密钥交换。通常，加密可使用对称加密、不对称加密及两种加密方法的混合。

　　（6）VPN技术

　　VPN指通过一个公用网络（通常是因特网）建立一个临时的、安全的连接，是一条穿过混乱的公用网络的安全、稳定的隧道，使数据通过安全的加密隧道在公共网络中传播。用以在公共通信网络上构建VPN有两种主流的机制，这两种机制为路由过滤技术和隧道技术。目前，VPN主要采用了以下四种技术来保障安全：隧道技术、加解密技术、密钥管理技术和身份认证技术。因为虚拟专用网利用了公共网络，所以其最大的弱点在于缺乏足够的安全性。

　　企业网络接入Internet，暴露出两个主要危险：

　　a）来自Internet的、未经授权的、对企业内部网的存取；

　　b）当企业通过Internet进行通信时，信息可能受到窃听和非法修改。

　　完整的集成化的企业范围的VPN安全解决方案，提供在Internet上安全的双向通信，以及透明的加密方案以保证数据的完整性和保密性。

　　企业网络的全面安全要求保证：

　　a）保密：通信过程不被窃听；

　　b）通信主体真实性确认：网络上的计算机不被假冒。

　　（7）网闸技术

　　网闸，也称为网络安全隔离设备，是一种专业硬件，使用带有多种控制功能的固态开关读写介质连接两个独立主机系统的信息安全系统或设备。

　　网闸技术是在两个不同安全域之间，通过协议转换的手段，以信息摆渡的方式实现数据交换，是在网络之间不存在链路层连接的情况下进行的。网闸直接处理网络间的应用层数据，利用存储转发的方法进行应用数据的交换，在交换的同时，对应用数据的各种安全检查。

　　网闸技术主要解决网络安全方面存在的下述问题：

　　a）对操作系统的依赖，因为操作系统也有漏洞；

　　b）对TCP/IP协议的依赖，而TCP/IP协议有漏洞；

　　c）解决通信连接的问题，内网和外网直接连接，存在基于通信的攻击；

　　d）应用协议的漏洞，如非法的命令和指令等。

　　网闸实现了内外网的逻辑隔离，在技术特征上，主要表现在网络模型各层的断开，原理如下：

a）物理层断开：网闸的外部主机和内部主机在任何时候是完全断开的。但外部主机与固态存储介质，内部主机与固态存储介质，在进行数据传递的时候，有条件地进行单个连通，但不能同时相连。

b）链路层断开：由于开关的同时闭合可以建立一个完整的数据通信链路，因此必须消除数据链路的建立，这就是链路层断开技术。

c）TCP/IP协议隔离：为了消除TCP/IP协议（OSI的3～4层）的漏洞，必须剥离TCP/IP协议。在经过网闸进行数据摆渡时，必须再重建TCP/IP协议。

d）应用协议隔离：为了消除应用协议（OSI的5～7层）的漏洞，必须剥离应用协议。剥离应用协议后的原始数据，在经过网闸进行数据摆渡时，必须重建应用协议。

网闸的指导思想与防火墙有下述很大的不同。

a）防火墙的思路是在保障互联互通的前提下尽可能安全；一般在进行IP包转发的同时，通过IP包的处理实现对TCP会话的控制，但是对应用数据内容不进行检查。这种工作方式无法防止泄密，也无法防止病毒和黑客程序的攻击。

b）网闸的思路是在保证必须安全的前提下尽可能互联互通，如果不安全则隔离断开。

无论从功能还是实现原理上讲，安全网闸和防火墙是完全不同的两个产品，防火墙是保证网络层安全的边界安全工具，而安全网闸重点是保护内部网络的安全。因此两种产品由于定位不同，因此不能相互取代。

（8）DMZ（Demilitarized Zone，非军事化区）

针对不同资源提供不同安全级别的保护，就可以考虑构建一个DMZ。网络被划分为三个区域：安全级别最高的 LAN Area（内网），安全级别中等的DMZ和安全级别最低的Internet（外网）。用户将核心的、重要的、只为内部网络用户提供服务的服务器部署在内网，将Web服务器、E-Mail服务器、FTP 服务器等需要为内部和外部网络同时提供服务的服务器放置到防火墙后的DMZ内。通过合理的策略规划，使DMZ中服务器既免受到来自外网络的入侵和破坏，也不会对内网中的机密信息造成影响。DMZ好比一道屏障，在为外网用户提供服务的同时也有效地保障了内部网络的安全。

7.3.2 网络脆弱性识别内容

7.3.2.1 网络脆弱性识别的定义

1. 网络脆弱性的定义

网络规模不断增大、网络速度飞速提高，网络节点关系日益复杂，这些都给网络安全带来了巨大的冲击。一般来讲，网络存在安全漏洞的内在原因主要在于计算机网络系统本身存在的脆弱性。通常来说，网络的脆弱性是指网络中的任何能够被用来作为攻击前提的特性。网络通常是由主机、子网、协议集合及应用软件等组成的综合系统。因此，网络的脆弱性必然是来自这些组件安全缺陷和不正确配置所造成的。

计算机网络脆弱性涉及一切信息系统或信息网络中可被非预期利用的方面。从整体上看，计算机网络系统在设计、实施、应用和控制过程中存在的一切可能被攻击者利用从而造成安全危害的缺陷都是网络的脆弱性。网络信息系统遭受损失，最根本的原因即在于本身存在的脆弱性。

网络系统的脆弱性主要来源于以下几个方面：

（1）信息系统的软、硬件安全漏洞。由于计算机系统在硬件、软件、协议设计与实现等过程中，以及系统安全策略上都不可避免存在缺陷和瑕疵，从而造成了攻击者很容易利用它们实施攻击的事实。

（2）网络结构的复杂性与自组织性。计算机网络的根本职能一是提供网络通信，二是实现网络信息共享。由于互联网最初被设计为一个开放的接入模型，自由的设计理念在带来网络繁荣的同时也使得网络的复杂性快速增长。时至今日，互联网已经成为全球最大的复杂系统，数以亿计的网络结点和网络链路导致其结构根本无法探明。网络链接结构也是随时动态变化的。各种脆弱因素因为网络关联在一起，使得对网络脆弱性分析变得更为困难。病毒、木马及网络蠕虫在互联网的传播具有明显的分岔、混沌等非线性复杂动力学行为特征。这些安全危害在网络中泛滥，导致有限资源下的网络免疫变得十分困难。

（3）用户网络行为的复杂性。一般来说，互联网包含经济代理机构的基本概念，这有别于传统分布式计算。互联网上有不同的所有者，不同的经济动机，但他们合作，提供端到端的全面服务。互联网跨越了截然不同的法律、公约和习惯。能够构建网络的技术在人类的梦想和发明中不断变化着，是多元的、充满潜在冲突的和私人行为。网络在设计之初是无法周全考虑到人们日后的复杂行为的。当前掌握网络知识的人数迅速增长，使得大量人员拥有攻击网络的技能。网络系统广泛采用标准协议，攻击者更容易获得系统或网络漏洞，攻击代价降低，更加容易实施。一些网络的既定构件在新的用户行为下成为新的脆弱性。因此，网络安全防范总是陷入一个"道高一尺，魔高一丈"的循环对抗中。

（4）增加的安全措施本身带来的脆弱性。脆弱性问题与时间紧密相关。随着时间的推移，旧的脆弱性会不断得到修补或纠正，新的脆弱性会不断出现，因而脆弱性问题长期存在。网络中的一些软件、硬件可能在尚未完善时就被应用；未克服系统中原始的脆弱性而采用的各种控制措施往往会带来新的脆弱性；一些新增加的安全措施本身也不安全，或者顾此失彼带来了新的安全问题。

2．网络脆弱性识别的定义

网络脆弱性识别是指检查网络通信设备及网络安全设备、网络通信线路、网络通信服务在安全方面存在的脆弱性，包括：非法使用网络资源、非法访问或控制网络通信设备及网络安全设备、非法占用网络通信信道、网络通信服务带宽和质量不能保证、网络线路泄密、传播非法信息等。

7.3.2.2　网络脆弱性识别内容

网络安全脆弱性识别内容包括：网络结构设计、边界防护、访问控制策略、网络设备安全配置、集中管控和安全监测等，详细内容如下。

1．网络结构设计

网络拓扑结构是指用传输媒体互连各种设备的物理布局，通过技术手段把网络中的计算机等设备连接起来。网络拓扑结构图中给出网络服务器、工作站的网络配置和相互间的连接情况，它的结构主要有星型结构、环型结构、总线结构、分布式结构、树型结构、网状结构、蜂窝状结构等。

网络结构设计脆弱性主要从网络区域划分、网络处理能力、网络冗余设计、网络处理能力、网络通信传输等方面进行识别，包括如下：

（1）网络区域划分

为了安全管理需要，传统网络往往进行安全域划分。安全域划分原则为：将所有相同安全等级、具有相同安全需求的计算机划入同一网段内，在网段的边界处进行访问控制。

a）核查是否依据业务重要性、部门等因素划分不同的网络区域，如外连区域、应用区域、数据库区域、存储区域、数据交换区域、管理区域、办公区域等；

b）核查相关网络或安全设备配置信息，验证划分的网络区域是否与划分原则一致；

c）核查各网络区域的地址分配情况，是否按照方便管理控制等原则为不同的区域划分不同的地址段；

d）核查重要网络区域（如数据库区域、应用区域等）部署情况，是否部署在网络边界处，与其他网络区域之间是否具备隔离措施；

e）核查实际网络运行环境是否与网络拓扑图一致。

（2）网络冗余设计

为了提高网络的稳定性、健壮性和可靠性，通常采用冗余设计网络通信链路、部署关键网络及安全设备、设置关键计算设备，最终保证网络所承载业务系统的高可用性。

a）核查通信线路是否冗余部署，如网络出口链路、内部骨干链路等；

b）核查关键网络设备是否有硬件冗余（主备或双活），如核心交换机、出口防火墙、出口路由器等；

c）核查关键计算设备是否有冗余设置（主备或双活），如Web服务器、数据库服务器等；

d）提供通信线路、关键网络设备和关键计算设备的硬件冗余，保证系统的可用性。

（3）网络处理能力

a）核查业务高峰时期一段时间内主要网络设备的CPU使用率、内存使用率等是否满足需要；

b）核查网络设备是否从未出现过因设备性能问题导致的岩机情况；

c）通过综合网管系统等手段，检查网络各区域部分通信链路带宽是否满足高峰时段的业务流量需要；

d）通过查看带宽控制等设备或系统的配置信息，核查是否按照业务服务的重要程度配置并启用了带宽策略。

（4）通信传输

a）核查是否在数据传输过程中使用密码技术来保证其完整性；

b）测试验证密码技术设备或组件能否保证通信过程中数据的完整性；

c）核查是否在通信过程中采取保密措施，具体采用哪些技术措施；

d）测试验证在通信过程中是否对数据进行加密；

e）核查是否能在通信双方建立连接之前利用密码技术进行会话初始化验证或认证；

f）核查是否基于硬件密码模块产生密钥并进行密码运算，检查相关产品是否获得有效的国家密码管理主管部门规定的检测报告或密码产品型号证书。

2. 边界防护

把不同安全级别的网络相连接，就产生了网络边界，网络边界分为内部区域边界和外部网络边界，防止来自网络外界的入侵就要在网络边界上建立可靠的安全防御措施。通常网络边界面临着信息泄露、网络攻击、恶意代码入侵等安全隐患，因此主要从边界控制、入侵防范、恶意代码防范等方面识别边界防护存在的脆弱性。

（1）边界控制

a）核查在网络边界处是否部署访问控制设备；

b）核查设备配置信息是否指定端口进行跨越边界的网络通信，指定端口是否配置并启用了安全策略；

c）采用技术手段（如非法无线网络设备定位、核查设备配置信息等）核查或测试验证是否不存在其他未受控端口进行跨越边界的网络通信；

d）核查是否采用技术措施防止非授权设备接入内部网络，核查所有路由器和交换机等相关设备闲置端口是否均已关闭；

e）核查并验证是否采用技术措施防止内部用户存在非法外联行为；

f）核查无线网络的部署方式，是否单独组网后再连接到有线网络；

g）核查无线网络是否通过受控的边界防护设备接入内部有线网络；

h）核查是否采用技术措施能够对非授权设备接入内部网络的行为进行有效阻断；

i）核查是否采用技术措施能够对内部用户非授权连到外部网络的行为进行有效阻断；

j）测试验证是否能够对非授权设备私自连到内部网络的行为或内部用户非授权连到外部网络的行为进行有效阻断。

（2）入侵防范

a）核查网络边界处是否部署入侵防范系统或设备，相关系统或组件是否能够检测从外部和内部发起的网络攻击行为；

b）核查相关系统或组件的规则库版本或威胁情报库是否已经更新到最新版本；

c）核查相关系统或组件的配置信息或安全策略是否能够覆盖网络所有关键节点；

d）测试验证相关系统或组件的配置信息或安全策略是否有效；

e）核查是否部署相关系统或组件对新型网络攻击进行检测和分析；

f）核查验证是否对网络行为进行分析，实现对网络攻击特别是未知的新型网络攻击的检测和分析；

g）核查相关系统或组件的记录是否包括攻击源IP、攻击类型、攻击目标、攻击时间等相关内容；

h）测试验证相关系统或组件的报警策略是否有效。

（3）恶意代码防范

a）核查在关键网络节点处是否部署防恶意代码产品等技术措施；

b）核查防恶意代码产品运行是否正常，恶意代码库是否已经更新到最新；

c）测试验证相关系统或组件的安全策略是否有效。

3．访问控制策略

访问控制是规定主体如何访问客体的一种架构。访问控制是系统保密性、完整性、可用性和合法使用性的重要基础，是网络安全防范和资源保护的关键策略之一。访问控制的主要功能包括：保证合法主体访问受权保护的网络资源，防止非法主体进入受保护的网络资源，或防止合法主体对受保护的网络资源进行非授权的访问。主要从以下几点识别访问控制策略：

（1）核查在网络边界或区域之间是否部署访问控制设备并启用访问控制策略；

（2）核查访问控制设备的最后一条访问控制策略是否为禁止所有网络通信；

（3）核查是否不存在多余或无效的访问控制策略；

（4）核查不同的访问控制策略之间的逻辑关系及前后排列顺序是否合理；

（5）核查设备的访问控制策略中是否设定了源地址、目的地址、源端口、目的端口和协议等相关配置参数；

（6）测试验证访问控制策略中设定的相关配置参数是否有效；

（7）核查是否采用会话认证等机制为进出数据流提供明确的允许/拒绝访问的能力；

（8）测试验证是否为进出数据流提供明确的允许/拒绝访问的能力；

（9）核查是否采取通信协议转换或通信协议隔离等方式进行数据交换；

（10）通过发送带通用协议的数据等测试方式，测试验证设备是否能够有效阻断。

4．网络设备安全配置

网络及安全设备自身安全是网络安全的基础，攻击者可通过控制网络中的设备来破坏系统或数据，或扩大已有的破坏。只有网络中的所有节点都安全了，才能保证整体网络的安全性。网络设备防护脆弱性识别是对网络及安全设备（路由器、交换机、防火墙、IPS、IDS、VPN、负载均衡等）的身份鉴别、访问控制、安全审计、远程管理等方面的安全配置进行检测。

（1）身份鉴别

a）核查网络设备用户在登录时是否采用了身份鉴别措施；

b）核查网络设备用户列表确认用户身份标识是否具有唯一性；

c）核查网络设备用户配置信息或测试验证是否不存在空口令用户；

d）核查网络设备用户鉴别信息是否具有复杂度要求并定期更换；

e）核查网络设备是否配置并启用了登录失败处理功能；

f）核查网络设备是否配置并启用了限制非法登录功能，非法登录达到一定次数后采取特定动作，如账户锁定等；

g）核查网络设备是否配置并启用了登录连接超时及自动退出功能；

h）核查网络设备是否采用动态口令、数字证书、生物技术、设备指纹等两种或两种以上组合的鉴别技术对用户身份进行鉴别。

（2）访问控制

a）核查是否为用户分配了账户和权限及相关设置情况；

b）核查是否已禁用或限制匿名、默认账户的访问权限；

c）核查是否已经重命名默认账户或默认账户已被删除；

d）核查是否已修改默认账户的默认口令；

e）核查是否不存在多余或过期账户，管理员用户与账户之间是否一一对应；

f）测试验证多余的、过期的账户是否被删除或停用；

g）核查网络设备是否进行角色划分；

h）核查管理用户的权限是否已进行分离；

i）核查管理用户权限是否为其工作任务所需的最小权限；

j）核查是否由授权主体（如管理用户）负责配置访问控制策略；

k）核查授权主体是否依据安全策略配置了主体对客体的访问控制规则；

l）测试验证用户是否可能越权访问。

（3）安全审计

a）核查网络设备是否开启了安全审计功能；

b）核查网络设备是否对重要的用户行为和重要安全事件进行审计；

c）核查网络设备审计记录信息是否包括事件的日期和时间、主体标识、客体标识、事件类型、事件是否成功及其他与审计相关的信息；

d）核查网络设备是否采取了保护措施对审计记录进行保护；

e）核查网络设备是否采取技术措施对审计记录进行定期备份，并核查其备份策略。

（4）远程管理

核查是否采用加密等安全方式对网络设备进行远程管理，防止鉴别信息在网络传输过程中被窃听。

（5）其他

a）核查网络及安全设备是否遵循最小安装原则，是否安装或配置了非必要的组件功能；

b）核查网络设备是否关闭了非必要的系统服务和默认共享；

c）核查网络设备是否不存在非必要的高危端口；

d）测试验证用户是否可能越权访问，检查网络设备是否在经过充分测试评估后及时修补漏洞。

5．集中管控和安全监测

通过网络安全集中管控和监测，综合运用统一策略管理、设备健康状态监控、全局性日志管理等手段，实现集中策略管理、配置管理、设备监控、安全事件管理、日志管理等，解决网络安全状况不直观、安全策略管理乱、安全事件响应慢、安全故障定位难等问题。因此主要从以下方面检测集中管控和安全监测方面存在的脆弱性：

（1）核查是否划分出单独的网络区域用于部署安全设备或安全组件；

（2）核查各个安全设备或安全组件是否集中部署在单独的网络区域内；

（3）核查是否采用安全方式，如SSH（Secure Shell）、HTTPS（Hyper Text Transfer Protocol over SecureSocket Layer）、IPSec（Internet Protocol Security）、VPN等对安全设备或安全组件进行管理；

（4）核查是否使用独立的带外管理网络对安全设备或安全组件进行管理；

（5）核查是否部署了具备运行状态监测功能的系统或设备，能够对网络链路、安全设备、网络设备和服务器等的运行状况进行集中监测；

（6）测试验证运行状态监测系统是否根据网络链路、安全设备、网络设备和服务器等的工作状态、依据设定的阈值（或默认阈值）实时报警；

（7）核查各个设备是否配置并启用了相关策略，将审计数据发送到独立于设备自身的外部集中安全审计系统中；

（8）核查是否部署统一的集中安全审计系统，统一收集和存储各设备日志，并根据需要进行集中审计分析；

（9）核查审计记录的留存时间是否至少为6个月；

（10）核查是否能够对安全策略（如防火墙访问控制策略、入侵保护系统防护策略、WAF安全防护策略等）进行集中管理；

（11）核查是否实现对操作系统防恶意代码系统及网络恶意代码防护设备的集中管理，实现对防恶意代码病毒规则库的升级进行集中管理；

（12）核查是否实现对各个系统或设备的补丁升级进行集中管理；

（13）核查是否部署了相关系统平台能够对各类安全事件进行分析并通过声光等方式实时报警；

（14）核查网络安全监测范围是否能够覆盖网络所有关键路径；

（15）核查是否在系统范围内统一使用了唯一确定的时钟源。

7.3.3　网络脆弱性识别方法和工具

7.3.3.1　识别方法

网络安全脆弱性识别需要查看网络拓扑图、网络安全设备的安全策略、配置等相关文档，询问相关人员，查看网络设备的硬件配置情况，手工或自动查看或检测网络设备的软件安装和配置情况，查看和验证身份鉴别、访问控制、安全审计等安全功能，检查分析网络和安全设备日志记录，利用工具探测网络拓扑结构，扫描网络安全设备存在的漏洞，探测网络非法接入或外联情况，测试网络流量、网络设备负荷承载能力，以及网络带宽，手工或自动查看和检测安全措施的使用情况并验证其有效性等。

归纳起来，网络脆弱性识别方法有人员访谈、人工核查、工具测试（抓包分析、漏洞扫描）。

1. 人员访谈

人员访谈是评估人员通过与网络管理有关人员（个人/群体）进行交流、讨论等活动，获取证据以证明网络系统安全保护措施是否有效的一种方法，是评估人员与被评估方的有关人员就评估所关注的问题进行有针对性的询问和交流的过程，该过程可以帮助评估方了解现状、澄清疑问或获得证据，主要通过提出书面的问题审计清单，询问相关背景和相关证据等，并详细记录访谈内容。

网络安全脆弱性识别过程中的访谈目标是了解组织业务情况、网络情况、网络及安全设备运行状况、网络及安全设备故障情况，以及历史上遭受网络攻击、病毒侵害的状况等。访谈内容如下：

（1）网络结构设计访谈：访谈网络管理员，询问网络区域划分情况和原则、网段划分情况和原则、主要网络设备性能及目前业务高峰流量情况、网络各部分带宽及使用情况等；

（2）网络访问控制访谈：主要访谈安全管理员，询问网络访问控制策略设置情况和依据、策略维护等；

（3）网络安全审计访谈：主要访谈安全审计员，需要询问主要网络设备和安全设备的审计策略开启情况、审计记录的处理方式等；

（4）网络入侵访谈：主要访谈安全管理员，询问网络入侵防范措施及安全策略，规则库升级方式和周期等；

（5）设备防护与配置访谈：主要访谈网络管理员，询问设备管理方式、口令策略、配置变更流程策略等。

2. 人工核查

评估人员通过对评估对象进行观察、查验、分析等活动，获取证据以证明网络系统安全保护措施是否有效的一种方法。与访谈类似，该过程可以帮助测评方了解现状、澄清疑问或获得证据。比较典型的检查行为包括：对安全配置的核查、对安全策略的分析和评审等。

网络脆弱性识别过程中检查的目的是核查了解网络拓扑图、网络访问控制策略、入侵防范策略、恶意代码防护策略、网络设备自身安全策略等。检查内容如下：

（1）网络拓扑图检查：主要检查网络拓扑图，查看是否与实际网络运行环境相符合；

（2）访问控制策略检查：主要检查边界防火墙或核心交换机的访问控制策略，了解访问控制策略设置是否合理等情况；

（3）入侵防范策略检查：主要检查IDS、IPS等设备的策略，核查入侵防范策略、规则库升级等情况；

（4）网络设备自身策略检查：主要检查交换机、路由器、防火墙、负载均衡、虚拟专用网络等网络及安全设备自身安全策略，核查设备身份鉴别、访问控制、安全审计等策略设施情况；

（5）病毒防护检查：检查在防火墙、代理服务器、SMTP服务器、网络服务器、群件服务器上是否安装病毒过滤软件，在桌面PC安装病毒监控软件，病毒数据库不断更新，使用防病毒软件检查和清除病毒。

3．工具测试

工具测试是指在评估人员使用自动化工具对评估目标进行扫描和分析，验证其安全特性，发现潜在的安全漏洞。

测试通常包括多种形式，如漏洞扫描、渗透测试、木马检测、专项检测等，目的是发现现有网络中存在的配置缺陷，策略缺失、系统漏洞、入侵痕迹等。测试内容如下：

（1）通过网络拓扑分析工具和专用工具对网络拓扑及结构进行验证，查看其是否符合设计要求，分析网络拓扑及结构设计的安全性；

（2）利用ping、telnet、ssh等命令检测不同安全域间网络连通性及网络访问控制的有效性；

（3）通过渗透测试验证网络访问控制措施是否存在明显缺陷；

（4）通过漏洞扫描系统，检测网络设备端口开放情况、是否存在安全漏洞等；

（5）通过接入测试，验证是否能够对非授权设备私自连到内部网络的行为或内部用户非授权连到外部网络的行为进行有效阻断；

（6）通过渗透测试的方式，测试验证IPS、恶意代码防护设备的配置信息或安全策略是否有效；

（7）通过攻击测试工具或系统，测试网络抵御拒绝服务攻击的能力；

（8）利用网络流量仿真设备（如PacketStorm IP Network Emulator、Smartbits IP Wave等）检查网络的处理能力，目前所有应用种类在现有网络上是否能够被有效支持，是否会出现网络超载、堵塞和延迟过大现象。

7.3.3.2 识别工具

网络脆弱性识别工具包括测试类工具和辅助类工具。

1．测试类工具

网络脆弱性识别工具包括脆弱性扫描工具和渗透性测试工具。脆弱性扫描工具主要用于发现网络、操作系统、数据库系统的脆弱性。在通常情况下，这些工具能够发现软件和硬件中已知的弱点，以决定系统是否易受已知攻击的影响。渗透性测试工具是根据漏洞扫描工具提供的漏洞，进行模拟黑客测试，判断这些漏洞是否能够被他人利用。这种工具通常包括一些黑客工具，也可以是一些脚本文件。

目前实际应用较多的是脆弱性扫描工具，它通过提供网络或主机系统安全漏洞监测和分析的软件，扫描网络或主机的安全漏洞，并发布扫描结果使用户对关键漏洞迅速响应。

2．辅助类工具

在网络安全脆弱性识别过程中，可以利用一些辅助性的工具和方法来采集数据，帮助完成脆弱性识别分析和判断，如：

（1）检查列表：检查列表是基于特定标准或基线建立的、对特定系统进行审查的项目条款。

（2）IDS：IDS通过部署检测引擎，收集、处理整个网络中的通信信息，获取入侵攻击事件；帮助检测各种攻击试探和误操作；同时也可以作为一个警报器，提醒评估人员发生的安全状况，利于网络安全脆弱性发现。

（3）安全审计工具：用于记录网络行为，分析系统或网络安全现状；它的审计记录可以作为风险评估的安全现状数据，并可用于判断被评估对象威胁信息的来源。

（4）拓扑发现工具：通过接入点接入被评估网络，完成被评估网络中的资产发现功能，并提供网络资产的相关信息，包括操作系统版本、型号等。

（5）资产信息收集系统：通过提供调查表形式，完成被评估网络数据、管理、人员等资产信息的收集功能，了解组织的主要业务、重要资产、威胁、管理上的缺陷、采用的控制措施和安全策略的执行情况。

（6）其他：如用于评估过程参考的评估指标库、知识库、漏洞库、算法库、模型库等。

7.3.4 网络脆弱性识别过程

1．了解组织安全策略和业务规则

评估人员在网络脆弱性识别之前，需要通过访谈及查阅文档等方法，了解组织总体安全策略、业务特点及业务优先级等情况，为网络架构设计、访问控制策略等脆弱性识别分析提供依据。

2．识别网络架构设计安全性

评估人员采用访谈、检查、联通测试、渗透测试、专用设备测试等方法，评估网络区域划分、网络冗余设计、网络处理能力、通信传输等方面的脆弱性，验证是否遵循组织安全策略和业务规则、构建清晰合理的网络体系架构、严格划分网络区域等、验证网络架构中安全策略的合理性，验证是否存在违背安全策略设计的连接通道，测试网络的处理能力是否无法支持关键业务系统运行等。

3．识别网络边界防护脆弱性

评估人员通过访谈、检查、渗透测试、命令测试等方式，识别网络边界控制、入侵防范、恶意代码防范、访问控制策略等方面的脆弱性，验证IPS、恶意代码防护设备的配置信息或安全策略是否有效，测试访问控制策略是否合理，测试网络抵御入侵攻击的能力等。

4．识别访问控制策略脆弱性

评估人员通过访谈、上机检查来核查在网络边界或区域之间是否部署访问控制设备，访问控制策略之间的逻辑关系及前后排列顺序是否合理。通过测试验证访问控制策略中设定的相关配置参数是否有效、验证设备是否能够有效阻断。

5．识别网络设备安全配置脆弱性

评估人员通过访谈、检查、漏洞扫描等方式，识别网络设备自身安全性（身份鉴别、权限设置、安全审计、最小化安装等）方面存在的脆弱性。检查是否符合组织安全策略及业务规则，检测是否存在安全漏洞、是否开放多余的端口，测试验证用户是否可能越权访问，测试验证多余的、过期的账户是否被删除或停用。

6．识别集中管控脆弱性

评估人员通过检查、渗透测试、专用设备测试等方式，识别网络安全集中管控、安全事件监测报警等方面存在的脆弱性，核查验证是否能够第一时间响应并处置安全事件，是否能够快速定位安全故障，是否实现安全策略统一管控等。

7．网络脆弱性分析与赋值

根据所识别出的网络安全脆弱性对资产的损害程度、技术利用的难易程度及脆弱性的流行程度等，对已识别的网络脆弱性的严重程度进行赋值。网络脆弱性严重程度的赋值方法如表7-2所示。

7.3.5　网络脆弱性识别案例

1．案例背景描述

本章以某单位整体网络架构（如图7-2所示）为例详细介绍网络安全脆弱性识别的实施过程。

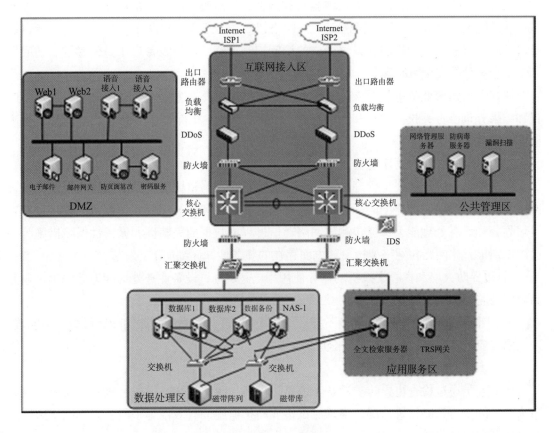

图 7-2　某单位总体网络架构图

单位整体网络架构共划分为五个区域：互联网接入区、数据处理区、应用服务区、公共管理区和 DMZ 区。

整体网络结构按照应用服务及功能的不同，划分出不同的安全域。在互联网服务区，部署了负载均衡器、DDoS 系统和防火墙对来自互联网的数据进行访问控制、入侵防范和流量控制，保证整体网络的稳定性及业务高峰期关键业务系统的高可用性。在核心交换机上旁路了入侵检测 IDS 设备，对内外部数据进行实时入侵监测与响应；应用服务器区和数据处理区外部边界部署防火墙，对进出区域的访问进行严格控制。

2. 案例实施过程

评估人员对此单位进行整体网络脆弱性识别的实施过程主要如下：

（1）了解组织的安全策略和业务规则

了解组织安全目标策略和业务规则，为识别网络脆弱性提供基础依据。

评估人员访谈安全主管等人员，了解到单位的总体安全方针是"安全第一、预防为主、管理和技术并重、综合防范"，总体安全目标是"确保单位投诉相关业务系统持续、可靠、稳定运行和确保信息内容的保密性、完整性和可用性，抵御黑客、恶意代码等对信息系统发起的各类攻击和破坏，防止信息内容及数据丢失和泄露，防止单位对外服务中断和由此造成的系统运行事故"，网络安全策略为"网络架构采用冗余结构设计，合理划分安全区域，部署网络边界安全防护措施，设置严格的访问控制策略，网络设备启用身份鉴别、访问控制、安全审计等安全策略等"。

评估人员访谈业务主管等人员，了解到本单位的主要业务是对互联网公众提供投诉申报和结果查询服务，投诉申报和结果查询相关系统Web主机部署在DMZ区，应用和存储主机部署在内部网络区域。

（2）识别网络架构设计安全性

评估人员通过访谈安全管理员和网络管理员了解网络整体架构和区域划分情况、检查网络实际运行环境与拓扑图的一致性、检查核心交换机和防火墙等关键设备配置信息核查区域划分和设备处理能力、抓包测试网络通信过程中数据的完整性和保密性保障措施等手段，识别出整体网络在网络架构设计方面存在的脆弱性，详细如下：

a）边界防火墙和核心交换机的内存使用率已达80%，设备业务处理能力无法满足业务高峰期的需要；

b）网络拓扑图与实际运行环境不符，应用服务器区与数据处理区实际运行为一个区域，未按照重要性等原则划分合理的安全区域。

（3）识别网络边界防护脆弱性

评估人员通过检查边界防护设备（边界防火墙、DDoS、IDS设备、核心交换机、核心防火墙）的安全策略设置情况、渗透测试边界防护措施的有效性等手段，识别网络边界防护方面存在的脆弱性，详细如下：

a）DDoS设备未设置任何安全防护策略，设备无法发挥作用，无法抵御来自互联网的拒绝服务攻击；

b）IDS规则库未升级到最新版本，无法对最新网络攻击进行监测预警；

c）未在网络边界部署防恶意代码组件或产品，无法抵御恶意代码的入侵；

d）未采用技术措施对非授权设备接入内部网络的行为进行阻断；

e）边界防火墙和核心防火墙的访问控制策略设置不合理，部分策略未限制到端口号，且存在多余无用策略。

（4）识别网络设备防护脆弱性

评估人员通过检查网络设备安全配置、漏洞扫描网络设备存在的安全漏洞等法手段，识别网络设备方面存在的脆弱性，详细如下：

a）交换机VTY存在弱口令账号；

b）防火墙开启了不必要的端口服务，如Telnet等；

c）交换机采用Telnet方式进行远程管理；

d）入侵检测设备IDS存在多余或过期账户，管理员用户未与账户之间一一对应；

e）路由器未修改默认账户的默认口令；

f）交换机未设置自动退出时间。

（5）识别集中管控脆弱性

评估人员通过检查、渗透测试、专用设备测试等方式，识别网络安全集中管控、安全事件监测报警等方面存在的脆弱性，详细如下：

a）未部署统一的集中安全审计系统，统一收集和存储各网络及安全设备日志，并根据需要进行集中审计分析；

b）未实现对操作系统防恶意代码系统及网络恶意代码防护设备的集中管理，未实现对防恶意代码病毒规则库的升级进行集中管理；

c）未部署具备运行状态监测功能的系统或设备，无法对网络链路、安全设备、网络设备和服务器等的运行状况进行集中监测；

d）未部署相关系统平台对各类安全事件进行综合并实时报警。

（6）网络脆弱性分析与赋值

评估人员汇总网络安全方面存在的脆弱点，并按照脆弱性对资产的损害程度、技术利用的难易程度等因素，对已识别的网络脆弱性的严重程度进行赋值。网络脆弱性严重程度赋值表如表7-9所示。

表7-9　网络脆弱性严重程度赋值表

脆弱性编号	脆 弱 性	关联资产	严重程度赋值
V1	边界防火墙和核心交换机的内存使用率已达80%，设备业务处理能力无法满足业务高峰期的需要	边界防火墙核心交换机	4
V2	网络拓扑图与实际运行环境不符，应用服务器区与数据处理区实际运行为一个区域，未按照重要性等原则划分合理的安全区域	网络架构设计	3
V3	DDoS设备未设置任何安全防护策略，设备无法发挥作用，无法抵御来自互联网的拒绝服务攻击	DDoS设备	4
V4	IDS规则库未升级到最新版本，无法对最新网络攻击进行监测预警	IDS	4
V5	未在网络边界部署防恶意代码组件或产品，无法抵御恶意代码的入侵	网络架构	3
V6	未采用技术措施对非授权设备接入内部网络的行为进行阻断	网络架构	3
V7	边界防火墙和核心防火墙的访问控制策略设置不合理，部分策略未限制到端口号，且存在多余无用策略	边界防火墙核心防火墙	3
V8	交换机VTY存在弱口令账号	核心交换机汇聚交换机	3
V9	防火墙开启了不必要的端口服务，如Telnet等	核心防火墙边界防火墙	3
V10	交换机采用Telnet方式进行远程管理	核心交换机汇聚交换机	3

（续表）

脆弱性编号	脆 弱 性	关联资产	严重程度赋值
V11	IDS 设备存在多余或过期账户，管理员用户未与账户之间一一对应	IDS 设备	3
V12	路由器未修改默认账户的默认口令	边界路由器	2
V13	交换机未设置自动退出时间	核心交换机 汇聚交换机	2
V14	未部署统一的集中安全审计系统，统一收集和存储各网络及安全设备日志，并根据需要进行集中审计分析	网络架构设计及网络集中管控	3
V15	未实现对操作系统防恶意代码系统及网络恶意代码防护设备的集中管理，未实现对防恶意代码病毒规则库的升级进行集中管理	网络架构设计及网络集中管控	3
V16	未部署具备运行状态监测功能的系统或设备，无法对网络链路、安全设备、网络设备和服务器等的运行状况进行集中监测	网络架构设计及网络集中管控	3
V17	未部署相关系统平台对各类安全事件进行综合并实时报警	网络架构设计及网络集中管控	3

3．案例输出

网络脆弱性识别输出结果就是网络脆弱性及赋值列表，如表7-9所示。

7.4　系统脆弱性识别

系统脆弱性，在本书中特指系统软件脆弱性，包含操作系统的脆弱性和数据库的脆弱性。在风险评估中，系统脆弱性的识别是评估对象脆弱性识别中的重要组成部分，这一部分的识别结果对整个风险评估结果产生直接的影响。对系统脆弱性的准确识别，可以提升风险评估的准确性，从而提高系统的安全性，减少安全事件的发生，同时可依据系统脆弱性识别的结果对信息系统进行安全加固。

7.4.1　系统安全相关定义

1．系统安全的定义

系统安全是指通过在系统生命周期内采用管理和技术方法，辨识系统中存在的隐患，并采取有效的控制措施使其危险性降至最低，从而使系统在性能、时间和成本范围内达到最佳的安全程度。系统安全包括系统运行安全和系统信息安全，比如系统遭受威胁破坏，损害系统运行安全会直接导致系统无法正常工作，损害系统信息安全则指的是系统内存储的信息或数据丢失、被盗等。本书中的系统安全主要包含操作系统安全和数据库安全。

操作系统是计算机的重要组成部分，它对计算机的软硬件实施统一管理，是应用服务

的基础，所以操作系统的安全在整个网络安全中起到至关重要的作用。它需要处理如管理
与配置内存、决定系统资源供需的优先次序、控制输入与输出设备、操作网络与管理文件
系统等基本事务，并且提供一个让用户与系统交互的操作界面。操作系统的类型多样，从
简单到复杂，从移动电话的嵌入式系统到超级计算机的大型操作系统。操作系统的表现形
式也不一样，有些操作系统集成了图形用户界面，而有些仅使用命令行界面。常见的操作
系统有Windows、Linux、UNIX、MacOS、BSD、Android等。操作系统安全主要是采用一
系列措施，从操作系统自身、用户管理、资源访问行为管理，以及数据安全、网络访问安
全等方面对系统及用户行为进行控制，确保操作系统安全。

数据库是以一定方式储存在一起、能与多个用户共享、具有尽可能小的冗余度、与应
用程序彼此独立的数据集合，也就是存储电子文件的场所。数据库管理系统是为了管理数
据库而设计的软件系统，一般具有存储、截取、安全保障、备份等基础功能，用户可以对
其中的数据进行新增、查询、更新、删除等操作。数据库的广泛使用使其成为黑客攻击的
重点，数据库安全以保障数据的保密性、完整性和可用性为根本目的，基于数据库自身的
特点，采取系列安全防护技术，防止数据库系统及其数据遭到泄露、篡改或破坏。

2．系统安全面临的威胁

（1）操作系统安全面临的主要威胁

当前，操作系统安全面临的主要威胁有系统自身存在的漏洞和可能遭受外部威胁，如
图7-3所示。外部威胁主要包括黑客采用木马程序、蠕虫、僵尸网络、逻辑炸弹、计算机病
毒等方式对操作系统进行攻击，导致系统拒绝服务，被非正常访问，信息被篡改或存储的
敏感信息泄露等。

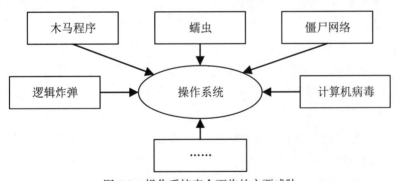

图 7-3 操作系统安全面临的主要威胁

a）木马程序。木马程序是一段计算机程序，它伪装成合法的应用程序，在用户系统中
运行，实现非法的功能。入侵者开发这种程序用来欺骗用户，利用合法用户的权限进行非
法活动。

b）蠕虫。蠕虫类似于病毒，侵入合法的数据处理程序并更改或破坏数据，但相对于病
毒，它不具备自身复制能力。最具代表性的是Ska蠕虫，它被伪装成"Happy99.exe"电子邮
件附件，首次运行时会显示焰火，之后任何本机发送的电子邮件和新闻组布告均会携带该

蠕虫附件，通常接收方会因邮件发自自己所认识的人而信任并打开邮件附件，于是引发该蠕虫在网络邮件中泛滥，后果非常严重。

c）僵尸网络。僵尸网络是指采用一种或多种传播手段，它将大量主机感染僵尸程序，从而在控制者和被感染主机之间组成一对多的控制网络。攻击者可通过给所有被感染的主机发送指令攻击目标主机，众多的主机在不知不觉中如同中国古老传说中的僵尸群一样被人驱赶和指挥着，成为被攻击者利用的一种工具。

d）逻辑炸弹。逻辑炸弹是加在现有应用程序上的程序。一般逻辑炸弹都被添加在被感染应用程序的起始处，当该应用程序运行时先运行逻辑炸弹。

e）计算机病毒。计算机病毒指的是能够破坏数据或影响计算机使用，能够自我复制的一组计算机指令或程序代码，具有隐蔽性，传染性，潜伏性和破坏性等特点，如CIH病毒。

其他外部威胁在前面的章节中已经详细介绍，这里主要介绍操作系统自身的安全问题。

1985年，美国国防部发布的《可信计算机系统评估准则》将操作系统分成ABCD四类七个安全级别。D级是安全级别最低的级别、C类为自主保护级别、B类为强制保护级别、A类为验证保护类，包含一个严格的设计，控制和验证过程。其中C类分两级、B类分三级，具体如下：

a）D级，最低安全性；

b）C1级，主存取控制；

c）C2级，较完善的自主存取控制、审计；

d）B1级，强制存取控制；

e）B2级，良好的结构化设计、形式化安全模型；

f）B3级，全面的访问控制、可信恢复；

g）A1级，形式化认证。

我国目前常用的国外的操作系统大多是C2级及以下的，如UNIX系统；WindowsNT也只能达到C2级，安全性均有待提高。而且这些操作系统的安全机制不符合国家等级保护的要求，也不符合信息系统实际的安全需求。近年来，国家大力推动国产操作系统的开发与应用，取得了较大的进展，国产操作系统已有优麒麟、红旗Linux、Cos、中标麒麟、深度等产品。国产操作系统虽然在国产化程度和操作体验日益提升，但安全性还有待提高。主流操作系统仍存在以下问题：

a）未授权访问。在用户未授权情况下，系统被非法访问导致用户信息泄露。

b）应用软件缺陷。操作系统之上安装一些应用软件，除去应用软件本身存在的安全隐患，部分应用软件会更改操作系统的安全策略，导致系统脆弱性的产生。

c）系统预置后门。为方便操作系统测试而在操作系统内部预留的特别命令入口，一般情况下供开发或者测试人员使用，不容易被发现。一旦被黑客发现和非法利用，则会穿透整个系统安全机制并造成严重的后果。

d）策略配置不当。操作系统中的安全策略配置不当产生的脆弱性，比如常见的登录口令设置为弱口令，访问控制权限未设置等，均会产生安全风险。

e）版本未更新。老旧操作系统的漏洞相对比较多，不及时更新版本，容易被攻击者攻破。

f）补丁未及时安装。一般漏洞被公布后，操作系统的修复补丁随即会发布，并提醒用户安装，很多时候由于补丁修复需要时间，并且可能造成系统不稳定、用户放弃安装，导致漏洞被利用。

g）未安装合法补丁。许多钓鱼网站会发布漏洞修复的补丁，这些补丁安装包均内置恶意程序，导致安装补丁的过程中病毒、木马等恶意程序植入操作系统。

（2）数据库安全面临的问题[26,27]

数据库往往由于安全机制不健全、安全防护不到位、安全配置策略不当等原因造成数据损坏、篡改及窃取、数据错误等安全事件的发生。下面列举几个安全问题：

a）部署失败

开发者在部署过程中的粗心大意容易让数据库陷入危难之中。尽管大部分部署完成后会有功能和性能测试环节，但功能和性能测试并不能测出数据库会发生的部署安全问题。因此对数据库进行全面的安全配置检查是非常有必要的。

数据库陷入危机最普遍的原因是操作者在开发过程中的粗心大意。有些公司会意识到优化搜索引擎对其业务获得成功的重要性，但是只有在对数据库进行排序的前提下，SEO（Search Engine Optimization，搜索引擎优化）才能成功对其优化。尽管功能性测试对性能有一定的保证，但测试并不能预料数据库会发生的一切。因此，在进行完全部署之前，对数据库的利弊进行全面的检查是非常重要的。

b）数据泄露

可以把数据库当作后端设置的一部分，并更加注重保护互联网安全，但是这样一来其实并不起作用。因为数据库中有网络接口，如果黑客想要利用它们就可以很轻易地操纵数据库中的这些网络接口。为了避免发生这种现象，使用TLS（Transport Layer Security，传输层安全）或SSL (Secure Socket Layer，安全套接层)加密通信平台就变得尤为重要。

c）破损的数据库

现在普遍使用的SQL Server，由于种种原因，会出现不同程度的损坏，这会影响数据库的正常工作，其中数据的丢失还可能会给用户带来巨大损失，比如典型的SQL Slammer蠕虫病毒可以在10分钟内感染超过90%的脆弱设备，在几分钟内感染破坏成千上万的数据库。该病毒通过利用在微软SQL Server数据库中发现的漏洞进行传播，导致全球范围内的互联网瘫痪。这种蠕虫的破坏力充分说明了保护数据库安全的重要性。不幸的是，由于缺乏资源和时间，大多数企业不会为系统提供常规的补丁，因此，系统很容易遭受蠕虫攻击。

d）数据库备份被盗

对数据库而言通常存在两种类型的威胁——一个是外部的，一个是内部的。如何处理窃取企业内部钱财和其他利益的"内鬼"?这是当代企业最常面临的一个问题，而解决这种问题的唯一方法就是对档案进行加密。

数据库一旦以明文存储和传输很容易造成数据的泄露。通常比较完整的数据库都通过各种手段对数据库中的信息进行加密后再存储于数据库。

据统计，数据库被盗往往是内部人员所为，因为无论企业使用什么样的安全软件都无法保证员工的忠诚度，任何有权访问敏感数据的人都有机会窃取它并将其出售给第三方组织以获取利润。

e）滥用数据库特性

据专家称，每一个被黑客攻击的数据库都会滥用数据库特性。尽管听起来可能有点复杂，但实际上就是利用这些数据库特征中固有的漏洞，解决这种问题的方法就是删除不必要的工具。

f）基础设施薄弱

由于数据库通常在后端，攻击者不会也不能直接对数据库进行攻击，它们会针对承载数据库的基础架构中的薄弱点实施攻击。

黑客一般不会马上控制整个数据库，相反，他们会选择玩"跳房子"游戏来寻找基础设施中存在的弱点，然后再利用它们的优势来发动一连串的攻击，直到抵达后端。因此，很重要的一点是，每个部门都要设置相同数量的控制和隔离系统来帮助降低风险。

g）缺乏隔离

隔离管理员和用户之间的权限，如此一来内部员工想要窃取数据就需要面临更多的挑战。如果你可以限制用户账户的数量，黑客想控制整个数据库就会面临更大的挑战。

h）SQL注入

对于保护数据库而言，这是一个重要的问题。一旦应用程序被注入恶意的字符串来欺骗服务器执行命令，那么管理员不得不收拾残局。目前最佳的解决方案就是使用防火墙来保护数据库网络。

i）密钥管理不当

保证密钥安全是非常重要的，不能将密钥随意存放，更不能存放在公司公用服务器上。如果这些密钥一旦遗失，那么您的系统会很容易遭受黑客攻击。

j）数据库中的违规行为

正是不一致性导致了漏洞。不断地检查数据库以便及时发现任何异常之处是非常有必要的，开发人员应该清楚地认识任何可能影响数据库的威胁因素，虽然这不是一项容易的工作，但是开发人员可以利用追踪信息/日志文本来查询和解决此类问题。

3. 系统安全相关技术

由于操作系统相对数据库而言更底层，除了应用层上的身份鉴别标识、访问控制、安全审计等技术，操作系统安全技术还涉及硬件安全机制[38]方面的技术，这里简单介绍几种相关的技术。

（1）硬件保护技术

绝大多数实现操作系统安全的硬件机制也是传统操作系统所要求的，优秀的硬件保护性能是高效、可靠的操作系统的基础。计算机硬件安全的目标是保证其自身的可靠性和为系统提供基本安全机制。其中，基本安全机制包括存储保护、运行保护、I/O保护等。

存储保护是指保护在存储器中的数据，它是安全操作系统的基本要求。存储保护的数据单元包括字、字块、页面或段。保护单元越小，则存储保护精度越高。存储保护与存储管理紧密相连，存储管理是为了更有效地利用存储空间，而存储保护则负责保证系统各个任务之间互不干扰。运行保护采用分层设计，隔离操作系统程序与用户程序，保证进程在运行时免受同等级运行域内其他进程的破坏。I/O保护是指所有操作系统都对读写文件操作提供一个相应的高层系统调用，在这些过程中，用户不需要控制I/O操作的细节。

（2）标识与鉴别技术

标识与鉴别是涉及系统和用户的一个过程。标识是系统标志用户的身份，并为每个用户取一个系统可以识别、唯一且无法伪造的内部名称——用户标识符。将用户标识符与用户联系的过程称为鉴别，鉴别过程主要用于识别用户的真实身份，鉴别操作要求用户拥有能够证明其身份的特殊信息，并且这个信息是由用户唯一秘密掌握的，其他用户无法拥有。

在操作系统和数据库中，鉴别一般是在用户登录时发生的，系统提示用户输入口令，然后判断用户输入的口令是否与系统中存在的该用户的口令一致。这种口令机制是简便易行的鉴别手段，但比较脆弱，许多计算机用户常常使用弱口令（如自己的姓名、生日等），以致系统很不安全。另外，生物技术是目前发展较快的鉴别用户身份的方法，如利用指纹、视网膜等。

较安全系统应采用强化管理的口令鉴别、基于令牌的动态口令鉴别、生物特征鉴别、数字证书鉴别等机制进行身份鉴别，在每次用户登录系统时进行鉴别，并以一定的时间间隔进行改变。

（3）访问控制技术

当系统通过身份认证对用户进行识别后，合法用户便可以获取系统的访问权限，但是用户对系统的访问应该受到约束。在访问具体的系统资源时，系统必须根据用户的身份和访问的资源对象进行判断，确定用户是否具有相应的访问权限，以保证用户只能在系统授权的范围内访问资源，这一过程称为访问控制。访问控制是身份鉴别后的另一道安全保障。

按照访问控制策略的不同，访问控制模型可分为自主访问控制（Discretionary Access Control），简称DAC；强制访问控制（Mandatory Access Control），简称MAC；基于角色的访问控制（Role Based Access Control），简称RBAC。

a）自主访问控制（DAC）

自主访问控制（DAC）是用来决定一个主体是否有权访问一些特定客体的一种访问约束机制。在该机制下，客体的拥有者可以按照自己的意愿精确指定系统中的其他用户对其文件的访问权。同时，自主还指对某客体具有特定访问权限授予权的用户能够自主地将关于该客体的相应访问权或访问权的某个子集授予其他主体。

自主访问控制（DAC）是基于主体的，因此具有很高的灵活性，这使得这种策略适合于各类操作系统和数据库。自主访问控制（DAC）包括身份型访问控制和用户指定型访问控制，常见的自主访问控制（DAC）实现方式包括访问控制列表（Access Control List，ACL）、访问控制能力表（Capacity List，CL）、访问控制矩阵（Access Control Mechanism，ACM）和面向过程的访问控制等方式。

b）强制访问控制（MAC）

强制访问控制（MAC）是一种不允许主体干涉的访问控制类型。在此机制下，系统中的每个进程、文件、IPC（Inter-Process Communication，进程间通信）客体（包括消息队列、信号量集合和共享存储区）都被赋予了相应的安全属性，它由管理部门（如安全管理员）或由系统自动地按照严格的规定来设置，不能直接或间接地修改。从而系统可以防止特洛伊木马的攻击。它是基于安全标识和信息分级等信息敏感性的访问控制，系统通过比较主体和客体的敏感标记来决定一个主体是否能够访问某个客体。

系统将所有主体和客体分成不同的安全等级，给予客体的安全等级能反映出客体本身的敏感程度；主体的安全等级标志着用户不会将信息透露给未经授权的用户。通常安全等级可分为四个级别：最高秘密级、秘密级、机密级和无密级。这些安全级别可以支配同一级别或低一级别的对象。系统根据主体和客体的敏感标记来决定访问模式。访问模式有以下四种：

- 下读：用户级别大于文件级别的读操作；
- 上写：用户级别小于文件级别的写操作；
- 下写：用户级别等于文件级别的写操作；
- 上读：用户级别小于文件级别的读操作。

强制访问控制的安全性比自主访问控制的安全性有所提高，但灵活性要差一些。强制访问控制包括规则型（Rule-based）访问控制和管理指定型（Administratively-based）访问控制。最著名的强制访问控制模型是BLP模型（Bell-LaPadula模型）和Biba模型。

BLP模型具有只允许向下读、向上写的特点，禁止低级用户和进程访问安全级别比其高的信息资源，安全级别高的用户和进程也不能向比其安全级别低的用户和进程写入数据，因此可以有效地防止机密信息向下级泄露。在军事系统中应用较为广泛，主要解决了信息的保密问题，但在信息完整性方面存在缺陷，没有采取有效的措施来制约对信息的非授权修改，因此使信息存在被非法或越权篡改的风险。

Biba模型与BLP模型相反，主要特征是"无下读"和"无上写"。即在信息流向上不允许从级别低的进程到级别高的进程，要求用户只能向比自身安全级别低的客体写信息，从而防范由于非法用户创建安全级别高的客体信息，导致的越权和篡改等行为产生。Biba模型可同时针对有层次的安全级别和无层次的安全种类。

c）基于角色的访问控制（RBAC）

在基于角色的访问控制（RBAC）模型中，管理员定义一系列角色并把它们赋予主体。系统进程和普通用户可能有不同的角色。设置对象为某个类型，主体具有相应的角色就可以访问它。这样就把管理员从定义每个用户的许可权限的繁杂工作中解放出来。

基于角色的访问控制（RBAC）模型的最大特点是把角色作为实现访问控制策略的基本实体。首先，系统管理员依据职能或机构的需求策略来创建角色，并给角色分配权限，然后通过给用户分配角色来实现对用户的访问控制。其核心思想是：使权限与角色关联，而用户的授权则通过角色来完成，即用户的访问权限就由用户所拥有的所有角色的权限集合的并集决定。此外，角色之间可以存在继承、限制等逻辑关系，这些关系在用户和权限建立实际对应的过程中也会产生影响。

从实质上讲，基于角色的访问控制（RBAC）是一种中立的访问控制策略，即它本身并不提供一种特定的安全策略（例如规定信息以单方向的方式流动）。基于角色的访问控制（RBAC）通过配置各种参数（例如文档的敏感标志和用户的角色）来实现某种安全策略，在不同的配置下基于角色的访问控制（RBAC）模型可表现出不同的安全功能，如基于角色的访问控制（RBAC）可以构造强制访问控制（MAC）系统，也可以构造自主访问控制（DAC）系统，甚至可构造出兼备强制访问控制（MAC）和自主访问控制（DAC）的系统。

（4）最小特权管理技术

超级用户/进程拥有所有权限，便于系统的维护和配置，却在一定程度上降低了系统的安全性。最小特权的管理思想是系统不应给用户/管理员超过执行任务所需特权以外的特权。例如，在系统中定义多个特权管理职责，任何一个都不能够获取足够的权利对系统造成破坏。

为了保障系统的安全性，可以设置如下管理员，并赋予相应职责。如果有需要，可以进行改变和增加，但必须考虑改变带来的安全性变动。

a）系统安全管理员：对用户、系统资源和应用等定义或赋予安全级；

b）审计员：设置审计参数并修改、控制审计内容和参数；

c）操作员：对系统进行操作，并设置终端参数、改变口令、用户安全级等；

d）安全操作员：完成操作员的职责，如例行备份和恢复，安装和拆卸可安装介质；

e）网络管理员：负责所有网络通信的管理。

7.4.2 系统脆弱性识别内容

7.4.2.1 系统脆弱性识别的定义

1. 系统脆弱性的定义

系统脆弱性也常被称为系统漏洞，是指计算机的操作系统、数据库系统在安全方面存在的脆弱性。

操作系统脆弱性是由于操作系统设计开发、策略配置中存在的缺陷和不足导致的。由于操作系统功能繁多、代码量达到千万行级别，开发周期跨越数年，难免存在各种开发漏洞；同时使用操作系统的用户安全意识和技术水平参差不齐，导致操作系统安全策略未合理配置，也会产生各种漏洞。操作系统漏洞容易被非法用户利用，获得计算机系统的额外权限，在未经授权的情况下访问或提高其访问权限，从而破坏系统的安全性。

数据库脆弱性一般指的是数据库管理系统存在的缺陷或不足。由于数据库存储大量的数据，一旦丢失或者泄露，将会给用户造成许多不可估量的影响。

2. 系统漏洞的特点

系统漏洞具有以下特点[25]：

（1）时间局限性，随着时间的推移，旧的漏洞可能被修复，新的漏洞不断被发现。

（2）环境局限性，只有针对具体版本的操作系统和系统设置，才可能讨论系统中存在的漏洞及可行的解决办法。

（3）普遍存在性，无论哪种类型的操作系统，它的安全级别如何，都会存在漏洞。

3. 系统漏洞的分类

漏洞的分类方式也有很多种，按照漏洞的形成原因，可以分为程序逻辑结构漏洞、程序设计错误漏洞、开放式协议造成的漏洞，以及人为因素造成的漏洞。

（1）程序逻辑结构漏洞，有可能是程序员在编写程序时，因为程序的逻辑设计不合理或者错误而造成的。这类漏洞最典型的例子要数微软的Windows 2000用户登录的中文输入法漏洞。非授权人员可以通过登录界面的输入法帮助文件绕过Windows的用户名和密码验证，取得计算机的最高访问权限。这类漏洞也有可能导致合法的程序被黑客利用去做不正当的事。

（2）程序设计错误漏洞是程序员在编写程序时由于技术上的疏忽而造成的。这类漏洞最典型的例子是缓冲区溢出漏洞，它也是被黑客利用得最多的一种类型的漏洞。

（3）开放式协议造成的漏洞是因为在互联网上用户之间的通信普遍采用TCP/IP协议。TCP/IP协议的最初设计者在设计通信协议时只考虑到了协议的实用性，而没有考虑到协议的安全性，所以在TCP/IP协议中存在着很多漏洞。比如说，利用TCP/IP协议的开放性和透明性嗅探网络数据包，窃取数据包里面的用户口令和密码等信息；TCP协议三次握手的潜在缺陷导致的拒绝服务攻击等。

（4）人为因素造成的漏洞可能是整个网络系统中存在的最大安全隐患。网络安全管理员或者网络用户都拥有相应的权限，他们利用这些权限进行非法操作是可能的，隐患是存在的。如操作口令被泄露、磁盘上的机密文件被人利用，以及未将临时文件删除导致重要信息被窃取，这些都可能使内部网络遭受严重破坏。

按照漏洞被人掌握的情况可分已知漏洞、未知漏洞和零日漏洞：

（1）已知漏洞是指已经被人们发现，并被广为传播的公开漏洞。它的特点是漏洞形成原因和利用方法已经被众多的安全组织、黑客和黑客组织所掌握。安全组织或厂商按照公布的漏洞形成原因和利用方法，分析形成针对相应类型漏洞的修复和防护产品或措施。黑客和黑客组织则利用公布的漏洞形成原因，制造漏洞利用工具，实施犯罪行为。例如：针对某些Office早期版本的CVE-2012-0158溢出漏洞，软件开发商针对被公开的漏洞信息，修补开发程序，并为用户提供修复漏洞的补丁包；黑客则利用该漏洞，生成钓鱼文档，实施网络攻击；安全厂商研究分析该漏洞及利用漏洞攻击的方法，为用户提供安全防护措施；

（2）未知漏洞是指那些存在但没有被人发现的漏洞，它们的特点是虽然没有被发现，但客观存在，而且会造成潜在的威胁，一旦被黑客发现会对网络安全构成巨大的威胁。目前，软件开发商、安全组织、黑客和黑客组织都在努力发现漏洞，先发现漏洞者就掌握主动权。如果是软件开发商和安全组织先发现了漏洞，他们就可以在安全防护上取得主动权，如果是黑客或黑客组织先发现了漏洞，他们就可以在攻击上取得主动权。

（3）零日漏洞是指已经被挖掘，但还没有大范围传播的漏洞，也就是说，这种类型的漏洞只掌握在极少数人的手里。黑客可以在这种类型漏洞没有大范围传播之前，利用它们攻击想要攻击的目标，因为绝大多数用户还没有获取到相关的漏洞信息，也无从防御。

4．系统脆弱性识别的定义

系统脆弱性识别指的是通过一系列方法和工具，准确识别出系统自身的缺陷和用户行为规范中存在的安全漏洞，保护系统软件的代码、配置、数据和资源信息，防止其遭到泄露、篡改或破坏的安全技术及过程。

7.4.2.2　系统脆弱性识别内容

系统脆弱性识别主要从补丁安装、物理保护、用户账号、口令策略、资源共享、事件审计、访问控制、新系统配置、注册表加固、网络安全、系统管理等方面进行识别。归纳起来，可以分为物理保护、身份认证、访问控制、系统审计和系统管理。具体如下：

1．物理保护

（1）核查当前主机有无指定的物理接触人员和操作人员；

（2）核查关键主机系统是否具有冗余备份的措施；

（3）核查有无相应的物理损害和其他故障的备份恢复策略。

2．身份认证

识别内容包括新系统的初始配置、用户账号、口令策略等。具体包括以下内容。

（1）核查主机系统的用户采用了何种身份标识和鉴别机制。

（2）用户设置中管理员是否更改默认名称。

（3）核查是否设置了用户Administrator、Guest、IUSR_Netmanagerment、TsInternetUser，管理员是否更改默认名称，是否默认管理员名称更改后的名称。

（4）核查是否设置了Administrators、Backup Operators、Guest、Network Configuration Operators、Power Users、Remote Desktop Users、Replicator、Users组，Administrators组是否存在可疑账号，Guest账号是否禁用。

（5）核查是否设置账户锁定计数器、锁定时间和锁定阈值，是否显示上次成功登录用户名。

（6）核查是否开启并设置口令复杂度要求、最短口令长度要求和口令过期策略，是否开启并设置屏幕保护程序、时间和恢复口令，系统中是否存在弱口令。

3．访问控制

访问控制是按用户身份及其所归属的某项定义组来限制用户对某些信息项的访问，或对某些控制功能限制使用的一种技术。访问控制通常用于操作系统管理员控制普通用户对服务器、目录、文件等资源的访问。访问控制可分为自主访问控制和强制访问控制两大类，通过访问控制列表（ACL）、访问控制矩阵（ACM）、访问控制能力列表（CL）、安全标签等来实现。具体包括以下内容。

（1）核查主机系统是否配置有必要的访问权限控制。

（2）核查特定目录的访问控制权限，核查%systemroot%\system32\下的regsvr32.exe、Idifde.exe、tftp.exe、rexec.exe、nslookup.exe、tracert.exe、netstat.exe、edit.com、regedit.exe、regedt32.exe、debug.exe、rdisk.exe、nbtstat.exe、secfixup.exe、rcp.exe、ipconfig.exe、syskey.exe、runonce.exe、qbasic.exe、atsvc.exe、Rsh.exe、os2.exe、posix.exe、finger.exe、at.exe、route.exe、ping.exe、edlin.exe、arp.exe、telnet.exe、ftp.exe、netl.exe、net.exe、net3.exe、cscript.exe、xcopy.exe、cmd.exe文件访问控制权限，如果未加限制，则很容易被黑客利用和攻击。

（3）核查系统数据的访问和数据库安装路径的访问是否有严格的权限控制。

（4）核查一些特定数据库的不安全功能是否关闭，如Oracle数据库的Extproc功能。

4．系统审计

一个系统的安全审计是对系统中有关安全的活动进行记录、检查及审核。它的主要目的是检测和阻止非法用户对计算机系统的入侵，并显示合法用户的误操作。审计作为一种追查手段来保证系统安全，将涉及系统安全的操作做一个完整的记录。审计为系统进行事故原因的查询、定位，为事故发生前的预测、报警及事故发生后的实时处理提供详细、可靠的依据和支持，以备有违反系统安全规则的事件发生时能够有效地追查事件发生的地点、过程，以及责任人。

将审计和报警功能结合起来，就可以做到每当有违反系统安全的事件发生或者有涉及系统安全的重要操作进行时，能够及时向安全操作员终端发送相应的报警信息。审计过程一般是一个独立的过程，应与系统其他功能相隔离。同时要求操作系统能够生成、维护及保护审计过程，使其免遭修改、非法访问及毁坏，特别要保护审计数据，要严格限制未经授权用户的访问。

系统审计的识别内容主要为安全事件的审计和日志管理。包括以下内容：

（1）核查主机系统是否配有适当的审计机制，无法记录安全审计时系统是否立即关闭；

（2）核查是否默认系统日志覆写规则；

（3）核查是否默认安全日志覆写规则和安全日志存储位置；

（4）核查最大安全日志文件大小并确定具体内容；

（5）核查应用日志覆写规则和应用日志存储空间及位置；

（6）核查最大应用日志文件大小并确定具体内容；

（7）核查操作人员是否有对应的日志记录；

（8）核查最近登录、安装软件的日志记录。

5．系统管理

系统管理的识别内容主要包括系统配置、资源共享和网络安全等方面。

（1）系统配置

a）核查系统的账户管理和账户登录事件；

b）核查系统的策略更改、对象访问和目录服务访问设置；

c）核查系统事件的过程追踪和结果；

d）核查系统的特权使用情况；

e）核查主机DNS地址；

f）核查主机路由信息；

g）核查主机磁盘分区类型；

h）核查服务器是否安装多系统；

i）核查注册表中自动启动选项；

j）核查系统启动服务列表是否安全；

k）核查操作系统的系统补丁安装情况及Hotfix（补丁修补程序）。

（2）资源共享

a）核查是否仅登录用户允许使用光盘、U盘；

b）核查是否自动注销用户；

c）核查是否允许未登录关机；

d）核查主机开放的共享；

e）核查主机进程信息和网络流量信息；

f）核查主机端口限制信息；

g）核查系统是否开放TCP、UDP等端口；

h）核查端口和进程对应信息；

i）核查是否对匿名连接做限制。

（3）网络安全

a）核查使用的网络协议的安全性；

b）核查是否安装了防病毒软件实时进行检测与查杀，并自动更新；

c）记录防病毒软件厂商和软件当前版本；

d）核查是否安装了防火墙并自动更新；

e）记录防火墙厂商和产品当前版本；

f）核查是否安装其他第三方安全产品并自动更新；

g）记录第三方安全产品厂商和安全产品当前版本。

7.4.3　系统脆弱性识别方法和工具

前面介绍了系统脆弱性识别的内容，要准确识别这些系统的脆弱性，需要采用适当的方法和工具。由于操作系统脆弱性和数据库脆弱性被恶意利用造成的危害比较重大，为了减少脆弱性带来的风险，准确识别系统的脆弱性，许多的安全人员致力于识别方法和工具的开发，同时由于操作系统和数据库种类繁多，所以脆弱性识别的工具和方法也比较多。这里主要介绍一些常用的方法和工具。

7.4.3.1　识别方法

脆弱性识别的方法主要包括工具自动化核查、人工核查，以及两者组合识别的方法。工具核查方法是使用工具或脚本对系统进行扫描、测试，人工核查则是采用访谈、文档查阅、问卷调查等对系统脆弱性进行识别。大多数时候两者会结合使用。

除此之外，从系统测试的角度，识别方法还可分为白盒测试、黑盒测试，以及灰盒测试。白盒测试又称结构测试、透明盒测试、逻辑驱动测试或基于代码的测试，它是知道系统内部情况的。黑盒测试是在完全不知道系统内部结构和内部特性的情况下进行的测试，也是目前常用的测试方法。灰盒测试则介于两者之间。

7.4.3.2　识别工具

系统脆弱性识别工具很多，应该从结构、功能、安全功能和性能等方面分析被识别的系统，有针对性地选择合适工具。下面列举几个工具。

1. 人工核查表

人工核查表是脆弱性识别过程中不可或缺的工具，依据不同的系统定制出不同的核查项和对应的测试用例，核查过程中的结果可以直接添加到核查表格中，便于后续的脆弱性分析与赋值。表7-10是系统软件脆弱性人工核查示例。

表 7-10　系统软件脆弱性人工核查表

核　查　项	核查子项	核查结果
物理保护	有无指定当前主机的操作人员	
	有无指定当前主机的物理接触人员	
	关键主机系统是否具有冗余备份的措施	
	有无相应的物理损害和其他故障的备份恢复策略	
身份认证	主机系统的用户采用了何种身份标识和鉴别机制	
	是否设置了用户 Administrator	
	是否设置了用户 Guest	

（续表）

核 查 项	核查子项	核查结果
	是否设置了用户 IUSR_Netmanagerment	
	是否设置了用户 TsInternetUser	
	管理员是否更改默认名称	
	默认管理员名称更改后名称	
	是否设置了用户组 Administrators	
	是否设置了用户组 Backup Operators	
	是否设置了用户组 Guest	
	是否设置了用户组 Network Configuration Operators	
	是否设置了用户组 Power Users	
	是否设置了用户组 Remote Desktop Users	
	是否设置了用户组 Replicator	
	是否设置了用户组 Users	
	Administrators 组是否存在可疑账号	
	Guest 账号是否禁用	
	账户锁定计数器	
	账户锁定时间	
	账户锁定阈值	
	是否显示上次成功登录用户名	
	口令复杂度要求是否开启	
	口令复杂度要求	
	最短口令长度要求是否开启	
	最短口令长度要求	
	口令过期策略	
	是否开启屏幕保护程序	
	开启屏幕保护程序时间	
	屏幕保护程序是否有恢复口令	
	检查系统中是否存在脆弱口令	
访问控制	主机系统是否配置有必要的访问权限控制	
	检查特定目录的权限	
	检查%systemroot%\system32\regsvr32.exe 的文件权限	
	检查%systemroot%\system32\ldifde.exe 的文件权限	
	检查%systemroot%\system32\tftp.exe 的文件权限	
	检查%systemroot%\system32\rexec.exe 的文件权限	
	检查%systemroot%\system32\nslookup.exe 的文件权限	
	检查%systemroot%\system32\tracert.exe 的文件权限	
	检查%systemroot%\system32\netstat.exe 的文件权限	
	检查%systemroot%\system32\edit.com 的文件权限	
	检查%systemroot%\system32\regedit.exe 的文件权限	
	检查%systemroot%\system32\regedt32.exe 的文件权限	

（续表）

核 查 项	核 查 子 项	核查结果
	检查%systemroot%\system32\debug.exe 的文件权限	
	检查%systemroot%\system32\rdisk.exe 的文件权限	
	检查%systemroot%\system32\nbtstat.exe 的文件权限	
	检查%systemroot%\system32\secfixup.exe 的文件权限	
	检查%systemroot%\system32\rcp.exe 的文件权限	
	检查%systemroot%\system32\ipconfig.exe 的文件权限	
	检查%systemroot%\system32\syskey.exe 的文件权限	
	检查%systemroot%\system32\runonce.exe 的文件权限	
	检查%systemroot%\system32\qbasic.exe 的文件权限	
	检查%systemroot%\system32\atsvc.exe 的文件权限	
	检查%systemroot%\system32\Rsh.exe 的文件权限	
	检查%systemroot%\system32\os2.exe 的文件权限	
	检查%systemroot%\system32\posix.exe 的文件权限	
	检查%systemroot%\system32\finger.exe 的文件权限	
	检查%systemroot%\system32\at.exe 的文件权限	
	检查%systemroot%\system32\route.exe 的文件权限	
	检查%systemroot%\system32\ping.exe 的文件权限	
	检查%systemroot%\system32\edlin.exe 的文件权限	
	检查%systemroot%\system32\arp.exe 的文件权限	
	检查%systemroot%\system32\telnet.exe 的文件权限	
	检查%systemroot%\system32\ftp.exe 的文件权限	
	检查%systemroot%\system32\netl.exe 的文件权限	
	检查%systemroot%\system32\net.exe 的文件权限	
	检查%systemroot%\system32\net3.exe 的文件权限	
	检查%systemroot%\system32\cscript.exe 的文件权限	
	检查%systemroot%\system32\xcopy.exe 的文件权限	
	检查%systemroot%\system32\cmd.exe 的文件权限	
	主机系统是否配有适当的审计机制	
	是否无法记录安全审计时立即关闭系统	
系统审计	系统日志覆写规则是否默认	
	系统日志覆写规则	
	安全日志存储位置是否默认	
	安全日志存储位置	
	最大安全日志文件大小是否默认	
	最大安全日志文件大小（单位：B）	
	安全日志覆写规则是否默认	
	安全日志覆写规则	
	应用日志存储位置是否默认	
	应用日志存储位置	
	最大应用日志文件大小是否默认	

（续表）

核 查 项		核查子项	核查结果
		最大应用日志文件大小（单位：B）	
		应用日志覆写规则是否默认	
		应用日志覆写规则	
		操作人员是否有对应的日志记录	
系统管理	系统配置	审核账户管理成功还是失败	
		审核登录事件成功还是失败	
		审核账户登录事件成功还是失败	
		审核策略更改成功还是失败	
		审核对象访问成功还是失败	
		审核过程追踪成功还是失败	
		审核目录服务访问成功还是失败	
		审核特权使用成功还是失败	
		审核系统事件成功还是失败	
		获得主机 DNS 地址	
		查看主机路由信息	
		查看主机磁盘分区类型	
		服务器是否安装多系统	
		保护注册表，防止匿名访问	
		检查注册表中自动启动选项	
		查看启动服务列表	
		操作系统的系统补丁安装情况	
		检查系统安装的补丁，以及 Hotfix	
	资源共享	是否仅登录用户允许使用光盘	
		是否仅登录用户允许使用软盘	
		是否自动注销用户	
		是否允许未登录关机	
		查看主机开放的共享	
		主机进程信息检查	
		网络流量信息	
		检查主机端口限制信息	
		查看系统开放的 TCP 端口	
		查看系统开放的 UDP 端口	
		端口、进程对应信息检查	
		是否对匿名连接做限制	
	网络安全	是否安装了实时检测与查杀恶意代码的软件产品	
		是否安装防病毒软件	
		防病毒软件厂商	
		防病毒软件是否自动更新	
		防病毒软件当前版本	
		是否安装防火墙	

（续表）

核 查 项	核查子项	核查结果
	防火墙厂商	
	防火墙是否自动更新	
	防火墙当前版本	
	系统是否安装其他第三方安全产品	
	第三方安全产品厂商	
	第三方安全产品是否自动更新	
	第三方安全产品当前版本	

2. 核查工具

（1）Scuba

Scuba是Imperva公司提供的一款免费数据库安全软件工具，该工具可扫描世界领先的企业数据库，以查找安全漏洞和配置缺陷（包括修补级别）。报表提供可据此操作的信息来降低风险，定期的软件更新会确保Scuba与新威胁保持同步。Scuba针对Oracle Database、Microsoft SQL Server、SAP Sybase、IBM DB2、Informix和MySQL提供了接近1200次评估测试。

（2）AppDetectivePro

AppDetectivePro是Application Security Inc开发的一款基于网络的脆弱性评估扫描数据库应用程序的工具。AppDetectivePro可以找出、审查、报告和修补程序的安全漏洞和错误配置，以保护组织从内部和外部数据库的威胁。

（3）Nmap

Nmap是一款免费开源的系统扫描工具，许多系统和网络管理员常用它扫描计算机系统，确定哪些服务运行在哪些连接端、正在运行的是哪种操作系统、正在使用的是哪种类型的防火墙等。另外，也常被用来评估网络系统的安全，可以说是网络管理员必备管理工具之一。

（4）Zenmap

Zenmap通过GUI使所有Nmap网络发现和安全审计功能更易于实现。为初学者设计，同时为Nmap老兵提供高级功能。Zenmap将保存常用的扫描配置文件作为模板，从而方便扫描设置。扫描结果可以通过一个可搜索的数据库保存，以便跨时间对比分析。它还包含一些非常重要的特性，如扫描和检测数据库实例和漏洞。

（5）BSQL Hacker

BSQL Hacker是由Portcullis实验室开发的一款SQL自动注入工具（支持SQL盲注），其设计的目的是希望能对任何数据库进行SQL溢出注入检测。BSQL Hacker的适用群体是那些对注入有经验的使用者和那些想进行自动SQL注入的人群。BSQL Hacker可自动对Oracle和MySQL数据库进行攻击，并自动提取数据库的数据和架构，安全人员使用可以准确识别SQL数据库的攻击漏洞。

（6）SQLRECON

SQLRECON是一款数据库发现工具，执行网络主动和被动扫描来识别所有SQL Server实例。

（7）Oracle审计工具

Oracle 审计工具是一个工具包，可以用来审计Oracle数据库服务器的安全性。这个开源的工具包包括口令攻击工具、命令行查询工具，以及TNS-listener查询工具，来检测Oracle数据库的配置安全问题。此外，该工具是基于Java并在Windows 和 Linux系统中测试的。

（8）OScanner

OScanner是基于Java开发的一个Oracle评估框架，它具有一个基于插件的架构并附带多个插件。

（9）DB Defence

DB Defence是一个操作简单、高效实惠的加密安全解决方案，它允许数据库管理员和开发人员完全加密数据库。DB Defence从未经授权地访问、修改，以及分发等方面保护数据库，它提供一系列强大的数据库安全特性，比如强大的加密手段、从SQL分析器中保护SQL等。

（10）Nessus

Nessus是目前全世界使用最多的系统漏洞扫描与分析软件，其提供完整的电脑漏洞扫描服务，并随时更新其漏洞数据库；不同于传统的漏洞扫描软件，Nessus可同时在本机或远端上遥控，进行系统的漏洞分析扫描；其运作效能能随着系统的资源而自行调整；如果将主机加入更多的资源（例如加快CPU速度或增加内存大小），其效率表现可因为资源的丰富而提高；可自行定义插件（Plug-in）。

采用客户/服务器体系结构，客户端提供了运行在Windows下的图形界面，接受用户的命令与服务器通信，传送用户的扫描请求给服务器端，由服务器启动扫描并将扫描结果呈现给用户；扫描代码与漏洞数据相互独立，Nessus针对每一个漏洞有一个对应的插件，漏洞插件是用NASL（NESSUS Attack Scripting Language）编写的一小段模拟攻击漏洞的代码，这种利用漏洞插件的扫描技术极大地方便了漏洞数据的维护、更新；Nessus具有扫描任意端口任意服务的能力；以用户指定的格式（ASCII文本、html等）产生详细的输出报告，包括目标的脆弱点、怎样修补漏洞以防止黑客入侵及危险级别。

通常脆弱性识别工具也会成为黑客攻击的工具，所以选择和使用这些工具时应该十分谨慎，使用前需要先做测试和备份，尽可能防止对系统造成损失和破坏。

7.4.4　系统脆弱性识别过程

1．脆弱性识别准备

脆弱性识别之前，首先应该掌握操作系统或数据库的基本情况，比如它们的类型、版本、业务功能、承载的应用、使用人、责任人、维护人、维护情况等，这些基本情况可以通过访谈，或文档查阅得到。其次，根据操作系统或数据库的基本情况选择适合的识别方法和工具，操作系统和数据库类型很多、工具也是多种多样，但每种工具的针对性不同，所以应该根据操作系统或数据库基本情况选择合适的工具和方法。接着，对选择的工具进行评估，评估其是否对操作系统或数据库会产生负面影响。最后必须对被识别对象进行备份，识别过程中一旦发生故障，第一时间恢复备份。

2．脆弱性识别分析

按照脆弱性识别的内容，使用工具或手动识别。各种工具识别出的结果可能不一致，应结合访谈、查阅的情况，将所有的结果汇总分析，部分结果需要再次使用手工或工具识别确认，再将所有结果综合统计得出系统脆弱性清单。

3．系统脆弱性赋值

根据识别出的系统脆弱性对业务和资产的暴露程度、与已有安全措施和脆弱性关联识别分析结果、技术实现的难易程度、流行程度等，采用等级方式对已识别的脆弱性的可利用性和严重程度进行赋值。由于很多脆弱性反映的是同一方面的问题，或可能造成相似的后果，赋值时应综合考虑这些脆弱性，以确定这一方面脆弱性的可利用性和严重程度。不同的等级代表业务和资产脆弱性可利用性和严重程度的高低。等级数值越大，脆弱性可利用性和严重程度越高。系统脆弱性可利用性和严重程度的赋值方法如表7-2所示。

4．系统脆弱性输出

在确定了脆弱性等级之后，需要形成脆弱性列表或报告。脆弱性列表根据脆弱性识别和赋值的结果，列表或报告内容应包括具体脆弱性的名称、描述、类型及严重程度等。

7.4.5 系统脆弱性识别案例

以某电子银行网银系统风险评估为例，该网银系统脆弱性检测主要是通过对被评估对象服务器采用的操作系统、和数据库服务器系统进行登录检测、配置文件分析、漏洞扫描等，发现服务器操作系统和数据库存在的脆弱性。

首先了解检测对象的基本情况，如表7-11所示。

表 7-11　某电子银行网银系统基本情况

资产编号	资产名称	IP 地址	操作系统	数据库服务器系统
AS001	网银 Web 服务器 1	50.7.200.4	Linux	
AS002	网银 Web 服务器 2	50.7.200.4	Linux	
AS003	证书管理 1	50.7.200.6	Linux	
AS004	证书管理 2	50.7.200.7	Linux	
AS005	IPS 控制端	50.7.200.15	Windows Server 2003	
AS006	网页防篡改	50.7.200.16	Windows Server 2003	
AS007	门户 Web 服务器 1	50.7.200.20	Linux	
AS008	门户 Web 服务器 2	50.7.200.21	Linux	
AS009	数据库服务器 1	50.7.201.3	AIX 6.1	DB2 9.5.10
AS010	数据库服务器 2	50.7.201.5	AIX 6.1	DB2 9.5.10

分别选择支持Linux、Windows Server 2003、AIX6.1及DB29.5.10的测试用例和工具或脚本。检测得出以下结果。

（1）用户信息如表7-12所示。

表 7-12　用户信息表

用 户 名	UIG	GID	用户描述	主 目 录	Shell 类型/特定程序
root	0	0	root	/root	/bin/bash
bin	1	1	bin	/bin	/sbin/nologin
daemon	2	2	daemon	/sbin	/sbin/nonlogin
adm	3	4	adm	/var/adm	/sbin/nologin
lp	4	7	lp	/var/spool/lpd	/sbin/nologin
sync	5	0	sync	/sbin	/bin/sync
shutdown	6	0	shutdown	/sbin	/sbin/shutdown
halt	7	0	halt	/sbin	/sbin/halt
mail	8	12	mail	/var/spool/mail	/sbin/nologin
news	9	13	news	/etc/news	
uucp	10	14	uucp	/var/spool/uucp	/sbin/nologin
operator	11	0	operator	/root	/sbin/nologin
games	12	100	games	/usr/games	/sbin/nologin
gopher	13	30	gopher	/var/gopher	/sbin/nologin
ftp	14	50	FTP User	/var/ftp	/sbin/nologin
nobody	99	99	Nobody	/	/sbin/nologin
rpm	37	37	-	/var/lib/rpm	/sbin/nologin
dbus	81	81	System message bus	/	/sbin/nologin
vcsa	69	69	console memory owner	/dev	/sbin/nologin
haldaemon	68	68	HAL daemon	/	/sbin/nologin
netdump	34	34	Network Crash Dump user	/var/crash	/sbin/nologin
nscd	28	28	NSCD Daemon	/	/sbin/nologin
sshd	74	74	Privilege-separated SSH	/var/empty/sshd	/sbin/nologin
rpc	32	32	Portmapper RPC user	/	/sbin/nologin
mailnull	47	47	-	/var/spool/mqueue	/sbin/nologin
smmsp	51	51	-	/var/spool/mqueue	/sbin/nologin
rpcuser	29	29	RPC Service User	/var/lib/nfs	/sbin/nologin

（续表）

用 户 名	UIG	GID	用户描述	主 目 录	Shell 类型/特定程序
nfsnobody	4294967294	4294967294	Anonymous NFS User	/var/lib/nfs	/sbin/nologin
pcap	77	77		/var/arpwatch	/sbin/nologin
xfs	43	43	X Font Server	/etc/X11/fs	/sbin/nologin
ntp	38	38	-	/etc/ntp	/sbin/nologin
gdm	42	42		/var/gdm	/sbin/nologin
pvm	24	24	-	/usr/share/pvm3	/bin/bash
amanda	33	6	Amanda user	/var/lib/amanda	/bin/bash
snort	500	500	-	/var/log/snort	/bin/false
pegasus	66	65	tog-egasusOpenPegasus WBEM/CIM services	/var/lib/Pegasus	-
tomcat	501	502	-	/home/tomcat	/bin/bash
FE	503	502	-	/home/FE	/bin/bash
secu	504	504	-	/home/secu	/bin/bash
userftp	505	505	-	/home/userftp	/bin/bash
sybase	506	501	-	/home/sybase	/bin/bash
USERFTP	507	501	-	/home/USERFTP	/bin/bash
NFE	508	508	-	/home/NFE	/bin/bash

（2）用户身份认证策略如表7-13所示。

表7-13　用户身份认证策略表

项目名称	检测结果	说　　　明
Root 用户远程登录	PermitRootLogin 未限制	root 用户可以通过远程登录，若开机自启动程序被植入恶意脚本，可被自动执行
口令复杂度	设置不完全	password　requisite　/lib/security/$ISA/pam_cracklib.so retry=3
最小口令长度	5	PASS_MIN_LEN　　5
密码有效期	无限制	PASS_MAX_DAYS　　99999
用户锁定	未限制	auth required pam_tally.so 未配置
登录超时	未限制	TMOUT 未配置

（3）文件访问控制策略如表7-14所示。

表 7-14 文件访问控制策略表

安 全 项	设 置
用户 umask 设置	022
/tmp 目录粘滞位	已设置
用户配置文件/etc/passwd 文件访问权限	所有者权限：读、写 同组其他用户权限：读、写 其他组用户：读
身份认证信息存储文件/etc/shadow 文件访问权限	所有者权限：读权限 同组其他用户权限：无权限 其他组用户：无权限
组文件/etc/group 文件访问权限	所有者权限：读、写 同组其他用户权限：读、写 其他组用户：读

（4）系统审计策略设置如表7-15所示。

表 7-15 系统审计策略设置

审 计 项	输出文件
任何源产生的提供信息的消息	/var/log/messages
mail.none	/var/log/messages
authpriv.none	/var/log/messages
cron.none	/var/log/messages
身份认证产生的所有信息	/var/log/secure
邮件服务产生的所有信息	-/var/log/maillog
cron 产生的所有信息	/var/log/cron
所有源产生的故障信息	*
uucp 和 news 产生的错误信息	/var/log/spooler
运行模式 7 产生的所有信息	/var/log/boot.log

上面只列举了一部分结果，由于篇幅的原因，其他结果不一一列举。综合分析上述结果得到如表7-16所示的系统脆弱性列表（以Linux操作系统为例）。

表 7-16　系统脆弱性列表

标　识	类　　别	安全风险	风险描述
1	Linux 操作系统安全	root 用户可以通过远程登录	Root 权限较高，如果密码被破解后攻击者远程登录系统，会对系统造成较大威胁。一般 root 用户需要使用普通用户远程登录后用 su 进行系统管理
2	Linux 操作系统安全	密码复杂度和密码长度设置不完全	系统的静态口令应在 7 位以上并由字母、数字、符号等混合组成并每三个月更换口令。若用户设置的口令过于简短，易被恶意攻击者暴力猜解
3	Linux 操作系统安全	用户锁定策略未启用	当用户连续认证失败次数超过 10 次时，应锁定该用户使用的账号，以避免攻击者对密码进行暴力猜解
4	Linux 操作系统安全	未进行登录超时设置	未设置登录超时策略，当服务器维护人员由于某些原因离开时忘记退出账户，恶意人员就可以利用处于登录状态的管理员账户进行恶意操作
5	Linux 操作系统安全	未设置密码有效期	未设置密码有效期，默认为 99999
6	Linux 操作系统安全	组文件 /etc/group 访问权限配置不当	组文件/etc/group 的同组其他用户权限应该为只读，否则容易被其他人恶意操作
7	Linux 操作系统安全	umask 设置为 022	用户创建文件可被同组人员和其他组人员进行读、执行操作，可能导致用户敏感信息泄露

综合资产和业务分析，给系统脆弱性赋值，如表7-17所示。

表 7-17　系统脆弱性赋值表

标　识	脆弱性	脆弱性描述	作用资产	赋　值
1	root 用户可以通过远程登录	Root 权限较高，如果密码被破解后攻击者远程登录系统，会对系统造成较大威胁。一般 root 用户需要使用普通用户远程登录后用su 进行系统管理	网上银行前置	4
2	密码复杂度和密码长度设置不完全	系统的静态口令应在 7 位以上并由字母、数字、符号等混合组成并每三个月更换口令。若用户设置的口令过于简短，易被恶意攻击者暴力猜解	网上银行前置	3
3	用户锁定策略未启用	当用户连续认证失败次数超过 10 次时，应锁定该用户使用的账号，以避免攻击者对密码进行暴力猜解	网上银行前置	2
4	未进行登录超时设置	未设置登录超时策略，当服务器维护人员由于某些原因离开或忘记退出账户时，恶意人员就可以利用处于登录状态的管理员账户进行恶意操作	网上银行前置	3
5	未设置密码有效期	未设置密码有效期，默认为 99999	网上银行前置	3
6	组文件/etc/group 访问权限配置不当	组文件/etc/group 的同组其他用户权限应该为只读，否则容易被其他人恶意操作	网上银行前置	3
7	umask 设置为 022	用户创建文件可被同组人员和其他组人员进行读、执行操作，可能导致用户敏感信息泄露	网上银行前置	3

7.5　应用脆弱性识别

应用脆弱性包含应用中间件的脆弱性和应用系统的脆弱性，中间件（Middleware）作为连接两个独立应用程序或独立系统的软件，应用系统是计算机与其他领域相结合的产物，其脆弱性识别在信息安全领域至关重要。

7.5.1　应用中间件安全和应用系统安全的相关定义

7.5.1.1　应用中间件安全的相关定义

1．应用中间件定义

应用中间件又名中间件，是一种独立的系统软件或服务程序，分布式应用软件借助这种软件在不同的技术之间共享资源。中间件位于客户机/服务器的操作系统之上，管理计算机资源和网络通信，是连接两个独立应用程序或独立系统的软件。

在传统的软件开发模式中，应用软件不仅要关注自己的业务逻辑，同时还要处理与操作系统、数据库管理系统、网络通信之间的操作，开发人员不得不花费大量的精力去处理底层平台的复杂性及各种兼容性。利用中间件技术可以屏蔽底层的复杂性，使开发人员面对统一的简单的开发环境，不必再为程序在不同系统软件上的移植而重复工作，从而大大减少技术上的负担。中间件开发应用程序时不必再关心底层操作系统的类型，而只需专心于应用的逻辑处理[28]。

应用中间件可以向各种应用软件提供服务，使不同的应用进程能在屏蔽掉平台差异的情况下通过网络互相通信。相连接的系统，即使它们具有不同的接口，但通过中间件，相互之间仍能交换信息。信息传递的一个关键途径是执行中间件。通过中间件，应用程序可以工作于多平台或多操作系统环境。

2．应用中间件的分类

目前，针对不同的应用涌现出各具特色的中间件产品。从不同的角度和层次对中间件有不同的分类。根据中间件在系统中所起的作用和采用的技术不同，可以把中间件大致划分为以下几种[29]。

（1）数据访问中间件（Data Access Middleware，DAM）

在分布式系统中，重要的数据都集中存放在数据服务器中，它们可以是关系型、复合文档型、具有各种存放格式的多媒体型，或者是经过加密或压缩存放的，数据访问中间件是在这种系统中建立数据应用资源互操作的模式，实现异构环境下的数据库连接或文件系统连接的中间件，从而为在网络上虚拟缓冲存取、格式转换、解压等带来方便。数据访问中间件在所有的中间件中是应用最广泛、技术最成熟的一种。一个最典型的例子就是ODBC。ODBC是一种基于数据库的中间件标准，它允许应用程序和本地或者异地的数据库进行通信，并提供了一系列的应用程序接口API。

（2）远程过程调用中间件（Remote Procedure Call，RPC）

远程过程调用是另外一种形式的中间件，它在客户/服务器计算方面，比数据中间件又迈进了一步。通过这种远程过程调用机制，程序员编写客户方的应用，需要时可以调用位于远端服务器上的过程。远程过程调用中间件的灵活特性使得它有比数据中间件更广泛的应用，它可以应用在更复杂的客户/服务器计算环境中。远程过程调用的灵活性还体现在它的跨平台性方面，它不仅可以调用远端的子程序，而且这种调用是可以跨不同操作系统平台的，而程序员在编程时并不需要考虑这些细节。

（3）面向消息中间件（Message Oriented Middleware，MOM）

消息中间件能在不同平台之间通信，实现分布式系统中可靠的、高效的、实时的跨平台数据传输，它常被用来屏蔽掉各种平台及协议之间的特性，实现应用程序之间的协同；其优点在于能够在客户和服务器之间提供同步和异步的连接，并且在任何时刻都可以将消息进行传送或者存储转发，这也是它比远程过程调用更进一步的原因。另外，消息中间件不会占用大量的网络带宽，可以跟踪事务，并且通过将事务存储到磁盘上实现网络故障时系统的恢复。

（4）面向对象的中间件（Object Oriented Middleware，OOM）

当前开发大型应用软件通常采用基于组件技术，在分布系统中，还需要集成各节点上的不同系统平台上的组件或新老版本的组件。组件的含义通常指的是一组对象的集成，其种类有数百万种，但这些组件面临着缺乏标准而不能相互操作，各厂家的组件只能在各自的平台上运行。为此，连接这些组件环境的面向对象的中间件便应运而生。面向对象的中间件是对象技术和分布式计算发展的产物，它提供一种通信机制，透明地在异构的分布计算环境中传递对象请求，而这些对象可以位于本地或者远程机器。

（5）事务处理中间件（Transaction Processing Monitor，TPM）

事务处理中间件是在分布、异构环境下提供保证交易完整性和数据完整性的一种环境平台；它是针对复杂环境下分布式应用的速度和系统可靠性要求而实现的。它给程序员提供了一个事务处理的API，程序员可以使用这个程序接口编写高速而且可靠的分布式应用程序——基于事务处理的应用程序。事务处理中间件向用户提供一系列的服务，如应用管理、管理控制、已经应用于程序间的消息传递等。常见的功能包括全局事务协调、事务的分布式两段提交（准备阶段和完成阶段）、资源管理器支持、故障恢复、高可靠性、网络负载平衡等。

（6）网络中间件

包括网管、接入、网络测试、虚拟社区、虚拟缓冲等，也是当前研究的热点。

（7）终端仿真/屏幕转换中间件

它的作用在于实现客户机图形用户接口与已有的字符接口方式的服务器应用程序之间的互操作。

3．应用中间件安全的定义

应用中间件安全是指中间件通过技术手段提升安全属性，在为多系统、多平台提供应用支撑的同时，防止中间件自身受到攻击或将攻击事件千万的损失控制在可接受范围内，保证业务的连续性。

4．应用中间件面临的威胁

应用中间件漏洞并不是应用程序代码上存在的漏洞，中间件的安全问题主要来源于两部分，一个是中间件本身由于设计缺陷而导致的安全问题，另一个是默认配置或错误配置导致的安全风险。应用中间件安全面临的主要威胁来源（但不限于）以下方面：

（1）黑客攻击：没有预先经过同意，就使用中间件的资源被看作非授权访问。它主要有以下几种形式：假冒、身份攻击、非法用户进入中间件进行违法操作、合法用户以未授权方式进行操作等。

（2）病毒破坏：大量的来自互联网上的病毒，通过网络传播，破坏性非常高，而且用户很难防范。如众所周知的CIH、"爱虫""冲击波""震荡波"等病毒都具有极大的破坏性。这些病毒在互联网上以几何级数进行自我繁殖，在短时间内导致大量的中间件服务器瘫痪。

（3）TCP/IP 协议上的某些不安全因素：目前广泛使用的TCP/IP协议存在安全漏洞。如IP层协议就有许多安全缺陷，这就造成了地址假冒和地址欺骗两类安全隐患，为否认、拒绝等欺骗行为开了方便之门。

（4）无意失误：例如操作员安全配置不当因而造成的中间件安全漏洞，用户安全意识不强，用户口令选择不慎，用户将自己的账号随意转借他人或与别人共享等都会对中间件安全带来威胁。

5．应用中间件安全涉及的相关技术

在信息网络中运行良好的通信协议，应该具有包括有效性和完整性在内的足够高的安全性。一般称能够使得通信的信息满足完整性、保密性、可用性、防抵赖性和可控性要求的协议为安全协议。由于安全协议的设计需要采用密码技术，因此，有时也将安全协议称作密码协议。它借助密码算法来实现密钥分配、身份认证等目的。

安全协议没有统一的分类，从不同的角度就能得到不同的分类方法。例如，按照安全协议的功能，可以分为以下三类。

● 密钥交换协议

能够使得参与协议的两个或者多个实体建立共享的秘密信息。该类协议常用来建立本次通信中所使用的会话密钥。密钥交换协议中建立秘密信息的方式有下述三种。

第一种方式：通过一个可信实体产生秘密信息，再将该信息送给其他参与实体；

第二种方式：通过任一实体生成秘密信息，然后传递给其他参与实体；

第三种方式：通过参与实体根据协议消息共同计算出秘密信息。

● 认证协议

认证协议一般用来向一个实体进行对另一个实体身份的某种程度的确认，包括身份认证协议、消息认证协议、数据源认证协议和数据目的认证协议等。

● 电子商务协议

该类协议中的实体往往是交易的双方，其利益目标是对立的。因此，公平性和可追究性是电子商务协议最关注的，即协议应保证交易双方应获得的利益都不能通过损害对方利益来获得。

下面介绍三种常见的安全协议：IPSec、SSL、HTTPS。

（1）IPSec

IPSec是一组安全协议的总称，即IP安全协议。IPSec组件由认证头（Authentication Header，AH）、封装安全载荷（Encapsulating Security Payload，ESP）、安全联合（Security Association，SA）、互联网密钥交换协议（Internet Key Exchange，IKE），以及用于网络验证及加密的一些算法等组成。

a）认证头（AH）协议

认证头（AH）协议用来向 IP通信提供数据完整性和身份验证，同时可以提供抗重播服务。在 IPv6 中协议采用认证头（AH）后，因为在主机端设置了一个基于算法独立交换的秘密钥匙，非法潜入的现象可得到有效防止，秘密钥匙由客户和服务商共同设置。在传送每个数据包时，IPv6 认证根据这个秘密钥匙和数据包产生一个检验项。在数据接收端重新运行该检验项并进行比较，从而保证了对数据包来源的确认，以及数据包不被非法修改。

b）封装安全载荷（ESP）协议

该协议提供IP层加密保证和验证数据源以对付网络上的监听。因为认证头（AH）虽然可以保护通信免受篡改，但并不对数据进行变形转换，数据对于黑客而言仍然是清晰的。为了有效地保证数据传输安全，在IPv6 中有另外一个报头封装安全载荷（ESP），进一步提供数据保密性并防止篡改。

c）安全联合（SA）

安全联合（SA）记录每条 IP安全通路的策略和策略参数。安全联合（SA）是IPSec 的基础，是通信双方建立的一种协定，决定了用来保护数据包的协议、转码方式、密钥，以及密钥有效期等。认证头（AH）和封装安全载荷（ESP）都要用到安全联合（SA）、互联网密钥交换协议（IKE）的一个主要功能就是建立和维护安全联盟。

d）密钥管理协议（Internet Security Association and Key Management Protocol，ISAKMP）

密钥管理协议（ISAKMP）提供共享安全信息。Internet密钥管理协议被定义在应用层，国际互联网工程任务组（The Internet Engineering Task Force，IETF）规定了Internet安全协议和密钥管理协议（ISAKMP）来实现IPSec的密钥管理，是身份认证的安全联合（SA）设置及密钥交换技术。

IPSec的安全特性主要有：

● 保密性：IPSec将数据包加密之后再进行传输，保证了数据的保密性；

- 完整性：IPSec在接收时验证数据包，以保证数据包在传输过程中没有被替换或篡改；
- 真实性：在IPSec端，要验证所有受IPSec保护的数据包；
- 反重放（反重演）：IPSec在目的地会拒绝过时的或重复的数据包，以防止数据包被捕获并过一段时间后重放在网上。

（2）SSL

SSL主要用于Web的安全传输协议。该协议的第二版SSLv2是第一个被广泛使用的版本；第三版SSLv3改进了协议的效率、灵活性和特征集。国际互联网工程任务组将SSLv3进行标准化，且将其称为TLS1.0。SSLv3和TLS的主要区别只在于散列函数和密钥生成函数。

SSL协议位于应用层和传输层之间，是一组协议，能够使用TCP协议提供端到端的安全服务，建立在SSL之上的应用层协议能够透明传输数据。SSL协议组包含两层协议，由底层的SSL记录协议（SSL Record Protocol）和构建于其上的握手协议（Handshake Protocol）、密码变化协议（Change Cipher Spec Protocol）和警告协议（Alert Protocol）等高层协议组成，结构如图7-4所示。

SSL记录协议能够封装高层协议的数据，为SSL连接提供保密性和报文完整性两种服务。SSL握手协议可令服务器和客户端双方互相认证，且协商加密算法和密钥。通常在密钥规范改变之后通知记录层启用新的密钥规范，以改变密码说明协议。将操作错误或异常情况通知对方是报警协议的作用。

SSL的握手过程由一系列报文组成，如图7-5所示。

图 7-5　SSL 握手过程

图 7-4　SSL 协议结构

基本上，根据功能可以包括以下四个阶段。

a）建立安全能力

客户端发送Client Hello报文给服务器端，服务器回答Server Hello。这个过程协商的安全参数包括协议版本、会话标志、加密算法和压缩方法。

b）服务器鉴别和密钥交换

Hello消息之后，服务器端发送Certificate报文传送数字证书和公钥，且还要发送一个ServerKeyExchange消息。如果服务器端被认证，它就会发送CertificateRequest消息请求客户端的证书。接着服务器端就发送ServerHello Done消息，表明ServerHello结束。

c）客户鉴别和密钥交换

客户端收到ServerHelloDone后，对服务器的证书及收到的所有ServerHello参数是否可以接受进行验证。若服务器请求证书，客户端就发送Certificate消息来给出自己的证书。客户端还要发送一个密钥交换消息ClientKeyExchange，并由Hello阶段双方选择的公钥密码算法来确定该消息的内容。要让客户端发送的证书能够签名，客户端需要发送一个用来验证证书的CertificateVerify消息。

d）完成握手阶段

客户端发送改变密码说明消息ChangeCipherSpec，并将正在协商的密码说明复制到当前CipherSpec域中。然后客户端发送Encrypted HandshakeMessage消息，该消息是用新的算法、密钥和秘密信息加密的。作为回应，服务器将发送它的改变密码说明信息，并在当前的CipherSpec域中写入正在协商的密码说明，同时发送用新密码说明加密的Encrypted HandshakeMessage消息。这些握手协议完成，客户端和服务器建立安全连接，应用层协议能够使用SSL连接进行安全的数据通信。

结合对称密钥技术和公开密钥技术，SSL协议的安全特性如下：

- 保密性：SSL协议能够在客户端和服务器之间建立起一个安全通道，所有消息在传输之前都经过加密处理，使得网络中的非法攻击者无法窃听。
- 完整性：SSL利用密码算法和散列Hash函数，通过提取传输信息特征值来保证信息的完整性，并确保传输的信息都能到达目的地，避免服务器和客户端之间的信息受到破坏。
- 认证性：利用证书技术和可信的第三方认证，客户端和服务器能够相互认证对方的身份，互相清楚自己的通话对象。

（3）HTTPS

超文本传输协议HTTP协议用于在Web浏览器和网站服务器之间传递信息。HTTP协议以明文方式发送内容，不提供任何方式的数据加密，易遭受窃听、篡改、劫持等攻击，因此HTTP协议不适合传输一些敏感信息，如信用卡号、密码等。为了解决HTTP协议的这一缺陷，安全套接字层超文本传输协议HTTPS通过SSL来加强安全性。数据传输中的加密与解密均由SSL进行，与上层的HTTP无关，对HTTP来说是透明的。HTTP和HTTPS协议结构如图7-6所示。

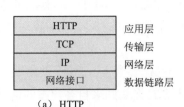
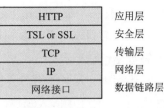

（a）HTTP　　　　　　　　　　　　（b）HTTPS

图 7-6　HTTP 和 HTTPS 协议结构

HTTPS增强的安全特性如下：

a）双向的身份认证

在传输数据之前，客户端和服务端通过基于x.509证书对双方进行身份认证。具体过程如下：

● 客户端先发送给服务端SSL握手消息，要求与服务端连接。

● 服务端发送给客户端证书。

● 客户端验证证书是否由自己信任的证书签发机构签发，对服务端证书进行检查。如果不是，能否继续通信的决定权会交给用户选择（注意，这将造成一个安全缺陷）。如果检查无误或者用户选择继续，客户端就认可服务端的身份。

● 服务端请求客户端发送证书，并验证是否有效。失败则关闭连接，成功则从客户端证书中获得客户端的公钥，公钥一般为1024位或者2048位。当服务器与客户端双方的身份认证结束后，双方就能确保身份都是真实可靠的，并且传输的数据不可抵赖，因为证书认证是成功的。

b）数据传输的保密性

客户端和服务端在开始传输数据之前，会协商传输过程需要使用的加密算法。客户端向服务端发送协商请求，其中包含自己支持的非对称加密和密钥交换算法（一般是RSA）、数据签名摘要算法（一般是SHA（Secure Hash Algorithm，安全散列算法）或者MD5（Message-Digest Algorithm，信息摘要算法）、对传输数据进行加密的对称加密算法（一般是DES）及其加密密钥的长度。服务端接收到消息后，选择安全性最高的算法，并将选中的算法发送给客户端，完成协商过程。

客户端生成随机的字符串，利用协商好的非对称加密算法，通过服务端的公钥加密该字符串，并发送给服务端。服务端收到密文之后，利用自己的私钥解密得到该字符串。然后，在数据传输过程中，使用该字符串作为密钥进行对称加密。

c）数据的完整性检验

SSL使用一种很健壮的信息验证码（如MD5）或者SHA算法来对数据进行签名，验证码附加在数据包后部，和数据一起被加密，这样在数据被篡改时会被发现，因为这时的Hash值被改变了。

d）防止数据包重放攻击

SSL使用序列号可保护通信方免受报文重放攻击，该序列号被加密后成为数据包的负载。在SSL握手中，一定有一个唯一的随机数来标记这个SSL握手，这样就能够防止攻击者对整个登录过程的嗅探，否则攻击者获取到加密的登录数据之后，不需要对数据进行解密，就可以直接重放登录数据包进行攻击。

在常见的HTTPS应用中，大多数用户会忽略证书检验警告，于是，就出现了针对HTTPS协议最严重的攻击手法——SSL中间人劫持。攻击者在接收到来自客户端的请求时，可将自己伪装成服务器，用自己伪造的证书来完成与客户端的认证，以及密钥交换工作。这时客户端会提示证书检验失败，但是一般不会引起用户真正关心。接着，攻击者冒充客户端与真实服务器通信，以完成认证，以及密钥的交换工作。

7.5.1.2　应用系统安全的相关定义

1．应用系统安全的定义

计算机应用系统是为针对用户的某种特殊应用目的所开发的系统。计算机应用于各个领域的系统，例如文本处理器、表格、会计应用、浏览器、媒体播放器、航空飞行模拟器、命令性游戏、图像编辑器等，是计算机与其他领域相结合的产物。针对应用系统或工具在使用过程中可能出现计算、传输数据的泄露和失窃，通过使用软件、硬件和程序方法来防止应用程序受外部威胁，保障应用程序使用过程和结果的安全。

应用系统安全是当前众多组织或企业重点关注的问题，主要涉及：网络安全、系统平台安全、接口安全、数据安全、用户安全、应急计划、安全管理等方面。

2．应用系统面临的威胁

近年来，针对应用系统的恶意攻击事件急剧上升，这些攻击事件严重威胁到应用系统的安全，下面列举出几种常见的威胁。

（1）用户操作方面的威胁：此类威胁可分为恶意性破坏和失误这些攻击事件性破坏，主要表现为用户有意或无意的操作给应用程序带来的破坏。

（2）恶意攻击方面的威胁：包括来自病毒、蠕虫、木马，以及黑客攻击等方面的威胁。

（3）不安全程序带来的威胁：主要指用户运行或安装了不安全的应用程序，这些应用程序通常自身携带有恶意代码或存在漏洞，攻击者事先将恶意代码插入或混入常用软件，用户在正常运行或安装软件过程中也执行了恶意代码，而应用程序自身存在的漏洞，攻击者可以轻松地截获在网络中传输的用户名和口令，进行非法访问，这些自身不安全的应用程序给系统安全带来潜在的威胁。

（4）物理突发事件带来的威胁：此类威胁是指突发性的自然灾害，如水灾、火灾、地震等，给计算机应用程序带来的丢失、破坏。

（5）操作系统方面的威胁：主要指因操作系统在保护应用程序方面存在某些弱点而带来的各种威胁，主要包括系统对应用程序运行、管理和存储时的管理弱点，权限过大问题，注册表安全问题等方面。

（6）应用程序方面的威胁：是指因应用程序自身存在某些弱点而带来安全威胁，包括自身不安全问题、文件管理混乱问题、创建临时文件问题、无备份与恢复机制问题等方面。

3．应用系统安全涉及的技术问题

1）身份认证技术

身份认证被视为信息安全的第一道防线，一方面可以阻止非法用户进入系统；另一方面也为系统正确地对用户实施访问控制策略提供了依据。

身份认证需要确认用户的真实身份与其所声称的身份是否符合，其主要依据应包含只有该用户所持有并可以进行验证的特定信息。验证用户的身份主要有三种途径：一是用户知道或掌握的秘密信息，如口令、密码等；二是用户拥有的特定实物，如身份证、护照、口令卡等；三是用户具有的生物特征，如指纹、脸型、声纹、视网膜、笔迹等。

根据用户持有的特定信息，可采用不同的验证技术来实现身份认证。目前常见的身份认证技术可以分为以下三类。

（1）基于口令的认证技术。是指系统通过比对用户掌握口令与系统存储口令的一致性来确认用户的身份。该技术最大的优势是简单灵活，因此成为目前使用最普遍的一种认证方式，但由于用户安全意识不高或直接使用弱口令极易导致口令泄露，给攻击者创造攻击机会，因此口令认证方式安全性相对较弱。

（2）基于生物特征的认证技术。是指系统通过用户先天固有的生理特征或后天形成的行为特征来识别用户的身份。生物特征认证的优势在于与用户有很强的关联，具有不易伪造、不易模仿的特点，其安全性高，但在技术实现上往往需要提供辅助的识别设备，因此认证技术的实现成本较高。

（3）基于密码学的认证技术。主要依托密码学基础，通过设计特定的协议流程来实现身份认证，可主要分为对称密钥的认证和基于公开密钥的认证。其特点是安全性高，但设计出符合安全性要求的认证协议往往是很困难的，因此技术实现的难度较高。

在具体的实现上，仅通过单一的信息进行的身份认证，如用户口令，称为单因子认证；通过两种不同信息进行身份认证，如网银系统中常用的用户口令加短信密码的认证方式，称为双因子认证；如果通过组合多种信息来进行身份认证，则称之为多因子认证，如使用签名加密码的信用卡支付系统，要求用户出示合法的信用卡，提供正确的支付口令并对凭据进行签名才可以完成支付操作，就包含了三种不同的认证信息。

用于认证信息的状态也具有不同的特征。如果信息是固定不变的，如事先提取的用户认证数据（生物特征），认证时系统只是提取该数据进行认证，称为静态数据认证；当信息会随外部条件进行变化时，系统需要根据外部条件动态地计算认证数据，则称为动态数据认证。如在银行系统广泛使用的动态口令卡，就采用了典型的动态数据认证方式。

2）审计跟踪技术

审计跟踪技术是运用操作系统、数据库管理系统、网络管理系统提供的审计模块的功能或其他专门程序，通过书面方式提供应负责任人员的活动证据以支持职能的实现。通过借助适当的工具和规程，对系统的使用情况建立日志记录，该记录按时间从始至终的途径，顺序检查、审查和检验每个事件的环境及活动，以便实时地监控、报警或事后分析、统计、报告，是一种通过事后追查来保证系统安全的技术手段。审计跟踪可以发现违反安全策略的活动、影响运行效率的问题，以及程序中的错误。

从系统部件功能看，可分为操作系统审计跟踪、数据库应用审计跟踪、用户审计跟踪三种；从角色要求看，可分为系统操作审计、服务审计、通信审计、故障审计和事件审计五类；从安全强度要求看，可分为自主型安全控制审计和强制性安全控制审计两类。

审计跟踪提供了实现多种安全相关目标的一种方法，具体包括个人职能、事件重建、入侵探测、故障分析[31]击键监控和审计日志。

（1）个人职能。审计跟踪是管理人员用来维护个人职能的技术手段。通过告知用户应该为自己的行为负责，通过审计跟踪记录用户的活动，管理人员可以改善用户的行为方式。如果用户知道他们的行为被记录在审计日志中，他们就不太会违反安全策略和绕过安全控制措施。例如在访问控制中，审计跟踪可以用于鉴别对数据的不恰当修改（如在数据库中引入一条错误记录）和提供与之相关的信息。审计跟踪可以记录改动前和改动后的记录，以确定所做的实际改动。这可以帮助管理层确定错误到底是由用户、操作系统、应用软件还是由其他因素造成的。

（2）事件重建。在故障发生后，审计跟踪可以用于重建事件。通过审查系统活动的审计跟踪可以比较容易地评估故障损失，确定故障发生的时间、原因和过程。通过对审计跟踪的分析通常可以辨别故障是操作引起的还是系统引起的。例如，当系统失败或文件的完整性受到质疑时，通过对审计跟踪的分析就可以重建系统、用户或应用程序的完整的操作步骤。在对诸如系统崩溃这样的故障的发生条件有清晰认识的前提下，就能够避免未来发生此类系统中断的情况。而且，在发生技术故障（如数据文件损坏）时，审计跟踪可以协助进行恢复（通过更改记录可以重建文件）。

（3）入侵探测。如果用审计跟踪记录适当的信息，也可以用来协助入侵探测工作。如果在审计记录产生时就进行检查（通过使用某种警告标志或提示），就可以进行实时入侵探测，不过事后检查（定时检查审计记录）也是可行的。

实时入侵探测主要用于探测外部对系统的非法访问。也可用于探测系统性能指标的变化以发现病毒或蠕虫攻击。但是实时审计可能会降低系统性能。事后鉴别可以标出非法访问的企图（或事实）。这样就可以提醒人们对损失进行评估或重新检查受攻击的控制方式。

（4）故障分析。在线的审计跟踪还可以用于鉴别入侵以外的故障。这常被称为实时审计或监控。如果操作系统或应用系统对公司的业务非常重要，可以使用实时审计对这些进程进行监控。审计跟踪应包括足够的信息，以确定事件的内容和引起事件的因素。通常，事件记录应该列有事件发生的时间、和事件有关的用户识别码、启动事件的程序或命令，以及事件的结果。日期和时间戳可以帮助确定用户到底是假冒的还是真实的。

（5）击键监控。击键监控用于对计算机交互过程中的用户键盘输入和计算机的反应数据进行检查或记录。击键监控通常被认为是审计跟踪的一种特殊应用。击键监控的例子包括检查用户输入的字符，阅读用户的电子邮件，以及检查用户输入的其他信息。

有些系统维护功能会记录用户的击键。如果这些记录保存与之相关用户鉴别码就可以协助管理员确定击键人从而达到击键监控的目的。击键监控致力于保护系统和数据免遭非法入侵和合法用户的滥用。入侵者的击键记录可以协助管理员评估和修复入侵造成的损失。

（6）审计日志。系统审计日志一般用于监控和微调系统性能。应用审计跟踪可以用于辨别应用程序中的错误和对安全策略的违背。用户审计记录通常用于将用户的行为和职能联系起来。分析用户审计记录可以发现各种不安全的事件，如安装木马或获取非法权限。

系统本身都会有诸如文件和系统访问的约束性的策略。对用于实施这些策略的系统配置文件更改的监控非常重要。如果特定的访问（如安全管理员的访问）用于修改配置文件，那么系统应该在这种访问发生时产生相应的审计记录。

用户审计跟踪通过记录用户启动的事件（如访问文件、记录和字段），使用调制解调器来监控和记录系统或应用中该用户的活动。

7.5.2　应用中间件和应用系统脆弱性识别内容

7.5.2.1　应用中间件脆弱性识别内容

1. 应用中间件脆弱性定义

应用中间件脆弱性，指应用中间件存在的可能被威胁利用造成损害的薄弱环节。下面列举了一些中间件的脆弱性。

（1）数据库中间件脆弱性

WebLogic是美国Oracle公司出品的一个Application Server，确切地说是一个基于JAVAEE架构的中间件，WebLogic是用于开发、集成、部署和管理大型分布式Web应用、网络应用和数据库应用的Java应用服务器。

Weblogic中存在一个SSRF（Server-side Request Forge，服务端请求伪造）漏洞，利用该漏洞可以发送任意HTTP请求，进而攻击内网中redis、fastcgi等脆弱组件。

（2）Web服务中间件脆弱性

Tomcat服务器是一个免费的开放源代码的Web应用服务器，属于轻量级应用服务器，在中小型系统和并发访问用户不是很多的场合下被普遍使用，是开发和调试JSP程序的首选。Tomcat比较显著的漏洞是：Tomcat运行在Windows主机上，且启用了HTTP PUT请求方法，可通过构造的攻击请求向服务器上传包含任意代码的JSP文件，造成任意代码执行。

Apache是世界使用排名第一的Web服务器软件。它可以运行在几乎所有广泛使用的计算机平台上，由于其跨平台和安全性被广泛使用，是最流行的Web服务器端软件之一。最常见的漏洞是Apache文件解析漏洞，与用户的配置有密切关系，严格来说属于用户配置问题。

（3）应用服务器中间件脆弱性

比如：IIS是Internet Information Services的缩写，意为互联网信息服务，是由微软公司提供的基于运行Microsoft Windows的互联网基本服务。IIS的安全脆弱性曾长时间被业内诟病，一旦IIS出现远程执行漏洞威胁将会非常严重。比如：PUT漏洞，IIS Server在Web服务扩展中开启了WebDAV，配置了可以写入的权限，造成任意文件上传。

jBoss是一个基于J2EE的开发源代码的应用服务器。比较显著的漏洞是反序列化漏洞。序列化简而言之就是把java对象转化为字节序列的过程，而反序列化则是再把字节序列恢复为java对象的过程。在这一转变的过程中，如果程序员的过滤不严格，就可能导致恶意构造代码的实现。

2．应用中间件脆弱性识别的定义

应用中间件脆弱性识别是指通过一系列方法和工具，准确识别出应用中间件协议安全、交易完整性、数据完整性等方面存在的脆弱性。

3．应用中间件脆弱性识别的内容

应用中间件脆弱性识别内容包括：协议安全、交易完整性、数据完整性等，详细内容如下。

1）协议安全

安全协议是营造网络安全环境的基础，是构建安全网络的关键技术，可用于保障计算机网络信息系统中秘密信息的安全传递与处理，确保网络用户能够安全、方便、透明地使用系统中的密码资源。设计并保证网络安全协议的安全性和正确性能够从基础上保证网络安全，避免因网络安全等级不够而导致网络数据信息丢失或文件损坏等信息泄露问题。在实践中，有许多不安全的协议曾经被人们作为正确的协议长期使用。这些不安全的协议如果用于军事领域的密码装备中，则会直接危害到军事机密的安全性，会造成无可估量的损失。这就需要对安全协议进行充分的分析、验证，判断其是否达到预期的安全目标。

具体识别内容包括但不限于：

（1）核查是否使用安全协议，协议中数据信息是否加密传输；

（2）核查协议中采用的密码算法的健壮性；

（3）核查是否存在消息重放攻击、中间人攻击等攻击行为的可能性；

（4）核查默认安装的用户的口令、口令有效时间、口令历史保留时间和次数、口令失败后锁定时间、最大错误登录次数及登录超过有效次数锁定时间是否存在口令猜测攻击的可能性。

2）交易完整性

为保证交易完整性，有专门的交易中间件。交易中间件是指联机事务处理平台软件，可以快速建立三层结构的联机事务处理应用，它主要是为应用程序提供运行环境及各种服务，如程序加载、程序启动、内存管理、负载平衡、出错恢复及一些应用管理功能。交易中间件是专门针对联机交易处理系统而设计的，联机交易处理系统需要处理大量并发进程，涉及操作系统、文件系统、编程语言、数据通信、数据库系统、系统管理和应用软件，是一个相当艰巨的任务，但是可以通过采用一个交易中间件来简化。交易中间件一般包括以下内容。

（1）通信管理核心：管理节点信息，维护通信连接，完成应用数据和管理控制信息在网络上的传递。

（2）交易管理核心：管理交易状态，协调交易提交；管理、调度、监控应用进程的运行。

（3）安全管理核心：交换加密密钥，管理维护安全信息。

（4）本地系统管理工具：为用户提供配置、监控、维护系统核心提供手段。

（5）远程系统管理工具：为用户提供远程配置、监控、维护系统提供手段，便于用户统一管理节点。

（6）共享内存及消息队列：作为核心之间、核心与应用进程之间的通信机制，登记核心及应用的运行控制信息，在应用与核心之间传递应用数据。

（7）日志系统：登记系统的运行信息，记录交易状态以实现系统的故障恢复、故障诊断。

交易中间件的提交包括远程提交和快速提交两种方式。

（1）远程提交。在如图7-7所示的交易中间件的远程提交示意图中，客户方应用程序设定交易边界，定义交易的开始，发送交易请求报文并接收交易应答，决定交易的提交或回滚。

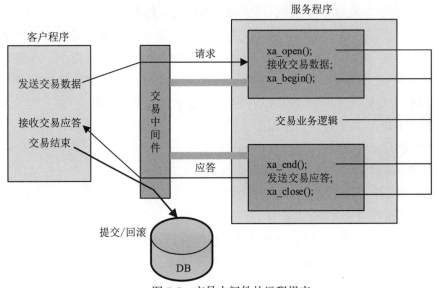

图 7-7　交易中间件的远程提交

服务方应用程序建立、关闭数据库连接（封装于中间件提供的API中），接收交易请求数据，通过XA（XA是由X/Open组织提出的分布式事务的规范）接口通知数据库本地交易的开始与结束（对XA接口的调用封装于中间件提供的API中），通过操作数据库系统完成业务逻辑，发送交易应答。

交易中间件负责交易请求/应答报文的传递，分配交易管理资源，递送交易提交/回滚指令并向数据库系统传达该指令。

在实际的DTP（Dynamic Trunking Protocol，动态中继协议）应用环境中，由于各种故障，可能导致提交/回滚指令的丢失，在不同的产品中，其处理方式也不同。

方式一：客户端发出提交或回滚指令后，可以选择等待或不等待该指令的数据库处理结果。在选择不等待执行结果时，提交或回滚信号的丢失将造成数据库交易无法及时提交，因此一般需要为交易服务方设置在此情况下的默认处理方式——提交或回滚，但不能保证该默认方式与客户方交易结束指令的一致性。在选择等待提交/回滚的应答时，一般能够保证客户方和服务方处理交易操作的一致性，但在提交/回滚的应答信号丢失时，仍然无法保证双方的一致性。

方式二：为弥补方式一的缺陷，一些中间件产品对交易提交过程做出如下设计：在客户程序发出提交/回滚指令后在客户方中间件日志中记录该指令，然后向服务方递送指令并交由数据库处理，正常的全局交易处理即告结束。如果提交/回滚指令丢失，由服务方中间件核心向客户方中间件核心询问该笔交易在日志中登记的结果，并据此结果提交或回滚数据库交易。如果在进行了若干次询问后依然无法得到客户方结果，用户可以选择人工询问来获得该结果并交由中间件向数据库发出指令；也可以设置默认处理方式，为通知应用可能由此带来的不一致性，中间件核心将向应用发出事件报警。

远程提交方式适用于对一致性要求较高、交易结果以前端为准的应用类型。但此方式下数据库事务对资源加锁的时间过长，可能带来系统并发性的下降[30]。

（2）快速提交。交易中间件的快速提交方式（参见图7-8）与远程提交的差异在于：服务方向客户方发出应答后立即提交交易，不再等待客户方的提交/回滚指令。这种方式适用于对一致性要求不高或应用可以通过简单的重做处理保证一致性、交易结果以中心为准的应用类型。其优点是数据库事务对资源加锁的时间短，系统并发性好。

交易完整性的识别内容包括但不限于：

a）核查是否有交易中间件；

b）对发起方身份进行识别，核查是否存在第三方仿冒；

c）对接收方身份进行识别，核查是否存在第三方仿冒；

d）核查交易过程是否完整；

e）核查交易报文是否通过密码技术实现了保密性和完整性；

f）对交易成功完成后的识别码进行核查，验证其真实性。

3）数据完整性

数据完整性是指数据的精确性和可靠性。它是防止数据库中存在不符合语义规定的数据和防止因错误信息的输入、输出造成无效操作或错误信息而提出的。数据完整性分为三类：域完整性、实体完整性、参照完整性。

a）域完整性：是指一个列的输入有效性，是否允许为空值。

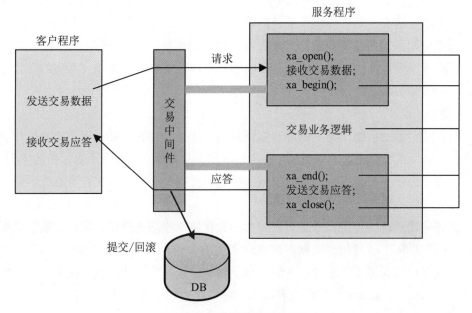

图 7-8　交易中间件的快速提交

b）实体完整性：是指保证表中所有的行唯一。实体完整性要求表中的所有行都有一个唯一标识符。这个唯一标识符可能是一列，也可能是几列的组合，称为主键。

c）参照完整性：是指保证主关键字（被引用表）和外部关键字（引用表）之间的参照关系。它涉及两个或两个以上表数据的一致性维护。

对数据完整性的识别包括但不限于：

a）核查数据的输入是否进行数据合法性检验；

b）核查应用中间件是否采用了单向散列函数、消息认证码、数字签名等密码技术来保证数据的完整性。

7.5.2.2　应用系统脆弱性识别内容

1. 应用系统脆弱性的定义

应用系统安全脆弱性是指应用系统在安全方面存在的薄弱环节，包括：非法访问或控制业务应用系统、非法占用业务应用系统资源等，这些薄弱环节可能被威胁利用造成损害。

2. 应用系统脆弱性识别的内容

依据GB/T 20984，应用系统脆弱性识别内容包括：审计机制、审计存储、访问控制策略、数据完整性、通信、鉴别机制、密码保护等，综合GB/T 31509中对应用系统和数据的安全核查内容，我们分类进行描述。

（1）系统基本信息

a）核查系统名称、类型、用途和内部逻辑层次结构。

b）核查系统合作开发伙伴，系统开发采用的语言、系统采用的发布平台和数据库软件。

c）核查系统核心主机的操作系统、配置及复用情况。

d）核查应用系统所在的服务器上是否有其他应用系统。

e）核查系统设计文档中是否有安全方面的技术规范书和设计文档，系统的强壮性要求是7×24、5×8或者NULL。

（2）身份认证

a）核查用户鉴别机制、鉴别强度和鉴别数据，用户身份鉴别前可以实施的操作。

b）核查应用系统有无重鉴别机制、应用系统的鉴别周期，是否有不受保护的鉴别反馈。

c）核查用户口令是否有初始值，应用系统是否强制要求用户初次登录系统后修改初始口令。

d）核查应用系统的相关口令是否以明文形式存放在本地文件中，用户和鉴别数据（口令、票据、证书等）、业务敏感数据在数据库/其他存储空间是否加密存储。

e）核查客户端或浏览器是否在本地记录了口令、账号等敏感信息，在客户端机器上是否有cookies记录，cookies记录中是否有以明文形式存放的敏感信息。

（3）访问控制

实现访问的控制不仅要保证授权用户使用的权限与其所拥有的权限对应，制止非授权用户的非授权行为；还要保证避免敏感信息的交叉感染。

a）核查应用系统的访问控制机制，包括入网访问权限，对目录、文件、设备的访问，网络资源的访问等方面。

b）核查应用系统是否有用户权限管理功能，用户类型及对应的权限。

c）核查用户是否能够跨越验证界面直接访问系统某些页面，应用系统对允许用户上传的数据是否进行相关限制。

d）核查应用系统是否能限制用户对系统的访问，是否能阻止同一个用户从不同的终端同时登录进应用系统。

e）核查应用系统建立会话前，是否显示有关使用系统的劝告性警示信息；登录系统后，系统返回的登录信息中是否包含"欢迎"等字样，是否有用户上一次成功会话建立的时间、方法和位置等信息；系统是否支持退出、返回等功能。

f）核查是否限制用户尝试登录次数，多次失败登录后锁定和解锁措施。

（4）安全审计

a）核查应用系统是否具有审计功能，审计功能是否支持可审计事件的选择。

b）核查应用系统能够审计到的事件，审计记录包含的字段，审计日志是否易读。

c）核查审计记录的存储方式和位置，系统审计日志保存限制及处理方式。

d）在核查审计功能记录到异常或错误操作时，是否能发出警报。

e）核查对于异常操作或错误操作是否做了显著性标识，并核查当前审计记录中对已发生的异常事件的记录。

f）核查是否具有防止审计数据被未授权删除、修改的保护措施，应用系统是否支持对审计记录的查询和导出操作。

（5）通信安全

通信是发送者通过某种媒体以某种格式来传递信息到收信者以达到某个目的。广义上，任何信息的交流都是通信，狭义上的通信专指以电为载体进行的信息交流。

为了保证应用系统在通信过程中的完整性和保密性，主要通过VPN或者绑定IP地址来保证通信过程中数据的保密性。Web程序对重要数据及指令的传输应进行通信加密和校验。另外，用户通过HTTPS访问应用系统，对传输的数据内容进行双向加密。对于应用系统数据的通信和传输，各系统均应采取如下的方式来确保通信的完整性：发送端应使用MD5或级别更高的散列算法作为指纹，将数据加密，然后在接收端进行比对。

通信安全识别内容如下：

a）核查应用系统是否使用加密传输机制、专用通信协议等

b）核查用户身份鉴别信息在网络上的传输形式。

c）核查应用系统是否存在SQL注入漏洞、跨站脚本执行漏洞、目录遍历的安全漏洞、系统信息泄露的安全漏洞。

（6）安全运维

运维，本质上是对网络、服务器、服务等的生命周期各个阶段的运营与维护，使系统在成本、稳定性、效率上达成一致可接受的状态。

对应用系统的运维主要工作包括以下内容。

a）监控

对系统运行的状态进行实时的监控，随时发现系统的运行异常和资源消耗情况；输出重要的日常运维报表以评估应用系统整体运行状况，发现安全隐患。

b）故障处理

对系统出现的任何异常进行及时处理，尽可能避免问题的扩大化甚至中止系统运行。这之前运维工程师需要针对各类异常问题制定应急响应预案，问题出现时可以自动或手动执行预案达到止损的目的。除此之外，运维工程师还需要考虑系统不同程度受损情况下的灾难恢复。

主要识别内容如下。

● 核查是否制定了针对系统的运维计划，运维工作前是否进行审批或预演，远程运维者名单、范围及方式。

● 核查是否有定期安全检查和加固计划，网站/Web应用是否采取防篡改机制，管理员和维护人员的工作是否有记录。

● 核查系统是否有业务持续性机制。如果有，核查外聘的应急响应机构的资质。

● 核查是否有应急预案，是否有应急情况的恢复方法和流程，应急预案是否经过演练。如果有，审阅已有的应急响应和灾难恢复报告。

7.5.3 应用中间件和应用系统脆弱性识别方法和工具

7.5.3.1 应用中间件和应用系统脆弱性识别方法

应用脆弱性识别需要查看数据库中间件、Web服务中间件、应用服务器中间件等常用中间件和各种应用系统的脆弱性，需要人工核查和工具检查相结合，具体如下。

1．问卷调查

调查问卷又称调查表或询问表，是以问题的形式系统地记载调查内容的一种文件。问卷可以是表格式、卡片式或簿记式。设计问卷，是询问调查的关键。完美的问卷必须具备两个功能，即能将问题传达给被问的人和使被问者乐于回答。

针对应用中间件和应用系统的基本信息及应用系统的日常运行和维护过程中的安全状况，可以通过对应用系统的负责人进行问卷调查或人员访谈来了解和掌握。比如掌握应用中间件的类型和功能，应用系统所在核心主机的操作系统是什么，采用的身份鉴别机制是什么，应用系统的口令策略、运维计划、以往是否发生过安全事件，以及采取的应急响应方式等。通过问卷调查，可以对被测应用系统的一些安全策略和安全状况有一个基础的了解，并能够针对被测应用系统的特性来考虑采用什么测试方法和测试工具，方便进一步地设计测试用例。

2．文档查阅

文档查阅的主要工作是对问卷调查和访谈过程中涉及的纸质或电子文档进行现场的查验，以核实问卷调查结果的真实性。在一般情况下，查阅的文档包括但不限于：

（1）应用中间件和应用系统安全方面的技术规范书、设计文档、建设和验收文档；

（2）针对该应用中间件和应用系统制定或改进的安全策略的监督审查文档；

（3）应用系统日常运维过程中的记录文档、日志审计报告等；

（4）应用系统周期性安全测评、等保测评、风险评估的报告文档；

（5）安全事件发生后的应急响应和灾难恢复类的策略文档或总结报告。

3．工具检测

在对应用中间件和应用系统的脆弱性识别中，少不了检测工具的身影。使用漏洞检测工具（或定制的脚本）检测脆弱性，可以获得较高的检测效率，省去大量的手工重复操作。在工具核查的过程中应该注意的是：

（1）工具的正确选择

漏洞检测工具种类繁多，测试功能多寡不一，测试重点也不尽相同，应根据被测应用系统的具体情况，选择一款或多款适合的工具对其进行安全检测。

（2）工具的正确配置

现在市面上工具类的安全产品为了能适应多种类型的被测应用系统，往往具有多个功能模块且每个模块中也是多种测试方式的组合。如果不能正确地对测试工具进行配置，可能就会在工具的使用过程中因为测试工程师的误操作而造成系统的新的安全问题，甚至有可能影响到应用系统所在业务的连续性，给被测用户造成本不该有的损失和不良影响。

（3）工具的正确使用

漏洞检测工具大都会带有诸多攻击性测试功能，如果使用不当也可能会诱发安全事件。因此，测试工程师需要提前告知用户每一个工具在使用过程中有可能带来的风险，在用户授权许可并做好应急处置的情况下使用工具。

与具有攻击性测试功能的工具不同，源代码审查是一种静态分析技术。利用源代码审核工具，可以自动执行静态代码分析，快速定位代码隐藏错误和缺陷，提高应用软件的可靠性。应用程序开发人员也可以使用源代码审核工具，在项目早期开发时就能够发现代码中的BUG，节约软件开发和测试成本，同时还可以帮助代码设计人员更专注于分析和解决代码设计缺陷。

4．人工检查

对应用中间件和应用系统的功能、性能和安全中的一些不适宜采用工具的核查内容可以通过人工检查的方式获得结果。如用户口令是否有初始值，应用系统是否强制要求用户初次登录系统后修改初始口令，是否能阻止同一个用户从不同的终端同时登录进应用系统等通过人工检查的方式会较为快速和准确地得到核查结果。

由于工具配置问题或工具的通用性策略会导致测试结果中有大量的误报出现，对于一些通过工具检测得到的测试结果需要通过人工检查的方式凭借测试工程师的经验和技术加以验证，最终获得真实可信的结果。

5．渗透测试

渗透测试并没有一个标准的定义，国外一些安全组织达成共识的通用说法是：渗透性测试是通过模拟恶意黑客的攻击方法，来评估计算机网络系统安全的一种评估方法。测试工程师可以从内网或外网利用各种手段对被测应用系统进行测试，以期发现和挖掘系统中存在的漏洞。

在识别应用系统的通信安全如是否存在SQL注入漏洞、跨站脚本执行漏洞、目录遍历的安全漏洞、系统信息泄露的安全漏洞、是否可以实现网页防篡改时，就可以考虑采用渗透测试的方法。

渗透测试与黑客攻击虽采用相同的技术手段和方法，但最大的区别在于黑客攻击是黑客发现应用系统的漏洞后会对系统进行破坏性的攻击以达到系统损害、业务中断、用户损失或实现其不可告人的不良目的，而渗透测试则仅是为了识别出应用系统存在的漏洞，为用户提出相应的处置策略以防止黑客攻击。但应该注意的是渗透测试有可能会给被测应用系统带来损失，必须在测试前告知用户可能会造成的后果，得到用户的书面许可授权并配备技术人员做好关键数据备份及应急响应准备后方可开展测试。

7.5.3.2 应用中间件和应用系统脆弱性识别工具

应用中间件和应用系统脆弱性识别工具有很多，下面列出几类：

1. 资产脆弱性安全检查系统

目前，各大安全厂商都会开发基于资产的脆弱性安全扫描产品，其中也包括对被测系统中间件的脆弱性扫描。通过设置要扫描的中间件基本信息，安全检查系统会模仿黑客攻击行为，比如重放攻击、中间人攻击、口令猜测攻击等对被扫描中间件的版本、补丁、密码设置等内容进行检测，并自动生成漏洞扫描报告。某脆弱性安全检查评估系统工作示意如图7-9所示。

7	Apache Tomcat 不再维护的版本检测（Windows）【新发现】	将远程主机上的Apache Tomcat版本更新为仍然支持的版本
8	可能是特洛伊木马【新发现】	关闭未知服务的端口，并安装一个防病毒软件
9	Apache Tomcat 拒绝服务漏洞-Jun15（Windows）【新发现】	升级到6.0.44或7.0.55或8.0.9或更高版本
10	Apache Tomcat AJP协议安全绕过漏洞【新发现】	更新版本
11	Apache Tomcat Windows Installer特权提升漏洞【新发现】	从下面的链接应用补丁，http://svn.apache.org/viewvc?view=revision
12	Apache Tomcat'JmxRemoteLifecycle Listener'远程执行代码漏洞【新发现】	升级到6.0.48或7.0.73或8.0.39或8.5.8或9.0.0.M13或更高版本
13	OpenSSH多个漏洞【新发现】	升级到OpenSSH7.0或更高版本
14	OpenSSH'anth_password拒绝服务漏洞(Linux)【新发现】	补丁获取链接：https://github.com/openssh/openssh-portable/commit/fed135c9df440bcd2d5870405ad3311743d78d97

图 7-9 某脆弱性安全检查评估系统工作示意

2. SSLScan

SSLScan是一个高效的C程序，被称为SSL版本检测与密码套件，同样适用于TLS，可以用于检测"心脏出血"漏洞（Heartbleed）和POODLE"贵宾犬"漏洞，非常快捷。

使用SSLScan，可以在设置服务器之后，用以检测完成SSL配置的网站或者其他应用是否更加健壮。特别是在不能使用一些在线工具的时候。SSLScan可以用以检测SSL和TLS的所有版本和密码，同时能够检测出一些漏洞。除此之外，还可以在输出中高亮显示SSL V2和V3密码，也能够高亮显示3DES、CBC、RC4密码，可以直接标记出已经过期的证书。

3．MiddlewareScan（中间件漏洞检测框架）

MiddlewareScan是一款用python编写的轻量级中间件漏洞检测框架，实现针对中间件的自动化检测，端口探测→中间件识别→漏洞检测→获取Webshell。

漏洞检测脚本以插件形式存在，可以自定义添加修改漏洞插件，存放于plugins目录，插件标准非常简单，只需对传入的IP、端口、超时进行操作，成功返回"YES要打印出来的信息"即可。新增插件需要在plugin_config.ini配置文件中新增关联（多个漏洞插件以逗号隔开）。中间件识别在discern_config.ini文件中配置（支持文件内容和header识别）。

4．HTTPS 域名证书有效期的扫描脚本

脚本名称为：ssl_verification_check.py，依赖于Linux系统。其功能是将各类中间件节点的主要信息标准化输出，获取HTTPS证书有效期，且生成表格记录跟踪状态。

5．Rational AppScan

Rational AppScan是专门面向Web应用安全检测的自动化工具，是对Web应用和Web Services进行自动化安全扫描的黑盒工具。它不但可以简化企业发现和修复Web应用安全隐患的过程（这些工作以往都是由人工完成，成本相对较高，效率低下），还可以根据发现的安全隐患，提出针对性的修复建议，并能形成多种符合法规、行业标准的报告，方便相关人员全面了解企业应用的安全状况。

7.5.4　应用中间件和应用系统脆弱性识别过程

1．基本信息核查

通过问卷调查和现场核查方式了解被测应用系统及涉及的中间件类型、名称、版本等基本信息，并对其进行分类。

2．脆弱性识别

本阶段的工作内容是对访谈和问卷调查的基本信息进行人工现场核查，并利用工具和编写测试脚本等方法去识别应用中间件和应用系统的脆弱性。

首先，制定应用中间件和应用系统的脆弱性核查表，设计测试用例，选择合适的测试工具，并制定工具核查的具体实现方法。

然后，逐项填写测试结果。对一些需要根据测试工程师经验进行核查的内容，可以采用两个测试工程师分别核查，综合讨论来确定脆弱点的方式，以避免由于测试人员经验不足或者人员失误操作带来的核查结果的不准确。

在使用工具时，需注意的是这些工具在扫描过程中本身会带有诸多攻击性测试功能，如果使用不当，在评估信息系统安全隐患的同时，也可能给系统带来新的风险。因此，需

要提前将工具使用有可能带来的风险告知用户，并在工具使用前做好关键数据资源的备份和应急响应准备，在用户授权许可的情况下开展工具检测和脚本测试等工作。

3．脆弱性赋值

根据脆弱点被威胁利用后会对应用中间件、应用系统乃至整个业务带来的损害程度、威胁利用脆弱点的技术实现难易程度，以及弱点的流行程度，采用等级方式对已识别的脆弱性的严重程度进行赋值。由于很多弱点反映的是同一方面的问题，或可能造成相似的后果，赋值时应综合考虑这些弱点，以确定这一方面脆弱性的严重程度。

应用中间件和应用系统脆弱性可利用性和严重程度的赋值方法如表7-2所示。不同的等级分别代表应用中间件和应用系统脆弱性严重程度的高低，等级数值越大，脆弱性严重程度越高。

7.5.5　应用中间件和应用系统脆弱性识别案例

1．系统介绍

A公司生产系统由生产监控系统和运营实时监测系统组成，其网络拓扑如图7-10所示。系统通过网络收集各站点的实时生产数据，对数据进行分析、监控和调度，调配各生产一线的成品输出，使各区域的供应能力保持在合理的水平上。该系统的业务数据主要包括成品质量数据、生产现场状态数据、各区域消费数据等。该系统在获取各监测数据的同时，通过Web方式发布主要的监测数据。

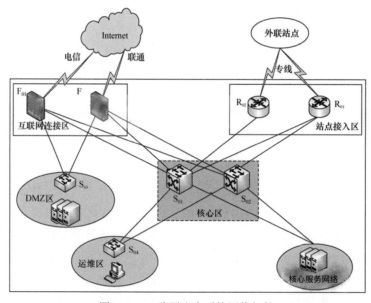

图 7-10　A 公司生产系统网络拓扑

该系统是一个专用网络，网络中仅运行生产系统，无其他业务。机房位于办公楼底楼，由旧机房改造而成。整个网络结构由核心区、互联网接入区、站点接入区、运维区和 DMZ

区构成。该系统边界上部署了2台防火墙设备，连接至互联网和外联单位。各站点通过ATM（Asynchronous Transfer Mode）连接路由器，接入中心网络。

2. 脆弱性识别及赋值

使用脆弱性发现工具对A公司生产系统进行扫描，辅助人员访谈和人工检查，发现了针对Web 应用服务系统的脆弱性。表7-18列出了应用中间件的脆弱性赋值。

表 7-18　应用中间件的脆弱性赋值

资产名称	脆弱性名称	严重程度	描　述
Web 数据发布应用服务器	Tomcat 的 cal2.jp 页面 XSS 跨站攻击漏洞（CVE-2009-0781）Tomcat 中 snoop. jsp 存在跨站脚本漏洞（CVE-2007-2449）	3	远程非法攻击者能够利用该漏洞在受影响网站的 Web 页面中插入 HTML 或脚本代码，当用户浏览该页面时，将在用户的浏览器中自动执行该恶意代码远程 Web 服务器上包含 JSP 示例应用程序，由于使用 snoop.jsp 生成动态内容之前没有正确过滤用户的输入信息，远程未经验证的攻击者可能会利用该漏洞注入任意 HTML 或脚本代码到用户的浏览器中
生产数据监控应用服务器	Tomcat 示例应用程序的 hello.jsp 中存在跨站脚本漏洞（CVE-2007-1355）	3	远程 Web 服务器上 Apache Tomcat 没有正确过滤用户提交的输入，远程攻击者可以利用漏洞进行跨站脚本攻击，获得敏感信息

应用系统的脆弱性，存在于系统中的SQL Server、Web DB、App Web、Web DB、App Web、App Server、Anti Server。表7-19列出了应用系统的脆弱性赋值。

表 7-19　应用系统的脆弱性赋值

资产名称	脆弱性名称	严重程度	描　述
生产数据监控数据库系统	Microsoft SOL Server 中的多个提权漏洞	4	SQL Server 管理内存页面重用的方式存在漏洞，在重新分配内存时，SQL Server 未能初始化内存页面。具有数据操作员权限并成功利用此漏洞的攻击者可以访问客户
Web 数据发布应用系统	Oracle 数据库系统 2013 年 1 月安全更新丢失	4	Oracle 数据库服务器丢失了 2013 年 1 月的关键补丁更新
生产数据监控应用系统	Tomcat 示例应用程序的 hello.jsp 中存在跨站脚本漏洞	3	远程 Web 服务器上 Apache Tomcat 没有正确过滤用户提交的输入，远程攻击者可以利用漏洞进行跨站脚本攻击，获得敏感信息
防病毒应用系统	MS06018:Microsoft 分布式事务处理协调器中的漏洞可能允许拒绝服务	3	攻击者利用该漏洞可以向受影响的系统发送特定的网络消息，导致 Microsoft 分布式事务处理器出现不正常响应

7.6 数据脆弱性识别

7.6.1 数据安全相关定义

1. 数据安全的定义

数据安全是信息安全保障的基础，是业务活动连续开展的保证。它包括数据的产生、处理、加工、存储、使用、传输、销毁等环节的安全。

数据安全是指数据在其生命周期中得到保护，不因偶然的或者恶意的原因遭到破坏、更改、泄露。数据安全主要保护数据的可用性、完整性、真实性、机密性及不可否认性等安全属性[39]。

数据安全有两方面的含义：一是数据本身安全，主要是指采用现代密码算法对数据进行主动保护，如数据保密性、数据完整性、双向强身份认证等；二是数据防护安全，主要是采用现代信息存储手段对数据进行主动防护，如通过磁盘阵列、数据备份、异地容灾等手段保证数据的安全，数据防护安全是一种主动的措施，数据本身的安全必须基于可靠的加密算法与安全体系，主要有对称加密算法和非对称加密算法（公开密钥密码体系）。

数据安全是通过对载体和环境的保护，以及数据自身的保护来实现的。根据所其保护数据的基本特性分为物理安全和逻辑安全。数据的物理安全是数据安全的一个重要环节，其含义是指用于存储和保存数据的机器、磁盘等设备物理上的安全，比如人为的错误和不可抗拒的灾难，需要数据储存备份/容灾等手段的保护。数据的逻辑安全是指数据在处理、加工、使用、传输等环节的安全，比如防止存储设备内的数据被盗窃、修改、删除和破坏，这也称为静态安全；而在数据处理、加工、使用、传输过程中，防止被截获、被篡改、被非授权使用、被非法传播等，称为动态安全，这些都需要系统的安全维护。

2. 数据安全面临的威胁

数据安全是计算机，以及网络等学科的重要研究课题之一。它不仅关系到个人隐私、商业隐私；数据安全技术甚至会直接影响国家安全。

数据处理过程中常见的威胁有以下几种。

（1）病毒

对数据安全的威胁可能会直接威胁到数据库。例如，获得对数据库未授权访问的那些人接下来可能会浏览、改变、甚至偷窃他们已获得访问权的数据。但是，单独关注数据库安全并不能确保安全的数据库。系统的所有部分都必须是安全的，包括数据库、网络、操作系统、物理存放数据库的建筑物，以及有机会访问系统的人员。

（2）意外的损失

包括人为错误、软件和硬件引起的破坏：建立操作过程（例如，用户授权）、统一软件安装过程、硬件维护计划表都是对意外丢失产生的威胁可以采取的行动。与人所参与的任何工作一样，发生一些损失是在所难免的，但是考虑周全的策略和过程应该会减少损失的数量和严重程度。更严重的后果可能是非意外的威胁。

（3）偷窃和欺诈

这些活动常常是通过电子手段的人为犯罪，可能改变数据，也可能不改变数据。这里应将注意力集中在每一个可能的位置上。例如，必须建立物理安全，以便未授权的人不能进入放置计算机、服务器、远程通信设施或计算机文件的房间。对雇员办公室和其他任何存储或容易访问敏感数据的地方也应该提供物理安全性。建立防火墙，防止未授权用户通过外部通信链路对数据库不合适部分的未授权访问，是阻止有偷窃和欺诈意图的人实施其行动的又一种安全过程范例。

（4）私密性和机密性受损

私密性受损通常意味着对个人数据的保护遭遇失败，而机密性受损通常意味着对关键的组织数据的保护受到损失，这些数据对组织机构可能具有战略价值。信息私密性控制失败可能会导致敲诈勒索、行贿受贿、民事纠纷或用户密码失窃。机密性控制失败可能会导致失去竞争优势。现存的一些美国联邦政府法律和州立法律要求一些类型的组织机构制定并传达其策略，以确保顾客和客户数据的私密性。必须有安全机制来实施这些策略，不这么做就可能意味着财政和声誉的巨大损失。

（5）数据完整性受损

当数据完整性受到损害时，数据会无效或被破坏。除非通过建立备份和恢复过程可以恢复数据完整性，否则组织机构可能遭受严重损失，或基于无效数据而制定出不正确的和代价昂贵的决策。

（6）可用性受损

硬件、网络或应用程序遭到破坏可能导致用户无法获得数据，这可能再次导致严重的操作困难。这种类型的威胁包括引入有意要破坏数据或软件，致使系统不可用的病毒。始终安装最新的抗病毒软件，以及使雇员了解病毒来源，这些是对抗这种威胁的重要措施。

（7）窃听

窃听是一种监视网络状态、数据流程，以及网络上信息传输的方法，并且可以截获网络上所传输的信息，也就是说，当黑客登录网络主机并取得超级用户权限后，若要登录其他主机，使用网络窃听便可以有效地截获网络上的数据，这是黑客使用的最好的方法。

（8）篡改

数据篡改是指数据在传输、存储、处理、访问等方面被恶意修改、删除、增加某些内容从而造成数据的破坏。

（9）伪装

顾名思义就是把真实的数据伪装成其他与真正要传输的内容无关的信息。

（10）否认

参与者否认或抵赖曾经完成的操作和承诺，发送方否认已经发送的信息。

3．影响数据安全的因素

（1）硬盘驱动器损坏：一个硬盘驱动器的物理损坏意味着数据丢失。设备的运行损耗、存储介质失效、运行环境，以及人为的破坏等，都能造成硬盘驱动器设备造成影响。

（2）人为错误：由于操作失误，使用者可能会误删除系统的重要文件，或者修改影响系统运行的参数，以及没有按照规定要求或操作不当导致的系统宕机。

（3）黑客：入侵者借助系统漏洞、监管不力等通过网络远程入侵系统。

（4）病毒：计算机感染病毒而招致破坏，甚至造成的重大经济损失，计算机病毒的复制能力强，感染性强，特别是在网络环境下的传播性更快。

（5）信息窃取：从计算机上复制、删除信息或干脆把计算机偷走。

（6）自然灾害。

（7）电源故障：电源供给系统故障，一个瞬间过载电功率会损坏在硬盘或存储设备上的数据。

（8）磁干扰：重要的数据接触到有磁性的物质，会造成计算机数据被破坏。

4．数据安全涉及的相关技术

（1）密码技术

密码技术是保障信息安全的核心技术，是集数学、计算机科学、电子与通信等诸多学科于一身的交叉学科。不同的密码技术能够解决不同的信息安全问题。可以通过组合多种密码技术来解决尽量多的信息安全问题，但要做好高安全和高性能之间的平衡。

为了解决信息安全问题的密码技术，从根本上来说，通常具有以下一个或多个特性。

- 保密性：为了防止信息被窃听，因此需要对信息进行加密，对应的密码技术主要是对称加密和非对称加密。
- 完整性：为了防止信息被篡改，因此需要对信息进行完整性校验，对应的密码技术有单向散列函数、消息认证码、数字签名。
- 认证：为了防止攻击者伪装成真正的发送者，因此需要对信息进行鉴权，校验此消息是否来自合法的发送者，对应的密码技术有消息认证码、数字签名。
- 不可否认性：为了防止发送者发布信息后否认自己发布过，因此需要证据来证明信息是否由发送者发布，对应的密码技术为数字签名。

a）PKI

中间件产品一般基于PKI体系思想。PKI的主要目的是通过自动管理密钥和证书，为用户建立起一个安全的网络运行环境，使用户可以在多种应用环境下方便地使用加密和数字签名技术，从而保证网上数据的保密性、完整性和有效性。

PKI采用证书进行公钥管理,通过第三方的可信任机构——证书机构CA把用户的公钥和用户的其他标识信息捆绑在一起，其中包括用户名和电子邮件地址等信息，以在互联网上验证用户的身份。PKI把公钥密码和对称密码结合起来，在互联网上实现密钥的自动管理，保证网上数据的安全传输。

一个典型的PKI系统组成包括PKI策略、软硬件系统、证书机构CA、注册机构RA、证书发布系统和PKI应用等。

PKI安全策略建立和定义了一个组织信息安全方面的指导方针，同时也定义了密码系统使用的处理方法和原则。

证书机构CA是PKI的信任基础，它管理公钥的整个生命周期，其作用包括：发放证书、规定证书的有效期和通过发布证书废除列表（CRL）确保必要时可以废除证书。

注册机构RA提供用户和证书机构CA之间的一个接口，它获取并认证用户的身份，向证书机构CA提出证书请求。它主要完成收集用户信息和确认用户身份的功能。

证书发布系统负责证书的发放，如可以通过用户自己，或是通过目录服务器发放。目录服务器可以是一个组织中现存的，也可以是PKI方案中提供的。

PKI的应用非常广泛，包括应用在Web服务器和浏览器之间的通信、电子邮件、电子数据交换（EDI）、在Internet上的信用卡交易和VPN等。

b）对称密码体制

对称密码体制是加密和解密算法使用相同的密钥，也称为常规密钥密码体制、单密钥密码体制、秘密密钥密码体制。如Bob用密钥K把明文M加密成密文C后传输给Alice，Alice再通过相同的密钥K将密文C解密成明文M。

对称加密算法中常用的算法有：DES（Data Encryption Standard，数据加密标准）、AES（Advanced Encryption Standard，高级加密标准）等。DES是一种把64bit明文加密成64bit的密文的对称密码算法，密钥长度56位，其中每隔7bit有个错误检查比特，结果DES密钥总长度为64bit。

AES是一种分组密码，即将明文消息拆分为一定长度的N个分组，然后对每个分组进行加密。AES的分组长度固定为128bit，而密钥可以是 128/192/256bit，也就是16个字节、24个字节和32个字节。

对称性加密通常在消息发送方需要加密大量数据时使用，算法公开、计算量小，对称密码体制的优点：加密速度快、加密效率高。缺点：在数据传送前，发送方和接收方必须商定好密钥，然后使双方都能保存好密钥；其次如果一方的密钥被泄露，那么加密信息也就不安全了；另外，每对用户在每次使用对称加密算法时，都需要使用其他人不知道的唯一密钥，这会使得收、发双方所拥有的钥匙数量巨大，密钥管理成为双方的负担。

c）非对称密码体制

非对称密码体制：加密和解密算法使用不同但相关的一对密钥，也称为公开密钥密码体制、双密钥密码体制。非对称密码体制使用了一对密钥，用公钥进行加密，再用配对的私钥进行解密。公钥是公开的，而私钥是保密的。如Bob用Alice的公钥把明文M加密成密文C后传输给Alice，Alice再通过自己的私钥将密文C解密成明文M。相比对称加密安全性提高了，但牺牲了性能。

使用最广泛的非对称加密算法就是 RSA，其原理是利用了大整数质因数分解问题的困难度，加密和解密其实就是非常简单的两条公式：

$$加密：密文 = 明文\,{}^{\wedge}E \bmod N$$

$$解密：明文 = 密文\,{}^{\wedge}D \bmod N$$

加密是对明文的E次方后除以N求余数的过程，其中E和N的组合就是公钥，即公钥$= (E, N)$。而解密过程就是对密文进行D次方后除以N得到余数，是明文，D和N的组合就是私钥，即私钥$=(D, N)$。公钥和私钥共有的N称为module，即模数，E和D则分别是公钥指数和私钥指数。

不同于对称密码可以加密任意长度的明文，RSA明文长度是不能超过密钥长度的。另外，为了提高安全性，RSA加密时都会填充一些随机数。在实际应用中，会对一些安全性要求非常高的短消息进行加密，比如用户的密码、对称加密的密钥。

对称加密和非对称加密用来解决保密性问题，对称加密的速度快，适合用来加密长消息，但密钥在安全配送和客户端的存储是个难点；而非对称加密避免了共享密钥的安全配送和存储问题，但对长消息的加密速度非常慢，只适合用来加密短消息。

d）单向散列函数

对称加密和非对称加密主要是用来解决消息的保密性问题的，即可以防止消息被窃听导致秘密泄露，但却无法校验消息是否被篡改。要校验消息是否被篡改，就要对消息进行完整性校验，最简单高效的就是单向散列函数。

单向散列函数也称哈希函数、杂凑函数、消息摘要算法等，是能把任意长的输入消息串转变成固定长的输出串的一种函数，输出值称为"散列值"或"消息摘要"，也称为消息的"指纹"。使用单向散列函数，同一消息会生成同样的散列值，而只要改了消息，哪怕只改了1个字节，最终的散列值变化也很大，因此，很适合用这个散列值校验消息的完整性。最常用的单向散列函数就是MD5和SHA，SHA包括了SHA-1、SHA-224、SHA-256、SHA-384和SHA-512，后四种并称为SHA-2。

e）消息认证码

虽然单向散列函数可以用来对消息进行完整性校验，但无法校验消息是否来自合法的发送者，即无法解决认证问题。要解决发送者的认证问题，最常用的有两种方案，一是采用消息认证码，二是使用数字签名。

消息认证码是一种确认完整性并进行认证的技术，简称为MAC。消息认证码的输入包括任意长度的消息和一个发送者与接收者之间共享的密钥，它可以输出固定长度的数据，这个数据称为MAC值。消息认证码最常用的实现方式是HMAC，简单理解就是带有密钥的散列函数，因为有了密钥，就可以对发送者进行认证；也因为使用了散列函数，也具有完整性校验的性质。根据使用哪种单向散列函数可分为：HMAC-MD5、HMAC-SHA1、HMAC-SHA256等。

f）数字签名

数字签名也可以解决发送者的认证问题，而且，数字签名还具有不可抵赖性。数字签名的原理也非常简单，其实就是将非对称加密反过来用。我们知道，非对称加密是用公钥加密，然后用私钥解密。而数字签名则是由持有私钥的人用私钥加密，生成的密文就是数字签名，再用公钥解密。正是基于这一事实，才可以将用私钥加密的密文作为签名来对待。而由于公钥是对外公开的，因此任何人都可以用公钥进行解密，即任何人都能够对签名进行验证。

由于非对称加密的速度比较慢，不适应于长消息，通常的做法是对消息的散列值进行签名，因为散列值比较短，所以加密签名相对就会快很多。因此，你会看到数字签名有类似MD5withRSA、SHA1withRSA这样的实现。

单向散列函数可以用来对消息进行完整性校验，但很少单独使用；消息认证码简单理解就是带密钥的单向散列函数，既能校验完整性，还能对发送者进行认证；数字签名能解决完整性校验、认证和防止抵赖等问题，最广泛的应用是在数字证书上。

（2）密码保护

密码保护主要功能是提高账户安全性，除密码外又加了一把"锁"。传统的账号加一组密码的账户保密方式存在很大的安全隐患，当今互联网木马猖獗，这种账户极易被不法者使用盗号木马利用系统漏洞轻易盗取或破解，如键盘钩子这一类的木马工具。密码保护就是为增强账号安全性而诞生的，是账号的二级密码，相当于为账户再加了一把锁，安全性大大提高[32]。

常见密码保护方式有以下几种。

a）增设开锁编码

用于设置和改变开锁编码。开锁编码用于防止电话非授权使用，每次开机自动上锁。

b）填写安全邮箱

上网时注册一些ID时可以填写安全电子邮箱，然后设置个人的问题和答案的方式，以使忘记密码或密码被盗时可以寻回密码的一项安全措施。

c）使用密保卡

- QQ密保卡：是腾讯公司推出的一项账号安全保护服务。它是一个记录着10行8列数字的卡片，在执行敏感操作（如在幻想游戏中转让装备、修改QQ密码）时，系统将提示用户输入密保卡三个位置上的数字，全部输入正确才允许继续操作。

- 网易电子密保卡：为方便广大网易用户能够更便捷地获得并使用密保卡，进一步提升游戏用户的账号安全性，网易公司推出"电子密保卡"服务。电子密保卡服务是完全免费的。无须提供任何资料即可免费申请，您只需通过网络即可申请电子密保卡。

d）使用U盾

U盾，即中国工商银行（以下简称"工行"）2003年推出并获得国家专利的客户证书USBkey，是工行提供的办理网上银行业务的高级别安全工具。从技术角度看，U盾是用于网上银行电子签名和数字认证的工具，它内置微型智能卡处理器，采用1024位非对称密钥算法对网上数据进行加密、解密和数字签名，确保网上交易的保密性、真实性、完整性和不可否认性。

（3）数据隐藏技术

数据隐藏是集多学科理论与技术于一身的新兴技术领域。数据隐藏技术主要是指将特定的信息嵌入数字化宿主信息（如文本，数字化的声音、图像、视频信号等）中，数据隐藏的目的不在于限制正常的数据存取和访问，而在于保证隐藏的数据不引起监控者的注意和重视。

数据隐藏技术具有的基本特点如下。

● 不可感知性

信息隐藏技术利用信源数据的自相关性和统计冗余特性，将秘密信息嵌入数字载体中，而不会影响原载体的主观质量，不易被观察者察觉。如果载体是图像，所做的修改对人类的视觉系统应该是不可见的；如果载体是声音，所做的修改对人类的听觉系统应该是听不出来的。秘密信息的嵌入在不改变原数字载体的主观质量的基础上，还应不改变其统计规律，使得运用统计检查工具检查到隐秘载体文件中秘密信息的存在性也是非常困难的。

● 健壮性

健壮性反映了信息隐藏技术的抗干扰能力，它是指隐藏信息后的数字媒体在传递过程中虽然经过多重无意或有意的信号处理，但仍能够在保证较低错误率的条件下将秘密信息加以恢复，保持原有信息的完整性和可靠性，它也称为自恢复性或可纠错性。对隐藏信息的处理过程一般包括数/模、模/数转换；再取样、再量化和低通滤波；剪切、位移；对图像进行有损压缩编码，如变换编码、矢量量化；对音频信号的低频放大等。

● 隐藏容量

为了提高通信的效率，在将信息隐藏技术应用于隐蔽通信中时，往往希望每一个数字载体文件能够携带更多的秘密数据。隐藏容量是反映这种能力的一个指标，它是指在隐藏秘密数据后仍满足不可感知性的前提下，数字载体中可以隐藏秘密信息的最大比特数。

信息隐藏的方法主要有隐写术、数字水印技术、可视密码等。

a）隐写术

隐写术就是将秘密信息隐藏到看上去普通的信息（如数字图像）中进行传送，以防第三方检测出秘密信息。

b）数字水印技术

数字水印技术是将一些标识信息（即数字水印）直接嵌入数字载体（包括多媒体、文档、软件等）当中，但不影响原载体的使用价值，也不容易被人的知觉系统（如视觉或听觉系统）觉察或注意到。水印技术主要用于版权保护、复制控制和操作跟踪。

c）可视密码技术

恢复秘密图像时不需要任何复杂的密码学计算，而是以人的视觉即可将秘密图像辨别出来。

信息隐藏技术在信息安全保障体系的诸多方面发挥着重要作用，主要可归结为下列几个方面：

a）数据保密通信：信息隐藏技术可应用于数据保密通信，通信双方将秘密信息隐藏在数字载体中，通过公开信道进行传递。在军事、商业、金融等方面，如军事情报、电子商务中的敏感数据、谈判双方的秘密协议及合同、网上银行信息等信息的传递，信息隐藏技术具有广泛的应用前景。

b）身份认证：信息通信的任何一方不能抵赖自己曾经做出的行为，也不能否认曾经接收到对方的信息，这是信息系统中的一个重要环节。可利用信息隐藏技术将各自的身份标记隐藏到要发送的载体中，以此确认其身份。

c）数字作品的版权保护与盗版追踪：版权保护是信息隐藏技术所试图解决的重要问题之一。随着数字化技术的不断深入，人们所享受的数字服务将会越来越多，如数字图书馆、数字电影、数字新闻等。这类数字作品具有易修改和复制的特点，其版权保护已经成为迫切需要解决的现实问题，利用信息隐藏中的健壮数字水印技术可以有效解决此类问题。服务提供商在向用户发放作品的同时，将服务商和用户的识别信息以水印的形式隐藏在作品中，这种水印从理论上讲是不能被移除的。当发现数字作品在非法传播时，可以通过提取的识别信息追查非法传播者。

d）完整性、真实性鉴定与内容恢复：可在数字作品中嵌入基于作品全部信息的恢复水印和基于作品内容的认证水印，由认证水印实施对数字作品完整性和真实性的鉴别并进行篡改区域定位，由恢复水印对所篡改区域实施恢复。

（4）数据防护技术

随着网络、数据、通信技术的高速发展和应用，组织越来越多的业务从线下转移到线上，从而导致大数据成爆发式增长。随着大数据时代的来临，数据已经成为组织的重要资产。数据资产在为我们创造价值的同时，也带来了大量的数据信息安全隐患。下面介绍数据安全的防护措施——数据防护技术。

a）磁盘阵列

磁盘阵列是指把多个类型、容量、接口甚至品牌一致的专用磁盘或普通硬盘连成一个阵列，使其以更快的速度、准确、安全的方式读写磁盘数据，从而达到数据读取速度和安全性的一种手段。

b）数据备份

数据备份简单来说就是创建数据的副本。它指计算机系统中硬盘上的数据，通过适当的形式转录到其他的保存介质（如硬盘、磁带、光盘等）上，以便需要时调入计算机网络系统使用。如果原始数据被删除、覆盖或由于故障无法访问，可以使用副本恢复丢失或损坏的数据[34]。

数据备份包括以下内容。

- 本地备份：在本机的特定存储介质上进行的备份称为本地备份。包括存储在本地计算机硬盘的特定区域或直接相连的可移动介质上。
- 异地备份：通过网络将文件备份到与本地计算机物理上相分离的存储介质上，包括网络硬盘，或通过网络上其他的系统存储在可移动介质上。
- 可更新备份：备份到可读写的存储介质（如硬盘、移动存储器等）上，可以进行读写操作，因而可以随时更新。
- 不可更新备份：备份到只读存储介质（如CD-R）上，只可一次性写入，不能再进行更新。
- 动态备份：利用工具软件读写功能，定时自动备份指定文件，或者文件内容变化后随时自动备份。
- 静态备份：一般为手工备份。

数据备份的策略包括以下内容。

- 完全备份：这种备份方式很直观，容易被人理解。当发生数据丢失的灾难时，只要用一盘磁带（即灾难发生前一天的备份磁带），就可以恢复丢失的数据。
- 增量备份：该备份的优点是没有重复的备份数据，节省磁带空间，缩短备份时间；缺点在于，当发生灾难时，恢复数据比较麻烦。
- 差分备份：管理员先在周一进行一次系统完全备份，然后在接下来的几天里，再将当天所有与星期一不同的数据备份到磁带上。

c）双机容错

双机容错的目的在于保证系统数据和服务的在线性。即当某一系统发生故障时，仍然能够正常地向网络系统提供数据和服务，使得系统不至于停顿，双机容错的目的在于保证数据不丢失和系统不停机。

d）NAS（Network Attached Storage，网络附属存储）

NAS解决方案通常作为文件服务的设备配置，由工作站或服务器通过网络协议和应用程序来进行文件访问。大多数NAS连接在工作站客户机和NAS文件共享设备之间。

e）数据迁移

由在线存储设备和离线存储设备共同构成一个协调工作的存储系统，该系统在在线存储和离线存储设备间动态地管理数据，使得访问频率高的数据存放于性能较高的在线存储设备中，而访问频率低的数据存放于较为廉价的离线存储设备中。

f）异地容灾

异地容灾指以异地实时备份为基础的、高效、可靠的远程数据存储。在各单位的IT系统中必然有核心部分，通常称之为生产中心。生产中心往往配备了一个备份中心，该备份中心是远程的。尽管在生产中心的内部已经实施了各种各样的数据保护，但不管怎么保护，也不可能做到绝对安全。当火灾、地震这种灾难发生时，一旦生产中心瘫痪了，远程的备份中心会接管生产，继续提供服务。

g）SAN（Storage Area Network，存储区域网络）

SAN允许服务器在共享存储装置的同时仍能高速传送数据。这一方案具有带宽高、可用性高、容错能力强的优点，而且它可以轻松升级，容易管理，有助于改善整个系统的总体成本状况。

h）数据库加密

对数据库中的数据加密是为增强普通关系数据库管理系统的安全性，从而对数据库存储的内容实施有效保护。实现数据库数据存储保密和完整性要求，使得数据库以密文方式存储并在加密方式下工作，确保了数据安全。

i）硬盘安全加密

经过安全加密的故障硬盘，硬盘维修商无法查看，保证了内部数据的安全性。在硬盘发生故障需要更换新硬盘时，可自动恢复受损坏的数据，有效防止企业内部数据因硬盘损坏、操作错误而造成的数据丢失。

7.6.2 数据脆弱性识别内容

7.6.2.1 数据脆弱性识别的定义

1. 数据脆弱性的定义

数据作为信息的具体表现形式，是其他一切应用的基础与前提。由于数据本身的特性，数据在传输、存储、处理、访问方面都存在着极大的漏洞，统称为数据脆弱性。

2. 数据脆弱性识别的定义

数据脆弱性识别，指的是通过一系列方法和工具，准确识别出在数据存储、数据传输、数据处理等过程中存在的可能被威胁利用和造成损害的薄弱环节。

7.6.2.2 数据脆弱性识别的内容

在数据库安全、应用中间件、应用系统中，只要有数据存储、备份、传输和访问的行为发生，就离不开数据脆弱性的识别。概括说来，数据脆弱性识别的内容包括但不限于：

（1）核查数据库安装路径和文件、日志存放路径，数据库软件版本和补丁号；

（2）核查应用系统的数据传输是否采用加密，以及应用系统数据完整性保证机制；

（3）核查重要数据资源是否采用加密存；

（4）核查数据资源的访问控制策略；

（5）核查应用系统的开发环境与测试环境是否严格分离；

（6）核查数据是否采用了安全编码；

（7）核查存储系统是否建有热备机制；

（8）核查应用系统是否有备份机制，系统和数据的存储备份采用何种方式，应用系统是否针对重要的数据文件、配置文件制定有效的逻辑备份、物理备份策略，是否有异地备份。当前已存在的软件保护技术主要包括：软件混淆、软件抵制、多样性、软件水印、时间限制模式等。这些技术是防范静态分析和逆向工程攻击的主要方法。

7.6.3 数据脆弱性识别方法和工具

7.6.3.1 数据脆弱性识别方法

1．问卷调查

通过问卷调查或人员访谈的方式了解被评估对象的数据资源编码、存储、访问、传输、备份的相关机制和操作方式。

2．工具检测

使用检测工具查找数据在存储和传输过程中的脆弱点，核查所使用密码算法的健壮性。

3．人工检查

通过人工检查，排除检测工具得出的误判结论，并对一些无法使用工具检测的内容，尤其是因操作人员的个体习惯而产生的安全隐患进行识别。例如：某些网管人员习惯将口令明文存储在纸质文件上等。

4．渗透性测试

同应用中间件和应用系统一样，数据也需要渗透性测试，即通过模拟恶意黑客的攻击方法来评估计数据安全。包括对数据的弱点、技术缺陷或漏洞进行主动分析。这个分析是从一个攻击者可能存在的位置来进行的[33]。

7.6.3.2 数据脆弱性识别工具

1．Klocwork K7

Klocwork K7是一款支持C/C ++ /Java 检测的商业静态检测工具，Klocwork Insight是其最新版本。它能识别内存泄漏、缓冲区溢出、未初始化变量使用和函数返回值等缺陷。

2．Anubis

与传统的质量检测工具相比，该工具不仅能对观测文件和导航文件进行质量检核与统计，还可以利用三频数据进行周跳探测与修复、实时钟跳探测与修复、多频多信号的多路径探测等功能。此外，该工具还有强大的可视化绘图功能。

3．FlowDroid

FlowDroid是一个用于Android应用程序的上下文、流、字段、对象敏感和生命周期感知的静态污染分析工具。与许多其他Android静态分析方法不同，他的目标是具有非常高的回忆和精度的分析。为了实现这一目标，必须完成两个主要挑战：为了提高精度，需要构建一个对上下文、流、字段和对象进行的敏感分析；为了提高召回率，必须创建一个完整的

Android应用程序生命周期模型[37]。

7.6.4　数据脆弱性识别过程

1．数据脆弱性发现

对数据的脆弱性进行分析时，通过问卷调查、工具检测、人工检查、文档查阅、渗透性测试等方法发现数据的脆弱性。国内外一些安全厂商或专业机构提供了用于脆弱性发现的专业设备，另外，也可使用一些流行的数据脆弱性发现工具。需注意的是，这些软件本身带有许多攻击性测试功能，如果使用不当，在评估信息系统安全隐患的同时，也可能给系统带来新的风险。

2．数据脆弱性分类

完成数据脆弱性发现工作后，需要对这些脆弱性进行分类。在现代的网络与信息系统中，脆弱性存在于信息环境资产、公用信息载体资产和专用信息及信息载体资产中，也可以将脆弱性分为技术和管理两个方面。其中，技术脆弱性涉及物理环境层、设备和系统层、网络层、业务和应用层等层面的安全问题；管理脆弱性又可分为技术管理脆弱性和组织管理脆弱性两类，前者与具体技术活动相关，后者与管理环境相关。管理脆弱性的相关内容参见本书7.7节。

3．数据脆弱性验证

脆弱性发现工具的输出结果是否完全可信？是否代表被测系统真正存在这些脆弱性？这些都需要进行验证。脆弱性验证是指在发现脆弱性之后，为了核实其真实性和客观存在性，通过在线或仿真环境重现该脆弱性被发现和被利用的过程。

4．数据脆弱性赋值

可以根据对数据的损害程度、技术实现的难易程度，以及弱点的流行程度，采用等级方式对已识别的脆弱性的严重程度进行赋值。由于很多弱点反映的是同一方面的问题，或可能造成相似的后果，赋值时应综合考虑这些弱点，以确定这一方面脆弱性的严重程度。

有些数据的技术脆弱性的严重程度还受到组织管理脆弱性的影响。因此，资产的脆弱性赋值还应参考技术管理和组织管理脆弱性的严重程度。

脆弱性的严重程度可以进行等级化处理，不同的等级分别代表数据脆弱性严重程度的高低。等级数值越大，脆弱性严重程度越高。数据脆弱性严重程度的一种赋值方法参见表7-2。此外，CVE提供的漏洞分级也可以作为脆弱性严重程度赋值的参考。

7.6.5　数据脆弱性识别案例

1．案例背景描述

近年来，随着商业银行信息化的发展，信息系统越来越多地用于日常工作，成为人们不可或缺的工具。银行通过信息化大大提高工作效率，从传统的柜面银行到24小时自助银行，再到手机银行、微信银行。银行的业务受理无论在空间和时间上都得到了极大的拓展，依赖于信息系统的发展而运行发展并壮大；但是在银行利用信息化技术高效率地进行跨地域、跨国家的信息交流时，海量的客户资料、营销方案、财务报表、研发数据等关乎企业核心竞争力的机密数据也随之被传输。信息技术本身的双刃剑特性也在企业网络中不断显现：强大的开放性和互通性催生了商业泄密、网络间谍等众多灰色名词，"力拓案""维基泄密"等事件让信息安全事件迅速升温，信息防泄密成为商业银行越来越关注的焦点。

以某商业银行网银系统风险评估为例，该网银数据脆弱性检测主要是通过问卷调查、工具检测、人工检查、渗透测试等方法，发现网银系统中数据存在的脆弱性。

2. 数据进行分类分级保护

数据保护和信息系统保护类似，应该分等级、分类别进行重点保护。如果一味追求大而全、密而精，必然使得数据保护工作的效果难以达到预期。这种保护工作也不可能得到业务人员或其他部门的支持与认可，自然也就无病而终，不能长期有效地开展下去。因此，商业银行在开展数据保护工作之前，应当有明确的数据分类依据和数据重要程度分级依据。

（1）识别现有数据

数据识别方法有调研了解，技术手段收集等，一般地，为了数据分级工作的准确性，还需要结合访谈调研。步骤如下：向各部门分发数据收集表，了解各部门日常工作中所涉及的敏感数据类型；访谈各部门，调研了解敏感信息的重要性；根据数据收集表的内容，进行各部门的针对性访谈，了解其对自己所在部门数据重要程度的分级情况，为后期数据分级定义工作做准备；通过技术手段，按照数据类型进行敏感数据存储分布调研。依据前两步调研结果，对通过技术手段，对全网的敏感数据进行收集，分析其存储分布情况，为后期数据保护策略定义提供依据。

（2）进行数据分类

根据数据识别的结果，依据商业银行业务特性或自身情况进行数据分类。数据分类方式没有统一的标准，各商业银行可以选择一种或多种分类方式进行数据分类。

（3）进行数据分级

数据分级是从数据的机密性角度出发，为了满足数据保护的要求而进行的。数据分级过程可以单独设计，数据分级表如表7-20所示。

表 7-20　数据分级

数据分级	敏感程度定义	定义标准
3	高敏感数据	涉及组织重要的秘密，关系未来发展的前途命运，对组织根本利益有着决定性影响，如果泄露会造成灾难性损失
2	中敏感数据	涉及组织的一般性秘密，其泄露会使组织的安全和利益受到损害
1	低敏感数据	涉及仅能在组织内某一部门或处室可以公开的信息，向外扩散可能对组织的利益造成轻微伤害

如果涉及涉密信息，也可以结合保密规定等内容进行，数据保密分组如表7-21所示。

表 7-21　数据保密分组

密级定义	数据分级	敏感程度定义
绝密	3	高敏感数据
机密	2	中敏感数据
秘密	1	低敏感数据

数据分级是为了合理进行数据保护，如果矫枉过正，防护过度，造成防护资源浪费，以及给员工日常办公带来不便，则会导致员工抵抗，保护工作无法继续。

3. 数据脆弱性赋值

按照脆弱性严重程度赋值表进行脆弱性赋值，如表7-22所示。

表 7-22　数据脆弱性赋值

数据等级	脆弱性名称	严重程度
3	高敏感数据脆弱性	4
2	中敏感数据脆弱性	3
1	低敏感数据脆弱性	2

7.7　管理脆弱性识别

俗话说：三分技术，七分管理。管理在信息安全中占据着重要的地位，信息安全不仅仅依靠技术，技术的有效性往往由管理决定。管理是由计划、组织、指挥、协调及控制等职能为要素组成的活动过程。管理方面的缺陷通常是导致安全事件发生的直接原因，所以，在风险评估中，管理脆弱性识别也是不可或缺的一部分。

管理脆弱性识别分为技术管理和组织管理脆弱性识别两个方面，前者与具体技术活动相关，主要涉及物理和环境安全、通信与操作管理、访问控制、系统开发与维护、业务连续性等内容识别；后者与管理环境相关，主要识别安全管理策略、组织安全管理、资产分类与控制、人员安全管理、符合性等内容。

7.7.1　管理安全相关定义

1. 管理安全的定义

管理安全是企业管理的一个重要组成部分，它是以网络安全为目的，履行有关网络安全工作的决策、计划、组织、指挥、协调、控制等职能，合理有效地使用人力、财力、物力、时间和信息，为达到预定的安全防范而进行的各种活动的总和。管理安全包括技术管理安全和组织管理安全。

2．管理安全面临的安全问题

管理的问题不易被觉察，也不易受重视。许多安全事件发生的原因都是管理缺陷与不足造成的。长期以来，人们对技术有一种误解，比如认为购买加密软件就能确保数据得到保护、部署了防火墙就会让系统固若金汤。其实不然，光有技术，不加强管理，技术措施往往形同虚设，甚至会发生负面影响。例如购买了加密软件，但不对加密软件的使用范围和配置算法进行管理，导致弱算法被普遍使用；或者由于使用范围较大，加密软件流入恶意人员手中，导致软件被逆向破解。同样，对防火墙的管理也是一样的，如果不合理配置策略并实时更新，防火墙同样无效。

技术管理存在的问题主要有：不重视技术管理，技术管理由不懂技术的人员承担，不能起很好的管理作用，这些直接导致技术使用不规范或者技术滥用。

而组织管理中的常见问题如下。

（1）安全管理方向不明，安全组织机构缺乏

大部分组织结构设计仅仅考虑公司的业务发展，忽略了安全部分。很多组织没有明确的安全管理方向，觉得安全是个无底洞，出事了是运气不好。于是安全组织可有可无，甚至不设立，或者构建一个虚拟的组织，没有实质性的工作内容。一旦出现安全事件，只能疲于应对。

（2）安全管理层级多，安全管理角色错位

企业的管理层级与企业的规模、管控模式和行业特点相关，通常管理层级越多，管控难度就越大，响应反馈的时间就越长。有的企业由于历史原因在企业设了各级主管安全的领导，比如网络安全主管、系统安全主管、应用安全主管等。管理层级多，管理人员就相对增加，层层汇报错过了处置的最佳时机，安全事件反而层出不穷。除此之外，还有安全管理角色错位，由负责信息化的领导兼职负责安全。

（3）安全职责不清，出现职能重叠和空白

职责不清、职能重叠甚至岗位空缺是组织诊断中最常见的问题。出现安全事件时找不到安全责任人，建设部门说是运维部门的责任，运维部门说是测试部门的责任，管理职责不明确，导致安全处于无人管的状态。

（4）安全体系不完整，责权不统一

组织的安全体系不完整，普遍反映在责任多、权力少。比如要买防火墙时没有权限，但出了安全事件却要承担责任。这是组织管理中的弊病，严重阻碍了安全管理。

3．管理安全相关标准

主要的管理安全参照标准如下：

- GB/T 20269《信息安全技术 信息系统安全管理要求》
- GB/T 20282《信息安全技术 信息系统安全工程管理要求》
- GB/T 19715.1《信息技术 信息技术安全管理指南第1部分：信息技术安全概念和模

型（ISO/IEC 13335-1，IDT）》

- GB/T 19715.2《信息技术　信息技术安全管理指南第2部分：管理和规划信息技术安全（ISO/IEC 13335-2，IDT）》
- GB/T 19716《信息技术　信息安全管理实用规则（ISO/IEC 17799，MOD）》

7.7.2　管理脆弱性识别内容

7.7.2.1　技术管理脆弱性识别内容

1. 技术管理脆弱性识别的定义

技术管理脆弱性与具体技术活动相关，主要涉及物理和环境安全、通信与操作管理、访问控制、系统开发与维护、业务连续性等管理方面存在的薄弱点，它需要与技术脆弱性区分开，着重在技术管理方面存在的问题。针对具体技术活动中的管理问题，采用系列方法进行脆弱性辨别的过程称为技术管理脆弱性识别。

2. 技术管理脆弱性识别的内容

技术管理是保障系统正常运行的重要环节。系统正常运行和组织正常运转，包括物理环境、资产、设备、介质、网络、系统、密码等的安全管理，以及恶意代码防范、安全监控和监管、变更、备份与恢复、安全事件、应急预案管理等。下面从物理和环境安全管理、通信与操作管理、访问控制管理、系统开发与维护管理和业务连续性管理等方面介绍技术管理脆弱性需要识别的内容：

（1）物理和环境安全管理：从机房环境和设备管理等方面进行识别。

a）核查是否建立机房设备物理访问的管理制度，对有关机房物理访问、物品带进、带出机房和机房环境安全等方面的管理做出规定，对信息处理设备带离机房或办公地点前是否进行审批做出规定。

b）核查是否建立了机房物理环境的出入管理制度，是否指定专门的部门负责机房安全，是否配备机房安全管理人员，对机房的出入、服务器的开机或关机进行管理，定期对机房供配电、空调、温湿度控制等设施和信息系统相关的各种设备（包括备份和冗余设备）、线路等进行维护管理。

c）核查是否对外部人员允许访问的区域、系统、设备、信息等内容应进行书面的规定，并按照规定执行，确保在外部人员访问受控区域前先提出书面申请，批准后由专人全程陪同或监督，并登记备案。

d）核查是否定期对机房供配电、空调、温湿度控制等设施和信息系统相关的各种设备（包括备份和冗余设备）、线路等进行维护管理。

e）核查是否加强对办公环境的保密性管理，规范办公环境人员行为，包括工作人员调离办公室应立即交还该办公室钥匙、不在办公区接待来访人员、工作人员离开座位应确保终端计算机退出登录状态、桌面上没有包含敏感信息的纸质文件等。

（2）通信与操作管理：从通信和操作管理两方面考虑。

a）通信管理方面

● 核查是否对通信线路、主机、网络设备和应用软件的运行状况、网络流量、用户行为等进行监测和报警，形成记录并妥善保存。

● 核查是否组织人员定期对监测和报警记录进行分析、评审，发现可疑行为，形成分析报告，并采取必要的应对措施。

b）操作管理方面

● 核查是否指定专人对系统进行管理，划分角色，配备一定数量的系统管理员、安全管理员、安全审计员（"三员"），明确各个角色的权限、责任和风险，权限设定是否遵循最小授权原则。

● 核查是否对终端计算机、工作站、便携机、系统和网络等设备的操作和使用进行规范化管理，要求管理人员或操作人员依照操作规程执行日常管理操作，实现主要设备（包括备份和冗余设备）的启动/停止、加电/断电等操作。

● 核查是否依据操作规程对系统进行维护，安全管理员是否定期对系统日常运行、系统漏洞和数据备份等情况进行安全检查，详细记录操作日志，包括重要的日常操作、运行维护记录、参数的设置和修改等内容，严禁进行未经授权的操作；是否定期对运行日志和审计数据进行分析，以便及时发现异常行为。

● 核查是否采取提高所有用户的防病毒意识的措施，及时告知防病毒软件版本，在读取移动存储设备上的数据在及网络上接收文件或邮件之前，先进行病毒检查，对外来计算机或存储设备接入网络系统之前也进行病毒检查。

（3）访问控制管理

a）核查是否根据业务需求和系统安全分析确定系统的访问控制策略；

b）核查是否实现设备的最小服务配置，并对配置文件进行定期离线备份；

c）核查是否依据安全策略允许或者拒绝便携式和移动式设备的网络接入；

d）核查是否保证所有与外部系统的连接均得到授权和批准；

e）核查是否定期检查违反规定拨号上网或其他违反网络安全策略的行为。

（4）系统开发与维护管理：包括网络安全管理制度、系统安全管理制度、系统变更管理制度、介质安全管理制度和设备安全管理制度五部分内容。

a）在网络安全管理制度方面，首先要核查是否建立网络安全管理制度，对网络安全配置、日志保存时间、安全策略、升级与打补丁、口令更新周期等方面有没有做出规定；其次要核查是否建立安全管理中心，实现对设备状态、恶意代码、补丁升级、安全审计等安全相关事项进行集中管理；再次要核查是否指定专人对网络进行管理，负责运行日志、网络监控记录的日常维护和报警信息分析和处理工作；是否根据厂家提供的软件升级版本对网络设备进行更新，并在更新前对现有的重要文件进行备份；是否定期对网络系统进行漏洞扫描，对发现的网络系统安全漏洞进行及时修补。

b）在系统安全管理制度方面，首先是核查是否建立系统安全管理制度，对系统安全策略、安全配置、日志管理和日常操作流程等方面做出具体规定；对于第三方开发的系统，核查是否有要求开发单位提供软件源代码并进行代码审查的规定；是否建立了用户口令管理制度；其次是核查是否安装系统的最新补丁程序，并做到在安装系统补丁前，要在测试环境中测试通过，同时对重要文件进行备份后，方可实施系统补丁程序的安装；是否定期进行漏洞扫描，对发现的系统安全漏洞及时进行修补；再次是核查是否建立了计算机病毒防治管理制度，对防恶意代码软件的授权使用、恶意代码库升级、定期汇报等做出明确规定。指定专人定期检查信息系统内各种产品的恶意代码库的升级情况，对网络和主机进行恶意代码检测，对主机防病毒产品、防病毒网关和邮件防病毒网关上截获的危险病毒或恶意代码进行及时分析处理，并形成书面的报表和总结汇报。

c）在系统变更管理制度：首先是核查是否建立系统变更管理制度。系统发生变更前，确认系统中要发生的变更，并制定变更方案，向主管领导申请，变更和变更方案经过评审、审批后方可实施变更，并在实施后将变更情况向相关人员通告；其次是对变更影响进行分析并文档化，记录变更实施过程，并妥善保存所有文档和记录；同时是否具备中止变更并从失败变更中恢复的文件化程序，明确过程控制方法和人员职责，是否对恢复过程进行演练。

d）在介质安全管理制度方面，要核查是否建立介质安全管理制度，对介质的存放环境、使用、维护和销毁等方面做出规定；是否确保介质存放在安全的环境中，对各类介质进行控制和保护，并实行存储环境专人管理；是否对存储介质的使用过程、送出维修、销毁等进行严格管理，对带出工作环境的存储介质进行内容加密和监控管理，对送出维修或销毁的介质首先清除介质中的敏感数据，对保密性较高的存储介质未经批准不得自行销毁；是否对介质在物理传输过程中的人员选择、打包、交付等情况进行控制，对介质归档和查询等进行登记记录，并根据存档介质的目录清单定期盘点。

e）在设备安全管理方面，要核查是否建立基于申报、审批和专人负责的设备安全管理制度，对信息系统的各种软硬件设备的选型、采购、发放和领用等过程进行规范化管理；是否建立密码使用管理制度，使用符合国家密码管理规定的密码技术和产品；是否建立配套设施、软硬件维护方面的管理制度，对其维护进行有效的管理，包括明确维护人员的责任、涉外维修和服务的审批、维修过程的监督控制等。

（5）业务连续性：要保障业务的连续性需要核查的内容包括备份与恢复、安全事件报告和应急预案管理等。

a）在数据备份和恢复管理制度方面：

- 核查是否建立了数据备份管理制度。根据数据的重要性和数据对系统运行的影响，对备份信息的备份方式、备份频度、存储介质和保存期等进行规范；对备份数据的放置场所、文件命名规则、介质替换频率和将数据离站运输的方法进行规范。
- 核查是否识别出需要定期备份的重要业务信息、系统数据及软件系统，对重要介质中的数据和软件采取加密存储，并根据所承载数据和软件的重要程度对介质进行分类和标识管理。

- 核查是否建立控制数据备份和恢复过程的程序，对备份过程进行记录，所有文件和记录妥善保存；如根据数据备份的需要在对某些介质实行异地存储时，存储地的环境要求和管理方法是否与本地相同。

- 核查是否定期执行恢复程序，检查和测试备份介质的有效性，确保可以在恢复程序规定的时间内完成备份的恢复。

b）在安全事件报告和应急预案方面：首先要明确的是应急响应是组织为应对意外事件所做的事前准备和事后措施。核查的内容如下。

- 是否制定安全事件报告和处置管理制度，根据国家相关管理部门对计算机安全事件等级划分方法和安全事件对本系统产生的影响，对本系统计算机安全事件进行等级划分，明确安全事件的类型，规定安全事件的现场处理、事件报告和后期恢复的管理职责，确定事件的报告流程，响应和处置的范围、程度及处理方法。

- 核查是否对造成系统中断和造成信息泄密的安全事件采用不同的处理程序和报告程序。

- 核查是否报告所发现的安全弱点和可疑事件，但任何情况下用户均不应尝试验证弱点；是否在安全事件报告和响应处理过程中，分析和鉴定事件产生的原因，收集证据，记录处理过程，总结经验教训，制定防止再次发生的补救措施，过程形成的所有文件和记录是否妥善保存。

- 核查是否在统一的应急预案框架下制定不同事件的应急预案，应急预案框架是否包括启动应急预案的条件、应急处理流程、系统恢复流程、事后教育和培训等内容。

- 核查是否从人力、设备、技术和财务等方面确保应急预案的执行有足够的资源保障，应急预案是否定期审查和根据实际情况进行更新。

- 核查是否定期对系统相关的人员进行应急预案培训和应急演练。

7.7.2.2 组织管理脆弱性识别内容

1. 组织管理脆弱性识别的定义

组织管理脆弱性与管理环境相关，主要涉及安全管理方针、策略、组织安全管理、资产分类与控制、人员安全管理、符合性等方面不健全、不完善导致出现安全风险。组织管理脆弱性识别是针对组织中的人员、机构和制度，对负责信息系统管理和运行维护部门，以及信息安全规章制度的合理性、完整性、适用性等进行安全管理核查。

2. 组织管理脆弱性识别的内容

组织管理包括安全策略、组织安全、资产分类与控制、人员安全和符合性五个方面。制定安全管理策略和制度可减轻系统的安全风险；组织安全管理的存在能够对管理制度制定和实施起到监督的作用；机构建设不完全、不合理会给被评估系统的安全带来风险；人员管理则可以保障网络正常运行、数据完整统一、业务连续运转。具体识别内容如下：

（1）安全策略

安全策略为组织实施安全管理提供指导。制定完成并发布之后，应由专门的部门来维护，定期对安全策略进行审查和修订。安全策略主要核查其全面性和合理性，内容如下。

a）核查是否建立了机房物理环境、机房设备物理访问、移动存储设备的使用与管理安全策略；

b）核查是否建立了网络访问控制策略；

c）核查是否对用户终端的安全防护进行了统一管理；

d）核查是否建立了系统运维管理、用户口令管理、应用系统访问控制、系统的配置变更管理策略；

e）核查是否建立了信息安全事件应急管理策略。

（2）组织安全

组织安全是核查组织在安全管理机构设置、职能部门设置、岗位设置、人员配置等是否合理，分工是否明确，职责是否清晰，工作是否落实等。具体包括以下内容。

a）组织机构

核查是否设立了专门组织机构管理信息安全，设立机构成员角色、分派成员职责、确定与其他业务部门的关系及协调，并定期召开信息安全会议；指定或授权专门的部门或人员负责安全管理制度的制定，并组织相关人员对制定的安全管理制度进行论证和审定；安全管理制度是否具有统一的格式和版本控制，是否通过正式、有效的方式发布，是否注明发布范围，并对收发文进行登记。

b）审批制度

是否针对系统变更、重要操作、物理访问和系统接入等事项建立审批程序，按照审批程序执行审批过程，对重要活动建立逐级审批制度；是否根据各个部门和岗位的职责明确授权审批事项、审批部门和批准人；定期审查审批事项，及时更新需授权和审批的项目、审批部门和审批人等信息；记录审批过程并审批文档。

c）内外部沟通

核查是否加强各类管理人员之间、组织内部机构之间，以及信息安全职能部门内部的合作与沟通，定期或不定期召开协调会议，共同协作处理信息安全问题；加强与兄弟单位、公安机关、电信公司的合作与沟通，加强与供应商、业界专家、专业的安全公司、安全组织的合作与沟通；建立外联单位联系列表，聘请信息安全专家指导信息安全建设、参与安全规划和安全评审等。

（3）资产分类与控制

组织管理脆弱性识别的第三个方面是资产分类与控制。主要核查内容包括：是否建立资产安全管理制度，规定信息系统资产管理的责任人员或责任部门，并规范资产管理和使用的行为；编制并保存与信息系统相关的资产清单；根据资产的重要程度对资产进行标识管理，根据资产的价值选择相应的管理措施；对信息的分类、标识方法、使用、传输和存储等进行规范化管理。

（4）人员安全

信息安全领域内最关键和最薄弱的环节是"人"，因此，在组织管理中，对人员安全的管理就显得尤为重要。从人员录用到离岗都需要核查。

a）在人员录用方面，核查是否指定或授权专门的部门或人员负责，是否严格规范人员录用过程，对被录用人的身份、背景、专业资格和资质等进行审查，对其具备的专业技术水平和安全管理知识进行了岗位符合性审查。

b）在录入人员的岗位配置方面，核查是否从内部人员中选拔从事关键岗位的人员，并签署岗位安全协议；是否与关键岗位人员签署了保密协议。

c）核查是否有对从事信息安全服务的第三方人员的管控措施。

d）在技能考核方面，核查是否定期对各个岗位的人员进行安全技能及安全认知的考核，是否对关键岗位的人员进行全面、严格的安全审查和技能考核，考核结果是否进行记录并保存。

e）核查是否对安全责任和惩戒措施进行书面规定并告知相关人员，对违反安全策略和规定的人员进行惩戒。

f）在人员离岗方面，核查是否严格规范人员离岗过程、严格办理离岗手续；核查是否取回各种身份证件、钥匙、徽章，以及机构提供的软硬件设备等，是否终止离岗位人员的所有访问权限和信息系统的使用权限，关键岗位人员是否承诺调离后的保密义务。

g）核查是否对定期安全教育和培训进行书面规定，针对不同岗位制定不同的培训计划，对信息安全基础知识、岗位操作规程等进行培训，对各类人员进行安全意识和基本技能培训，对安全教育和培训的情况和结果进行记录并归档保存。

（5）符合性

组织管理脆弱性识别的第五个方面是符合性。核查内容如下。

a）核查是否制定信息安全工作的总体方针和安全策略，制定机构安全工作的总体目标、范围、原则和安全框架，形成由安全策略、管理制度、操作规程等构成的全面的信息安全管理制度体系。

b）核查信息安全领导小组是否定期组织相关部门和相关人员对安全管理制度体系的合理性和适用性进行审定，对安全管理制度进行检查和审定，对存在不足或需要改进的安全管理制度进行修订。

c）核查是否制定安全审核和安全检查制度，由内部人员或上级单位定期进行全面安全检查，检查内容包括现有安全技术措施的有效性、安全配置与安全策略的一致性、安全管理制度的执行情况等，编制安全检查表格，汇总安全检查数据，形成安全检查报告，并对安全检查结果进行通报。

7.7.3　管理脆弱性识别方法和工具

管理脆弱性尤其是组织管理脆弱性不易被识别，需要参与识别的人员了解被识别对象的组织要求和现状，掌握其安全架构及安全现状，而且具有相关行业安全管理经验，所以，管理脆弱性的识别需要富有经验的人员参与，借鉴国际、国内或者行业最佳实践方法完成。

7.7.3.1　管理脆弱性识别方法

管理脆弱性识别主要通过查阅文档、抽样调查和询问等方法。根据识别内容的不同，稍有不同。

1．技术管理脆弱性识别方法

审阅系统技术的相关制度文件、操作手册、运维记录等，现场查看技术情况，访谈技术人员，让技术人员演示相关操作等方式进行技术管理脆弱性识别。

2．组织管理脆弱性识别方法

查看是否存在明确的安全管理策略文件，并就安全策略有关内容询问相关人员，分析策略的有效性；查看安全管理机构设置、职能部门设置、岗位设置、人员配置等相关文件，以及安全管理组织相关活动记录等文件；审查安全管理制度文件完备情况，查看制度落实记录，就制度有关内容询问相关人员，了解制度的执行情况，或要求相关人员现场执行某些任务，或以外来人员身份访问等方式进行人员安全管理脆弱性的识别。

管理脆弱性识别的方法应根据组织的具体情况和参与识别人的经验选择，确定方法后，选择或制作相应的工具。

7.7.3.2　管理脆弱性识别工具

由于管理脆弱性识别主要以人工核查为主，识别过程中需要编制大量的核查表，表7-23至表7-27列出了GB/T 31509—2015中推荐的安全管理相关核查表。

（1）安全管理机构核查表如表7-23所示。

表 7-23　安全管理机构核查表

序　　号	核　查　项	核查结果
1	是否设立了专门组织机构管理信息安全	
2	机构成员角色如何设立	
3	成员职责如何分派	
4	与其他业务部门的关系及如何协调	
5	是否有定期的信息安全会议召开	
6	应配备一定数量的系统管理员、网络管理员、安全管理员等	
7	应配备专职安全管理员，不可兼任	

（续表）

序 号	核 查 项	核查结果
8	关键事务岗位应配备多人共同管理	
9	应根据各个部门和岗位职责明确授权审批事项、审批部门和批准人等	
10	应针对系统变更、重要操作、物理访问和系统接入等事项建立审批程序，按照审批程序执行审批过程，对重要活动建立逐级审批制度	
11	应定期审查审批事项，及时更新需授权和审批的项目、审批部门和审批人等信息	
12	应记录审批过程并保存审批文档	
13	应加强各类管理人员之间、组织内部机构之间，以及信息安全职能部门内部的合作与沟通，定期或不定期召开协调会议，共同协作处理信息安全问题	
14	应加强与兄弟单位、公安机关、电信公司的合作与沟通	
15	应加强与供应商、业界专家、专业的安全公司、安全组织的合作与沟通	
16	应建立外联单位联系列表，包括外联单位名称、合作内容、联系人和联系方式等信息	
17	应聘请信息安全专家作为常年的安全顾问，指导信息安全建设，参与安全规划和安全评审等	
18	安全管理员应负责定期进行安全检查，检查内容包括系统日常运行、系统漏洞和数据备份等情况	
19	应由内部人员或上级单位定期进行全面安全检查，检查内容包括现有安全技术措施的有效性、安全配置与安全策略的一致性、安全管理制度的执行情况等	
20	应制定安全检查表格实施安全检查，汇总安全检查数据，形成安全检查报告，并对安全检查结果进行通报	
21	应制定安全审核和安全检查制度规范安全审核和安全检查工作，定期按照程序进行安全审核和安全检查活动	

（2）安全管理策略核查表如表7-24所示。

表7-24 安全管理策略核查表

序 号	核 查 项	核查结果
1	是否建立了机房物理环境的安全管理策略	
2	是否建立了机房设备物理访问的安全管理策略	
3	是否建立了网络访问控制策略	
4	是否建立了应用系统访问控制策略	
5	是否建立了用户口令管理策略	
6	是否建立了系统运维管理策略	
7	是否建立了信息安全事件应急管理策略	
8	是否建立了移动存储设备的使用与管理策略	
9	是否对系统的配置变更进行变更管理	
10	是否对用户终端的安全防护做统一管理	

（3）安全管理制度核查表如表7-25所示。

表 7-25　安全管理制度核查表

序　号	核　查　项	核查结果
1	是否建立了机房物理环境的出入管理制度	
2	是否建立了机房设备物理访问的管理制度	
3	是否建立了网络安全管理制度	
4	是否建立了系统安全管理制度	
5	是否建立了用户口令管理策略	
6	是否建立了计算机病毒防治管理制度	
7	是否建立了数据备份管理制度	
8	应制定信息安全工作的总体方针和安全策略，说明机构安全工作总体目标、范围、原则和安全框架等	
9	应对安全管理活动中的各类管理内容建立安全管理制度	
10	应对要求管理人员或操作人员执行的日常管理操作建立操作规程	
11	应形成由安全策略、管理制度、操作规程等构成的全面的信息安全管理制度体系	
12	应指定或授权专门的部门或人员负责安全管理制度的制定	
13	安全管理制度应具有统一的格式，并进行版本控制	
14	应组织相关人员对制定的安全管理制度进行论证和审定	
15	安全管理制度应通过正式、有效的方式发布	
16	安全管理制度应注明发布范围，并对收发文进行登记	
17	信息安全领导小组应负责定期组织相关部门和相关人员对安全管理制度体系合理性和适用性进行审定	
18	应定期或不定期对安全管理制度进行检查和审定，对存在不足或需要改进的安全管理制度进行修订	

（4）人员安全管理核查表如表7-26所示。

表 7-26　人员安全管理核查表

序　号	核　查　项	核查结果
1	是否对被录用人具备的专业技术水平和安全管理知识进行了岗位符合性审查	
2	是否对各类人员进行了安全意识和基本技能培训	
3	是否与关键岗位人员签署了保密协议	
4	是否对离岗人员的所有信息系统的使用权限进行了及时收回和终止	
5	是否有对从事信息安全服务的第三方人员的管控措施	
6	应指定或授权专门的部门或人员负责人员录用	

（续表）

序　号	核 查 项	核查结果
7	应严格规范人员录用过程，对被录用人的身份、背景、专业资格和资质等进行审查，对其所具有的技术技能进行考核	
8	应从内部人员中选拔从事关键岗位的人员，并签署岗位安全协议	
9	应严格规范人员离岗过程，及时终止离岗员工的所有访问权限	
10	应取回各种身份证件、钥匙、徽章等，以及机构提供的软硬件设备	
11	应办理严格的调离手续，关键岗位人员离岗须承诺调离后的保密义务后方可离开	
12	应定期对各个岗位的人员进行安全技能及安全认知的考核	
13	应对关键岗位的人员进行全面、严格的安全审查和技能考核	
14	应对考核结果进行记录并保存	
15	应对安全责任和惩戒措施进行书面规定并告知相关人员，对违反违背安全策略和规定的人员进行惩戒	
16	应对定期安全教育和培训进行书面规定，针对不同岗位制定不同的培训计划，对信息安全基础知识、岗位操作规程等进行培训	
17	应对安全教育和培训的情况和结果进行记录并归档保存	
18	应确保在外部人员访问受控区域前先提出书面申请，批准后由专人全程陪同或监督，并登记备案	
19	对外部人员允许访问的区域、系统、设备、信息等内容应进行书面的规定，并按照规定执行	

（5）系统运维管理核查表如表7-27所示。

表7-27　系统运维管理核查表

序　号	核 查 项	核查结果
1	应指定专门的部门或人员定期对机房供配电、空调、温湿度控制等设施进行维护管理	
2	应指定部门负责机房安全，并配备机房安全管理人员，对机房的出入、服务器的开机或关机等工作进行管理	
3	应建立机房安全管理制度，对有关机房物理访问，物品带进、带出机房和机房环境安全等方面的管理做出规定	
4	应加强对办公环境的保密性管理，规范办公环境人员行为，包括工作人员调离办公室应立即交还该办公室钥匙、不在办公区接待来访人员、工作人员离开座位应确保终端计算机退出登录状态和桌面上没有包含敏感信息的纸档文件等	
5	应编制并保存与信息系统相关的资产清单，包括资产责任部门、重要程度和所处位置等内容	
6	应建立资产安全管理制度，规定信息系统资产管理的责任人员或责任部门，并规范资产管理和使用的行为	
7	应根据资产的重要程度对资产进行标识管理，根据资产的价值选择相应的管理措施	

（续表）

序　号	核查项	核查结果
8	应对信息分类与标识方法做出规定，并对信息的使用、传输和存储等进行规范化管理	
9	应建立介质安全管理制度，对介质的存放环境、使用、维护和销毁等方面做出规定	
10	应确保介质存放在安全的环境中，对各类介质进行控制和保护，并实行存储环境专人管理	
11	应对介质在物理传输过程中的人员选择、打包、交付等情况进行控制，对介质归档和查询等进行登记记录，并根据存档介质的目录清单定期盘点	
12	应对存储介质的使用过程、送出维修、销毁等进行严格的管理，对带出工作环境的存储介质进行内容加密和监控管理，对送出维修或销毁的介质应首先清除介质中的敏感数据，对保密性较高的存储介质未经批准不得自行销毁	
13	应根据数据备份的需要对某些介质实行异地存储，存储地的环境要求和管理方法应与本地相同	
14	应对重要介质中的数据和软件采取加密存储，并根据所承载数据和软件的重要程度对介质进行分类和标识管理	
15	应对信息系统相关的各种设备（包括备份和冗余设备）、线路等指定专门的部门或人员定期进行维护管理	
16	应建立基于申报、审批和专人负责的设备安全管理制度，对信息系统的各种软硬件设备的选型、采购、发放和领用等过程进行规范化管理	
17	应建立配套设施、软硬件维护方面的管理制度，对其维护进行有效的管理，包括明确维护人员的责任、涉外维修和服务的审批、维修过程的监督控制等	
18	应对终端计算机、工作站、便携机、系统和网络等设备的操作和使用进行规范化管理，按操作规程实现主要设备（包括备份和冗余设备）的启动/停止、加电/断电等操作	
19	应确保信息处理设备必须经过审批才能带离机房或办公地点	
20	应对通信线路、主机、网络设备和应用软件的运行状况、网络流量、用户行为等进行监测和报警，形成记录并妥善保存	
21	应组织相关人员定期对监测和报警记录进行分析、评审，发现可疑行为，形成分析报告，并采取必要的应对措施	
22	应建立安全管理中心，对设备状态、恶意代码、补丁升级、安全审计等安全相关事项进行集中管理	
23	应指定专人对网络进行管理，负责运行日志、网络监控记录的日常维护和报警信息分析和处理工作	
24	应建立网络安全管理制度，对网络安全配置、日志保存时间、安全策略、升级与打补丁、口令更新周期等方面做出规定	
25	应根据厂家提供的软件升级版本对网络设备进行更新，并在更新前对现有的重要文件进行备份	
26	应定期对网络系统进行漏洞扫描，对发现的网络系统安全漏洞进行及时的修补	
27	应实现设备的最小服务配置，并对配置文件进行定期离线备份	
28	应保证所有与外部系统的连接均得到授权和批准	

（续表）

序 号	核 查 项	核查结果
29	应依据安全策略允许或者拒绝便携式和移动式设备的网络接入	
30	应定期检查违反规定拨号上网或其他违反网络安全策略的行为	
31	应根据业务需求和系统安全分析确定系统的访问控制策略	
32	应定期进行漏洞扫描，对发现的系统安全漏洞及时进行修补	
33	应安装系统的最新补丁程序，在安装系统补丁前，首先在测试环境中测试通过，并对重要文件进行备份后，方可实施系统补丁程序的安装	
34	应建立系统安全管理制度，对系统安全策略、安全配置、日志管理和日常操作流程等方面做出具体规定	
35	应指定专人对系统进行管理，划分系统管理员角色，明确各个角色的权限、责任和风险，权限设定应当遵循最小授权原则	
36	应依据操作手册对系统进行维护，详细记录操作日志，包括重要的日常操作、运行维护记录、参数的设置和修改等内容，严禁进行未经授权的操作	
37	应定期对运行日志和审计数据进行分析，以便及时发现异常行为	
38	应提高所有用户的防病毒意识，及时告知防病毒软件版本，在读取移动存储设备上数据，以及网络上接收文件或邮件之前，先进行病毒检查，对外来计算机或存储设备接入网络系统之前也应进行病毒检查	
39	应指定专人对网络和主机进行恶意代码检测并保存检测记录	
40	应对防恶意代码软件的授权使用、恶意代码库升级、定期汇报等做出明确规定	
41	应定期检查信息系统内各种产品的恶意代码库的升级情况并进行记录，对主机防病毒产品、防病毒网关和邮件防病毒网关上截获的危险病毒或恶意代码进行及时分析处理，并形成书面的报表和总结汇报	
42	应建立密码使用管理制度，使用符合国家密码管理规定的密码技术和产品	
43	应确认系统中要发生的变更，并制定变更方案	
44	应建立变更管理制度，系统发生变更前，向主管领导申请，变更和变更方案经过评审、审批后方可实施变更，并在实施后将变更情况向相关人员通告	
45	应建立变更控制的申报和审批文件化程序，对变更影响进行分析并文档化，记录变更实施过程，并妥善保存所有文档和记录	
46	应建立中止变更并从失败变更中恢复的文件化程序，明确过程控制方法和人员职责，必要时对恢复过程进行演练	
47	应识别需要定期备份的重要业务信息、系统数据及软件系统等	
48	应建立备份与恢复管理相关的安全管理制度，对备份信息的备份方式、备份频度、存储介质和保存期等进行规范	
49	应根据数据的重要性和数据对系统运行的影响，制定数据的备份策略和恢复策略，备份策略须指明备份数据的放置场所、文件命名规则、介质替换频率和将数据离站运输的方法	
50	应建立控制数据备份和恢复过程的程序，对备份过程进行记录，所有文件和记录应妥善保存	
51	应定期执行恢复程序，检查和测试备份介质的有效性，确保可以在恢复程序规定的时间内完成备份的恢复	

（续表）

序　号	核　查　项	核查结果
52	应报告所发现的安全弱点和可疑事件，但任何情况下用户均不应尝试验证弱点	
53	应制定安全事件报告和处置管理制度，明确安全事件的类型，规定安全事件的现场处理、事件报告和后期恢复的管理职责	
54	应根据国家相关管理部门对计算机安全事件等级划分方法和安全事件对本系统产生的影响，对本系统计算机安全事件进行等级划分	
55	应制定安全事件报告和响应处理程序，确定事件的报告流程，响应和处置的范围、程度，以及处理方法等	
56	应在安全事件报告和响应处理过程中，分析和鉴定事件产生的原因，收集证据，记录处理过程，总结经验教训，制定防止再次发生的补救措施，过程形成的所有文件和记录均应妥善保存	
57	对造成系统中断和造成信息泄密的安全事件应采用不同的处理程序和报告程序	
58	应在统一的应急预案框架下制定不同事件的应急预案，应急预案框架应包括启动应急预案的条件、应急处理流程、系统恢复流程、事后教育和培训等内容	
59	应从人力、设备、技术和财务等方面确保应急预案的执行有足够的资源保障	
60	应对系统相关的人员进行应急预案培训，应急预案的培训应至少每年举办一次	
61	应定期对应急预案进行演练，根据不同的应急恢复内容，确定演练的周期	
62	应规定应急预案需要定期审查和根据实际情况更新的内容，并按照执行	

目前，也有一些管理平台可以辅助实现管理脆弱性的识别。简单介绍以下三种。

（1）资产管理平台

国内已经有不少安全厂商推出资产管理平台，该类平台需要在主机上安装轻量级代理（Agent），然后持续平台主动地从主机中收集各种数据，并将其提供给安全引擎进行分析，经过聚合、索引、关联后，分析结果在资产管理平台上可视化呈现。

（2）网络安全管理平台（SOC）

这类平台提供集中、统一、可视化的安全信息管理，通过实时采集各种安全信息，动态进行安全信息关联分析与威胁评估，实现安全事件的快速跟踪、定位和应急响应。

（3）安全态势感知平台

安全态势感知平台与网络安全管理平台类似，但比安全管理平台的规模大，它通过收集各类安全日志实时监控网络流量，利用大数据实时分析，采取主动安全分析和实时态势感知，快速发现威胁，控制威胁。

7.7.4　管理脆弱性识别过程

1．对比与分析

管理脆弱性识别首先要查阅被识别对象的大量文档，了解被识别对象的安全管理基本情况；然后根据被评估组织的要求，从完整性、合理性、安全性等方面根据自身经验选择或形成最佳安全管理模型。

将被识别对象的安全管理现状与前面形成的安全管理模型进行对比，从技术管理和组织管理的方方面面分析出其安全管理的脆弱点及原因。

2．赋值及输出

根据识别的结果对业务和资产的暴露程度、已有安全措施和脆弱性关联识别分析结果、脆弱点利用实现攻击的难易程度等，采用等级方式对已识别的脆弱性的可利用性和严重程度进行赋值。

不同的等级代表脆弱性的可利用性和造成损失的严重程度等级。等级数值越大，脆弱性的可利用性和造成损失的严重程度越高。管理脆弱性的可利用性和造成损失的严重程度的赋值方法参见表7-2。

最后，根据脆弱性识别和赋值的结果，形成脆弱性列表。列表中应包括具体脆弱性的名称、描述、类型及被利用后造成损失的严重程度等。

7.7.5　管理脆弱性识别案例

以某银行网银系统风险评估中的管理脆弱性识别为例。

本次安全管理脆弱性检测中，主要对该银行网银系统的组织结构、人员管理、制度管理、安全策略、系统建设、系统运维、内控管理、科技风险管理、内部审计、业务连续性、应急响应等11个方面进行检测，通过访问调查、调查问卷、符合性检查、有效验证、现场查看等方式，分析出管理方面存在的脆弱性。

1．识别对象

本次检测主要对以下内容进行安全性分析：

- 组织结构；
- 人员管理；
- 制度管理；
- 安全策略；
- 系统建设；
- 系统运维；
- 内控管理；
- 科技风险管理；
- 内部审计；
- 业务连续性；
- 应急响应。

2．识别过程记录

（1）访问调查结果（列举部分）如表7-28所示。

表 7-28　访问调查结果

序　号	检查项目	是/否	备　注
1	是否设立了信息安全管理委员会（工作小组）	是	
2	信息安全管理委员会（工作小组）的领导人由单位法人委任或授权	是	副行长
3	是否设立了信息安全管理职能部门	是	信息技术部
4	是否设立了信息安全主管或负责人的岗位	是	
5	是否设立了系统管理员	是	
6	是否设立了网络管理员	是	
7	是否设立了安全管理员	是	
8	系统管理员是否有兼职现象	否	
9	网络管理员是否有兼职现象	否	
10	安全管理员是否有兼职现象	否	
11	是否在关键管理岗位上配备了多人	是	
12	是否定期召开协调会议，解决安全问题	是	
13	是否建立了与行业内信息安全的组织和机构的合作渠道	是	
14	是否建立了合作渠道的联系方式	是	
15	是否聘请信息安全专家为安全顾问	否	
16	是否明确授权和审批主体	是	根据相关部门、岗位职责明确上下级间和各部门间的授权审批事项、审批部门和审批人等
17	是否明确审批内容	是	
18	是否明确审批对象	是	
19	是否定期审查审批事项	是	及时更新授权审批的项目、审批部门和审批人
20	是否定期审查审批授权	是	
21	是否定期审查审批内容	是	
21	是否定期审查审批内容	是	
22	是否记录授权和审批过程	是	
23	是否保留审批文件	是	
24	是否对系统日常运行做定期的审核和检查	是	
25	是否对系统漏洞做定期的审核和检查	是	
26	是否对安全措施的有效性做定期的审核和检查	是	

（续表）

序　号	检查项目	是/否	备　注
27	是否对安全配置做定期的审核和检查	是	
28	是否对安全策略的一致性做定期的审核和检查	是	
29	是否对安全管理制度的执行做定期的审核和检查	是	
30	是否对数据备份做定期的审核和检查	是	
31	是否有专门的部门或人员负责人员录用	是	
32	是否对录用人员的身份进行过审核	是	
33	是否对录用人员的背景进行过审核	是	
34	是否对录用人员的专业资格进行过审核	是	
35	是否对录用人员的资质进行过审核	是	
36	是否对录用人员进行技术技能的考核	是	
37	是否与录用人员签署了保密协议	是	
38	是否从内部选拔优秀人员从事关键工作	是	
39	是否签署岗位安全协议	是	
40	是否终止离岗人员的所有访问权限	是	
41	是否收回离岗人员工作证件、徽章、钥匙等重要物件	是	
42	是否移交离岗人员保存的机密信息和保密文件	是	
43	是否签署离岗人员离岗后安全保密承诺书	是	
44	是否定期开展针对不同类别的人员的安全意识教育和安全技术培训工作	是	
45	是否开展了对各类人员的安全意识、安全技能的考核	是	
46	是否开展了针对关键岗位的人员的定期考核和审查	是	
47	是否对外来人员允许访问的区域、系统、设备和信息进行明确的规定，并照此执行	是	
48	是否形成由安全策略、管理制度和操作规程组成的全面的信息安全管理制度体系	是	
49	是否指定专人或部门负责制度的制定	是	
50	制定的安全管理制度是否具有统一格式和版本控制	是	
51	制定的安全管理制度是否进行过论证和审定	是	
52	制定的安全管理制度是否经过正式有效的方式发布	是	
53	是否进行收、发文登记	是	
54	是否定期对管理制度体系进行合理性审定	是	
55	是否定期对管理制度体系进行适用性审定	是	
56	是否定期对管理制度中不足或需要改进的地方进行修订	是	
57	是否贯彻执行了设计与开发策略	是	
58	是否更新过设计与开发策略	是	
59	是否贯彻执行了测试与验收策略	是	

（续表）

序　号	检查项目	是/否	备　注
60	是否更新过测试与验收策略	是	
61	是否贯彻执行了运行与维护策略	是	
62	是否更新过运行与维护策略	是	
63	是否贯彻执行了备份与恢复策略	是	
64	是否更新过备份与恢复策略	是	
65	是否贯彻执行了应急事件处置策略	是	
66	是否更新过应急事件处置策略	是	
67	是否贯彻执行了审计与监控策略	是	
68	是否更新过审计与监控策略	是	
69	是否贯彻执行了网络设备、安全设备配置的安全策略	是	
70	是否更新过网络设备、安全设备配置的安全策略	是	
71	是否通过审核后执行，有无调整和修订	是	
72	是否指定专门机构或人员负责产品的采购	是	
73	是否预先进行产品入围选型，在入围厂家中采购产品	是	
74	安全产品采购是否满足国家有关规定	是	
75	密码产品采购是否满足国家密码主管部门规定	是	
76	是否确保对系统的修改、更新、发布取得授权和批准	是	
77	开发环境与生产环境是否物理隔离	是	
78	开发人员与测试人员是否职责分离	是	
79	代码完成后是否进行过安全审查或漏洞检查	是	

（2）文档检查结果（列举部分）如表7-29所示。

表7-29　文档检查结果

序　号	检测文档项	检查结果	相关文档
1	信息安全主管或负责人的岗位职责	有	《某银行信息科技岗位管理制度》
2	系统管理员岗位职责	有	《某银行信息科技岗位管理制度》
3	网络管理员岗位职责	有	《某银行信息科技岗位管理制度》
4	针对系统变更、重要操作、物理访问和系统接入等事项建立审批程序，对重要活动建立逐级审批制度	有	《某银行信息系统变更管理制度》
5	人员录用的制度和流程	有	《某银行信息科技岗位管理制度》《某银行信息科技人员从业资格管理制度》
6	人员离岗的制度和流程	有	《某银行信息科技岗位管理制度》
7	人员安全教育和培训的计划（制度）	有	《某银行信息科技培训制度》《某银行信息科技人员从业资格管理制度》
8	安全责任和惩戒措施的相关制度	有	《某银行信息科技培训制度》

（续表）

序　号	检测文档项	检查结果	相关文档
9	对安全教育和安全培训情况及结果进行记录并归档	有	《某银行信息科技培训制度》
10	人员考核的制度和流程	有	《某银行信息科技培训制度》
11	对外来人员的访问控制制度	有	《某银行计算机机房管理制度》
12	对外来人员的申请审批流程制度	有	《某银行计算机机房管理制度》
13	对外来人员的登记备案制度	有	《某银行计算机机房管理制度》
14	记录外来人员访问的过程并归档保存	有	《某银行计算机机房管理制度》
15	文档资料的密级分类的管理制度和审批流程	有	《信息科技文档管理制度》《某银行信息资产分级保护制度》
16	文档资料的登记的管理制度和审批流程	有	《信息科技文档管理制度》
17	文档资料的保存的管理制度和审批流程	有	《信息科技文档管理制度》
18	文档资料的资料使用的管理制度和审批流程	有	《信息科技文档管理制度》
19	文档资料的外借或销毁的管理制度和审批流程	有	《信息科技文档管理制度》
20	信息安全工作的总体方针和安全策略，说明机构安全工作的总体目标、范围、原则和安全框架等	有	《某银行网上银行安全管理制度》
21	安全管理制度注明发布范围	有	
22	体系化的安全管理策略制定（应由信息安全领导小组组织制定，由信息安全领导小组组织并提出指导思想，信息安全职能部门负责具体制定体系化的信息系统安全管理策略，包括总体策略和具体策略，并以文件形式表述）	有	《某银行信息科技风险管理策略》《某银行信息科技规章管理制度》
23	系统安全性评价（对于重要的项目，接到系统需求的书面申请后，必须组织有关部门负责人和有关安全技术专家进行项目安全性评价，在确认项目安全性符合要求后由主管领导审批，或者经过管理层的讨论批准，才能正式立项）	有	《某银行信息科技项目管理制度》
24	设计与开发策略	有	《某银行网上银行安全管理制度》
25	测试与验收策略	有	《某银行网上银行安全管理制度》
26	运行与维护策略	有	《某银行网上银行安全管理制度》
27	备份与恢复策略	有	《某银行网上银行安全管理制度》
28	应急事件处置策略	有	《某银行网上银行安全管理制度》

（续表）

序　号	检测文档项	检查结果	相关文档
29	网络设备、安全设备配置的安全策略	有	《某银行网上银行安全管理制度》
30	对信息系统的安全建设进行总体规划，制定近期和远期的安全建设工作计划	有	
31	统一考虑安全保障体系的总体安全策略、安全技术框架、安全管理策略、总体建设规划和详细设计方案，并形成配套文件	有	信息安全制度文档集
32	制定代码编写安全规范，要求开发人员参照规范编写代码	有	《某银行应用系统开发安全管理制度》《系统开发规范》
33	制定软件开发管理制度，明确说明开发过程的控制方法和人员行为准则	有	《某银行应用系统开发安全管理制度》
34	制定详细的工程实施方案控制实施过程，并要求工程实施单位能正式地执行安全工程过程	有	《信息科技外包项目管理制度》
35	制定工程实施方面的管理制度，明确说明实施过程的控制方法和人员行为准则	有	《信息科技外包项目管理制度》
36	建立变更管理制度，系统发生变更前，向主管领导申请，变更和变更方案经过评审、审批后方可实施变更，并在实施后将变更情况向相关人员通告	有	《某银行信息系统变更管理制度》
37	建立变更控制的申报和审批文件化程序，对变更影响进行分析并文档化，记录变更实施过程，并妥善保存所有文档和记录	有	《某银行信息系统变更管理制度》
38	建立中止变更并从失败变更中恢复的文件化程序，明确过程控制方法和人员职责，必要时对恢复过程进行演练	有	《某银行信息系统变更管理制度》
39	制定系统测试验收的管理制度	有	《某银行信息科技项目测试管理制度》《某银行信息科技项目管理制度》《信息科技外包项目管理制度》
40	对系统测试验收的控制方法和人员行为准则进行书面规定	有	《某银行信息科技项目测试管理制度》
41	指定或授权专门的部门负责系统测试验收的管理，并按照管理规定的要求完成系统测试验收工作	有	《某银行信息科技项目测试管理制度》《某银行信息科技项目管理制度》
42	制定详细的系统交付清单，并根据交付清单对所交接的设备、软件和文档等进行清点	有	
43	对系统交付的控制方法和人员行为准则进行书面规定	有	
44	指定或授权专门的部门负责系统交付的管理工作，并按照管理规定的要求完成系统交付工作	有	
45	建立机房安全管理制度，对有关机房物理访问，物品带进、带出机房和机房环境安全等方面的管理做出规定	有	《某银行计算机机房管理制度》

（续表）

序　号	检测文档项	检查结果	相关文档
46	加强对办公环境的保密性管理，规范办公环境人员行为，包括工作人员调离办公室应立即交还该办公室钥匙、不在办公区接待来访人员、工作人员离开座位应确保终端计算机退出登录状态和桌面上没有包含敏感信息的纸档文件	有	
47	编制并保存与信息系统相关的资产清单，包括资产责任部门、重要程度和所处位置等内容	有	《信息资产分级保护制度》附件
48	建立资产安全管理制度，规定信息系统资产管理的责任人员或责任部门，并规范资产管理和使用的行为	有	《信息资产分级保护制度》
49	根据资产的重要程度对资产进行标识管理，根据资产的价值选择相应的管理措施	有	《信息资产分级保护制度》
50	对信息分类与标识方法做出规定，并对信息的使用、传输和存储等进行规范化管理	有	《信息资产分级保护制度》《某银行生产数据管理制度》《某银行信息科技文档管理制度》

3. 管理脆弱性赋值输出（列举部分）

通过对技术管理脆弱性和组织管理脆弱性的核查，发现两个脆弱点，一个是未要求系统开发单位提供软件源代码，有可能会存在后门；第二个是密码设备管理制度不健全。测试工程师依据脆弱性赋值要求和经验分别赋值为3和4。识别结果（列举部分）如表7-30所示。

表7-30　识别结果

标　识	脆弱性	脆弱性描述	作用资产	赋　值
1	未对信息系统进行代码审查	未要求开发单位提供软件源代码，并审查软件中可能存在的后门不符合 GB/T 22239-2019（等级保护2.0）中6.2.4.5的规定	某银行网上银行	3
2	未见对密码设备管理制度	未对密码设备的采购和管理做出规定不符合 GB/T 22239—2019（等级保护2.0）中6.2.4.3的规定	某银行网上银行	4

组织的安全管理是用户免受攻击的重要措施。组织机构不完整、安全管理制度不健全和人员安全意识不强，都会引起网络安全管理的风险。在网络安全管理中，人是决定的因素，如果人的安全保密意识差，技术技能低，那么即使投资再大，设备再先进，也无法保障网络的安全。管理是网络安全得到保证的重要组成部分，责任不明，管理混乱、安全管理制度不健全及缺乏可预防性、操作性等都可能引起管理安全的风险。

7.8 小   结

脆弱性是风险评估的重要元素。脆弱性识别以资产为核心，针对每一项需要保护的资产，识别可能被威胁利用的弱点，并对脆弱性的严重程度进行评估，进行定性或定量的赋值。本章依据国际、国家安全标准或行业规范及应用流程的安全要求，从技术和管理两个方面，介绍了多种不同的脆弱性识别的概念、实施过程、常用方法工具和输出结果，并以具体案例介绍了实施流程。

习   题

1. 简述脆弱性与风险之间的关系。

2. 简述脆弱性与资产、脆弱性与时间的关系。

3. 简述环境安全物理脆弱性识别需要检测的内容。

4. 请简要列举网络脆弱性识别过程中"测试"方法的使用场景及目的。

5. 请简述网络脆弱性赋值原则及等级划分情况。

6. 网络设备脆弱性识别包括哪些内容？识别出的脆弱性包括哪些？

7. 零日漏洞指的是哪类漏洞？

8. 如何识别数据库脆弱性？

9. 中间件的作用简单来说就是试图通过屏蔽各种复杂的技术细节使技术问题简单化，试列出常见的几种中间件。

10. 协议安全中主要有哪几种网络攻击类型？

11. 怎样通过消息摘要验证消息为未被篡改？

12. 简述数据传输载体安全的包含内容？

13. 大部分人认为只要购买了防火墙、IDS、IPS等安全设备，系统就没问题。你认为这种看法对吗？请说明原因。

14. 某公司被通报其对外服务网站频繁被黑客攻击，并利用同一漏洞获取网站服务器控制权限，窃取大量用户敏感数据，请分析该公司出现上述问题的主要原因。

15. 员工离职是人员管理中很重要的一部分，你认为公司在员工离职管理中至少应该做出哪些规定？

第8章 已有安全措施识别

有效的安全控制措施能够减少安全事件发生的可能性，也可以减轻安全事件造成的不良影响。因此，在风险分析之前，有必要识别被评估组织已有的安全控制措施，并对措施的有效性进行确认，为后续的风险分析提供参考依据。

8.1 已有安全措施识别内容

8.1.1 已有安全措施识别的相关定义

1. 安全措施的定义

安全措施是指保护资产、抵御威胁、减少脆弱性、降低安全事件的影响，以及打击信息犯罪而实施的各种实践、规程和机制。它是管理风险的具体手段和方法。

根据安全需求部署，用来防范威胁，降低风险的措施，例如：

- 部署防火墙、IDS、审计系统
- 测试环节
- 操作审批环节
- 应急体系
- 终端U盘管理制度

2. 安全措施分类

在GB/T 20984中，将安全措施分为预防性安全措施和保护性安全措施两种。

预防性安全措施可以降低威胁利用脆弱性导致安全事件发生的可能性，如威胁情报系统、IDS；保护性安全措施可以减少因安全事件发生后对组织或系统造成的影响，例如透明文件加密系统，即使重要的文件泄露，恶意人员也很难解密文件。

安全措施还可以分为单独部署的安全措施和集成部署的安全措施。网络中独立部署的防火墙、IDS等安防设备就是独立部署的安全措施。此外，在很多的应用中，都会有安全相关的模块，例如Web系统中常见的集成式WAF，linux操作系统、Nginx、Apache服务器自带的安防模块等，由于集成部署的安全措施与相关资产是高度耦合的，其有效性评估通常情况下在脆弱性识别阶段进行。

除了以上两种分类，更为常用的分类方法是，将安全措施分为管理和操作控制措施、技术控制措施两类。管理和操作控制措施是指为了提高系统安全性、预防可能的损失而推行的管理规章和操作控制措施。技术控制措施是指采取的技术性安全手段，通常又分为物理层措施、网络层措施、系统层措施、应用层措施、数据层措施这5类。考虑到内容连贯性，本章中采用此分类方法。在不同的业务场景下，采取的安全措施可能有较大的差异，需要具体情况具体分析。常见的安全措施如表8-1所示。

表 8-1 常见的安全措施

类　别	措施分类	常见安全措施
管理和操作控制措施	管理措施	信息安全管理规章、合同约束和管理优化、人员培训等
	操作控制措施	重要办公场所、机房的门禁控制； 访问凭证的集中管理； 纸质涉密资料、涉密移动载体管理措施； 业务计算机的使用权限管理； 网络设备的采购制度、分配管理； 设备出现故障时的送修制度； 数据导入内网时的安全审查措施等
技术控制措施	物理层	机房选址； 建筑物的物理访问控制； 安全门窗等防盗窃和防破坏措施； 防雷击、防火、防水和防潮、防静电、温湿度控制等； 电力供应保障，如 UPS 设施等 电磁防护等
	网络层	VLAN 划分； 网络访问控制； 网络隔离设备：网闸等； 网络设备防护； 安全审计：网络型 IDS、IPS 设备、网络流量监控预警设备； 边界完整性检查等
	系统层	身份鉴别与授权：如 kerberos 协议认证系统； 访问控制：堡垒机； 安全审计：防火墙、蜜罐系统； 入侵防范：主机式 IDS、IPS 系统； 剩余信息保护：系统中的鉴别信息、用户拥有的文件或目录、用户操作过程中产生的过程文件等的保护措施； 恶意代码防范：如各类杀毒软件，专用恶意软件识别工具； 资源控制

（续表）

类　　别	措施分类	常见安全措施
	应用层	身份鉴别与授权：如 OAUTH 协议，单点登录系统等； 访问控制； 安全审计：如应用层防火墙； 剩余信息保护：用户操作中的产生数据的保护； 通信完整性、通信保密性：采取 TLS 等可靠的密码学算法体系加密软件通信； 软件容错； 可用性维护：例如 DDoS 防护； 资源控制； 代码保护：例如混淆加密、反 DEBUG 措施等
	数据层	数据完整性保护措施； 数据保密性保护措施：文件透明加密，文件泄露侦测系统等； 备份和恢复服务器、软件等

3. 已有安全措施识别的定义

随着信息安全技术的发展和安全意识逐步深入人心，大部分组织都会实施一些管理或者技术上的安全措施来保证自身信息安全。定位出这些安全措施并对其有效性进行评价的过程就是已有安全措施识别。

4. 已有安全措施识别的作用

以威胁为核心识别组织已有安全措施，在识别威胁的同时，评估人员应对已采取的安全措施进行识别。在识别脆弱性的同时，可对已有安全措施的有效性进行确认。

正确实施的安全措施可有效抵御威胁、控制脆弱性，从而降低信息安全风险的负面影响；反之可能会增加系统复杂性，甚至暴露出新的脆弱点，降低整体安全性。因此，评估人员应对已采取的安全措施进行识别并确认其有效性。对有效抵御威胁的安全措施继续保持，以避免不必要的工作和费用；对无效的安全措施核实是否应取消或进行修正，或用更合适的安全措施替代。

8.1.2　与其他风险评估阶段的关系

已有安全措施的识别不是一个孤立进行的过程，而是与风险评估的其他阶段共同开展的。例如在资产识别阶段，要同步定位出资产中的安全措施相关资产，在风险识别和脆弱性识别阶段，要同时开展安全措施相关信息收集。安全措施相关资产指仅为安全这个单一目的而设置的安全设备、措施等，例如防火墙、IDS设备等。有些设备，如负载均衡、缓存数据库等，能够大幅度地提高系统吞吐和可靠性，有利于保证信息安全的可用性这一特性，但是其主要目的是为了业务正常运行，不能认为是安全相关资产。

在风险评估的各个阶段中，已有安全措施识别与脆弱性识别关系紧密。在识别过程中，进行脆弱性与安全措施的关联分析，如表8-2所示。完成安全措施识别与有效性确认之后，分析安全措施对脆弱性的影响，给出安全措施作用后的脆弱性赋值。安全措施识别和确认是在获取组织更多信息之后，从安全体系层面上对脆弱性赋值的修正过程。

表 8-2　脆弱性与安全措施的关系

分　类	脆　弱　性	安全措施
管理层	人员缺乏、不充分的安全培训、缺乏安全意识、缺乏监督机制等	合同约束和管理优化、人员培训等
物理层	建筑物、门和窗缺乏物理保护，不稳定的供电措施，处于易发自然灾害地区等。对电磁辐射敏感、存储介质的不充分维护、缺乏有效的配置、变更控制等	机房选址、建筑物的物理访问控制、防盗窃和防破坏措施、防雷击、防火、防水和防潮、防静电、温湿度控制等
网络层	缺乏通信完整性校验、网络通信带宽和质量不充足、网络设备安全配置缺失、无恶意代码和入侵防范措施等	VLAN 划分、网络访问控制、网络设备防护、安全审计、边界完整性检查、入侵防范、恶意代码防范等
主机层	缺乏系统安全配置、系统加固，数据清除不彻底，无入侵防范、恶意代码防范措施等	身份鉴别、访问控制、安全审计、剩余信息保护、入侵防范、恶意代码防范、资源控制
应用层	没有或不充分的软件检测、缺乏审计、软件缺陷、缺少备份措施等	身份鉴别、访问控制、安全审计、剩余信息保护、通信完整性、通信保密性、抗抵赖、软件容错、资源控制等
数据层	缺乏数据备份、加密、通信完整性校验	数据完整性保护措施、数据保密性保护措施、备份和恢复等
其他	其他脆弱性	其他安全措施

8.1.3　已有安全措施有效性确认

对已有安全措施的有效性的确认，是指通过访谈、实地检查、模糊测试等手段对这些控制措施进行检查和测试，评估是否满足被评估单位的安全期望。为了达到这个目的，仅仅通过问卷调查、技术人员访谈等通用手段了解这些安全措施的部署、配置和运行情况是远远不够的，基于以下几个方面的原因，必须通过实地检查进行充分的测试才能给出正确的评估结果。

（1）安全技术人员经常是由运维人员兼任，往往不能正确评估自己设置的安防措施的有效性，过度高估其安全性，不正确的配置甚至会引入新的脆弱性。

（2）被测评的系统、应用的维护人员会因为责任认定等问题有意无意地产生防范心理，不能正确地描述所采用的措施。本着对被测评组织负责的态度，对前期问卷调查、人员访谈等得到的信息进行进一步的确认是必要的。

8.2 已有安全措施识别与确认方法和工具

8.2.1 已有安全措施识别与确认的方法

对安全措施的识别和确认方法通常分为通用方法和专用方法两类，通用方法一般是通过文档审查、人员访谈、实地查看等通用手段了解安全措施的部署和执行情况。专用方法则是对某类型的安全措施采取的技术性评估手段。

通用方法获取的信息常常要经过专用技术方法的确认，例如，通过访谈得知，某组织为了提高安全性，内部研发网络和生产网络是严格隔离的，网络之间不能直接通信，此时需要对网络进行技术检查进一步确认，防止出现因误操作等原因导致的两个网络直连接的情况。

1. 通用方法

（1）文档检查

检查安全措施部署时的设计文档、安装记录、运行记录等。检查文档是否齐全，是否有操作指南，从文档中了解组成原理、部署方式、软硬件型号等信息。

（2）人员访谈

与相关人员访谈，获取相关信息，例如：访谈系统管理员，问询入侵防范产品的厂家、版本和安装部署情况，是否能够按照要求进行产品升级；访谈数据库管理员，问询数据库采用了何种权限控制机制，数据的备份采用何种机制实现，备份间隔是多少时间；访谈普通员工，了解安全意识如何、安全管理规章的实施情况等信息。

（3）问卷调查

相比人员访谈，问卷调查的方式尽管调研深度略有欠缺，但是调查范围更加广泛。表8-3是一个问卷调查的参考样例。

（4）实地检查

实地检查通常包括以下内容：

a）检查管理和操作控制措施的实施情况；

b）检查权限控制实施情况，安全等级配置是否合理，是否采用了最小化的权限管理措施；

c）检查设备的配置是否正确，例如防火墙是否设置了正确的过滤规则，实现其最优功能和性能，保证网络系统的正常运行；

d）检查IDS、IPS等系统，查看是否发生过攻击，是否能够记录攻击者的IP、攻击类型、攻击时间等信息，发生攻击时是否能及时报警；

e）检查各类主机、系统的运行日志，查看日志是否完备，有无日志被删除的情况，并保存日志进行进一步分析；

表 8-3 入侵防范设备技术状态问卷调查表

维护人姓名		维护人员职务	□系统管理员 □安全检查员 □安全审计员 □设备运维人员
设备类型	□IDS □IPS □蜜罐 □流量检测 □其他	设备型号	
固件版本		策略库版本	
节点配置数目		设备日志审查周期	
设备升级策略	定期在线升级、事件响应升级、其他		
设备部署方案	以何种方式部署,部署的架构、拓扑、关注点等		
入侵防护规则策略	调查维护人员都部署了那些防护策略,包括:资源监控、特定危险进程监控、流量嗅探监控、非法内网横向移动、常见病毒木马的行为检测等		
运行状态	调查近段时间的设备运行状态,包括是否出现故障,是否检出可能的网络攻击,误报率是否在合理范围内等		

f)检查安全系统自身的保护机制是否实现,安全系统的管理机制是否安全;

g)检查安全系统是否定期升级或更新;

h)检查安全系统是否存在漏洞或后门。

（5）安全扫描

安全设备、安全系统自身是运行态的计算机硬件和软件,也会存在计算机软硬件漏洞,可以使用安全扫描工具进行扫描发现潜在漏洞。

2. 专用技术方法

专用方法主要指对各类安全防护措施的技术性检测方法。技术检测对测评人员来说是基本的技能要求。由于技术性控制措施通常采用不同的技术设备,技术原理各不相同,因此需要专用的检查方法。在评估的形式上,主要有在线评估和仿真验证两种方式。

- 在线评估:在线评估指直接对在线运行的安全系统进行测试,此时要注意尽量不要影响系统的正常运行,在系统业务不繁忙的时候进行评估测试。
- 仿真验证:如果被评测的安全措施属于组织的重要业务系统,一般建议进行仿真验证。与被测评单位充分沟通的基础上,采用同型号、同版本的设备、软件和应用,尽量搭建出与原有系统一致的环境,既不影响原有系统运行,又能进行充分测试。

实际的评估测试中可能遇到安全系统和安全设备千差万别、种类繁多,本节介绍常见的IDS、防火墙等安全设备的常规有效性测试方法,其他设备请参阅有关资料。

（1）IDS设备检测评估

IDS是最常见的网络安全设备之一，几乎出现在所有对安全性有所要求的网络中，是网络安全体系的重要组成部分。它对计算机系统和网络中信息进行收集和分析，从中发现网络或系统中是违反安全策略的行为和被攻击的迹象，并及时报告给系统管理员。正确部署和维护的IDS能大大地简化系统管理员的工作，提高网络安全性，保证网络的安全运行。

IDS的评测内容应该包括以下几个方面：

a）入侵识别测试：主要是考察IDS对各种攻击形式的检测能力，能否检测出网络中复杂多变的攻击。与此项测试的相关指标包括威胁检出率、误报率、漏报率三项，是IDS最重要的测试。

b）安全测试：测试IDS本身具有的安全性能。

c）处理性能测试：指一个IDS处理数据的速度。当IDS的处理性能较差时，不可能实现实时的安全防护，并有可能成为整个系统的瓶颈，进而严重影响整个系统的性能。

d）资源消耗测试：考察IDS工作时对系统和网络资源的占用情况，以及在系统和网络中的处理延迟等相关问题。

e）压力测试：这部分主要是检测IDS是否能够在不同规模的网络流量压力下进行有效的工作。

其中，入侵识别测试和安全测试是基本测试，其他测试依据项目的成本、工作重点等因素综合考虑是否开展。对于IDS设备的测试通常使用黑盒测试，基本过程如下：

a）搭建测试环境。如果是仿真测试，按照被评测单位的网络环境设置IDS及攻击机和背景流量机，并选取测试工具部署到攻击机上，背景流量机和攻击机应该分布在不同的机器上，对IDS进行必要的配置，包括报警方式和警告级别，日志记录的详细程度等。在真实网络中进行在线测试，背景流量机是可选配置。IDS设备测试环境配置如图8-1所示。

b）建立测试用例集。建立测试用例集并将用例部署在攻击机上作为模拟攻击源。测试用例的选取一般有三个来源：一是实际执行的渗透测试，渗透测试的过程可以使用脚本记录下来，放到攻击机上自动化执行，这些用例和网络中真实的攻击没有差别；二是提取攻击的特征，然后修改某些特征生成新的用例；三是收集网络上已有的攻击测试用例。

c）启动网络中的IDS和背景流量机，使之能够正常的运行。

d）启动测试用例库里的某一个测试用例脚本，向测试目标发送攻击测试数据。

e）考察IDS的反应：是否能够对攻击做出响应、报警或是截断，查看和分析IDS的日志，记录测试结论。

f）停止攻击，清空IDS的报警信息和日志，开启另一个测试用例，然后回到步骤d，直到所有的攻击用例都运行一次，测试结束。

g）分析测试数据，评估测试结果。

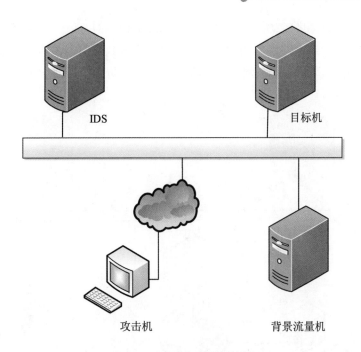

图 8-1　IDS 设备测试环境配置

除了进行黑盒测试，在能够获取设备固件和应用源代码的情况下，可以执行静态安全分析，常用的方法包括符号执行、模型检查、抽象解释、基于属性图的特征识别等方法。如果不能取得源代码，经过版权方同意，可以反汇编代码后进行静态分析。静态代码分析又称白盒测试，常常与黑盒测试结合使用。

（2）防火墙检测评估

防火墙位于网络边界，是隔绝攻击的第一道防护，在评估测试中应该重点关注防火墙设备。

防火墙的测试项包括以下内容。

a）包过滤测试：测试过滤规则有效性，防火墙是否能够正确地依据规则过滤掉非法数据包。

b）攻击测试：防火墙是否能有效识别数据包中的恶意攻击向量，并做出相应的反应。

c）安全测试：防火墙的自身安全性能，是否存在漏洞，是否有配置错误等。

d）压力测试：防火墙设备是否能够承受合理范围内的数据流量，具备一定的抗DDoS攻击能力。

e）性能测试：包处理速度，是否会成为系统的性能瓶颈。

在当前的趋势下，传统的过滤型网络层防火墙起到的作用相对越来越小。很多流量如VPN、无线网络流量、https流量、各种隧道流量等都会绕过防火墙，此时的网络层防火墙只能通过IP、底层协议等简单的信息进行过滤，无法分析数据包中的攻击特征。因此防火墙的评估重点应放在过滤规则有效性上。应用防火墙的测试重点应包括攻击测试。

防火墙的测试设置如图8-2所示，设置方法与IDS类似，但一般不会设置背景流量装置。在以前的测试方法中，还会使用专用的防火墙测试仪生成数据包，目前已经很少使用测试仪进行测试，主要用测试软件发送各种形式的数据包，检查防火墙是否能够起到设计的作用。

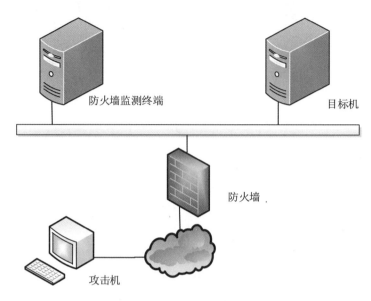

图 8-2　防火墙的测试设置

8.2.2　已有安全措施识别与确认的工具

安全控制措施识别与确认需要用到以下工具或表格。

1．技术控制措施调查表

用于调查和记录评估组织已经部署的安全控制措施。

2．管理和操作控制措施调查表

对照安全管理标准，调查和记录被评估组织已经采取的安全管理和操作控制措施。

3．涉密信息系统评测表格（主要针对涉密信息系统的评估）

一般用于涉密信息系统的检查和评估，或一些重要信息系统的安全评估，如银行系统可以参考使用。

4．符合性检查工具

用于检查被评估组织当前对安全标准或策略的符合程度。各种组织在信息安全方面，都需要满足来自外部的（法律、标准等）要求或来自组织自行定制的（主要指组织自身的安全策略）要求。这些要求之间不可避免地存在着大量交叉和重叠。为了帮助用户摆脱上述困境，出现了基于标准并可自主定制的符合性检查工具。图8-3为符合性检查工具的基本工作原理示意图。这类产品可以使用户跟踪并提高对法律、标准或策略的符合程度，从而降低信息安全风险。这类符合性检查工具，可以大大提高识别小组在进行符合性检查时的工作效率——它可以快速完成表格制定、调查结果与标准要求的关联、调查结果的处理直至展现等。

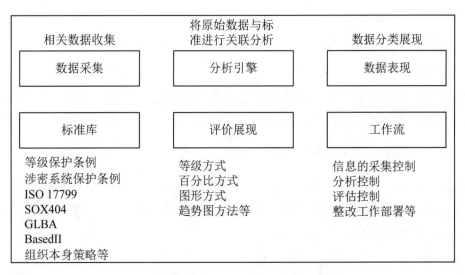

图 8-3　符合性检查工具基本工作原理示意图

8.3　已有安全措施识别与确认过程

国家有关标准仅仅是提出了对安全措施进行测评的要求，但是如何实现测评需要测试人员自行设计相关方案。信息安全领域的测试常常是需要发挥想象力的，这里给出一个参考的过程。已有安全措施的识别过程是和其他的阶段同步开展的。例如在组织战略识别、资产识别、脆弱性识别等阶段，都要对已有安全措施进行检查并不断完善记录，避免资源浪费，提高测评效率。在前期获得的已有安全措施的相关信息基础上，本阶段将进一步进行有效性确认等工作。

8.3.1　已有安全措施识别与确认原则

开展已有安全措施的识别确认同样要遵守3.1.3节提到基本原则，此外，还应注意以下几点。

1．加强协调沟通

制定测试方式的计划时要双方共同协商，明确可能产生的后果，必要时双方专家签字确认。

2．确认测试环境

如果采用仿真测试，确认仿真环境能够充分仿真线上系统，保证测试结果的可信性。

3．谨慎挑选技术评估工具

部分测试工具具有一定的破坏性，评估人员选用工具之前必须深刻理解工作原理，知晓其可能造成的后果。

4．建立测试应急预案

对重要业务系统的线上测试，要有出现故障的备份恢复预案。

5．注意成本控制

进行深入细致的评估可以发现许多深层次的安全问题，但是相应地需要较高的成本。要结合评估项目的成本预算，合理地规划并开展评估。

8.3.2 管理和操作控制措施识别与确认过程

管理和操作控制措施的识别与确认过程一般包括信息收集与确认、脆弱性与已有安全措施关联分析、制定有效性确认计划、计划实施、脆弱性与安全措施关联赋值五个过程。

1．信息收集与确认

利用资产识别阶段的结果，定位出其中与安全措施相关资产，然后通过文档审查、人员访谈等手段，收集资产的详细信息并实地查看确认，工作流程如下。

（1）设计评估表格：表格的设计可以结合信息安全管理标准ISO 27001或最佳安全实践（NIST的有关手册）的检查列表，针对不同的评估组织进行有针对性的裁剪，表8-4给出一个安全措施检查列表的示例，但是具体情况要具体分析。

表 8-4　安全措施检查列表

控制目标和技术	无 计 划	已有计划	已 实 行	是否定期审核	实施或审核情况及其他补充说明
所有的路由器、交换机、无线网桥和防火墙是否都进行了安全配置管理，配置的内容都经过审核确认并记录存档					
如果使用了无线网络技术，是否限制只有经过授权的设备才能访问该网络					
是否使用了防火墙设备对企业网络流量进行限制和保护					
企业业务数据库服务器是否部署在内部网而不是 DMZ					
Web 服务器是否部署在专门的 DMZ					

（2）为了保证访谈和调查活动能够获得翔实的、对风险分析有实际意义的调查结果，在设计表格时，应为不同的检查选择适当的访谈对象。这里我们给出一个关于网络的技术控制措施确认部分表格的示例。

（3）确定访谈对象：接下来，在被评估组织项目负责人的配合下，为安全管理和操作控制措施调查表中的不同部分，确定和落实访谈对象。

（4）访谈与调查：在评估表和对应的访谈对象确定后，识别小组将按照一定的分工和计划，开始访谈和调查活动。

2．脆弱性与已有安全措施关联分析

基于脆弱性分析的结果，分析某个安全手段所影响的脆弱性，并将二者关联起来。例如，应用服务器上的一个远程执行漏洞会受到应用防火墙的影响，如果防火墙部署得当，规则库更新及时，安全措施有效，以致评估人员完全无法找到漏洞利用方式，那么对此漏洞的脆弱性赋值可以降到最低。这是一个多对多的关联关系，一个资产脆弱性可能会关联多个安全防护措施，一个安全措施可能会影响多个脆弱性。

3．制定有效性确认计划

与被评估方相关人员充分讨论的基础上，制定有效性确认计划。包括计划实施的范围、方法、步骤、注意事项，以及评估的粒度等。

4．计划实施

依据计划实施评估并得到评估结果，实施中注意做好记录。

5．脆弱性与安全措施关联赋值

依据评估执行结果对每一项脆弱性进行脆弱性影响分析，分析安全措施降低、增加还是消除脆弱性。对脆弱性赋值进行调整后，得出已有安全措施关联后的脆弱性赋值。调整的一种实现方式是，将原有脆弱性赋值与一个调整系数相乘得到调整后的值。表8-5是一个调整系数设置的参考示例，评估人员可参考此表依据实际情况设置更详细的调整表。

表 8-5　对已有安全措施调整系数设置

系　　数	定　　义
100%	没有相应的安全措施，脆弱性保持不变
75%	有相应的安全措施但不够完善或未得到很好的实施，脆弱性被降低
0	有相应的安全措施且比较完善，并得到了很好的实施，脆弱性被完全消除

8.3.3　技术性控制措施识别与确认过程

技术性控制措施的识别与确认过程，同管理和操作控制措施类似，同样包括信息收集与确认、脆弱性与已有安全措施关联分析、制定有效性确认计划、计划实施、脆弱性与安全措施关联赋值几个过程，具体实施内容有所不同。

1．信息收集与确认

需收集的信息包括网络拓扑、设备资产清单、设备型号、部署方式等，大部分信息在资产识别阶段已完成，如果有所遗漏可在此阶段补全。一个信息是否收集完整的标准是：是否能够依靠当前的信息完整的搭建出模拟测试环境。信息收集是一个不断完善的过程，

可以分数次完成，逐步细化、完善。具体识别活动如下。

- 网络层：关注在网络层面上的安全技术控制措施，比如FW/VPN、NIDS（Network Intrusion Detection System，网络入侵检测系统）、安全网关、加密机等。
- 系统层：关注在系统层面上的安全技术控制措施，一般主要用于保护特定的系统，比如防毒软件、HIDS（Host-based Intrusion Detection System，基于主机型入侵检测系统）、补丁分发工具等。
- 应用层：关注专门针对应用或应用自身所固有的安全控制措施，例如，用于特定应用的CA/KPI设施、特定应用的审计功能。
- 数据层：关注于专门用于数据防护的安全控制措施，例如一致性校验、存储和备份等。

随着组织规模的不断扩大、各种信息系统和附属的安防系统的叠加，以及维护人员的更替等种种原因，通过访谈、文档审查等手段不一定能获取全部的信息。此时，采用技术手段（例如资产识别软件）对组织的各类资产进行完整探查就显得十分重要，通过技术手段，比如工作原理分析、无害测试等方法常常能够发现未记录的或者部署不明确的安防措施。

2．脆弱性与已有安全措施关联分析

同管理和操作控制措施识别。

3．制定识别与有效性确认计划

同管理和操作控制措施识别。

4．计划实施

在8.2节已介绍了安全措施识别的常用方法。对于技术性安全措施，包括安全设备和软件等，实施评估应重点关注自主研发模块。很多安防设备开放接口使得客户可以进行定制，这些客户自主研发模块（例如网闸设备中的自定制过滤模块）常常是安全性较为薄弱的地方，需重点检查。

具体实施过程如下：

（1）检查当前固件、软件、样本库版本是否为最新版本，查询漏洞库，查看当前版本是否有已知漏洞。

（2）对运行状态进行全面的检查，特别是有没有暴露的管理接口、错误的配置文件等。

（3）使用通用弱点扫描工具对设备进行初步的扫描。

（4）依据8.2节介绍的方法，进行技术检查评估。

（5）如果有条件，取得固件、应用代码等进行白盒测试分析，并可依据白盒分析得到的信息开展新一轮的模糊测试。

技术手段的有效性评估具有自身特点，以防火墙为例，在测试中执行了100个测试用例，突破防护的用例有5个，不能简单地认为此防火墙的安全性达到了95%。信息安全领域的攻

防双方是不对称的，防守方处于弱势，只要出现一个漏洞，整个系统的安全性都会受到根本影响。应综合考虑实施攻击的技术难度、被评估单位的行业特点等因素综合考虑。

5. 脆弱性与安全措施关联赋值

同管理和操作控制措施识别。

8.4　已有安全措施识别输出

依据GB/T 20984标准，已有安全措施识别阶段的输出主要包括已有安全措施确认表，以及脆弱性和相关已有安全措施关联表。

1. 已有安全措施确认表

根据对已采取的安全措施确认的结果形成已有安全措施确认表，包括已有安全措施名称、类型、功能描述及实施效果等。示例参见8.5节已有安全措施识别案例。

2. 脆弱性和相关已有安全措施关联表

在信息安全风险管理的各阶段中，已有安全措施主要影响脆弱性识别，在结果上，体现为对脆弱性赋值的影响。原有的脆弱性结果受到安全措施确认的影响，可能会增加或减弱，甚至完全消失。该过程的输出为脆弱性和相关已有安全措施关联表。示例参见8.5节已有安全措施识别案例。

3. 其他输出

除了安全措施确认表，以及脆弱性和相关已有安全措施关联表，评估方还应当详细记录确认过程中的测试方法、测试用例、测试过程和测试数据，形成文档便于后期复盘整改，并对组织的已有安全措施的整体有效性、薄弱环节等进行分析统计，给出整体性评价，提出改进建议。

8.5　已有安全措施识别案例

8.5.1　案例背景描述

某公司是一家电商企业，主要业务为材料领域的信息服务平台，提供产品展示、需求发布、交易撮合、会展等服务。

该企业网络结构如图8-4所示，可分为内、外网两个部分。外网（DMZ区）主体为Web服务区；内网为办公区，又分为应用服务区、办公业务网、开发网等数个网络，各个网络之间使用防火墙等设备进行隔离。Web服务区内布置负载均衡、Web服务器、缓存服务器、数据库服务器、文件服务器、反向代理服务器等各类服务器40余台。Web服务器部署运行公司自主开发的商城系统；数据库采用MySQL数据库，主从结构，定时自动备份。安全防护上，部署了网络层防火墙、WAF防火墙、IDS等设备。本地没有架设专用DDoS防护，采购了某安全公司的CDN（Content Delivery Network，内容分发网络）和DDoS防护服务。由于订购的服务里包含WAF服务，因此在Web应用层防护上，是两级WAF防火墙结构。办公内网中也部署了IDS等安防设备。

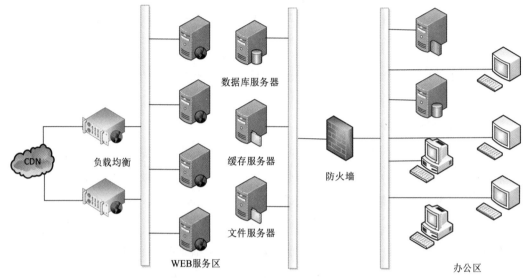

图 8-4　某电商企业网络结构简图

由于Web服务承载了该公司的大部分业务，因此在脆弱性识别阶段，重点对公司的业务应用、服务器等进行了检查，发现了应用存在SQL注入漏洞、数据库程序存在慢查询缺陷、系统整体DDoS防护能力不足等问题。

8.5.2　案例实施过程

1．信息收集与安全措施关联分析

利用资产识别阶段的结果，通过文档审查、人员访谈等手段，得知企业部署的部分安全措施如表8-6所示。

表8-6　部分已有安全措施

序　号	名　　称	类　　别	内　　容
S1	《X 公司信息安全管理制度》	管理和操作控制	从安全意识、网络使用、计算机使用、应用管理、设备管理、病毒防范等数个方面对信息安全相关问题进行了规范
S2	人员出入管理	管理和操作控制	机房和办公室 24 小时监控，出入需门禁卡
S3	机房物理安全措施	技术控制措施	机房温湿度调节、UPS、灭火器配备齐全

（续表）

序　号	名　　称	类　别	内　　容
S4	WAF 防火墙	技术控制措施	基于 ModSecurity 自主研发的 WAF
S5	普通防火墙	技术控制措施	某型号应用防火墙。固件版本为最新
S6	杀毒软件	技术控制措施	所有 Windows 办公电脑、服务器均安装了某杀毒软件，具备主动防御功能，定时更新特征库
S7	DDoS 防护+CDN 服务	技术控制措施	采购自某厂商的 CDN+DDoS 云防护服务，该服务中包括 WAF 防火墙
S8	办公网 IDS 系统	技术控制措施	Snort IDS 系统，版本、规则库均为最新

结合脆弱性识别结果和已有安全措施，分析关联性，得到脆弱性和安全措施的关联表如表8-7所示。

表 8-7　部分脆弱性和安全措施的关联

序　号	名　　称	内　　容	赋　值	关联安全措施
V1	安全意识教育脆弱性	部分员工安全意识不足	4	S1
V2	Web 应用脆弱性	自主研发的商城系统某页面存在 Bool 型盲注漏洞	5	S4，S7
V3	Web 应用脆弱性	Web 应用可能被 DDoS 攻击	4	S6
V4	Web 应用脆弱性	部分用户密码过于简单，可能被暴力破解攻击	3	S4，S7
V5	办公网服务器脆弱性	办公网部分服务器采用旧版本 Windows，已停止更新支持，漏洞无法及时修补	4	S6，S8

2．制定安全措施有效性确认计划

通过与公司相关人员交流，制定安全措施有效性确认计划，如表8-8所示。

表 8-8　安全措施有效性确认计划

序　号	名　　称	计　　划
S1	《X 公司信息安全管理制度》	通过人员访谈、问卷调查、实地检查等手段检查制度落实情况
S2	人员出入管理	通过人员访谈、问卷调查、实地检查等手段检查制度落实情况，检查摄像头、门禁是否工作正常
S3	机房物理安全措施	审查机房管理日志，检查机房温湿度调节、UPS、灭火器等设备是否齐全、功能良好
S4	WAF 防火墙	采用人员访谈、实地检查、源码审计和模糊测试方法进行测试。经与被评估方沟通，调用一台服务器安装完全相同型号的 ModSecurity 防火墙进行评估
S5	普通防火墙	采用人员访谈、实地检查和模糊测试方法进行测试

（续表）

序　号	名　　称	计　　划
S6	杀毒软件	采用人员访谈、实地检查和模糊测试方法进行测试
S7	DDoS 防护+CDN 服务	采用人员访谈、实地检查和模糊测试方法进行测试 公司电商业务属全球性业务，不存在业务空闲时间。经与相关人员沟通，将 2 台 Web 服务器中临时从主负载均衡上解除，与备用的负载均衡和数据库组成试验环境，用于 DDoS 防护测试。DDoS 攻击测试机从某云厂商租用，评估公司的业务量之后，共租用 30 台云服务器作为测试用机器 使用多重的防护设备不一定会增加安全性，甚至引入新的脆弱性，考虑到时间成本等原因，不对两级防火墙进行综合评估，仅对单级防火墙分别进行测试
S8	办公网 IDS 系统	采用人员访谈、实地检查和模糊测试方法进行测试 经与被评估方沟通，在办公网内部设置一台攻击机，测试 IDS 的攻击发现能力

3. 计划实施与结果

对安全措施有效性的确认过程和结果如表8-9所示。

表 8-9　安全措施有效性确认过程和结果

序　号	名　　称	计划实施过程	有效性评估结果
S1	《X 公司信息安全管理制度》	审查文档，检查是否有缺失项；同员工访谈，审查制度贯彻实施情况，发现部分员工存在自建 WiFi、反钓鱼攻击防范意识不足等问题	制度规定较为全面，但部分员工安全意识不足
S2	人员出入管理	使用人员访谈、问卷调查、实地检查等方式检查	制度贯彻较好，未发现违规情况，设备运行良好
S3	机房物理安全措施	审查机房管理日志，检查机房温湿度调节、UPS、灭火器等设备	设备齐全、功能良好
S4	WAF 防火墙	登录设备检查软件版本，为最新版本，无已知漏洞；取得代码后使用 Coverity 工具进行静态分析，未发现明显缺陷；由于该项安防措施关联的脆弱性为 SQL 盲注，因此使用 SQLMap 工具，配合自主研发的脚本，检查防注入效果，对基本型测试用例，该 WAF 可有效阻断攻击；随后使用脚本对攻击向量进行混淆后测试，共执行 167 项测试用例，均无法穿透防火墙的防护	防火墙性能良好，能够有效抵御测试中的攻击向量
S5	普通防火墙	登录防火墙进行实地检查，检查防火墙固件版本为最新；检查日志，规则库定期更新，规则库配置无明显缺陷；漏洞库中未搜寻到该版本防火墙漏洞；使用 Nmap+探测脚本进行穿透测试，共测试 87 个用例，未发现穿透防护的现象	成功防御全部测试用攻击向量，安全性较好

（续表）

序　号	名　　称	计划实施过程	有效性评估结果
S6	杀毒软件	以开源软件 Meterpreter 作为基本测试样本，使用自主研发的工具对基本样本进行变形后测试杀毒软件的防护能力，共测试 45 个样本，发现 6 个样本可以躲避检测	部分变形恶意软件样本可躲避检测
S7	DDoS 防护+CDN 服务	经了解，公司的采购的 DDoS 防护服务性能较好，可有效抵御 SYN-Flooding 等传统攻击方式，因此直接放弃传统形式的 DDoS 攻击测试，转而用其他方式测试。通过历史信息查询手段，查找到公司服务器的真实 IP，使用 CC 攻击方式攻击测试服务器，成功致使服务器瘫痪；在没有真实 IP 的情况，利用某页面发现 SQL 慢查询问题，同样成功执行了 DDoS 攻击，造成服务瘫痪	因网络结构问题，DDoS 防护可被绕过；因程序设计问题，存在 SQL 慢查询，在不绕过防护的情况下，仍然可实施攻击
S8	办公网 IDS 系统	检查 IDS 系统，版本、规则库均为最新。在内网执行了内网扫描、漏洞攻击、横向渗透、权限提升、流量劫持与欺骗等别的测试 53 项，其中 8 项测试 IDS 未能做出正确反映	该 IDS 对横向渗透类攻击的防御效果有限

4. 安全措施有效性评估

结合已有安全措施识别与确认结果，调整脆弱性赋值的分值，得到本案例的输出。

8.5.3　案例输出

本案例的输出包括已有安全措施确认表和脆弱性相关已有安全措施关联表。

（1）已有安全措施确认表如表8-10所示。

表 8-10　已有安全措施确认表示例

序　号	名　　称	类　　别	内　　容	测试方法	实施效果
S1	《X 公司信息安全管理制度》	管理和操作控制	从安全意识、网络使用、计算机使用、应用管理、设备管理、病毒防范等数个方面对信息安全相关问题进行了规范	通过人员访谈、问卷调查、实地检查等手段检查制度落实情况	制度规定较为全面，但部分员工安全意识不足
S2	人员出入管理	管理和操作控制	机房和办公室 24 小时监控，出入需门禁卡	人员访谈、问卷调查、实地检查	制度贯彻较好，未发现违规情况
S3	机房物理安全措施	技术控制措施	机房温湿度调节、UPS、灭火器配备齐全	审查机房管理日志，检查机房温湿度调节、UPS、灭火器等设备是否齐全、功能良好	设备齐全、功能良好
S4	WAF 防火墙	技术控制措施	基于 ModSecurity 自主研发的 WAF	采用人员访谈、实地检查、源码审计和模糊测试方法进行测试	防火墙性能就好，能够有效抵御测试中的攻击向量
S5	普通防火墙	技术控制措施	某型号应用防火墙。固件版本为最新	采用人员访谈、实地检查和模糊测试方法进行测试	成功防御全部测试用攻击向量，安全性较好

（续表）

序 号	名 称	类 别	内 容	测试方法	实施效果
S6	杀毒软件	技术控制措施	所有 Windows 办公电脑、服务器均安装了某杀毒软件，具备主动防护功能，定时更新特征库	采用人员访谈、实地检查和模糊测试方法进行测试	部分变形恶意软件样本可躲避检测
S7	DDoS 防护 +CDN 服务	技术控制措施	采购自某厂商的 CDN+DDoS 云防护服务，该服务包括 WAF 防火墙	采用人员访谈、实地检查、和模糊测试方法进行测试。测试环境为模拟测试环境，采用了多种方法进行了模拟的 DDoS 攻击测试	因网络结构问题，DDoS 防护可被绕过；因程序设计问题，存在 SQL 慢查询，在不绕过防护的情况下，仍然可实施攻击
S8	办公网 IDS 系统	技术控制措施	Snort IDS 系统，版本、规则库均为最新	采用人员访谈、实地检查和模糊测试方法进行测试 测试环境为模拟测试环境，进行了内网扫描、漏洞攻击、横向渗透、权限提升、流量劫持与欺骗等常规类别的测试	该 IDS 对横向渗透类攻击的防御效果有限

（2）脆弱性和相关已有安全措施关联表如表8-11所示。

表 8-11　脆弱性和相关已有安全措施关联表示例

资 产	脆 弱 性		安全措施		安全措施作用后的脆弱性	
	脆 弱 性	赋值	安全措施	作用方式（降低/增加/消除）	安全措施作用后的脆弱性	赋值
安全管理制度	部分员工安全意识不足	4	S1	降低	措施范围不完善	3
自主研发的商城系统	某页面存在 Bool 型 SQL 注入漏洞	5	S4, S7	降低	防火墙部署得当，能够消除大部分的恶意攻击	2
	应用可能被 DDoS 攻击	4	S6	降低	降低了被直接攻击的可能性，但依然存在绕过防护的攻击渠道	3
	部分用户密码过于简单,可能被爆破攻击	3	S4, S7	降低	防火墙部署得当，能够消除大部分的恶意攻击	2
办公网服务器	采用旧版本 Windows，已停止更新支持	4	S6, S8	-	IDS 和杀毒软件均有不足，无法有效防护	4

8.6　小　　结

已有安全措施识别是信息安全风险评估的重要组成部分。正确实施安全措施可以有效地抵御威胁、控制脆弱性，从而有效控制系统的信息安全风险。本章介绍了已有安全措施识别的概念、实施过程、常用方法和输出结果，并通过一个电商企业的案例介绍了实施流程。

习　　题

1. 请简述已有安全措施识别与确认的过程。
2. 在风险评估过程中，已有安全措施识别与确认阶段的输出包括哪些？
3. 已有安全措施识别与确认的方法包括哪些？
4. 开展已有安全措施识别与确认的注意点有哪些？
5. 简述对IDS进行模糊测试的基本过程。

第9章　风险分析

在完成了发展战略识别、业务识别、资产识别、威胁识别、脆弱性识别，并对已有安全措施确认后，我们还要进行风险分析，即确定风险要素相互之间的关系。风险分析阶段的主要工作是完成风险的分析和计算[35]。

9.1　风险分析概述

9.1.1　风险分析的定义

风险分析就是在确认已有安全措施的基础上，使用合理的方式来分析可能出现威胁利用资产脆弱性的安全事件，并根据资产安全属性被破坏后造成当前业务的影响来评估该资产所面临的安全风险[36]。

9.1.2　风险分析的地位

如果把某一组织信息安全风险评估和安全事件处置分别比喻成健康体检和疾病治疗，那么风险评估如同健康体检一样，是主动经营健康，以预防为主，是"治未病"，也就是说风险评估是一种积极应对风险的做法。而疾病治疗是针对伤痛或症状的被动就医，类似地，信息安全事件处置则是被动的、属于"亡羊补牢"。

风险分析在风险评估中的地位，就如同体检时在做完各项检查后，让医生来判断各项结果正常与否，综合分析身体面临的风险，并确定其优先级。我们在做信息安全风险分析时，需要在进行各种因素识别后综合分析各种要素可能引发的安全事件，分析其发生的可能性及发生之后可能造成的损失，并给出风险的相对排序。

因此，进行风险评估并不仅仅为了计算相应的风险值，而是要确定不同的威胁对资产所产生的相对风险值[37]，即要评估不同风险的影响程度，划分优先等级，给出合理化建议，且需要优先分配资源给风险优先级高的相关资产，以便进行资产风险保护。

9.1.3　风险分析原理

1. GB/T 20984—2007 风险分析原理

在GB/T 20984—2007规范中，风险分析以资产为核心展开，其风险分析原理如图9-1所示。

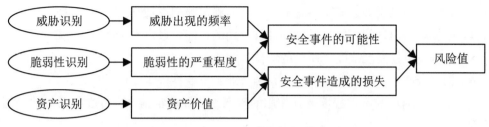

图 9-1　GB/T 20984—2007 风险分析原理图

风险分析中要涉及资产、威胁、脆弱性三个基本要素。在风险识别阶段对这三个基本要素进行识别赋值，分别得到资产价值、脆弱性严重程度、威胁出现的频率。进入风险分析阶段，其主要工作内容为：

（1）根据威胁及威胁利用脆弱性的难易程度判断安全事件发生的可能性；

（2）根据脆弱性的严重程度及安全事件所作用的资产的价值计算安全事件的损失；

（3）根据安全事件发生的可能性，以及安全事件出现后的损失，计算安全事件一旦发生对组织的影响，即风险值。

2．GB/T 20984（2018 征求意见稿）风险分析原理

在GB/T 20984（2018征求意见稿）中，风险分析以业务为核心展开，其风险分析原理如图9-2所示。

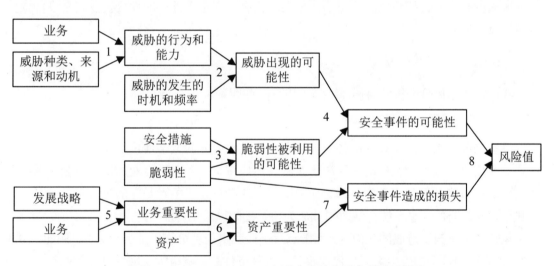

图 9-2　GB/T 20984（2018 征求意见稿）风险分析原理图

风险分析中涉及的风险要素，除了资产、威胁、脆弱性三个基本要素，增加了战略、业务、安全措施，其风险分析原理如下。

（1）根据业务种类和重要性及其所处的地域和环境，结合威胁的来源、种类和动机，确定威胁的行为和能力；

（2）基于威胁的行为，结合威胁发生的时机、频率、能力，确定威胁出现的可能性；

（3）脆弱性与已实施的安全措施关联分析后确定脆弱性被利用的可能性；

（4）根据威胁出现的可能性及脆弱性被利用的可能性确定安全事件发生的可能性；

（5）根据业务在发展战略中所处的地位确定业务重要性；

（6）根据资产在业务开展中的作用，结合业务重要性确定资产重要性；

（7）根据脆弱性的严重程度及其作用的资产重要性确定安全事件发生后对被评估对象造成的损失；

（8）根据安全事件发生的可能性，以及安全事件发生后造成的损失，确定被评估对象面临的风险。

与2007版标准相比较而言，2019版标准在风险分析整体上涉及的风险要素更加全面，风险过程更加复杂、丰富。具体来说，业务体现在安全事件发生可能性、安全事件损失分析中，尤其是在损失过程中。由于业务的加入，损失的输入不再是资产价值，而是资产重要性；安全措施的加入使脆弱性分为两部分：脆弱性自身的严重程度和脆弱性被利用的可能性，分别参与到安全事件损失和安全事件可能性的计算过程中。

9.1.4　风险分析流程

信息安全的风险分析流程是对七个基本要素——战略、业务、资产、威胁、脆弱性、安全措施和风险进行综合关联分析，最终得到风险值。这个分析流程在综合考虑一些影响风险的因素的基础上，按照风险分析三大步骤来完成：安全事件可能性分析、安全事件损失分析和风险值分析。

9.1.4.1　影响风险的因素

我们在实施风险分析的时候需要考虑以下一些因素。

1．风险的原因、来源和影响

风险来源重点关注业务对威胁的吸引力。要考虑业务的战略地位、业务的性质，不同的业务性质决定吸引什么样的威胁源来攻击。比如对于一个金融行业的信息系统，系统里的金融资产可能是风险产生的原因，而网络黑客或者行业竞争者是它的风险来源。对于一个执行国家战略的信息系统，敌对国就成为该系统的风险来源。

风险的大小与所造成的正面、负面影响及这些后果是否可能发生是相关的。例如，2019年3月，委内瑞拉全国发生大规模停电事件，这种事件的影响极大，因为电力行业是国民经济重要的基础工业。

2．影响后果的因素和可能性

影响风险事件后果的因素很多，譬如有漏洞的制度、不合理的业务流程、非可信的计算环境等。

3．已有的控制措施及其效果

在分析风险的时候，我们也必须考虑已有的控制措施的部署，及其功能是否符合当前安全形势的要求。

9.1.4.2 安全事件可能性分析

安全事件的可能性，取决于威胁出现的可能性和脆弱性被利用的可能性两个值。安全事件发生可能与否，是由资产自身可被利用的脆弱性和外在可能出现的威胁两大因素共同决定的，二者缺一不可。只有可被利用的脆弱性没有威胁，不可能发生安全事件；同样地，只有威胁没有可被利用的脆弱性，也不可能发生安全事件。

威胁出现的可能性是根据不同的业务性质吸引的不同威胁源，发生的不同威胁行为进一步结合威胁能力、威胁发生的时机和频率来确定的，这正好对应了风险识别阶段威胁识别赋值的结果。

脆弱性被利用的可能性依赖于安全措施和脆弱性这两个要素，指的是实施了控制措施后，脆弱性被利用的可能性大小，完全对应了风险识别阶段已有安全措施识别赋值结果。

由此看出，安全事件可能性的取值实际上就是由风险识别过程中威胁识别的结果和已有安全措施识别结果这两个输入来决定的。分析阶段要做的工作就是根据二者在识别阶段的赋值情况，分析确定安全事件发生可能性大小。在威胁出现可能性一定的情况下，脆弱性被利用的可能性越大，安全事件发生的可能性越大；在脆弱性被利用的可能性一定的情况下，威胁出现的可能性越大，安全事件发生的可能性越大。

9.1.4.3 安全事件损失分析

安全事件造成的损失，是由脆弱性和资产重要性这两个值来决定的。如果某个资产没有脆弱性，那么安全事件发生之后就不会有损失；如果某个资产对于业务来说无关紧要，发生安全事件之后其损失也无须关注。

安全事件损失第一个输入是脆弱性，此处的脆弱性指的是脆弱性自身的严重程度，也就是如果脆弱性被威胁利用，将对业务和资产造成的损害程度，而这正是风险识别阶段脆弱性识别赋值时的结果。

安全事件损失第二个输入是资产重要性。资产重要性又取决于业务重要性和资产，业务重要性依赖于发展战略和业务这两个要素，是业务在发展战略中的地位、在战略中的重要程度等，实际上就是风险识别阶段业务识别的赋值结果；此处的资产指的是资产重要性等级，就是资产安全属性破坏后对组织造成的损失程度，实际上对应了风险识别阶段资产识别的结果。所以资产重要性是由业务识别结果和资产识别结果相结合确定出来的。

综上所述，安全事件损失的取值实际上就是由风险识别过程中业务识别、资产识别和脆弱性识别结果这三个输入来决定的，分析阶段要做的工作可以分为两步来进行：第一步依据我们前面风险识别中业务识别结果和资产识别结果来确定资产的重要性；第二步是由脆弱性识别结果和资产重要性来确定安全事件造成的损失。在资产重要性一定的情况下，脆弱性严重程度越高，安全事件损失越大；在脆弱性严重程度一定的情况下，资产重要性越高，安全事件损失越大。

9.1.4.4　风险值分析

安全事件的风险值是由安全事件的可能性和安全事件损失来确定的。

一个安全事件有可能发生，发生之后有损失，我们才说这个安全事件是有风险的。安全事件发生可能性越大、发生概率越大，风险值越高；安全事件发生后损失越大，风险值越高。关于风险值的具体计算方法有很多，在风险计算章节中具体介绍。

实施风险计算得出风险值之后，对计算得到的具体的风险值需要进行一些简单分析。首先用定性的方法将具体的风险值进行等级划分，然后转换为我们可以直观理解的风险描述，便于理解。比如我们可以按照事先划分好的风险等级，把一个风险值20的风险转化为4级风险，再进一步转化为高风险等；其次还可以对这些风险值进行一些有针对性的分析，这些分析可以从多个方面入手，一是将评估对象中所有资产按资产风险值排序，分析风险等级高的资产；二是按脆弱性对系统引入的风险值进行排序，识别对象主要的脆弱性；三是根据威胁的来源，分析威胁源的能力。一般说来，资产本身脆弱点的赋值越高，相应所产生的资产脆弱性风险值就会越高；系统的脆弱点所对应的资产数量越多，相应的脆弱性引入的风险值就会越高；威胁源的能力越强，对系统的打击就会越大，相应的风险值也会越高。

9.1.4.5　风险要素关联分析

如前所述，在风险分析过程中要用到风险识别阶段识别出来的各种风险要素，这些风险要素相互之间具有很强的关联关系，它们相互作用才导致安全事件的发生、风险的产生。可以利用这种关联关系将分析过程简化，使风险分析逻辑更清晰、结果更准确。在风险识别和风险分析过程中，我们就是采取一定的方法通过建立这些风险要素之间的关联来一步步地进行可能性分析、损失分析后得到风险值。要素关联是安全事件可能性分析、损失分析的基础和前提。

具体来说在风险识别、分析过程中把它们细化为两大类关联：

● 战略、业务、资产之间的关联得到资产重要性；
● 在得到资产重要性基础上进行资产、威胁、脆弱性、已有安全措施之间的关联。

1. 风险要素关联方法

如何将各个要素关联起来，使得风险事件分析更清晰，计算更简化，下面简要介绍两种方法。

（1）故障树分析法（Fault Tree Analysis，FTA）

故障树的概念是在20世纪60年代提出的，当时主要应用于分析Minuteman火箭系统，后来广泛应用于分析航天、电子、化学、机械、核工业等行业，获得了不少宝贵成果。现在，故障树分析法是分析大型复杂系统的可靠性和安全性最有效的方法之一。

故障树分析，即综合分析可能造成系统故障的硬件、软件、运行环境人为等因素[40]，并确定各种可能出现的故障组合及其所发生的概率。因此，故障树分析实质上是一种 TOP-DOWN（自上而下）方法。根据树状结构，从总体到局部逐步细化。故障树分析常用树状图来表示，可以实现系统和组成系统构件的故障的有机联合[41]。在故障树分析过程中，系统不期望发生的事件被称为顶事件，系统以顶事件为首要目标，通过演绎分析的方式，从顶事件开始分析其他各级发生故障的直接原因（称为基本事件），并用适当的逻辑门符号来描述基本事件之间的逻辑关系，直至达到所要求的分析深度。因此，故障树建模是实施故障树分析的基本前提。故障树建模指的是分析和探究系统的故障和出现故障的各个影响因素之间的逻辑联系。

故障树分析法主要适用于对战略和业务特别熟悉的人员开始进行风险评估时使用，因为它始于顶层，更知道安全事件结果的利害关系。

（2）事件树分析法（Event Tree Analysis，ETA）

由于不同的环境，以及抵御风险的措施，因而系统的响应方式也不同，导致每个事件也出现不同的发展过程及结果，对此应该综合分析与鉴别[42]。

事件树分析，也称决策树分析，是一种重要的风险分析方法，应用广泛。它是在已知系统事件的基础上，分析此事件可能造成的各类事件的一系列结果，并从这一系列的结果中定性与定量地评价该系统的特性，从而帮助人们做出正确的处理或防备的决策。

事件树分析了基于初始事件的所有可能出现的发展方式与途径。在事件树中，除顶事件外的每个事件都会采取一定的功能措施来防止发生事故，且得到的所有结果都具有二元特性（不是成功就是失败），事件树在建模的过程中可以接收专家知识。尽管事件树罗列了各种可能导致事故发生的相关事故序列组，但事实上这仅仅是中间的过程步骤，并不是初始事件最终的结果，而通过这个步骤，可以有效地梳理出初始事件与降低系统风险措施之间的复杂联系，并能够确定除事故序列组之外相对应的事故状况。事件树分析事实上属于定量分析，因此得到的是定量结果，即每项事件序列可能发生的概率大小。计算时必须有大量统计数据。通过一些措施可以斩断事件的发展路径。

下面我们就利用故障树法和事件树分析法对要进行风险评估的信息安全的各要素进行关联分析。

2. 风险要素关联分析

在风险识别、风险分析过程中经常通过采用故障树分析法建立战略、业务和资产之间关联关系，采用事件树分析方法建立资产、威胁、脆弱性和已有安全措施之间的关联关系。

（1）战略、业务与资产关联分析

一个信息系统从设计到使用，再到废弃都有其一定的价值。如果该系统承担着国家层面的任务，例如北京奥运会的举办，是体现我国的经济地位，以及展示国家形象的良好机遇，那么它就具有很高的战略意义。具体到一些细节，如运动员的衣、食、住、行的服务，赛事的管理等业务都有不同的信息系统所承载，系统之间的关系是什么？系统由资产组成，资产又有机地结合在一起，形成了一个新的巨复杂的系统。

通过故障树分析法，自上而下进行分析，我们就可以将发展战略、业务等简单的组织在一起，了解它们之间的关系，如图9-3所示。自上而下分别是战略、业务、信息系统、平台、基础设施。关联分析的重点是战略对业务和业务对资产的依赖性分析，以及资产CIA属性丧失对业务/战略影响分析。

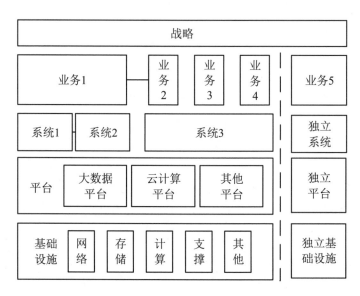

图 9-3　发展战略、业务和资产的关系

发展战略对业务具有依赖性，有些业务是必需的，这种依赖关系有些是强支撑关系。将战略对业务的依赖程度作为权重，可进一步将战略和业务的关系进行量化。

业务的实现可能依赖一个系统，也可能依赖多个系统。同样，一个系统可能支撑一个业务、也可能与其他系统一起支撑一个或多个业务。这些系统又是由资产组成的，发展目标的实现最终会落实到具体的资产上。这就从各个层次为故障树的建立提供一种枝节关系。

因为业务属性的不同，资产CIA属性丧失会产生不同程度的影响，从而对战略产生不同程度的影响。

战略、业务和资产分析是明确被评估组织战略、业务和资产之间的关联性，将业务的价值传递到资产。业务重要性赋值不仅是对业务本身的重要性赋值，还要综合分析业务在战略中的重要性，资产赋值重要性赋值是对资产的保密性、可用性、完整性赋值，而资产在业务中重要性赋值则是指具体业务中各资产的重要程度赋值。表9-1给出了战略、业务和资产的一种关系和分析方法示例。

表 9-1　某发电厂的战略、业务和资产关系

序　　号	资　　产	支撑业务	业务重要性	战略价值	业务资产关联程度	资产完整性	资产保密性	资产可用性	资产重要性赋值结果
资产 I1	生产服务器	发送电业务	5	5	5	5	3	5	5
资产 I2	路由器	发送电业务+日常	4	3	3	3	2	5	4
资产 I3	交换机	发送电业务+日常	4	3	3	3	2	5	4
资产 I4	防火墙	发送电业务+日常	5	3	3	5	2	3	3
资产 I5	防病毒	发送电业务+日常	3	5	3	5	3	3	3
资产 I6	财务电脑	日常办公	3	2	2	3	4	2	2
资产 I7	人事	日常办公	3	2	2	3	3	2	2

（2）资产、脆弱性、威胁、已有安全措施关联映射

资产都会有脆弱性，之所以称为脆弱性，是指威胁可以利用它破坏资产从而损害业务的正常进行。针对威胁和脆弱性组织可能已经部署了一些安全控制措施。安全事件是威胁利用脆弱性而形成的，事件树分析就是通过认识安全事件，按照事故发展的时间顺序，从初始事件开始预测可能出现的后果，并且寻根溯源找到原因，分析可能性，并且根据已有安全措施进行可能性的增减。可通过比对分析方式和扫描及渗透测试方式对脆弱性和已有安全措施进行分析。表9-2给出了一种典型信息系统的资产、脆弱性、威胁和已有安全控制措施的关联映射的示例。

表 9-2　典型信息系统的资产、脆弱性、威胁和已有安全措施的关联映射

资　　产	脆　弱　性	威　　胁	已有安全控制措施
软件	无逻辑访问控制	偷窃软件	
		非法访问控制	登录口令管理
		破坏数据	数据备份
	无业务继续性计划	火灾、地震、洪水等	
		战争、恐怖袭击	

（续表）

资　　产	脆弱性	威　　胁	已有安全控制措施
数据库系统	无逻辑访问控制	偷窃数据	
		非法访问数据	登录口令管理
		数据破坏	数据备份
	无业务持续性计划	火灾、地震、洪水等	
硬件	通信带宽不足、数据丢包率较大	突发的大量信息包	VLAN 划分、网络访问控制、入侵防范、恶意代码审查
	网络设备安全配置缺失	恶意人员攻击修改网络配置	网络设备防护、安全性审查、边界完整性检查
	智能硬件无访问措施等	无恶意代码和入侵	将智能硬件部署在安全域内
主机层	缺乏系统安全配置、系统加固	黑客利用典型的端口进行攻击并控制	身份鉴别、安全访问控制、安全性审查、保护剩余信息、防范入侵、恶意代码审查等[43]
	秘密数据不加密	内部数据管理人员复制	加密存储
物理层		建筑物、门和窗等缺乏物理保护、不稳定的供电措施，处于易发自然灾害地区等。对电磁辐射敏感、存储介质的不充分维护、缺乏有效的配置变更控制	机房选址、建筑物的物理访问控制、防盗窃和防破坏、防雷击、防火、防水和防潮、防静电、温湿度控制、电力供应、电磁防护等[44]
管理	安全人员缺乏	新病毒和威胁	安排安全人员负责病毒库升级和 IDS 攻击特征数据库的升级等
	不充分的安全培训和安全意识、不完善的监督机制等	无关人员的进入 其他岗位人员的疏忽	形成有效的安全培训机制；有记录、有监督、有核查

9.2　风险计算

风险分析过程的核心问题是如何计算风险，把前面的分析过程适当地融入计算过程中去。风险可以看成是一个函数，其参数包括业务的重要性、资产的价值、威胁导致负面影响的可能性、脆弱性被利用的难易程度，以及已有安全措施的有效性。

9.2.1　风险计算原理

GB/T 20984中给出了风险值的具体计算原理[45]，下面对其加以说明。

1. 风险计算的形式化说明

$$资产风险值 = R[B,A,T,V,C] = R(L(\text{Lt,Lv}), F(\text{Ia}(B,A), \text{Iv}))$$

其中，R表示资产风险计算函数，B表示业务，A表示资产，T表示威胁，V表示脆弱性，C表示安全措施，Lt表示威胁的可能性，Lv表示脆弱性被利用的可能性，L表示安全事件发生的可能性，Ia表示资产的重要性，Iv表示脆弱性的严重程度，F表示安全事件发生后产生的损失。

2．风险计算过程

风险值的计算需要经过以下四个关键环节：

（1）计算安全事件发生的可能性

根据威胁的可能性及脆弱性被利用的可能性，计算威胁利用脆弱性导致安全事件发生的可能性，即：

安全事件发生的可能性＝L[威胁的可能性，脆弱性被利用的可能性]＝$L(Lt(T)，Lv(V,C))$

在具体评估中，应综合攻击者技术能力（专业技术程度、攻击设备等）、脆弱性被利用的难易程度（可访问时间、设计和操作知识公开程度等）、资产吸引力等因素来判断安全事件发生的可能性。

（2）计算资产的重要性

根据业务重要性及资产重要性等级，计算资产的重要性，即：

$$资产的重要性＝Ia[业务重要性，资产重要性等级]＝Ia(B,A)$$

（3）计算安全事件发生后的损失

根据资产重要性及脆弱性，计算安全事件一旦发生后的损失，即：

$$安全事件的损失＝F[资产重要性，脆弱性]＝F(Ia,Iv)$$

安全事件的发生造成的损失不仅仅是针对该资产本身，还可能影响业务的连续性；不同安全事件的发生对组织造成的影响也是不一样的。

（4）计算资产风险值

根据计算出的安全事件发生的可能性，以及安全事件的损失，计算风险值，即：

风险值＝R[安全事件发生的可能性，安全事件造成的损失]＝$R(L(Lt,Lv),F(Ia(B,A),Iv))$

（5）计算业务风险值

根据业务所涵盖的资产风险综合计算得出业务风险值，即：

$$业务风险值＝Rb(Ra1,Ra2,…,Ran)$$

其中，Rb表示业务安全风险计算函数；$Ra1,Ra2,…,Ran$表示业务所涵盖的资产个体的风险值。

综合以上计算过程，资产的风险计算可以用以下范式进行描述：

$$资产风险值=R[B,A,T,V,C]= R(L(Lt(T),Lv(V,C)),F(Ia(B,A),Iv))$$

评估方可根据自身情况选择相应的风险计算方法计算风险，将安全事件发生的可能性与安全事件的损失进行运算得到风险值。

在计算风险值时，需要分析影响风险的各要素及其组合方式和具体的计算方法，即将该安全事件的风险要素随机组合在一起，并使用上述风险值的计算公式进行计算，这样便可以得到风险值[46]。

3．风险计算方法

风险计算方法可以是定性的或定量的，或者是两者组合，这取决于所处的环境。在实践中，通常首先使用定性计算，以获取风险级别的总体情况，并发现主要风险。然后，在必要时对主要风险进行更详尽的或定量的分析，下面介绍风险计算时的这两种方法。

（1）定性计算

定性计算指的是使用主观性尺度来评估潜在后果的严重程度及其发生的可能性。定性计算的优点是便于所有相关人员理解潜在后果的影响程度，而缺点是尺度的描述受到主观判断的影响。

这些尺度能根据主观选择而适应于所处的环境，不同风险可选择不同的尺度来表示。定性计算常用于下面三种情况：

a）当用作对风险进行初步筛选时；

b）当这种分析适于做决策时；

c）当在做定量计算时出现数值数据或资源不足的情况时。

定性分析方法分析风险时基于的是可靠的信息和数据，其反映的是组织或信息系统面临风险大小的排序，用来确定风险是可接受、不可接受还是待观察等，而不是风险计算值本身的准确性。

（2）定量计算

定量计算使用的是各种来源的具体数据，利用数值尺度来描述后果和可能性，其中数值是否准确和完整，以及所用模式是否有效将直接决定了定量分析的质量。在一般情况下，定量计算使用的数据来源于历史事件，其优点是它能直接与组织的信息安全目标和关注点产生关联，缺点是缺少关于信息安全弱点或新的风险的这类数据，而且由于数据的缺少，而使得风险评估的价值和准确性不可信。在采用定量方法计算风险值时，需要将资产价值和风险等量化为财务价值，在实际操作中往往难以实现。

当前，在通用的风险评估中，计算风险值时需要考虑的风险要素一般包括业务、资产、威胁、脆弱性、已有安全措施五个要素，这些要素的组合方式如上节描述。在对风险值进行计算时，常用的方法有矩阵法和相乘法。

9.2.2　使用矩阵法计算风险

9.2.2.1　矩阵法原理

矩阵法主要应用于根据两个已知要素值确定另外一个未知的要素值的情况。首先需要根据具体函数的单调性采取数学的方法来计算二维矩阵内各个要素对应的值，然后对照两个已知的元素值与矩阵内的各个要素值，矩阵的行与列交点的位置即为计算结果，即：

函数 $z = f(x, y)$，可以采用矩阵法进行计算。利用已知的要素 x 和要素 y 的取值来构造一个二维矩阵，如表9-3所示。要素 y 的取值对应矩阵行值，要素 x 的取值对应矩阵列值。其中

$$x = \left\{ x_1, \ x_2, \dots x_i, \dots, \ x_m \right\} \quad 1 \leqslant i \leqslant m \ , \ x_i \text{ 为正整数}$$

$$y = \left\{ y_1, \ y_2, \dots y_j, \dots, \ y_n \right\} \quad 1 \leqslant j \leqslant n \ , \ y_j \text{ 为正整数}$$

矩阵内 $m \times n$ 个值即为要素 z 的取值：

$$z = \left\{ \begin{array}{l} z_{11}, \ z_{12}, \ \dots, \ z_{1j}, \ \dots, \ z_{1n} \\ z_{21}, \ z_{22}, \ \dots, \ z_{2j}, \ \dots, \ z_{2n} \\ \dots \dots \dots \dots \dots \dots \dots \\ z_{i1}, \ z_{i2}, \ \dots, \ z_{ij}, \ \dots, \ z_{in} \\ \dots \dots \dots \dots \dots \dots \dots \dots \\ z_{m1}, \ z_{m2}, \ \dots, \ z_{mj}, \ \dots, \ z_{mn} \end{array} \right\} \quad 1 \leqslant i \leqslant m \quad 1 \leqslant j \leqslant n$$

表 9-3　二维矩阵

x ＼ y	y	y_1	y_2	…	y_j	…	y_n
	x_1	z_{11}	z_{12}	…	z_{1j}	…	z_{1n}
	x_2	z_{21}	z_{22}	…	z_{2j}	…	z_{2n}
	…	…	…	…	…	…	…
x	x_i	z_{i1}	z_{i2}	…	z_{ij}	…	z_{in}
	…	…	…	…	…	…	…
	x_m	z_{m1}	z_{m2}	…	z_{mj}	…	z_{mn}

对于各个元素 z_{ij} 的计算，可以采用 $z_{ij}=x_i+y_j$、$z_{ij}=x_i \times y_j$ 或 $z_{ij}=\alpha \times x_i + \beta \times y_j$，其中 α 和 β 为正常数。z_{ij} 可以根据不同的情况来确定，既可以根据一定的算式，也可以通过经验值来确定，不一定遵循统一的计算公式。但必须具有相同的单调性，即如果 f 具有单调递增趋势，z_{ij} 取值应该随着 x_i 与 y_j 的值递增，反之亦然。

应用矩阵法关键在于根据两个已知的要素对应构造关于另一要素的二维矩阵，而且该

矩阵能够清晰地表示要素的变化趋向，具有良好的灵活性。风险值的计算中常常需要利用两个要素值求解另外一个未知的要素值，比如：根据威胁和脆弱性计算发生安全事件可能发生的概率，根据资产和脆弱性来计算安全事件发生后所产生的损失值等，同时需要整体把握具体的风险值，因此矩阵法普遍适用于风险分析当中[47]。

9.2.2.2　矩阵法计算步骤

在使用矩阵法计算资产的风险值时，通常采用以下几个步骤。

1．计算安全事件发生可能性

（1）构建安全事件发生可能性矩阵；

（2）根据威胁发生的可能性和脆弱性被利用可能性在矩阵中进行对照，确定安全事件发生可能性值；

（3）对计算得到的安全风险事件发生可能性进行等级划分。

2．计算资产的重要性

（1）构建资产重要性矩阵；

（2）根据资产重要性等级和业务重要性在矩阵中进行对照，确定资产重要性；

（3）对计算得到的资产重要性进行等级划分。

3．计算安全事件的损失

（1）构建安全事件损失矩阵；

（2）根据资产重要性和脆弱性严重程度值在矩阵中进行对照，确定安全事件损失值；

（3）对计算得到的安全事件损失进行等级划分。

4．计算风险值

（1）构建风险矩阵；

（2）根据安全事件发生可能性和安全事件损失在矩阵中进行对照，确定安全事件风险值；

（3）对计算得到的安全事件风险值进行等级划分。

9.2.2.3　矩阵法示例

已知条件：

识别业务B并对其重要性赋值$B=3$；

识别资产A并计算其重要等级$A=5$；

识别威胁T_1并计算对应可能性等级$Lt(T_1)=1$；

识别威胁T_2并计算对应可能性等级$Lt(T_2)=2$；

识别T_1可以利用资产的脆弱性V_1并对其严重程度Iv_1赋值$Iv_1=2$；

识别T_2可以利用资产的脆弱性V_2并对其严重程度Iv_2赋值$Iv_2=5$；

识别已经采用的安全措施C为未采取安全措施；

脆弱性V_1经安全措施修正的情况下被利用的可能性$Lv_1(V_1,C)$赋值$Lv_1(V_1,C)=2$；

脆弱性V_2经安全措施修正的情况下被利用的可能性$Lv_2(V_2,C)$赋值$Lv_2(V_2,C)=5$；

下面使用矩阵法，计算资产A面临的威胁T_1，利用脆弱性V_1的风险值及风险等级。

1．计算安全事件发生可能性

构建安全事件发生的可能性矩阵，如表9-4所示。

表9-4 安全事件发生可能性构造矩阵

脆弱性被利用的可能性（Lv）	威胁出现的可能性（Lt）				
	1	2	3	4	5
1	2	4	7	11	14
2	3	6	10	13	17
3	5	9	12	16	20
4	7	11	14	18	22
5	8	12	17	20	25

因为威胁T_1发生的可能性$Lt(T_1)=1$，脆弱性V_1被利用的可能性$Lv1=2$；所以安全事件的可能性为3。根据安全事件可能性等级划分，如表9-5所示，安全事件发生的可能性等级值为1。

表9-5 安全事件可能性等级划分

安全事件发生可能性	1~5	6~11	12~16	17~21	22~25
发生可能性等级	1	2	3	4	5

2．计算资产的重要性

构建资产重要性矩阵，如表9-6所示。

表9-6 资产重要性矩阵

资产重要性等级(A)	业务重要性(B)				
	1	2	3	4	5
1	2	4	6	10	13
2	3	5	9	12	16
3	4	7	11	15	20
4	5	8	14	19	22
5	6	10	16	21	25

因为业务重要性$B=3$，资产重要性等级$A=5$；所以资产重要性为16。根据资产重要性等级划分表9-7所示，资产重要性等级$Ia=4$。

表 9-7 资产重要性等级划分

资产重要性	1～5	6～10	11～15	16～20	21～25
资产重要性等级	1	2	3	4	5

3. 计算安全事件的损失

构建安全事件发生损失矩阵，如表9-8所示。

表 9-8 安全事件损失矩阵

脆弱性严重程度（Iv）	资产价值（Ia）				
	1	2	3	4	5
1	2	4	6	10	13
2	3	5	9	12	16
3	4	7	11	15	20
4	5	8	14	19	22
5	6	10	16	21	25

因为资产重要性Ia=4，脆弱性V_1严重程度Iv$_1$=2；根据表9-8可查得，安全事件损失值为12。根据安全事件损失等级划分，如表9-9所示，安全事件损失等级为3。

表 9-9 安全事件损失等级划分

安全事件损失值	1～5	6～10	11～15	16～20	21～25
安全事件损失等级	1	2	3	4	5

4. 计算风险值

构建风险值计算矩阵，如表9-10所示。

表 9-10 风险值计算矩阵

可能性等级	损失等级				
	1	2	3	4	5
1	3	6	9	12	16
2	5	8	11	15	18
3	6	9	3	17	21
4	7	11	16	20	23
5	9	14	20	23	25

安全事件发生的可能性等级为1，安全事件损失等级为3，因此安全事件风险值为9。根据风险等级，确定风险等级为2。风险等级及划分如表9-11所示。

表 9-11　风险等级划分

安全事件风险值	1 ~ 5	6 ~ 10	11 ~ 15	16 ~ 20	21 ~ 25
安全事件风险等级	1	2	3	4	5

根据上述计算方法，以此类推，得到资产A面临的威胁T_2，利用脆弱性V_2的风险值，并根据风险等级划分表确定风险等级。风险结果如表9-12所示。

表 9-12　风险结果

资　　产	威　　胁	脆　弱　性	风　险　值	风险等级
资产 A	威胁 T_1	脆弱性 V_1	9	2
	威胁 T_2	脆弱性 V_2	21	5

9.2.3　使用相乘法计算风险

9.2.3.1　相乘法原理

相乘法主要应用于利用两个或者多个已知的要素来计算一个未知的要素的情况，即$z=f(x,y)$，函数f可以采用相乘法。其原理是：

$z = f(x,y) = x \otimes y$，当f为增量函数时，$\otimes$可以为直接相乘，也可以为相乘后取模等，例如：

$$z=f(x,y)=x\times y \text{ 或 } z=f(x,y)=\sqrt{x\times y}$$

或 $z=f(x,y)=\left[\sqrt{x\times y}\right]$ 或 $z=f(x,y)=\left[\dfrac{\sqrt{x\times y}}{x+y}\right]$ 等。

相乘法提供一种定量的计算方法，直接使用两个要素值进行相乘得到另一个要素的值。相乘法的特点是简单明确，直接按照统一公式计算，即可得到所需结果。

在风险值计算中，通常需要对两个要素确定的另一个要素值进行计算，例如由威胁和脆弱性确定安全事件发生可能性值、由资产和脆弱性确定安全事件的损失值，因此相乘法在风险分析中得到广泛采用。

9.2.3.2　相乘法计算步骤

在使用相乘法计算资产的风险值时，通常采用以下几个步骤：

1. 计算安全事件发生可能性

（1）根据威胁发生的可能性和脆弱性计算安全事件发生可能性值；

（2）对计算得到的安全风险事件发生可能性进行等级划分。

2. 计算资产的重要性

（1）根据资产重要性等级和业务重要性计算资产重要性；

（2）对计算得到的资产重要性进行等级划分。

3．计算安全事件的损失

（1）根据资产重要性和脆弱性严重程度值计算安全事件损失值；

（2）对计算得到的安全事件损失进行等级划分。

4．计算风险值

（1）根据安全事件发生可能性和安全事件损失在矩阵中计算安全事件风险值；

（2）对计算得到的安全事件风险值进行等级划分。

9.2.3.3　相乘法示例

已知条件：

识别业务B并对其重要性赋值$B=4$；

识别资产A并计算其重要等级$A=4$；

识别威胁T_1并计算对应可能性等级$Lt(T_1)=1$；

识别威胁T_2并计算对应可能性等级$Lt(T_2)=3$；

识别T_1可以利用资产的脆弱性V_1并对其严重程度Iv_1赋值$Iv_1=3$；

识别T_2可以利用资产的脆弱性V_2并对其严重程度Iv_2赋值$Iv_2=4$；

识别已经采用的安全措施C为未采取安全措施；

脆弱性V_1经安全措施修正的情况下被利用的可能性$Lv_1(V_1,C)$赋值$Lv_1(V_1,C)=3$；

脆弱性V_2经安全措施修正的情况下被利用的可能性$Lv_2(V_2,C)$赋值$Lv_2(V_2,C)=4$；

以资产A面临的威胁T_1可以利用的脆弱性V_1为例，计算安全风险值。其中计算公式使用：$z=f(x,y)=\sqrt{x\times y}$，并对$z$的计算值四舍五入取整得到最终结果。

下面使用相乘法，计算资产A面临的威胁T_1，利用脆弱性V_1的风险值及风险等级。

1．计算安全事件发生可能性

威胁发生的可能性$Lt(T_1)=1$，脆弱性被利用的可能性，$Lv_1=3$；

$$计算安全事件发生的可能性 = \sqrt{1\times3} = \sqrt{3}$$

2．计算资产的重要性

业务重要性$B=4$，资产重要性等级$A=4$；

$$计算资产的重要性 = \sqrt{4\times4} = 4$$

3．计算安全事件的损失

资产重要性$Ia=4$，脆弱性：$Lv_1=3$；

计算安全事件的损失，安全事件损失 $= \sqrt{4 \times 3} = \sqrt{12}$

4. 计算风险值

$$安全事件发生可能性 = \sqrt{3}，安全事件损失 = \sqrt{12}$$

$$安全事件风险值 = \sqrt{3} \times \sqrt{12} = 6$$

根据风险等级划分（参见表9-11），确定风险等级为2。

根据上述计算方法，以此类推，得到资产A面临的威胁T_2，利用脆弱性V_2的风险值为14，并根据风险等级划分表，确定风险等级，风险结果如表9-13所示。

表 9-13　风险结果

资　　产	威　　胁	脆　弱　性	风　险　值	风险等级
资产 A	威胁 T_1	脆弱性 V_1	6	2
	威胁 T_2	脆弱性 V_2	14	3

9.3　风险分析案例

9.3.1　基本情况描述

电力系统是用于电能的生产和消费的系统，一般包括发电厂、送变电线路、供配电系统和用电环节四个组成部分[50]。电力系统的工作过程如下：经过发电厂的升压变电站达到指定的高压后，电力由输电线路到达负荷中心变电站，降压至市电的电压后，再经配电线路与用户连接，实现电力输送。不同的发电形式有不同的控制形态，以某火电发电厂为例，整个发电控制系统多以分布式控制系统（DCS）为核心控制系统，而以可编程逻辑控制器（PLC）作为辅机控制系统，从而实现对发电机组任务下达和停机功能的控制，而且从分布式控制系统（DCS）与可编程逻辑控制器（PLC）反馈回来的相关数据中可以时刻记录机组的实时运行状况，通过继电保护、故障录波等手段对机制的安全运行进行实时监控。

电力系统的控制系统的重要性可以用人的神经中枢来形容，通过控制系统实现对整个系统的控制。某火力发电厂电力监控系统网络的总体框架如图9-4所示，整个电力控制系统可以分成生产控制和管理信息两大区[51]。生产控制大区里又包括控制区和非控制区。

控制区中的业务系统或功能模块具有以下特点：直接对电力一次系统进行实时监控，上下级之间通信使用电力调度数据网络或者专用通道。以火电为例，控制区主要包括分布式控制系统（DCS）、辅机控制系统（PLC）、自动发电控制系统（AGC）、自动电压控制系统（AVC）等。

非控制区中的业务系统或其功能模块具有以下特点：属于电力生产的关键环节，在线运作却不具有系统控制功能，通过网络与控制区密切关联。火电企业非控制区包括信息监控系统的优化措施、电能量采集装置、电力市场报价终端、故障录波安全系统终端等。

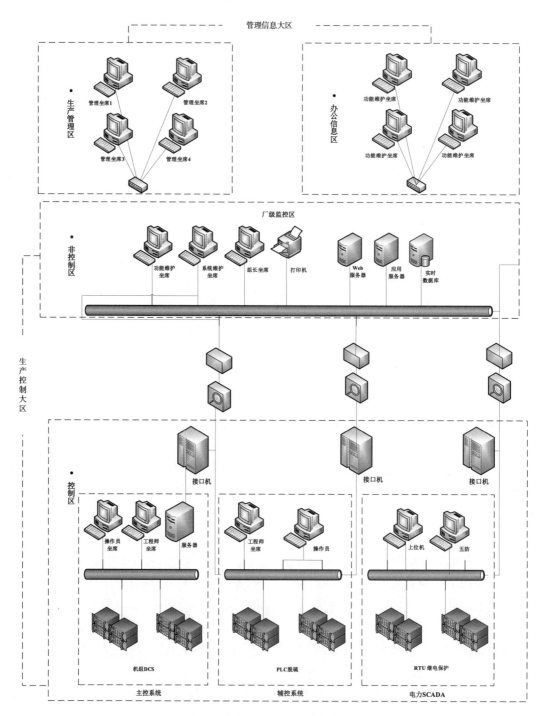

图 9-4　某火力发电厂电力监控系统网络总体框架

管理信息大区指的是除生产控制大区外的电力企业管理业务系统的集合。火电企业的管理信息大区主要包括信息监控系统的管理措施、雷电监测系统、报价辅助决策系统、检修管理系统和管理信息系统等。

目前，各电力企业生产控制大区与管理信息大区之间的边界都按照要求做了横向隔离；纵向与电网之间也有纵向认证装置；近年为加强集中化控制，对辅助控制系统进行了整体集中化的改造。因此电力各边界层面安全防护基本上满足安全运行的要求。

9.3.2　高层信息安全风险评估

在实际的评估过程中，进行的评估更适合从高层评估开始，因为这样才能抓住本质的对象，即业务。高层评估一般从对后果的高层评估开始，并非一开始就对威胁、资产、可利用脆弱性和后果进行一系列的系统分析。由最重要的后果出发，逐步抓住造成后果的业务风险，为定义行动的优先级和时间顺序提供可能。对不可忍受后果的相关的业务、系统和资产进行具体的风险评估。

高层风险评估可关注组织及其信息系统更全局的一面，先不考虑技术方面的问题，而将其独立于业务来考虑。这样，分析更集中在业务和操作环境而非技术要素。高层风险评估可关注属于所确定域的更有限的威胁和脆弱性列表。为了加速评估过程，可聚焦于风险或攻击场景而非它们的要素。因为很少关注技术细节，高层风险评估更适合采取非技术的控制措施、管理方面的技术控制措施，或者关键和共同的技术性安全措施（诸如备份和抗病毒）。

高层风险评估可以应用最初的简单方法获得风险评估计划的认可，也有可能建立组织信息安全计划的战略蓝图，即这将有助于良好的规划；资源和资金能够被用于最有效益的地方，可能最需要保护的系统会被首先关注到。唯一的潜在不利是某些业务过程或系统可能没被识别出来，因此需要第二轮详细的风险评估。

通过使用各种信息资产达成的业务目标。

组织业务依赖每项信息资产的程度，即组织认为对其生存或有效开展业务的关键功能是否依赖每项资产，或者资产所存储和处理的信息的保密性、完整性、实用性、抗抵赖性、可核查性、真实性和可靠性；在开发、维护或更新资产方面对每项资产上投资程度被组织直接赋予价值的信息资产。

当这些因素被评估时，决定就变得更容易。如果资产的目标对组织开展业务极为重要，或者资产处在高风险中，则宜对特定信息资产（或资产的部分）进行第二轮详细的风险评估。

下面从高层评估某火电厂的控制系统。火电厂的基本业务就是发电，发电的流程如图9-5所示。从进煤到出电几十个环节，都是在图9-4中的控制区中对生产过程进行控制。那么从高层评估来讲，控制区的风险最重要。

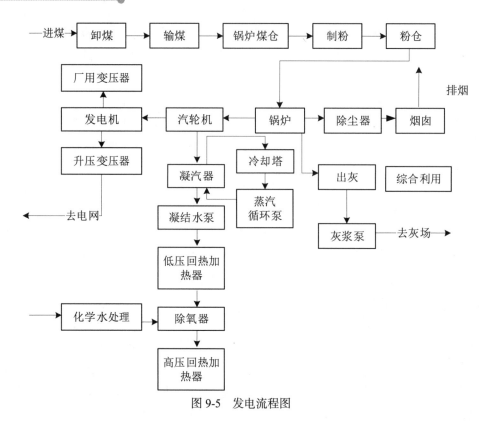

图 9-5　发电流程图

再看控制区内部，由于历史的原因，发电系统使用了大量的国外进口工业控制设备。由于发电业务连续性的重要性，设备往往需要远程维护，因此这些设备都有后门，给网络安全埋下了隐患。

从上述分析可知，高层风险评估适合于对战略和业务精通的人使用，特别是当战略和业务有一定秘密等级时，使用高层风险评估可以让风险评估的组织外部人士关注于某一系统进行，而不去触碰战略和业务层面的信息。这样可避免一部分二次风险的产生。

9.3.3　详细信息安全风险评估

详细信息安全风险评估过程是对资产，以及资产所含威胁和脆弱性的深层识别和评估。这些活动的结果用于评估风险和识别风险处置。详细评估步骤通常需要相当的时间、精力和专门技能，最适合处于高风险的信息系统[52]。

影响特定威胁发生的可能性因素包括：资产吸引力的影响，适用于考虑故意人为威胁时；利用资产脆弱性获得收益的容易度，适用于考虑故意人为威胁时；威胁发起者的技术能力，适用于故意人为威胁；脆弱性被利用的难易程度，适用于技术和非技术脆弱性。

由于信息化建设水平不同，以及技术方面的差异，在技术和管理措施上还存在着不足，例如发电企业对电力二次系统的安全防护普遍集中在专用装置的部署上，在边界的入侵检测、审计手段、基于工业控制协议的深度数据包分析等方面还存在着普遍不足，电力行业企业内外部在信息安全方面依然面临十分复杂严峻的形势。

9.3.4　风险计算

我们只列举两项资产举例说明风险计算的过程：对资产、业务、威胁、脆弱性和已有安全措施的赋值就不再赘述。资产A_1是工控主机，业务S_1作为应用软件的系统支撑；业务S_2作为远程技术支持的接口；资产A_2是集线器，业务S_3将各值班室电脑集中连接并接入网络。资产A_3是防火墙，承担业务S_4，为MIS和车间SIS网络的互连制定规则；业务S_5负责监控层各现场车间与SIS层通信。脆弱性Iv1是系统很多的漏洞未打补丁，对应的威胁T_1来自外部攻击或者病毒，专人负责定期升级系统。脆弱性Iv2(是工控机数据输入未做控制（通过USB、光盘都可拷入拷出数据），对应的威胁来自人员的恶意或无意的病毒和木马的拷入。脆弱性Iv3，因A_2是集线器，无访问控制功能任何外部维护人员都可以接入网络，已有安全措施是更换了具有访问控制列表（ACL）功能的交换机，制定了基于强制访问控制（MAC）的访问控制策略。脆弱性Iv4防火墙无法支持OPC（OLE for Process Control，过程控制的OLE标准接口）协议，不支持OPC协议的动态端口机制，安全策略无法配置。脆弱性Iv5是指没有记录来自上层的错误指令，对威胁无法审计。

根据上述描述，对相关各属性赋值，如表9-14所示。

表 9-14　资产、业务、威胁、脆弱性和已有安全措施赋值示例

资　产	业　务	威　胁	脆弱性	已有安全措施	脆弱性经安全措施修正被利用可能性
资产 A_1(5)	业务 S_1(4)	威胁 Lt(T_1)(2)	脆弱性 Iv1(3)	安全措施 C_1(-2)	Lv1(V_1,C_1)(1)
	业务 S_2(4)	威胁 Lt(T_2)(3)	脆弱性 Iv2(5)	安全措施 C_2(-0)	Lv2(V_2,C_2)(5)
资产 A_2(3)	业务 S_3(3)	威胁 Lt(T_3)(2)	脆弱性 Iv3(5)	安全措施 C_3(-5)	Lv3(V_3,C_3)(0)
资产 A_3(4)	业务 S_4(5)	威胁 Lt(T_4)(2)	脆弱性 Iv4(4)	安全措施 C_4(-0)	Lv4(V_4,C_4)(4)
	业务 S_5(5)	威胁 Lt(T_5)(1)	脆弱性 Iv5(2)	安全措施 C_5(-0)	Lv5(V_5,C_5)(2)

利用相乘法计算资产A_1、A_2、A_3面临威胁时的风险值，风险结果如表9-15所示。

表 9-15　风险结果

资　产	威　胁	脆弱性	风险值	风险等级
资产 A_1	威胁 T_1	脆弱性 V_1	5	1
	威胁 T_2	脆弱性 V_2	18	4
资产 A_2	威胁 T_3	脆弱性 V_3	0	0
资产 A_3	威胁 T_4	脆弱性 V_4	12	3
	威胁 T_5	脆弱性 V_5	4	1

我们可以对所有的风险进行排序，得出A_1资产的S_2业务面临的风险最大，A_2资产的S_3业务的威胁已经被从技术上完全控制。

MIS与厂级SIS网络相互连接，控制网络仍然受到潜在威胁，这些潜在的威胁主要来源于来自上层的信息网，但远程技术支持的端口开放是最危险的。其次是防火墙安全策略无法配置，导致防火墙形同虚设，但其威胁不如前一个。

9.4 小　　结

本章利用故障树分析法将战略、业务和资产进行关联映射，通过事件树分析法将脆弱性和已有安全措施关联起来；利用战略、业务和资产关联关系分析发生安全事件后所造成的后果对战略和业务的影响程度，同时利用业务系统的战略地位、脆弱性和已有安全措施的关联分析安全事件发生的可能性；将分析过程通过计算的形式定性或者定量地表达出来，形成一个风险大小的排序，进而给出资产、系统、业务三个层次上风险结果判定级别的划分方法；最后给出了一个火电厂的风险分析的案例，从高层信息安全风险评估至详细信息安全风险评估。

习　　题

1. 简要说明战略业务系统之间的关联映射关系。
2. 简述矩阵法风险计算步骤。
3. 简述相乘法风险计算步骤。
4. 试说明风险分析原理框架。
5. 试分析风险评估中各要素之间的关系。

第10章　风险评价及风险评估输出

风险分析能够充分地认识风险，而风险评价利用这些认识对风险进行排序，综合参考道德、法律、资金，以及风险偏好等因素，指导将来的行动策略、给出合理化行动决策的过程。确定对风险的认识后，应给出风险评估报告。风险评估报告是风险评价工作的重要内容，其主要内容是总结和分析风险评估的过程及其结果。风险评估报告也可成为组织从事信息安全检查、信息系统等级保护测评、信息安全建设等信息安全管理工作的重要参考内容。

10.1　风险评价概述

10.1.1　风险评价定义

1. 风险评价的定义

在风险管理领域中，风险评价被定义为："根据风险分析结果与风险准则比较的结果来判定风险是否属于可接受的过程"。

而在信息安全领域中，风险评价是指在风险评估过程中，对资产、威胁和脆弱性，以及当前安全措施进行分析和评估，将所评估的信息资产的风险与预先给定的准则做比较，或者比较各种风险的分析结果，从而确定风险的等级。

2. 风险评价的目的和作用

风险评价的目的是为组织从源头控制事故和危害发生的各类风险，从而使事故频率降到最低，危害损失降到最小。

风险评价主要有下面几个作用：一是通过风险评价可以更准确地认识风险，及时了解组织在运行过程中风险和风险因素变化的情况；二是可以确保组织目标规划更加合理，制定的计划更加可行；三是根据实际情况选择恰当的风险策略，得到最佳的风险策略组合。

10.1.2　风险评价方法准则

1. 风险评价准则制定要求

为了界定风险是否可以接受，其评价标准的制定显得非常重要。通过制定风险评价准则，一是可以对风险评估的结果进行等级化处理；二是能实现对不同风险的直观比较；三是能确定组织后期的风险控制策略。

在对风险进行评价时，组织应结合自身可接受风险实际，制定风险评价准则，依据安全事件发生的可能性、安全事件造成的损失、风险值的取值标准和评价级别进行风险评价。

尽管风险评价准则是在风险评估开始前制定的，但是它们并非一成不变，必要时应根据风险管理过程的实际情况和监视审查结果进行动态调整。比如在评估过程中发现新的风险，应该制定新的风险评价准则等。

建立风险评价准则，需要考虑以下几个方面：.

（1）有关安全法律、法规要求；

（2）行业的设计规范、技术标准；

（3）组织的安全管理标准、技术标准；

（4）符合组织的安全战略或安全需求。

（5）满足利益相关方的期望；

（6）符合组织业务战略价值。

2．常用风险评价准则

常用的风险评价准则包括但不限于：

（1）业务信息过程的战略价值；

（2）相关信息资产的危急程度；

（3）法律法规的要求和合同的义务；

（4）业务的可用性、保密性、完整性对组织的重要性；

（5）利益相关方对风险所期望的结果，以及安全事件给信誉和名声带来的负面影响。

10.1.3 风险评价方法

1．风险评价方法

风险评价方法是根据组织或信息系统面临的各种风险等级，通过对风险进行等级化处理，以及风险统计、分析，确定各个等级的风险的百分比水平，从而得到总体的风险评价结果。

常用的评价方法如下。

1）主观评分法

主观评分法是一种定性描述定量化方法，充分利用专家的经验等隐性知识。首先根据评价对象选定若干个评价指标，再根据评价项目可能的结果制定出评价标准，聘请若干专家组成专家小组，各专家按评价标准凭借自己的经验给出各指标的评价分值，然后对其进行结集。可采用以下评分方法：①加法评价型。将专家评定的各指标的得分相加求和，按总分表示评价结果。②功效系数法。由各专家对不同的评价指标分别给出不同的功效系数，逐步由多目标转化为单目标，最终得出评价对象的评价结果。③加权评价型。各专家依照评价指标的重要程度对评价对象中的各项指标给予不同的权重，对各因素的重要程度区别对待。

2）数理统计方法

主要数理统计方法有聚类分析、主成分分析、因子分析等。聚类分析是根据"物以类聚"的道理将个体或对象进行分类的一种多元统计方法。聚类分析使得同一类中的对象之间的相似性比其他类的对象的相似性强。主成分分析也称主分量分析，是利用降维的思想，在保证损失很少信息的情况下把多指标转化为少数的几个综合指标的统计方法。因子分析也是利用降维的思想，根据相关性大小把原始变量分组，使得每组内的变量之间相关性较高而不同组间的变量相关性较低，这样以少数几个因子反映原变量的大部分信息。

3）格雷厄姆风险评价方法（LEC法）

该方法用与系统风险有关的三种因素指标值的乘积来评价操作人员伤亡风险大小，这三种因素分别是：L（Likelihood，事故发生的可能性）、E（Exposure，人员暴露于危险环境中的频繁程度）和C（Criticality，一旦发生事故可能造成的后果）。给三种因素的不同等级分别确定不同的分值，再以三个分值的乘积D（Danger，危险性）来评价系统危险性的大小。即：

$$D=L \times E \times C$$

风险分值D越大，说明该系统危险性大，需要增加安全措施，或改变发生事故的可能性，或减少人体暴露于危险环境中的频繁程度，或减轻事故损失，直至调整到允许范围内。

2. 风险评价级别

组织根据确定的评价方法与风险判定准则进行风险评价，判定风险等级。总体风险评价如表10-1所示，风险等级判定应遵循从严从高的原则，将各评价级别划分为很高、高、中等、低和很低等风险级别，评价出其他级数评价级别的组织可以以此表作为参照，结合自身可接受风险实际进行划分。

表 10-1　总体风险状况

风险等级	占全部风险百分比	总体风险评价结果		
		高	中	低
很高	≥10%	高		
高	≥30%	高		
中等	≥30%		中	
低				低
很低				低

3. 风险评价注意事项

进行风险评价时还应注意以下几个问题：

（1）风险评价，要考虑信息系统所承载业务的战略价值。

组织的发展战略依赖业务来实现，进行风险评价时要考虑被破坏业务的本身价值、恢复该业务的代价，以及该业务破坏后对组织乃至国家的声誉和地位的影响。

（2）风险评价，要考虑业务安全属性的受损状况。

有的业务关注的是可用性，有的业务关注的是保密性。评价的时候要看系统的安全属性倾向性。譬如，银行业务的连续性，很大程度上依赖于信息系统的可用性。银行业务信息系统的可用性就应该在进行风险评价时着重考虑，其可用性一旦受损，那么业务连续性就难以保证，就会直接影响到银行的信誉。因此，在进行风险评价时，应该着重对业务所重点依赖的安全属性加以考虑。

（1）风险评价应该对风险因素全面考虑，主要包括以下基本要素：业务、资产、威胁、脆弱性、安全措施等，还涉及法律法规、道德、环境等因素。

（2）所选择的风险因素需要能用数值表示其危险大小，并要建立各因素之间关系的数学模型。

（3）评价结果必须综合考虑所有因素，用单一值表示风险的大小。

风险评价，必须考虑到利益相关方的反馈，包括内部的利益相关方和外部利益相关方。

10.2 风险评价判定

为了实现控制与管理风险，必须对风险结果进行评价。根据风险计算阶段按照资产计算出风险值及其分布情况，规定每个等级的风险值的具体范围，最后对风险结果进行等级划分。风险等级的高低直接描述了该风险的严重程度[48]。

风险等级划分是为了能够直观地比较不同风险的严重程度，从而帮助组织制定相应的安全措施。组织应当综合分析与评估风险控制所需成本与风险可能产生的后果，确定一个可接受的风险范围。对于某些资产的风险，如果风险的计算结果处于可接受的风险范围内，说明该风险是可接受的风险，继续采取现有的安全措施即可；如果风险的计算结果超过可接受的风险范围的上限值，说明该风险是不可接受的风险，必须采取合适的安全措施来降低该风险[49]。另一种用于判定该风险是否可接受的做法是综合分析等级化处理后的结果，不设置风险范围，一旦达到对应等级都按照不可接受风险进行处理。

10.2.1 资产风险评价

根据9.2.1节给出的风险计算方法：

$$资产风险值 = R[B,A,T,V,C]$$

计算每种资产面临的风险值，依据风险值的分布状况，为每个等级设定风险值范围，并根据风险评价准则对所有风险计算结果进行等级处理。每个等级代表了相应风险的严重程度。表10-2给出了一种资产风险等级划分方法。结果的等级越高，该风险发生的可能性就越高，对资产产生的影响也越高。评估方应根据上文涉及的风险计算方式，确定各种资产所具有的风险值。

表 10-2　资产风险等级划分表

等　　级	标　　识	描　　述
5	很高	风险发生的可能性很高，对资产产生很高的影响
4	高	风险发生的可能性很高，对资产产生中等及高影响 风险发生的可能性高，对资产产生高及以上影响 风险发生的可能性中，对资产产生很高影响
3	中等	风险发生的可能性很高，对资产产生低及以下影响 风险发生的可能性高，对资产产生中及以下影响 风险发生的可能性中，对资产产生高、中、低影响
2	低	风险发生的可能性中，对资产产生很低影响 风险发生的可能性低，对资产产生低及以下影响 风险发生的可能性很低，对资产产生中、低影响
1	很低	风险发生的可能性很低，发生后对资产几乎无影响

10.2.2　业务风险评价

根据业务所涵盖的资产风险综合计算得出业务风险值，并根据风险评价准则对风险计算结果进行等级处理。

下面对业务风险值的计算原理加以说明：

$$业务风险值=E(D)$$

其中，E是业务风险值计算函数，可采用加权平均或其他计算函数；D是业务系统的风险值。

可以将业务面临的网络安全风险划分若干等级，等级越高，风险越高。评估方应采用适当的风险计算方法来计算业务所面临的风险值，并将所有的风险计算结果进行划分等级。划分的每个等级都描述了相关业务风险的严重程度。表10-3给出了一种基于后果的业务风险等级划分方法。

表 10-3　业务风险等级划分表

等　　级	标　　识	描　　述
5	很高	对组织信誉严重破坏，严重影响组织的正常经营，产生非常严重的经济损失或社会影响
4	高	在一定范围内给组织的经营和组织信誉造成损害，产生较大的经济损失或社会影响
3	中等	对组织的经营和组织信誉造成一定的影响，但对经济或社会的影响不大
2	低	造成的影响较低，一般仅限于组织内部
1	很低	造成的影响低微

10.2.3　风险评价结果

根据安全工程领域的"最低合理可行"（As Low As Reasonably Practicable，简称ALARP）

原则[53]，可将风险评价结果划分为三个区域：

（1）不可接受：指某一活动无论能带来多少利益，其风险等级都是不可接受的，必须采取合理的措施来降低或控制风险。

（2）中间区域：指考虑实施应对措施后所造成的成本和收益，并权衡机遇和潜在的后果。

（3）广泛接受：指在风险评估中，该风险所处的等级很低，或者该风险很小，不需要实施其他的风险应对措施。

10.3　风险评价示例

在进行风险评价时，我们可以根据业务信息过程的战略价值、相关信息资产的危急程度、法律法规的要求和合同的义务、利益相关方对风险所期望的结果、安全事件给信誉和名声带来的负面影响，以及业务的可用性、保密性、完整性对组织的重要性等方面进行考虑，在通过各种危急程度风险在总风险中的占比确定系统的总体风险。总体风险的阈值判断系统处于何种风险等级的依据，但是如何考虑确定阈值是风险评价的关键。

10.3.1　从多角度进行风险评价

因此，在评价一个风险，要考虑该信息系统所承载业务的战略价值。根据被破坏的业务的价值、恢复该业务的代价，以及其对组织乃至国家的声誉和地位的影响，对一个承载重要业务的信息系统进行风险评价是必要的。我们对信息系统面临的风险可以从业务的CIA属性的受损来进行评价。这些属性受损带来的影响是无法用金钱来衡量的，譬如，银行业务的连续性，即信息系统的可用性。银行业务信息系统的可用性就应该在进行风险评价时着重考虑，因为其业务的连续性其能够很好地保证其信誉，而信誉又是银行的安身立命之根本。因此，在进行风险评价时，应该着重对该业务所严重依赖的安全属性加以评价。以防止信息安全事件发生破坏其重要属性。

一个信息系统可能是一个小的实现单一或简单几种功能的信息系统，也可能是集多种功能于一身的庞大的、巨复杂的信息系统。无论是前者和后者，都会有多多少少的利益相关者存在，负责信息系统的物理环境、网络结构、边界安全，以及计算环境等相关部门和人员都是利益相关者。例如，2008年，北京举办了一届高水平奥运会。作为信息系统的动力支撑的电力公司是重要的利益相关方。奥运会电网供电可靠，经电力部门梳理，其需要负责保障1300个低压箱、688千米的低压回路和26万个电器节点。因此，风险评价必须考虑到利益相关方的反馈，包括内部的利益相关方和外部利益相关方。

现在互联网企业更多的是为某个产业链提供平台，而这个平台就是由信息系统支撑的。平台遭受到信息安全会对该链条上的所有参与方和相关方产生影响，从而影响该企业的声誉和信用。2019年5月26日，《新京报》报道易到用车的服务器遭攻击，核心数据被加密，服务器宕机。从该日凌晨，易到用车的服务器遭到连续攻击，因此给用户使用带来严重的影响。发生这类信息安全事件对其信誉和估值产生重大影响，该事件的发生不仅会对其用户产生一定影响，也对企业后续的融资产生很大影响。因此，我们在做风险评价时，不仅要考虑信息安全风险事件对其当前的业务产生的影响，也要考虑客户和资本对其未来的信心等关键信息。

10.3.2　信息系统总体风险评价

按照前面给定的风险准则，我们结合下面的例子来做个简单的说明。表10-4是某个工业通信节能监察中心的风险分析部分结果表（采用矩阵法）。

表 10-4　风险分析部分结果表

资　产	威　胁	脆　弱　性	安全事件的可能性	安全事件的损失值	风　险　值	风险等级
核心交换机	未授权访问	未启用 VTY ACL	17	25	23	5
	误操作	未指定日志服务器	9	20	15	3
	软件故障		5	20	12	3
	设备故障		5	20	12	3
	误操作	未指定时间服务器	9	20	15	3
	软件故障		5	20	12	3
	设备故障		5	20	12	3
	误操作	未设置日志缓存	9	20	15	3
	未授权访问	网络安全策略不当	14	22	21	5
	误操作		11	22	18	4
	未授权访问	未配置用户权限	10	16	15	3
	利用漏洞攻击	未使用 AAA 认证	6	16	15	3
防火墙	被侦听用户名密码攻击未授权访问	开启了不安全的 Telnet	14	25	21	5
	未授权访问	VTY 存在弱口令	17	25	23	5
	未授权访问	未启用 VTY ACL	17	25	23	5
部门交换机	未授权扫描	无指定日志服务器	5	11	9	2
	未授权访问	无指定时间服务器	9	11	11	3
	设备故障	网络结构不当	4	15	5	2
	软件故障	网络策略不当	8	12	11	3
	漏洞攻击	无 AAA 认证	6	9	8	2
	误操作	无指定日志服务器	5	11	9	2

由上表可以得出：

1．资产风险评价结果

根据上述资产等级划分表，可以得出资产的风险值等级柱状图如图10-1所示。

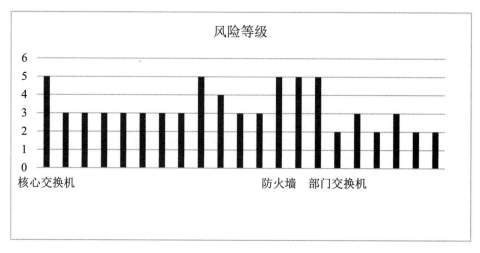

图 10-1　风险等级柱状图

2. 业务风险评价结果

该业务风险等级是5的风险有5个，占总的风险比为24%。风险等级为4的为1个，占总的风险比为5%。风险等级为3的为11个，占总的风险比为52%。风险等级为2的为4个，占总的风险比为19%。无风险等级为1的风险。各业务风险等级数目占有比例如图10-2所示。

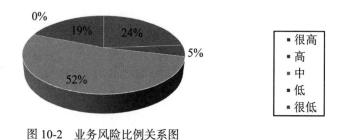

图 10-2　业务风险比例关系图

根据表10-1给定的阈值，风险等级为5的风险占比大于10%，我们可以确定本系统风险等级为高，应予以加固。

10.4　风险评估文档输出

对于一个风险评估项目来说，对风险评估的过程和结果有很多记录，这些记录就是风险评估输出文档，主要用于记录客户系统中的安全风险、威胁、脆弱性等风险评估过程中的各种现场信息，对客户系统进行真实、可靠的风险评估，为客户信息系统的安全整改提供依据和建议，从而帮助客户切实改进自身信息系统，使客户系统顺利达到相关安全接入标准。

10.4.1　风险评估文档记录要求

风险评估过程产生的相关文档应满足以下几点基本要求：

（1）确保能够准确识别相关文档的修改和现行修订状态，也就是说要有版本控制措施；

（2）确保能够对文档分配进行合理控制，并保证需要使用文档时能够得到所需的文档；

（3）确保文档发布前是得到批准的；

（4）防止非预期使用作废文档，如果因某些目的而需要保留作废文档时，应明确地标识出这些文档。

除上述要求之外，还应该对文档的标识、存储、保护、检索、保存期限，以及处置所需的控制进行制定相关的规定，而且由文档管理者来决定相关文档是否需要，以及详略程度。

10.4.2　风险评估文档的主要内容

风险评估文档中详细地记录了风险评估的过程及其结果，其中包括以下文档[54]。

（1）风险评估方案：描述和记录风险评估的目标、范畴、人员、方式、进度和评估结果的形式等。

（2）风险评估程序：确定风险评估的目的、职责、过程、文档的记录要求，以及进行本次风险评估涉及的风险分析识别和判断证据。

（3）业务识别清单：按照业务分类方式实施业务识别，建立业务识别清单。

（4）资产识别清单：按照资产分类方式实施资产识别，建立资产识别清单，确定该资产的责任人或责任部门。

（5）重要资产清单：按照资产识别及其赋值的结果，建立重要资产列表，其中包含名称、描述、类型及该资产的重要程度等要素。

（6）威胁列表：按照威胁识别及其赋值的结果，建立相应的威胁列表，其中包含来源、名称、类别、动机及出现概率等要素。

（7）已有安全措施确认表：按照采取已有安全措施的结果，建立已有安全措施列表，其中包含已有安全措施的名称、类型、功能及有效性等要素。

（8）脆弱性列表：按照脆弱性识别及其赋值的结果，建立脆弱性列表，其中包含名称、描述、类型及可利用难易程度等要素。

（9）风险评估报告：概括总结风险评估的过程及其结果，具体阐述本次风险评估中被评估的对象、风险评估使用的方法、风险分析的结果、风险统计结果等。

（10）风险处理计划：对于不可接受的风险，必须及时采取相应的风险处理措施，确认责任、进度及需要的资源，并在评估残余风险中判断所选择的安全措施是否有效。

（11）风险评估记录：按照风险评估流程，必须能够重现风险评估过程中的各种现场记录，并使其成为产生歧义后用以解决问题的根据。

10.5 被评估对象生命周期各阶段的风险评估

信息安全风险评估应贯穿于被评估对象生命周期的各阶段中。被评估对象生命周期是从无到有，再到废弃的整个过程，各阶段中涉及的风险评估准则和方法是一致的，但由于各阶段实施内容、对象、安全需求不同，使得风险评估的对象、目的、要求等方面也有所不同[56]，相应的输出文档也会各异。

10.5.1 被评估对象的生命周期

被评估对象作为一个系统，它的生命周期分为五个阶段，即规划、设计、实施、运维和废弃[55]。在被评估对象整个生命周期的五个阶段，风险是我们需要一直考虑的问题，也就是说风险评估应贯穿于各阶段中。以风险评估为核心的风险管理是一个可以在系统生命周期各主要阶段实施的重复过程，各个阶段原则和方法相同，对象、目的和要求不同。具体而言，在规划阶段，是提出被评估对象的目的、需求、规划和安全要求的阶段，风险评估活动用于确定被评估对象的安全目标；在设计阶段，主要是进行系统方案设计，风险评估的结果为被评估对象的安全分析提供支持；在实施阶段，通过风险评估以确定被评估对象的安全目标达成与否；在运行维护阶段，需要不断地进行风险评估，根据评估结果来确定被评估对象面临的不断变化的风险和脆弱性，从而验证安全措施的有效性，保证可以实现安全目标；在废弃阶段，评估活动用于确定废弃或替换系统组件是否得到了适当的废弃处置，并且残留信息是否进行了恰当的处理。因此，应按照每个阶段的特点有所侧重地具体实施该阶段的风险评估。当条件允许时，可以采用风险评估工具来实施风险评估活动。

10.5.2 规划阶段的风险评估

10.5.2.1 风险评估的基本内容

规划阶段风险评估是为了明确被评估对象的业务战略，从而满足被评估对象的安全需求及安全战略等。规划阶段的风险评估应可以体现出被评估对象建成后对现有业务模式的影响，其中包括技术、管理等方面，并根据其影响明确被评估对象建设要实现的安全目标[57]。

在本阶段评估中，不需要识别资产和脆弱性；在综合分析威胁时，需要考虑的是未来系统的应用对象、运行环境、业务现况、操作要求等因素。

10.5.2.2 风险评估文档输出

本阶段文档输出时应该着重突出以下几方面：

（1）根据相关规则，形成与战略相对应的安全规划，并获得最高管理者的认可；

（2）建立与业务相契合的安全策略，并得到最高安全管理者的认可；

（3）确定被评估对象开发的组织、业务变更的管理，以及开发优先级；

（4）识别和分析被评估对象的威胁、环境，制定总体的安全方针；

（5）阐述被评估对象预期使用的信息，其中包含预期的应用、信息资产的重要性、潜在的价值、可能的使用限制、对业务的支持情况等内容；

（6）阐述所有与被评估对象安全有关的运行环境，其中包含物理和人员的安全配置，以及确认相关的法规、组织安全策略、专门技术和知识等内容。

规划阶段的输出结果，不单独成文档，主要应体现在被评估对象整体规划或项目建议书中。

10.5.3　设计阶段的风险评估

10.5.3.1　风险评估的基本内容

设计阶段的风险评估[58]指的是通过上述规划阶段确定的运行环境、业务重要性、资产重要性来提出安全功能需求。设计阶段的风险评估结果应能够正确判断是否符合设计方案中所提供的安全功能，并将其作为采购过程风险控制的依据。

在本阶段评估中，应对设计方案中对系统面临威胁的描述进行详细评估，建立关于被评估对象使用的具体设备、软件等资产及其安全功能需求的列表。

10.5.3.2　风险评估文档的输出

对设计方案的评估结果输出，主要侧重在以下几方面：

（1）明确设计方案，并描述符合被评估对象安全建设规划，获得最高管理者的认可；

（2）设计方案中需清晰地描述对被评估对象建设后面临的威胁进行分析，着重对由于物理环境、自然条件及其他入侵等形成的威胁进行分析；

（3）明确描述设计方案中的安全需求对规划阶段安全目标的符合性，并对威胁进行分析，制定被评估对象的总体安全战略；

（4）需要采用一定的手段来应对设计方案中可能面临的威胁；

（5）设计方案中需要分析和识别脆弱性，包含技术平台固有的脆弱性和设计过程中的管理脆弱性；

（6）需要分析设计方案随着其他系统接入而可能产生的风险；

（7）设计方案中在技术上考虑了满足系统性能要求的方法，能够满足用户需求，并考虑到峰值的影响；

（8）根据业务需要对应用系统（含数据库）进行安全设计；

（9）设计方案需要通过开发的规模、时间及系统的特点来确定开发方式，而且需要通过分析设计开发计划及用户需求实现系统构件的选型；

（10）需要针对所采取的安全控制措施、安全技术保障手段的影响程度进行评估分析。即使安全需求和设计发生变化，仍需要进行这项评估。

设计阶段的风险评估不仅能采取安全建设方案评审的方式实施，且判断方案的安全功能是否符合信息技术安全技术的标准，也能把安全专业相关人员，直接安排设计在团队里，这样本次评估的结果就能够体现在被评估对象需求分析报告或建设实施方案中。

10.5.4　实施阶段的风险评估

实施阶段的风险评估是为了通过安全需求和应用环境，分析识别系统开发、实施过程所面临的风险，并能够验证系统安全功能是否有效。根据设计阶段确定的威胁和针对威胁的相关安全策略，可以在实施安全策略及验收对应效果时实现质量控制。

根据设计阶段的资产列表及其实施的相关安全措施，实施阶段将更加地细分面临的安全威胁，分析安全措施的可实现性，因而评估安全措施能否尽可能消除现有威胁、脆弱性的影响。实施阶段的风险评估主要实现了两个过程的评估，其中包括系统的开发与技术/产品获取和系统的交付实施。

10.5.4.1　开发与技术/产品获取过程风险评估的基本内容

评估开发与技术/产品获取的过程，包括以下几个要点：

（1）法律、政策、适用标准和指导方针；对信息系统安全需求的特定法律造成直接或间接影响。

（2）被评估对象的功能需要；安全需求对支持系统的功能的有效性。

（3）成本效益风险：通过被评估对象的风险分析结果，判断是否能够确定基于各方面的需要而选择最恰当的安全措施。

评估保证级别：确定系统建成后需要实施测试和检查项目，从而明确需要达到项目建设、实施规范的安全要求。

10.5.4.2　系统交付实施过程风险评估的基本内容

系统交付实施过程风险评估包含以下要点：

（1）从实际系统中具体评估资产、威胁，以及脆弱性被利用的难易程度。

（2）通过明确实际系统的建设目标和具体安全需求，进一步地验收测试系统的安全功能，分析安全措施能否有效地抵御安全威胁。

（3）制定与整体安全策略相对应的组织管理制度。

（4）综合判断系统实现风险控制的效果是否符合预期设计，如果出现较大的不符合情况，应当重新设计与调整被评估对象的安全策略。

本阶段风险评估可根据实施方案和标准要求进行测试和分析实际的建设结果。

10.5.5　运维阶段的风险评估

这个阶段的风险评估是为了较为全面地了解和控制运行过程中出现的安全风险，是信息安全风险保障人员必须经常面对的风险评估。

10.5.5.1　风险评估的基本内容

风险评估内容包含对当前系统或组织的战略、业务、资产、威胁、脆弱性等方面的评估：

（1）战略评估：对真实运行的发展战略进行评估。包括属性及职能定位、发展目标、业务规划、竞争关系分析。

（2）业务评估：对运行的业务进行评估。包括业务定位、业务关联性、完整性、业务流程分析。

（3）资产评估：在真实环境下较为细致的评估。包括实施阶段采购的软、硬件资产、系统运行过程中生成的信息资产、相关的人员与服务等，本阶段资产识别是前期资产识别的补充与增加。

（4）威胁评估：对面临威胁的可能性及其影响程度进行全面的分析。对威胁导致安全事件的评估可以参照威胁来源动机、能力和安全事件的发生频率。

（5）脆弱性评估：是全面的脆弱性评估。评估内容主要集中在物理、技术、应用、管理等因素。采用核查、渗透性测试等方式可实现技术脆弱性评估；采用文档、记录核查等方式可验证管理脆弱性评估。

（6）风险计算：根据本标准的相关方法，采用定性或定量的方法对风险进行分析，评估不同业务、资产的风险高低情况。

10.5.5.2　适时进行风险评估的情况

运行维护阶段的风险评估采取的是定期执行的方式，即使业务流程、系统现况发生了重大变化，风险评估也需要执行。应适时地进行风险评估的情况应包括以下几种：

（1）增加新的应用或应用出现变化；

（2）网络结构和连接状况出现变化；

（3）技术平台大规模的更新；

（4）系统扩容或改造；

（5）在重大安全事件发生后，或根据某些运行记录推测即将会有重大安全事件发生；

（6）组织结构出现重大变更后对系统造成了影响。

本阶段的输出报告比较系统，此阶段的风险评估是一个独立的项目，评估文档应该满足本章第4节的基本要求及主要内容方面的要求。

10.5.6　废弃阶段的风险评估

废弃阶段风险评估的要点主要在以下几方面[59]：

（1）保证对硬件和软件等资产及残留信息进行了适当的处置，并保证能够合理地丢弃或更换系统组件。

（2）如果被废弃的系统是某个系统的一部分，或与其他系统存在物理或逻辑上的连接，还应考虑是否需要关闭该系统被废弃后与其他系统的连接。

（3）如果在系统变更中废弃，除了需要对废弃部分进行评估，还需要对变更的部分进行评估，以识别新增风险：

（4）建立一个确保更新过程在安全、系统化的状态下完成的废弃和更新流程。

（5）本阶段着重分析废弃资产对组织的影响程度，并根据影响程度制定相应的处理策略。同时需要分析系统废弃面临的新的威胁，并改善新系统或管理模式。应在有效的监督之下实施废弃资产的处理，而且对废弃的执行人员也需要实施安全教育，被评估对象的维护技术人员和管理人员都应该参加此阶段的评估。

10.6 风险评估报告示例

在对风险进行确定后，应给出风险评估的报告。风险评估报告是风险评估中最重要的输出文档，它是风险评价工作的重要内容，是对整个风险评估过程和结果的总结。不仅如此，风险评估报告也可作为组织从事信息安全检查、信息系统等级保护测评、信息安全建设等其他信息安全管理工作的重要参考内容。

风险评估报告中主要包含信息系统的描述、准备阶段综述、资产识别分析、威胁识别分析、脆弱性识别分析、安全措施识别分析、风险计算、风险控制。下面给出一个风险评估报告示例，如表10-5所示。

表 10-5 风险评估报告示例

封皮：XX 系统信息安全风险评估报告 被评估系统： 评估类别： 负责人： 评估时间：
目录
第一章 信息系统的描述
第二章 准备阶段综述
第三章 发展战略和业务识别分析 根据组织发展战略和业务识别结果，形成发展战略和业务识别列表，并给出业务重要性赋值。
第四章 资产识别分析 根据组织在风险评估程序文件中确定的资产分类方法对资产进行识别，给出资产的价值。
第五章 威胁识别分析 根据威胁识别和赋值结果，形成威胁列表，包括威胁的名称、类型、严重程度、描述等
第六章 脆弱性识别分析 根据脆弱性识别和赋值结果，形成脆弱性列表，包括脆弱性的名称、类型、严重程度、描述等
第七章 安全措施识别分析 根据已有安全措施的确认结果，形成已有安全措施确认表，包括安全措施的名称、类型、功能描述、实施效果等
第4章 风险计算 给出风险的计算过程和结果
第九章 风险控制 说明需要控制的风险，以及控制措施
第十章 总结 对本次评估进行总结

10.7　小　　结

本章主要讲述了风险评价的相关知识，包括风险评价的定义、准则、评价方法和风险评价判定等几个方面，以一个示例从多角度和总体角度进行评价。评价结束后，应该对风险评估的过程和结果进行记录，生成这个记录就是文档输出的过程。本章从被控对象生命周期的五个阶段，即规划、设计、实施、运维及废弃五个阶段，对风险评估的内容和主要表现形式做出了说明，最后给出了风险评估报告的示例。

习　　题

1. 举例说明：风险评价标准确定的依据有哪些？常用的风险评价的标准有哪些？

2. 试说出风险评估文档记录的四个要求？

3. 哪个阶段是一种比较全面的风险评估，都包括哪些内容？哪些情况需要重新评估（举例说明）

4. 被评估对象的生命周期有哪几个阶段？每个阶段列举3条主要内容，并说出该阶段风险评估后输出的具体表现形式？

5. 风险评价的结果依据的是什么？结果通常可以划分为哪几个区域？

第11章 风险处置

本章在风险评估的基础上，重点讲述风险处置流程三个阶段的工作，分别为风险处置准备、风险处置实施、风险处置效果评价。然后介绍风险管理的第四个环节——风险接受，以及实施流程中批准留存的有关内容。

11.1 风险处置概述

11.1.1 风险处置定义

所谓风险处置是选择并且执行措施来更改风险的过程[60]。风险处置是信息安全风险管理的重要步骤，依据风险评估的结果，针对风险分析阶段输出的风险评估报告，选择和实施合适的安全措施[4]。

风险处置流程如图11-1所示，三个阶段的工作分别为风险处置准备、风险处置实施过程、风险处置效果评价。

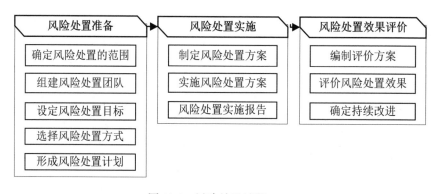

图 11-1 风险处置过程

11.1.2 风险处置目的和依据

1．风险处置目的

风险处置的目的是选择和实施处置风险的选项，将风险始终控制在可接受的范围内。

2．风险处置依据

风险处置的依据至少应包括以下内容：

（1）国家的相关法律、法规和政策；

（2）现行国际标准、国家标准和行业标准；

（3）行业主管部门的相关规章和制度；

（4）组织的业务战略和信息安全需求；

（5）组织业务相关单位的安全要求；

（6）系统本身的安全要求等。

另外，依据国家、行业主管部门发布的信息安全建设要求进行的风险处置，应严格执行相关规定。如依据等级保护相关要求实施的安全风险加固工作，应满足等级保护相应等级的安全技术和管理要求；对于因不能够满足相应等级安全要求产生的风险，或者行业主管部门有特殊安全要求的风险处置工作，则不能适用接受风险的原则。

11.1.3　风险处置原则

风险处置的基本原则是适度接受风险，根据组织可接受的处置成本将残余风险控制在可以接受的范围内。同时，在具体实施环境下，风险处置根据处置对象情况可参考如下四项原则：

1．合规性原则

风险处置目标的确立和风险处置措施的选择应符合法律、法规、政策、标准和主管部门的要求。

2．有效性原则

在合规原则的前提下，风险处置的核心目的是通过采取风险处置活动有效地控制风险，使得处置后的风险处于组织的可承受范围之内。

3．可控性原则

明确风险处置的目标、方案、范围、需要实施的风险处置措施及风险处置措施本身可能带来的风险，明确风险处置所需的资源，确保整个风险处置工作的可控性。

4．最佳收益原则

根据确立的风险处置目标，运用成本效益分析的方法，综合分析各种风险处置措施的成本、时间和技术等因素，以及能够获取的收益，选择收益最佳的风险处置措施。

11.1.4　风险处置方式

根据最新的关于信息安全风险管理的国际标准，ISO/IEC 27005:2018明确风险处置一般包括降低（或改变）、保留、规避和转移（或共享）四种典型方式。

1．风险降低

所谓风险降低是为降低风险的可能性或负面结果所采取的行动。风险降低的目标是通过引入、取消或改变相关风险控制措施来管理风险水平，使残余风险达到可接受的水平。

风险降低需要选择适当的和合理的控制措施来满足风险评估和风险处置所确定的要求。这种选择还应考虑到实施控制或技术、环境和文化方面的成本和时间约束。

通常，信息安全控制措施可提供下列保护类型中的一种或多种：纠正、消除、预防、影响最小化、威慑、检测、恢复、监视和提高人员意识等。控制措施还可以从构成风险的六个方面（即威胁源、威胁行为、脆弱性、资产、业务和影响）来改变风险。例如采用法律手段制裁计算机犯罪（包括窃取机密信息、攻击关键信息系统基础设施、传播病毒和不健康信息、发送垃圾邮件等），发挥法律的威慑作用，从而有效遏制威胁源的动机；采取身份认证措施，从而抵制身份假冒这种威胁行为的能力；及时给系统打补丁（特别是针对安全漏洞的补丁），关闭无用的网络服务端口，从而减少系统的脆弱性，降低被利用的可能性；采用各种防护措施，建立资产的安全域，从而保证资产不受侵犯，其价值得到保持；采取容灾备份、应急响应和业务连续计划等措施，从而减少安全事件造成的影响程度等。

在选择控制措施时，按照最佳收益原则需要权衡获取、实施、管理、运行、监视和保持控制措施的成本与被保护业务和资产的价值。同时，某些控制措施在风险降低和开拓新业务机会的潜力方面带来的投资回报也应考虑在内。

选择和实施控制措施时建议还需考虑其他各种不同约束条件。典型的约束限制包括：时间约束、财务约束、技术约束、运行约束、文化约束、道德约束、环境约束、易用性、人员约束和新控制措施与现有控制措施之间兼容性约束等。

另外，相关国际标准ISO/IEC 27002:2017《信息技术 安全技术 信息安全控制实施规则》提供了有关信息安全风险控制措施的详细信息。

2．风险保留

所谓风险保留也称为风险接受、风险自留，是对来自特定风险的损失或收益的接受。风险保留的决定应根据风险评估的结论做出，在不采取进一步安全控制措施的情况下保留风险。

如果风险水平符合风险接受准则，就不需要实施额外的安全控制措施，风险可以被保留，前提是确定了信息系统的风险等级，评估了风险发生的可能性，以及带来的潜在破坏，分析了使用每种处置措施的可行性，并进行了较全面的成本效益分析，认定某些功能、服务、信息或资产不需要进一步保护。

根据信息系统风险评估结果，依据国家相关信息安全要求，组织和相关方的信息安全诉求，明确风险处置对象应达到的最低保护要求，结合组织的风险可承受程度，确定风险可接受准则。风险可接受准则的制定需要与管理层充分沟通，得到组织管理层认可，并与风险处置计划一起提交管理层批准。

3．风险规避

所谓风险规避是一种不卷入风险处境的决定或撤离风险处境的风险处置方式。风险规避通常应避免引起特定风险的活动或情况的发生。

当风险评估所确定的风险过高，或实现风险处置方案的成本超过收益，可以通过退出现有的或计划中的活动或一组活动，改变活动运行条件来完全规避风险。例如，在没有足够安全保障的信息系统中，不处理特别敏感的信息，从而防止敏感信息的泄露。再如，对处理内部业务的信息系统，不使用互联网，从而避免外部的有害入侵和不良攻击。另外，对于由自然灾害引起的风险，将信息基础设施搬到风险不存在或处于风险控制之下的地点也许是最好的办法。

4．风险转移

所谓风险转移也被称为风险分担、风险转嫁、风险转移共享，是与另外一方共享、共同分担风险带来的损失或收益的一种风险处置方式。

例如，在本企业不具备足够的安全保障的技术能力时，将信息系统的技术体系（即信息载体部分）外包给满足安全保障要求的第三方机构，从而避免技术风险。再如，通过给昂贵的设备上保险，将设备损失的风险转移给保险公司，从而降低资产价值的损失。

需要注意的是，风险转移宜将风险转移给可以根据风险评估有效管理特定风险的另一方。由于风险转移涉及与外部各方共担某些风险的决策，所以风险转移可能会产生新的风险或改变现存的、已识别的风险。因此，额外的风险处置方案需要提前考虑、制定。风险转移通常通过保险、业务外包或者分包给合作伙伴等手段来控制风险，防止造成超过规定程度的损害。应当指出，转移风险发生可能性的管理责任是有可能的，但是风险造成损失的责任通常是无法一并转移的，因为客户通常会将风险带来的负面影响仍归于组织的过错。

11.2　风险处置准备

风险处置准备是指：确定风险处置的范围，明确风险处置的依据，组建风险处置团队，设定风险处置的目标和可接受准则，选择风险处置方式，明确风险处置资源，形成风险处置计划，并得到管理层对风险处置计划的批准等一系列前期准备工作[58]。风险处置准备阶段流程示意如图11-2所示。

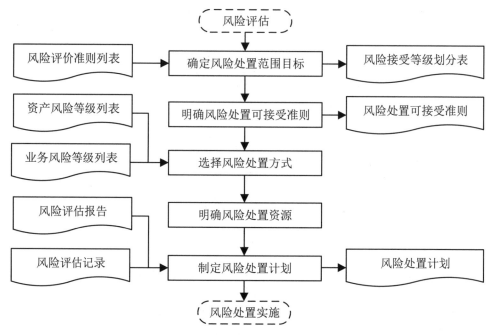

图 11-2　风险处置准备阶段流程

11.2.1　确定风险处置范围和边界

通常，根据风险评估报告、组织的安全管理方针和安全需求来确定风险处置对象的范围和边界。风险评估报告中关于风险处置建议的部分应明确了风险处置的安全控制点。范围包括：业务系统的业务逻辑边界、网络及设备载体边界、物理环境边界、组织管理权限边界等。

11.2.2　明确风险处置角色和责任

信息安全风险处置应该组建团队，分清角色，明确职责。如果组织自身具备风险处置能力、条件和资质，风险处置则由组织自己的风险管理团队完全负责准备和实施。如果需要委托第三方机构负责风险处置，则风险处置团队需由双方共同参与组建，可以分为管理层和执行层。其中，管理层负责风险处置决策、总体规划，审查风险处置目标和风险接受准则、批准风险处置方案、监督风险处置实施并评价和认可风险处置结果；执行层负责确定风险处置具体目标、编制风险处置方案并在风险处置方案获得批准后负责实施，以及在实施过程中监督、记录并反馈实施效果。必要时可聘请相关专业的技术专家组成专家组，指导风险处置工作、评价风险处置效果[58]。

风险处置工作的角色与职责划分如表11-1和表11-2所示。

表 11-1　风险处置团队人员角色与职责划分表

风险处置团队人员角色	工作职责
项目组长	1）组织编写风险处置方案； 2）就风险处置方案中的关键问题，如技术方法、管理方式、时间计划、投资等内容与被评估组织进行充分沟通； 3）控制各项工作的实施进度； 4）参与评审会议，汇报相关工作。
安全技术人员、安全管理人员	1）参与编写风险处置方案； 2）按照被评估组织反馈意见，对风险处置方案的意见进行修改； 3）实施风险处置方案，进行风险处置措施测试与实际部署； 4）参与评审会议，汇报相关工作。
质量管控员	1）监督控制本阶段工作的实施进度与时间进度； 2）按照项目质量要求管控本阶段工作的输入、输出文档； 3）对文档的变更进行管控。

表 11-2　信息安全风险管理方人员角色与职责划分表

信息安全风险管理方人员角色	工作职责
项目组长/协调人	1）与风险处置项目组长进行工作协调； 2）组织本单位的业务人员、信息安全管理人员、运维人员、开发人员等对风险处置方案初稿进行审阅，提出相应意见； 3）对已经发现并确认的重大安全风险，组织相关人员进行及时加固整改或严密监控； 4）组织召开评审会。
业务人员、管理人员、运维人员、开发人员	1）参与风险处置方案研究等工作； 2）对评估机构提交的风险处置方案进行审阅，提出相应意见； 3）对风险处置方案提出的安全技术建设、管理方式变更等建议，提出可行性、有效性的质疑。

11.2.3　确定风险处置目标

所谓风险处置目标是通过风险处置活动的实施所要达到的最终目标。处置目标确立阶段的工作过程和内容如下[4]。

（1）分析风险处置需求。依据被评估对象的描述报告、被评估对象的分析报告、被评估对象的安全要求报告、风险评估报告和风险接受等级划分表，从技术层面（物理平台、系统平台、通信平台、网络平台和应用平台）、组织层面（即结构、岗位和人员）和管理层面（即策略、规章和制度），分析风险的需求，形成风险处置需求分析报告。

（2）确立风险处置目标。依据风险接受等级划分表和风险处置需求分析报告，确立风险处置的目标，包括处置对象及其最低保护等级，形成风险处置目标列表。风险处置目标列表须得到信息系统管理层和风险处置实施方管理层的认可和批准。

11.2.4　选择风险处置方式

风险处置方式的选择通常需根据信息系统的安全要求、风险处置需求分析、风险处置目标和风险处置可接受准则，明确需要处置的风险和可接受的风险，对于需要处置的风险，应初步确定每种风险拟采取的处置方式。风险处置方式可以是风险降低、风险保留、风险规避、风险转移四种处置方式的一种，也可以是多种处置方式的组合。必要时说明选择的理由，以及被选处置方式的使用方法和注意事项等，形成入选风险处置方式说明报告[58]。

风险处置方式说明报告的内容包括风险名称、涉及的资产范围、初步确定的风险处置方式等。风险处置方式说明报告需要得到组织管理层的认可和批准。

11.2.5　制定风险处置计划

制定风险处置计划的目的是明确指出选择的处置方案将如何实施，从而让有关人员了解风险处置进度、人员和相关资源等安排情况，并监测整个风险处置实施进展。处置计划应清晰地确定实施风险处置的顺序，并与利益相关方协商，纳入组织的管理计划和流程。而且，处置计划应根据既定的风险处理目标，明确风险处理涉及的部门、人员和资产，以及需要增加的设备、软件、工具等所需资源。风险处置计划的输入项包括风险评估报告、风险等级列表、入选风险处置方式说明报告和入选风险处置措施说明报告等。

风险处置计划中提供的信息至少应包括以下内容。

- 风险处置的目标；
- 风险处置的对象、范围和边界；
- 风险处置的依据；
- 选择风险处置方式的理由，包括获得的预期效果；
- 进度安排；
- 负责批准和实施计划的人员；
- 所需资源和相关约束条件；
- 成本预算；
- 绩效评估；
- 所需的报告和处置评价的监测等内容。

制定风险处置的实施计划最终形成风险处置实施计划书。风险处置实施计划书需要得到被评估组织信息系统和信息安全风险管理决策层和管理层的认可和批准。

11.2.6　获得决策层批准

风险处置计划等前期准备工作由风险处置团队和信息安全风险管理方共同完成。风险处置团队主要工作是根据风险评估报告等内容，制定风险处置实施计划；信息安全风险管理方主要工作是审核风险处置团队提交的风险处置实施计划可行性。

风险处置计划制定完成后需要经双方项目负责人的确认，并且得到信息安全风险管理方最高管理者的批准。

11.3　风险处置实施

风险处置实施需要制定风险处置方案并实施，具体包括确定风险处置项的优先顺序、准备风险处置备选措施、进行成本效益分析和残余风险分析，对处置措施进行选择、风险分析并制定应急预案和恢复计划，编制风险处置方案；待处置方案获得批准后，要对风险处置措施进行测试，测试完成后，正式实施。在处置措施的实施过程中，还要加强风险处置有效性和残余风险的监控审查。

在信息安全风险管理过程中，风险处置实施接受风险处置准备的输出，为风险处置效果评价提供输入，监视与评审、沟通与咨询贯穿其全过程。风险处置实施流程如图11-3所示。

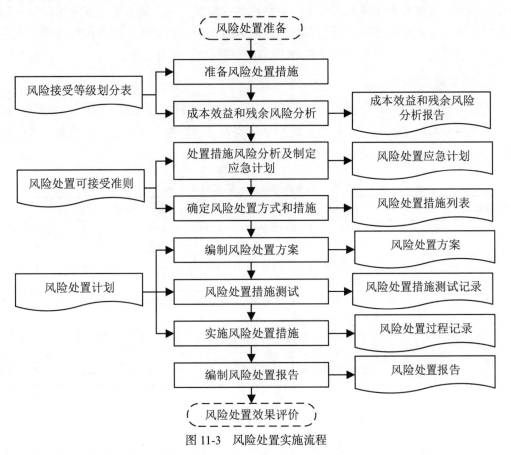

图 11-3　风险处置实施流程

11.3.1 风险处置方案制定

11.3.1.1 确定风险处置项优先级

现存风险判断阶段的工作过程和内容如下:

1. 确定可接受风险等级

依据信息系统的描述报告、信息系统的分析报告、信息系统的安全要求报告和风险评估报告,确定可接受风险的等级,即把风险评估得出的风险等级划分为可接受和不可接受两种,形成风险接受等级划分表。

2. 判断现存风险是否可接受

依据风险评估报告和风险接受等级划分表,判断现存风险是否可接受,形成现存风险接受判断书。如果判断结果是可接受,则跳出风险处置实施,进入信息安全风险处置后的风险接受环节;否则继续风险处置实施,进入处置措施选择阶段。现存风险接受判断书需要得到信息系统和信息安全风险管理决策层和管理层的认可和批准。

3. 风险处置排序

风险处置项优先级划分表如表11-3所示。通过定义处置项的优先级为风险点赋值,得到各风险点风险接受等级划分表和处置优先排序列表。通常对于"很低"级别的风险,选择风险保留或接受,而不采取安全控制措施。

表 11-3 风险处置项优先级划分表

等级赋值	标 识	描 述
5	很高	处置成本/目标收益值低,而风险对于组织的影响重大,对组织的根本利益有着决定性影响,若不进行处置,将有严重损失
4	高	处置成本/目标收益值较低,风险对组织影响大,对组织的利益有着重大的影响
3	中等	处置成本/目标收益值适中,风险对组织影响较大,若不进行处置,风险将对组织的利益有较大影响
2	低	处置成本/目标收益值较高,风险对组织有一定的影响,若不处置,对组织的利益有轻微的影响
1	很低	处置成本/目标收益值很高,风险对组织的影响不是太明显,可以考虑忽略

11.3.1.2 处置措施准备

风险处置措施的准备应从管理与技术两个方面考虑,依据组织的使命,并遵循国家、地区或行业的相关政策、法律、法规和标准的规定,参考信息系统的风险评估报告,并结合风险处置准备阶段的处置依据、处置目标、范围边界和风险处置计划,以及每种风险的处置方式选择对应的风险处置措施,编制风险处置备选措施列表。

风险处置措施需根据信息安全风险的严重程度、信息系统安全等级保护要求、安全控制实施的难易程度、降低风险的时间紧迫程度、所投入的人员力量及资金成本等因素综合考虑加以选择。因此，需要了解信息安全风险处置措施选择的约束条件。

1. 措施选择的约束条件[7]

在选择和实施风险处置措施时，应该全面考虑相关约束条件：

（1）时间限制

选择安全控制措施存在许多类型的时间约束。例如，安全控制措施是否能在组织管理者可接受的时间段内实施，安全控制措施是否可以在信息或系统的生命周期内实现，可接受风险发生是否在可接受的时间段内等限制。

（2）财务约束

所选择的安全控制措施的成本应不高于风险造成的损失价值。在某些情况下，由于预算限制，可能无法实现期望的安全性和风险接受水平，这需要组织的管理者进行决策。如果预算限制降低了要实施的安全控制措施的数量或质量，可能导致更大的风险。因此，财务约束在实践中应当仅作为一个比较谨慎选择的考虑因素。

（3）技术约束

选择控制时要考虑程序或硬件的兼容性。同时，对未及时升级换代的软件程序或硬件系统实施安全控制措施也会存在技术障碍。

（4）运行约束

运行约束是信息系统有不间断运行的要求，例如需要7×24小时运行且有备份要求，就会需要复杂且较高成本的安全控制措施，应提前制定业务连续性计划。

（5）文化约束

在选择控制措施时，文化上的约束可能是存在于不同国家、地区、组织甚至组织内的某个部门。并非所有的安全控制措施都适用于来自不同国家和地区的组织和企业，不同的企业文化对控制措施可能有独特的要求。

文化因素不容忽视，因为许多控制依赖于员工的积极支持。如果员工不理解对某项安全控件的需求，或者觉得在文化上不可接受，那么随着时间的推移，这项安全控件将变得无效。

（6）道德约束

基于社会规范的道德约束可能对安全控制措施具有重大影响。例如在一些国家无法实施诸如电子邮件扫描之类的控制措施。不同国家或地区的社会道德规范或世俗也会影响信息隐私权的控制措施。一些特殊行业，例如政府部门和医疗保健机构，要比其他行业更为关注道德规范。

（7）环境限制

环境因素也可以影响安全控制措施的选择，例如空间可用性、极端气候条件、周围的自然地理环境等。

（8）易用性

在通常情况下，一个糟糕的、复杂的人机界面可能导致人为错误，并使相应的安全控制失效。易用性是指选择使残余风险达到可接受水平的情况下最便于使用的控制。在实践中，对一个难以使用的控件或控制措施，用户往往尽可能地绕过或忽略它，因此，组织内的复杂的访问控制会促使用户使用替代的、未经授权的访问操作方法，从而带来信息安全风险。

（9）人员约束

人员约束需要考虑确定和实施新的控制措施或修改现有控制措施时所需的专业技能，实施控制的专门技术的可用性和人工成本，以及在异地之间调动工作人员的限制等。对于组织来说，用来实施控制的措施作为一种专门技术，如果非常昂贵则无法接受。另外，工作人员是否拥有相应施工资质也是考虑因素。

（10）新旧安全控制措施之间的兼容性约束

在现有信息系统中集成新的控制和现有控制措施之间的兼容性容易被忽略。如果存在与现有控制措施不一致或不兼容的情况，则可能不容易或无法实现新的访问控制措施。例如，使用生物特征识别进行访问控制的计划可能导致与基于 PIN-pad（密码键盘）的现有系统存在访问控制的冲突。将现有控制改变为计划控制可能会增加风险处置的总成本。

2. 基于安全防护模型进行处置措施选择

信息安全风险处置措施还应与信息安全保护模型及对不同等级信息系统相关安全控制的要求相一致。目前，信息安全保护模型主要包括：传统安全防护处理模型、PDR模型、PPDR模型、PPDRR模型、MPDRR模型和WPDRRC模型等。

传统安全防护处理模型是对信息系统进行审计分析，制定相应的安全策略，采取一定安全防护措施的安全模型。采用该模型的前提是，要保证信息系统的正确设置、比较完善的防御手段、威胁及弱点相对固定。适用于规模较小、安全要素相对没有动态变化的网络或信息系统，无须检测和反应机制。

PDR模型的安全防护步骤包括防护、检测、反应等三个过程，对三者的时间要求满足：$D_t + R_t < P_t$，其中，D_t是系统能够检测到网络攻击或入侵所花费的时间，R_t是从发现对信息系统的入侵开始到系统做出足够反应的时间，P_t是系统设置各种保护措施的有效防护时间，也就是外界入侵实现对安全目标侵害目的所需要的时间。此模型着重强调PDR行为的时间要求，可以不包含风险分析及相关安全策略的制定。

PPDR模型是在PDR模型的基础上，通过系统的审计分析得出贯穿PDR过程的安全策略，形成安全审计、策略、防护、检测、响应的动态安全处理循环系统。

PPDRR模型是一种典型、公认的动态、自适应安全处理模型，可适应安全风险和安全需求的不断变化，提供持续的安全保障。PPDRR模型的防护、检测、响应和恢复构成一个完整的、动态的安全循环，在安全策略的指导下共同实现安全保障。风险处置是基于风险的安全处理，所以PPDRR模型同样适用于风险处置。该模型是随着现代风险评估理论趋于成熟后形成的动态安全防护模型，一般应包含动态的风险评估体系、动态的安全策略制定、动态的防御体系、实时的监控系统、实时响应及灾难恢复机制，以及健全的安全管理体系。

MPDRR模型是一个常见的具有纵深防御体系的信息安全防护模型。它包含了管理、防护、检测、响应和恢复五个环节。该模型是在PDRR模型的基础上发展而来，继承了PDRR模型的优点，并加了PDRR所没有的安全管理这一环节，从而将技术与管理融为一体，强调整个安全体系的建立必须经过安全管理进行统一协调和实施。

WPDRRC模型是我国提出的一种动态安全模型。它在PDRR模型的前后增加了预警和反击功能。WPDRRC模型有六个环节和三大要素。六个环节包括预警、保护、检测、响应、恢复和反击，它们具有较强的时序性和动态性，能够较好地反映出信息系统安全保障体系的预警能力、保护能力、检测能力、响应能力、恢复能力和反击能力。三大要素包括人员、策略和技术，体现了人员是核心、策略是桥梁、技术是保证的思想，落实在WPDRRC 六个环节的各个方面，将安全策略变为安全现实。WPDRRC信息安全模型与其他信息安全模型相比更加适合中国国情。例如，在进行网上报税系统的安全建设时，为了实现网上报税系统的安全防护策略，就必须将人员核心因素与技术保证因素贯彻在网上报税系统安全保障体系的预警、保护、检测、响应、恢复和反击六个环节中，针对不同的安全威胁，采用不同的安全措施，对网上报税系统的软硬件设备、业务数据等受保护对象进行多层次保护。

根据各类信息系统的差异化安全保护要求，建议对不同等级的信息系统采取不同要求的风险处置措施，对安全保护等级为3级以上者，建议采用PPDRR、MPDRR和WPDRRC模型，安全保护等级为2级以下者，可不作要求。

表11-4根据信息安全保护模型，从策略、管理、保护、检测、响应、恢复和反击等方面列出了主要的风险处置需求及相应的风险处置措施。

表 11-4　风险处置需求及相应的风险处置措施

安全防护类型	风险处置需求	措　　施
策略	信息安全总体目标	明确信息安全的总体目标，并且获得高层领导者的认可和支持
	信息安全方针	
	信息安全组织结构及职责	
管理	系统安全管理守则	建立和规范信息安全的规章制度和操作守则，且严格按照相关的制度和规范执行各项管理措施，使得保护、检测和响应环节有章可循、切实有效
	网络安全管理守则	
	应用安全管理守则	
	机房出入守则	
	设备管理制度	
	人员管理规定	
	办公环境管理规范	

（续表）

安全防护类型	风险处置需求	措　　施
	应急响应计划	
	安全事件处理准则	
	业务连续性管理程序	
保护	机房标准化	参照一定的要求和标准建设和维护计算机机房
	门控	安装门控系统
	保安	建设保安制度和保安队伍
	电磁屏蔽	适当的设置抗电磁干扰和防电磁泄漏的设施
	病毒防杀	部署病毒扫描系统
	漏洞评估	及时对漏洞进行评估，并安装最新的补丁模块
	系统安全配置	完善系统各个部分的安全配置，防止因配置而产生不必要的漏洞
	网络安全配置	
	应用安全配置	
	身份认证	视安全强度的不同采取不同的技术进行身份认证，如数字钥匙、数字证书、生物识别、双因子等
	访问控制	视安全强度的不同，对设备、用户等主体访问课题的权限进行控制
	数据加密	视安全强度的不同，可采取自主型、强制型等级别的数据加密系统对传输数据和存储数据进行加密
	数字水印	对于需要版权保护的图片、声音、文字等形式的信息，采用数字水印技术加以保护
	数字签名	在需要防止事后否认时，可采用数字签名技术
	内容净化	部署内容过滤系统
	边界控制	布置防火墙和防毒墙，防止外界的恶意非法访问
检测	数据校验	校验数据是否发生篡改
	主机入侵检测	部署主机 IDS
	主机状态检测	部署主机状态检测系统
	网络入侵检测	部署网络 IDS
	网络状态检测	部署网络状态检测系统
	监视、监测和报警	在适当的位置安置监视器和报警器，在各系统单元中配备监测系统和报警系统，以实时发现安全事件并及时报警
	安全审计	在各系统单元中配备安全审计功能，以发现深层安全漏洞和安全事件
	安全监督、安全检查	实行持续有效的安全监督，预演应急响应计划
响应	负载平衡	平衡系统的负载
	日志分析	定时对系统日志进行分析和处理

（续表）

安全防护类型	风险处置需求	措　　施
	应急响应	制定应急计划，并按应急计划处理应急事件
	安全事件处置	对发生的安全事件，按照安全事件处置计划找出原因、追究责任、总结经验、提出改进措施
恢复	系统备份和恢复	对于重要的系统，设置备份恢复系统
	数据备份和恢复	对于重要的数据，设置备份恢复系统
	设施备份和恢复	对于关键设施，配置备份恢复系统
	应用备份和恢复	对于关键应用，配备应用备份恢复系统
	信道备份与恢复	对于关键信道，配备信道备份与恢复系统
反击	黑客追踪	分析服务器日志记录，查找黑客攻击的蛛丝马迹，必要时模拟黑客攻击手段收集信息
	入侵防御	配备入侵防御系统（IPS）
	在线调查取证分析	配备计算机在线调查取证分析系统
	安全审计	激活安全审计跟踪功能，对妨碍系统运行的明显企图及时报告给安全控制台，并采取措施
	网络运维管理	网络运维管理系统的自动发现、数据搜集和对全部 IT 设备的监控

信息安全防护模型在信息安全风险管理建设中起着重要的指导作用，精确而形象地描述信息系统的安全属性，准确地描述了安全的不同层面与系统行为的关系，能够提高对关键安全需求的理解，为风险处置、安全加固提供整体解决方案。因此，基于安全防护模型的安全控制措施可为风险处置措施的选择提供参考。

11.3.1.3　处置措施成本效益分析

针对风险处置备选措施列表的各项处置目标，结合组织实际情况，提出实现这些目标的多种可能安全控制，衡量各种安全控制的成本和收益，如果风险造成的损失大于成本，则依据最佳收益原则选择适当的处置措施。

成本效益分析可以采用定性分析和定量分析两种方法。在进行定量分析时，首先需要确定各业务和资产价值，为各个风险输入业务和资产价值，确定业务和资产面临的损坏程度，之后估计发生的可能性，进而以损失价值与发生概率相乘计算出预期损失。由于评估无形资产的主观性本质，没有量化风险的精确算法，建议根据组织情况明确成本和效益的一到两个关键值，并设立期望值，进而选择可行方案。

在进行成本效益分析时，对成本应考虑的因素主要包括硬件、软件、人力、时间、维护和外包服务；效益应考虑的因素主要包括政治影响、社会效益、合规性和经济效益等。

处置措施的成本效益分析依据风险处置备选措施列表，经定量或定性分析后，生成成本效益分析报告和调整更新后的风险处置备选措施列表。

11.3.1.4 残余风险分析

任何信息系统都存在风险，同时风险不可能完全被消除，因此残余风险正如风险一样也是客观存在的。通常残余风险有三个来源：一是未被识别出的风险；二是风险处置措施无效或不当带来的残余风险；三是组织决策者决定保留而不进行处置的风险。

对实施风险处置措施后的残余风险进行分析，需要强调的是这里的残余风险分析只是假定实施了备选安全措施后的预判断，目的是帮助选择更加有效的安全处置措施。对残余风险的分析、评价可以依据组织的风险评价准则进行。若某些风险可能在选择了适当的控制措施后仍处于不可接受的风险范围内，则应通过组织的决策层依据风险接受准则考虑是否接受此类风险或增加更多的风险处置措施。为确保所选择的风险处置措施是有效的，必要时可进行再评估，以判断实施风险处置措施后的残余风险是否降到了可接受的水平。决策者和其他利益相关方应了解风险处置后残余风险的性质和程度。对进行风险处置后可能的残余风险形成文件记录，并进行监测、审查，并酌情进一步处置。

残余风险分析需要依据风险处置备选措施列表，分析残余风险的可接受水平，得到风险处置残余风险分析报告和更新后的风险处置备选措施列表。

11.3.1.5 处置措施风险分析及应急计划

风险处置还可能引入需要管理的新风险。即使经过精心设计和实施，风险处置可能不会产生预期结果，并可能产生意想不到的后果。监控和审查作为风险处置实施的一个整体组成部分，以保证不同形式的处置保持有效且避免引入新风险。如果没有可用的处置方案或处置方案可能带来新风险，则风险应被记录并持续接受审查。

具体操作时风险处置团队应根据风险处置措施备选列表，对每项实施该处置措施可能带来的风险进行分析，确认是否会因为处置措施不当或其他原因引入新的风险。针对存在的风险制定应急和恢复计划，以提高实现风险处置目标的成功率，并保证在出现问题时可，以及时回退到原始状态。应急计划应包括处置措施面临的主要风险、针对该风险的主要应对措施、每个措施对应负责的人员、要求完成的时间，以及进行的状态。进行处置措施风险分析和应急计划的主要步骤如下。

（1）编制风险清单。风险清单包括：可预知的风险、风险的描述、受影响的范围、原因，以及对项目目标的可能影响。

（2）确定应对措施。在应急计划中，要选择适当的应对措施，就应对措施形成一致意见，同时还要预计在已经采取了计划的措施之后仍将残余的风险和可能继发的风险，以及那些主动接受的风险，并对不可预见风险进行技术和人员预先储备。

（3）细化所选措施。包括对措施采取的具体行动、流程、预算、设备、人员和对应的责任。

（4）对可能发生的特定风险，可采用风险转移的方式进行处置。

对处置措施自身的风险分析和应急计划，依据的是风险处置备选措施列表，通过处置措施自身风险分析，得到风险处置备选措施应急计划。

11.3.1.6　风险处置措施确认

在完成成本效益分析和残余风险分析后，对每项风险选定一种或者几种处置措施，完成最终的风险处置措施列表。然后对所有安全措施的成本、效益和残余风险进行汇总，分析所选措施实施的整体成本、效益和残余风险，确定风险处置措施是否满足风险处置目标。

风险处置的理由比单纯的经济考虑更复杂，应该考虑到组织的所有义务、自愿承诺和利益相关方的需求。风险处置方案的选择应与组织的目标、风险准则和可用的资源一致。在选择最终风险处置方案时，组织还应考虑利益相关方的观点，并与他们进行有效沟通。尽管不同的风险处置措施实施效果区别不大，但其中一些风险处置措施可能更容易被某些利益相关方所接受。

在实际操作中，风险处置团队依据风险处置目标、风险处置备选措施列表、风险处置成本效益分析报告、风险处置残余风险分析报告和风险处置备选措施应急计划，经过对风险处置备选措施的确认，得到最终风险处置措施选择列表。在完成风险处置措施选择后，应将最终的处置措施选择列表提交双方项目负责人确认和信息安全风险管理方管理层的批准。

11.3.1.7　风险处置方案编制

依据机构的使命和相关规定，结合处置依据、处置目标、范围和方式、风险处置措施、成本效益分析、残余风险分析，以及风险处置团队的组成，编制风险处置方案。风险处置方案应包括风险处置的范围、对象、目标、组织结构、成本预算和进度安排，并对每项处置措施的实施方法、使用工具、潜在风险、回退方法、应急计划，以及各项处置措施的监督和审核方法及人员进行明确说明。

风险处置方案的编制工作的关键控制点主要有以下两点。

（1）风险处置方案编制工作应由信息安全风险处置团队完成并经信息安全风险管理方确认，风险处置方案所提出的技术、管理整改方法应符合信息安全风险管理方的实际要求，以及尽可能满足其成本承受能力。

（2）针对风险处置方案的专家评审会的召集需要信息安全风险管理各方共同参与。

风险处置团队依据风险处置措施选择列表和风险处置计划编制风险处置方案，风险处置方案编制完成后，应组织专家对风险处置方案进行评审，最后由管理层确认提交决策层批准。

11.3.2　风险处置方案实施

实施风险处置方案时，为避免风险处置措施引入新的风险，需要先对方案中经确认过的风险处置措施进行测试，测试通过后对处置方案再调整优化，而后进行方案实施。

11.3.2.1 风险处置措施测试

风险处置措施测试是在风险处置措施正式实施前，选择风险处置关键措施，尤其实施对象是在线生产系统的，应进行测试以验证风险处置措施是否符合风险处置目标、判断措施的实施是否会引入新的风险，同时检验应急恢复方案是否有效。如果发现某项处置措施无法实施，也应进行重新选择，必要时需重新进行成本效益分析、处置措施自身风险分析和审批。

风险处置措施的测试依据的是风险处置方案，经过前期测试验证后生成风险处置措施测试报告，以及更新后的风险处置方案。

11.3.2.2 风险处置措施实施

在完成风险处置措施的测试工作后，应按照风险处置方案实施具体的风险处置措施。在实施过程中，实施风险处置的操作人员应对具体的操作内容进行记录、验证实施效果，并签字确认，形成风险处置实施的记录文档，便于后期回溯、监控审查和责任认定[58]。

在风险处置措施实施过程中，还应对每个风险点的处置细节进行跟踪，确认具体操作是否按照方案步骤实施、是否严格遵守实施后效果的验证、是否详细填写记录文档等，进而做到对每个风险点处置质量和效果的控制。

正式实施处置措施依据的是风险处置方案，经风险处置后生成各风险处置实施记录单和风险处置实施报告。

11.3.2.3 风险处置实施的监视评审

在风险处置过程中，应根据风险处置方案明确风险处置质量、进度和费用等，进行监视评审，以确保实现风险处理的目标。风险处置的监视评审通常包括以下内容。

（1）监控过程的有效性：风险处置过程是否完整并被有效执行，输出的文档是否齐备和内容完整。

（2）监控成本的有效性：根据方案中的成本效益分析，确定执行中的成本与收益是否符合预期目标。

（3）审核结果的有效性和符合性：风险处置结果是否符合风险处置的目标，风险处置结果是否因处置措施的实施引入了新风险或处置失效。

风险处置监视评审的总目标是让风险处置整个过程框架持续有效，并将成本控制在合理的范围内。而监视评审应当遵循全面性、重要性、独立性、多角度和及时性等原则。

（1）全面性原则：监视评审风险处置活动的全过程，应确立相关的监督和评审指标，并且监督和评审指标应系统、全面。

（2）重要性原则：应根据风险和控制的重要性确定评审重点，关注重要领域和高风险业务，并在评估的权重上加以体现。

（3）独立性原则：承担风险处置实施监控审查工作的相关机构和部门应当独立于业务

部门。

（4）多角度原则：监控审查工作应当从多角度开展，对发现的不符合监督和评审的指标的区域要重点分析和评估。

（5）及时性原则：监控审查频率应在满足监管要求的前提下，根据实际情况适时调整，及时发现不符合相关准则的风险和隐患，发现不合规风险和隐患之后要及时采取应对措施。

处置过程的监视评审依据风险处置方案和风险处置实施记录，经有效性评审后生成风险处置实施报告。

11.3.3　残余风险处置与评估

残余风险处置与评估是风险处置活动的重要组成部分，是组织按照风险处置方案全部或部分实施整改工作后，对仍然存在的安全风险进行二次评估、控制的活动。

前期在制定风险处置方案时分析了可能存在的残余风险，只是对准备采取的风险处置措施的一种结果预测。现阶段在实施了风险处置后，需要对安全加固后的残余风险进行重新评估。

首先，应对残余风险的性质进行分类。判断当前的残余风险是未识别出的风险还是采取风险处置措施后仍剩余的风险。

其次，对每一类残余风险进行有针对性的处置。对未识别出的风险需要进行完整的风险再评估，而后执行风险处置实施过程。

对已完成安全加固措施的残余风险，如果对照风险接受准则可接受，则不再进一步采取安全措施；对处于不可接受范围的残余风险，可简化再评估流程，只进行脆弱性再识别，而后采取进一步的安全加固措施，直至使残余风险降低至可接受水平。此时简化再评估流程是因为残余风险主要针对的是系统的脆弱性而言的。残余风险不可接受说明系统漏洞仍然较严重，安全加固措施还有继续完善的空间。

残余风险再评估的目的是对仍存在的残余风险进行识别、控制和管理。如某些风险在完成了适当的处置措施后，残余风险的结果仍处于不可接受的风险范围内，应考虑进一步增强相应的安全措施。

11.3.4　风险处置相关文档

风险处置工作产生的文档主要是风险处置方案、风险处置实施报告等。

对风险处置方案编制过程中产生的所有文件、交流意见、会议记录应纳入文档管理，并做好版本变更管理。风险处置方案经评审定稿后，正式装订成册，由项目质量管控员进行控制管理。评审会的最终评审意见应纳入文档管理。

项目结束后，风险处置团队应一次性移交给信息安全风险管理方所有报告，以及评估工作中产生的临时性文件。文档移交后，在没有得到信息安全风险管理方允许情况，风险处置团队不得保留和使用这些信息。

表11-5列出风险处置实施的输出文档及其内容。输出文档的数量、名称和主要内容可

以根据机构具体情况进行增加、删减或修改。

表 11-5　风险处置实施的输出文档及其内容

阶　段	步　骤	输出文档	文档内容
风险处置方案制定	确定风险处置优先级	风险接受等级划分表和风险处置优先排序列表	风险接受等级的划分，即把风险评估得出的风险等级划分为可接受和不可接受两种；风险点处置优先级排序
	处置措施准备	风险处置备选措施列表	根据处置依据、处置目标、范围边界和风险处置计划，以及每种风险的处置方式选择对应的风险处置措施，编制风险处置备选措施列表。从策略、管理、防护、检测、恢复和响应的安全防护模型各个层面，分析风险处置的需求和措施
	处置措施成本效益分析	风险处置成本效益分析报告	依据风险处置备选措施列表，对实施处置措施的成本和效益进行定量或定性分析
	残余风险分析	风险处置残余风险分析报告	对实施风险处置措施及残余风险的可接受水平进行分析
	处置措施风险分析及应急计划	风险处置备选措施应急计划	依据风险处置备选措施列表，通过处置措施自身风险分析，得到风险处置备选措施应急计划
	风险处置措施确认	风险处置措施选择列表	经成本效益分析、残余风险分析等综合考虑后得到的风险处置措施列表
	风险处置方案编制	入选风险处置方式说明报告、风险处置计划、风险处置方案	包括的内容：选择合适的风险处置方式（包括规避方式、共享方式、改变方式和接受方式），并说明选择的理由，以及被选处置方式的使用方法和注意事项等；风险处置的计划安排；风险处置选择列表等
风险处置方案实施	风险处置措施测试	风险处置措施测试报告	风险措施安全性测试和应急恢复方案
	风险处置措施实施	风险处置措施实施记录单	各风险的处置措施实施记录
	风险处置实施监控审查	风险处置实施报告	报告包括实施记录汇总、实施有效性监控审查的结论、残余风险处置的方式等

11.4　风险处置效果评价

在风险处置完成后，应评价风险处置的效果。所谓风险处置评价是将风险处置措施实施后的结果与风险处置目标进行比较、分析，以确定风险处置效果的过程。风险处置效果评价工作内容包括制定评价原则和方案，开展评价实施工作，对没有达到处置目标的风险，要进行安全措施改进和持续监视评审。

风险处置效果评价报告是批准留存阶段工作的重要依据。风险处置效果评价一般包括：明确评价原则和方法、编制评价方案、评价风险处置实施效果和确定持续改进等内容[58]。

风险处置效果评价阶段流程如图11-4所示。

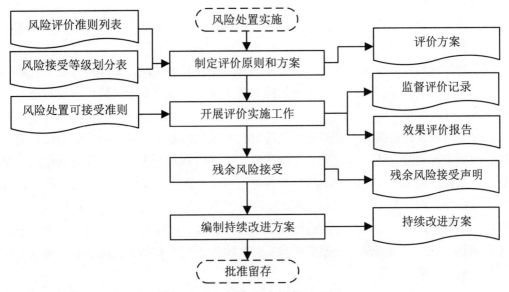

图 11-4　风险处置效果评价阶段流程

11.4.1　评价原则

风险处置效果评价应满足下列原则：

（1）风险处置目标实现原则。在进行风险处置效果评价时，重点要验证风险处置目标列表中确定的目标是否实现。

（2）残余风险可接受准则。风险处置的目的是为了将风险控制在可接受的范围内，因此评价风险处置效果，就要评价实施风险处置后的残余风险是否可接受。

（3）安全投入合理准则。既要保证残余风险程度是可接受的，又要防止为了将残余风险降低到足够小而做出了远远超过实际需要的投入。

在满足以上准则的基础上，还可制定其他效果评价准则。例如，在相同的安全投入和相同的残余风险程度时，一般倾向于选择持续有效时间长的控制措施。

11.4.2　评价方法

风险处置效果评价方法根据风险处置结果不同可以分为残余风险评价方法和成本效益评价方法：

（1）残余风险评价方法：可按照风险接受准则和"11.3.3残余风险处置与评估"节描述的方法，评价实施风险处置后的残余风险。

（2）成本效益评价方法：通过分析安全措施产生的直接和间接的经济社会效益与安全投入之间的成本效益比，以及所实施的安全措施的成本效益比与可替代安全措施的成本效益比的比值等对所采取的安全措施的效益进行评价。

风险处置效果评价的方法根据评价对象不同可以分为控制措施有效性评价方法和整体风险控制有效性评价方法。

（1）控制措施有效性评价方法：针对每个所选择的控制措施采用风险评价方法和成本效益评价方法。

（2）整体风险控制有效性评价方法：是一种基于业务的风险控制评价方法。它结合风险评估报告中相关信息，综合评价实施风险处置措施后，残余安全风险可接受程度，以及安全投入的合理性。

风险处置效果评价的同时需要进行风险处置有效性的测量。风险处置有效性测量方法包括：回顾审计监控系统、验证安全控制措施、统计信息安全事故等。在开展信息安全风险处置有效性的测量时，需要对测量的指标进行量化处理，并最终形成具有实际可行性的量化测量指标。在测量中，不同的指标则需要不同的方法来进行测量。一般而言，包括风险分析、问卷调查、内部审核、渗透性测试、个人访谈、内外对比、风险再评估、报表统计等不同的方法。进行测量的数据资源包括：风险处置实施和结果记录、日志报表统计记录、调查表、测量结果等。

实施风险处置效果评价需要综合运用多种评价方法、按照风险处置评价原则对风险处置的效果进行全面、科学的评价。

11.4.3　评价方案

为有效实施风险处置效果评价，应根据风险处置前期的风险评估和风险处置成果，确定评价对象、评价目标、评价方法与评价准则、评价项目负责人及团队组成，做好评价工作总体计划，并编制评价方案。评价方案应通过专家评审，获得组织管理层、风险处置实施团队，以及利益相关方的认可。

风险处置效果评价方案需要依据风险评估报告、经批准的风险处置计划、风险处置方案、风险处置实施报告及其他材料来编制。其中：

（1）风险评估报告：该报告包含了发展战略和业务识别、资产识别、威胁识别、脆弱性识别、已有安全措施识别和风险分析、评价等内容。

（2）经批准的风险处置计划：该计划包含了组织管理层认可的风险处置依据、目标、范围和处置方式、残余风险可接受程度等。

（3）风险处置方案：该方案包含了风险处置方式、风险处置措施等。

（4）风险处置实施报告：该报告包含了风险处置实施过程的详细信息等。

（5）其他材料：在风险处置实施过程中形成的其他材料。

风险处置效果评价方案应至少包括评价对象、评价目标、评价依据、评价方法与评价准则、评价项目负责人及团队组成、评价工作的进度安排等内容。

11.4.4　评价实施

风险处置效果评价方案编制完成后，应进行审核，并获得利益相关方的认可和组织决策层的批准。在评价过程中，需设置监督员，对评价过程进行监控，保证评价过程客观公正。效果评价可以分为现场评价和分析评估两个阶段。现场评价阶段是指现场验证控制措施的有效性，并进行记录。分析评估阶段是指使用基于效益的风险评价方法和整体风险控制有效性评价方法对风险处置效果进行评价。评价完成后，应编制风险处置效果评价报告，评价风险处置的效果，给出改进建议，并将评价报告与利益相关方进行沟通。

风险处置效果评价方案实施后应生成风险处置效果评价报告。

11.4.5　持续改进

风险处置效果评价报告为风险管理的批准留存提供依据，也是信息安全风险管理中监视评审的重要依据。在监视评审中，可根据风险处置效果评价报告确定是否进行持续改进。风险处置团队依据风险处置效果评价报告的相关要求制定风险处置后续改进方案。

11.5　风险处置案例

11.5.1　项目背景

为落实银监会《电子银行安全评估指引》《商业银行信息科技风险管理指引》和中国人民银行《网上银行系统信息安全通用规范》的要求，完善和加强××银行网上银行业务信息科技风险管控体系建设，××银行启动对网上银行安全风险评估项目。本次××银行网上银行系统信息安全风险评估项目由××银行信息技术部组织，委托信息安全技术专业YY机构承担对网上银行安全评估工作。

通过对××银行网上银行系统的信息安全风险评估，在管理安全、物理安全、网络安全、主机安全、应用安全和数据安全这几个层面均发现了一些风险点，如表11-6所示。

表11-6　风险列表

风险点编号	安全层面	风险描述	风 险 值	风险级别
R1	管理安全	未聘请信息安全专家为安全顾问	2	低
R2	物理环境安全	火灾探测器和喷嘴安装不完善	3	中
R3	网络安全	没有对网络中的终端进行 MAC 地址绑定	3	中
R4	应用安全	对终端用户输入内容验证不严格，造成业务系统宕机	4	高
R5	数据安全	控制指令在网络采用明文传输	2	低
R6	主机安全	未关闭 Windows 自动播放功能，恶意代码易通过自动播放功能散播病毒	3	中

YY安全评估机构给出了安全处置建议，如表11-7所示。

表 11-7　风险处置建议

风险点编号	安全层面	风险描述	处置方式	处置建议
R1	管理安全	未聘请信息安全专家为安全顾问	风险降低	建议聘请权威的信息安全专家作为系统的安全顾问，在发现安全问题时能及时找到有效的解决办法，及时得到系统加固建议
R2	物理环境安全	火灾探测器和喷嘴安装不完善	风险降低	应在吊顶上侧和活动地板下侧均安装火灾探测器和喷嘴
R3	网络安全	没有对网络中的终端进行MAC地址绑定	风险降低	采取技术手段，对终端进行MAC地址绑定；采购实名接入设备，对网络中终端的联网行为进行接入实名认证
R4	应用安全	对终端用户输入内容验证不严格，造成业务系统宕机	风险降低	禁止非法终端用户登录应用系统；与终端用户签订《风险控制说明》；要求应用系统开发商对系统进行二次开发，对输入的内容进行严格的验证，确保系统安全
R5	数据安全	控制指令在网络采用明文传输	风险保留	
R6	主机安全	未关闭 Windows 自动播放功能，恶意代码易通过自动播放功能散播病毒	风险降低	禁用 Windows 操作系统自动播放的相关服务

11.5.2　风险处置准备

根据YY安全评估机构提交的风险评估报告和风险处置建议，××银行责成信息中心根据《网上银行系统信息安全通用规范》和银行实际安全需求，制定相应的风险处置计划。

根据××银行要求，信息中心以主管信息安全工作的副主任为组长，抽调下属处室的管理和技术人员，组建了风险处置团队，并设定了在满足国家安全政策和银行业安全要求的前提下，有效解决网银系统面临的安全风险，提升业务安全保障水平的处置目标。经过讨论，风险处置小组确定，本次风险处置工作要围绕网银系统开展，评估所发现的所有风险都将纳入本次的处置范围，并初步确定了风险接受准则：

（1）风险等级高于（含）3的，为不可接受风险，均需采取安全措施予以处置。若无法处置，则需说明原因，并通过专家论证会的形式予以论证。

（2）风险等级为2的，需通过成本分析决定风险是否可以接受。

（3）风险等级为1的，为可接受风险，不再予以处置。

根据前述决定，风险处置小组制定了风险处置计划，如表11-8所示。

表 11-8　××银行网上银行系统风险处置计划

风险处置计划编号	……		
风险处置目标	……		
风险处置依据	……		
风险处置范围	……		
风险编号	R2	风险等级	3
风险描述	火灾探测器和喷嘴安装不完善		
拟处置方式	风险降低		
建议的安全措施	应在吊顶上侧和活动地板下侧均安装火灾探测器和喷嘴		
涉及资产	计算机中心机房		
所需资源	需要增加机房改造费用		
配套措施说明			
采取措施后的预期效果	降低发生火灾风险可能性		
风险编号	……	风险等级	……
风险描述	……		
拟处置方式	……		
建议的安全措施	……		
涉及资产	……		
所需资源	……		
配套措施说明	……		
采取措施后的预期效果	……		
备注	若拟采取的处置方式同制定的风险接受准则不符，需另行申述		

　　风险处置计划提交××银行主管信息安全工作的副行长审阅后，在风险处置计划批准表上签署意见，如表11-9所示。

表 11-9　风险处置计划批准表

风险处置计划编号	......		
风险统计			
高风险（风险等级 =5 ）	0		
中风险（ 3≤ 风险等级 ≤4 ）	4		
低风险（风险等级<3 ）	2		
处置方式统计	......		
风险降低	6	风险转移	0
风险保留	0	风险规避	0
批复意见			
批复意见	......		
未批准计划对应风险编号（若有）*	......		
备注	......		

11.5.3　风险处置实施

风险处置实施理论上应包含风险处置方案制定、方案实施等工作。针对风险处置方案制定，可细分为确定处置项优先级、处置措施准备、处置措施成本效益分析、残余风险分析、处置措施风险分析及应急计划等过程；针对风险处置方案实施，又可细分为风险处置措施测试、措施实施、对实施工作的监视评审等过程。实际操作时可根据项目的复杂程度，简化实施流程，提高处置工作效率。本案例中实施风险处置的重点工作包括：确定风险处置项优先级、准备风险处置措施、成本效益分析与编制报告、残余风险分析与编制报告、编制风险处置方案，以及实施风险处置措施并编制报告。

1. 确定风险处置项优先级

风险处置项的优先级一般通过确定可接受风险等级、判断现存风险是否可接受和风险处置项排序三个步骤来确定。根据风险处置准备阶段确定的风险接受准则，××银行风险处置团队参考各风险点风险级别确定了当前风险处置项的优先级，如表11-10所示。

表 11-10　风险处置项优先级表

风险处置项编号	风险描述	优先级别
R1	未聘请信息安全专家为安全顾问	低
R2	火灾探测器和喷嘴安装不完善	中
R3	没有对网络中的终端进行 MAC 地址绑定	中
R4	对终端用户输入内容验证不严格，造成业务系统宕机	高
R5	控制指令在网络采用明文传输	低
R6	未关闭 Windows 自动播放功能，恶意代码易通过自动播放功能散播病毒	中

2．准备风险处置措施

通过综合考虑××银行的实际情况，并参考了信息系统风险评估报告、风险处置项优先级列表和风险处置计划，制定了风险处置备选措施列表，对于可接受风险不再进行重复描述，如表11-11所示。

表 11-11　风险处置备选措施列表

风险处置项编号	安全层面	风险描述	处置方式	备选处置措施
R1	管理安全	未聘请信息安全专家为安全顾问	风险降低	建议聘请权威的信息安全专家作为系统的安全顾问，在发现安全问题时能及时找到有效的解决办法，及时得到系统加固建议
R2	物理环境安全	火灾探测器和喷嘴安装不完善	风险降低	应在吊顶上侧和活动地板下侧均安装火灾探测器和喷嘴
R3	网络安全	没有对网络中的终端进行 MAC 地址绑定	风险降低	1. 采取技术手段，对终端进行 MAC 地址绑定 2. 采购实名接入设备，对网络中终端的联网行为进行接入实名认证
R4	应用安全	对终端用户输入内容验证不严格，造成业务系统宕机	风险降低	1. 禁止非法终端用户登录应用系统；与终端用户签订《风险控制说明》 2. 要求应用系统开发商对系统进行二次开发，对输入的内容进行严格的验证，确保系统安全
R5	数据安全	控制指令在网络中采用明文传输	风险保留	不再采取措施。
R6	主机安全	未关闭 Windows 自动播放功能，恶意代码易通过自动播放功能散播病毒	风险降低	1. 禁用 Windows 操作系统自动播放的相关服务

3．成本效益分析与编制报告

处置措施的成本效益分析依据风险处置备选措施列表，一般采取定性分析方法，而后生成成本效益分析报告。根据网银系统风险处置的目标，在进行成本效益定性分析时，对成本应考虑的因素主要包括硬件、软件、人力、时间、维护和外包服务，对效益应考虑的因素主要包括政治影响、社会效益、合规性和经济效益等。具体操作时首先需对每项措施进行成本效益分析，其次，对分项详细分析进行汇总形成总体成本效益分析结论。

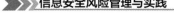

网上银行系统风险处置措施成本效益分析报告

第一章　概述

根据××银行的总体安全防护策略要求，同时对各项风险处置措施进行成本分析，在×月×日至×月×日之间组织了信息中心、财务室和相关采购人员，对所有备选的措施进行效益分析，得出了总体成本效益分析，如下表所示。

风险处置措施列表

风险点编号	安全层面	风险描述	处置建议	处置措施
R1	管理安全	未聘请信息安全专家为安全顾问	风险降低	建议聘请权威的信息安全专家作为系统的安全顾问，在发现安全问题时能及时找到有效的解决办法，及时得到系统加固建议
R2	物理环境安全	火灾探测器和喷嘴安装不完善	风险降低	应在吊顶上侧和活动地板下侧均安装火灾探测器和喷嘴
R3	网络安全	没有对网络中的终端进行 MAC 地址绑定	风险降低	采取技术手段，对终端进行 MAC 地址绑定
R4	应用安全	对终端用户输入内容验证不严格，造成业务系统宕机	风险转移	与终端用户签订《风险控制说明》
R5	数据安全	控制指令在网络中采用明文传输	风险保留	不再采取措施
R6	主机安全	未关闭 Windows 自动播放功能，恶意代码易通过自动播放功能散播病毒	风险降低	禁用 Windows 操作系统自动播放的相关服务

第二章　详细分析说明

根据 R2 风险"火灾探测器和喷嘴安装不完善"安全控制措施，其资金投入评估如下：

在吊顶上侧和活动地板下侧均安装火灾探测器和喷嘴，预计建设费用 2 万元。

通过综合评估中心机房的重要性，此次安全升级建设投入不大，因此决定实施相关安全措施。

（其他风险分析……）。

第三章　总结

通过总体的分析，选取了最适合的措施，总体预算成本约 15 万元，其中设备采购费用 8 万元，人工费用 7 万元。

4. 残余风险分析与编制报告

残余风险分析需要依据风险处置备选措施列表，对存在哪些残余风险进行预判，并详细分析每一项残余风险的可接受水平，最终形成风险处置残余风险分析报告。需要强调的是这里的残余风险分析只是假定实施了备选安全措施后的预判断，目的是帮助选择更加有效的安全处置措施。对残余风险的分析、评价可以参考组织的风险评价准则进行。若某些风险可能在选择了适当的控制措施后仍处于不可接受的风险范围内，则应通过组织的决策层依据风险接受准则考虑是否接受此类风险或增加更多的风险处置措施。

网上银行系统风险处置残余风险分析报告

第一章　概述

在完成成本效益分析后，需要对降低和转移后的残余风险进行分析，确保遗留的风险是在可接受范围内。

第二章　残余风险详细分析说明

通过成本效益分析，针对 R2 风险"火灾探测器和喷嘴安装不完善"的解决措施暂定为"在吊顶上侧和活动地板下侧均安装火灾探测器和喷嘴"，该项措施目前残余的风险包括以下内容。

- 产品质量不合格可能引发的新风险；
- 缺乏维护导致产品失效可能引发的风险。

综合考虑目前残余的风险带来的损失，通过改进风险处置措施，这些风险是可以接受的。

改进措施建议包括：关注产品质量和施工质量；定期维护并开展应急演练检验有效性。

第三章　总结

通过残余风险分析、成本效益分析后，以及对选择的处置措施进行优化处理，遗留的风险均在可接受范围内。

5. 编制风险处置方案

通常，信息安全风险处置团队依据组织的使命和相关规定，结合处置依据、处置目标、范围和方式、风险处置措施、成本效益分析、残余风险分析，以及风险处置团队的组成，编制风险处置方案。风险处置方案应包括风险处置的范围、对象、目标、组织结构、成本预算和进度安排，并对每项处置措施的实施方法、使用工具、潜在风险、回退方法、应急计划，以及各项处置措施的监督和审核方法及人员进行明确说明。

网上银行系统风险处置方案

对风险处置的范围、对象、目标、组织结构、成本预算和进度安排,并对每项处置措施的实施方法、使用工具、潜在风险、回退方法、应急计划,以及各项处置措施的监督和核实人员进行说明。

第一章 概述

网银系统风险处置的主要目标是通过安全整改和管理制度完善等措施,确保对现存的 5 项不可接受风险进行规避、减低和转移。风险处置范围和对象包括网银系统相关的机房、服务器、终端、管理制度等。

第二章 项目团队

项目团队按照项目经理负责制,划分制度建设组、系统建设组、策略调整组,各项工作由项目经理统一安排。

第三章 工作进度安排

为保障风险处置工作不会影响正常业务运行,将策略调整等存在一定安全风险的工作安排在夜间零点以后实施,一旦出现风险则在 9 点前进行应急处置。具体时间安排如下表所示。

风险处置措施实施进度安排

序 号	时 间	内 容	人 员	备 注
1	×月×日	采取技术手段,对终端进行 MAC 地址绑定	张工	
2	×月×日至×月×日	禁用 Windows 操作系统自动播放的相关服务	李工	
3	×月×日	……	……	
4	×月×日	……	……	

第四章 处置流程

风险处置的流程如下:

- 对重要的应用系统、数据库等进行必要的备份;
- 系统配置调试之前重启系统并测试应用,以确保服务器本身不存在故障;
- 按照风险处置方案实施操作;
- 完成之后重启系统并测试应用;
- 确认应用无故障后,各方签字确认。

风险处置措施回退方案如下表所示。

风险处置措施回退方案(以 R6 风险为例)

名 称	禁用 Windows 操作系统自动播放的相关服务
当前状态	未禁用 Windows 操作系统自动播放的相关服务
实施方案	以 Windows 7 操作系统为例,点击"开始菜单",然后选择右边的"默认程序"。在"默认程序"设置面板中,选择"更改自动播放设置"即可打开 Win7 系统的"更改自动播放"设置面板。取消"为所有媒体设备使用自动播放"复选框,并对所要限制的媒体设置为不执行操作
实施目的	降低光盘或其他存储介质自动播放导致其中存在的病毒程序运行,降低计算机感染病毒的风险
实施风险	无
回退方案	恢复到版本更新前状态,选中"为所有媒体和设备使用自动播放"
执行人员	□×× 单位　　　　　　　　　　□ 第三方服务公司

与风险处置措施实施记录单如下所示。

风险处置措施实施记录单

准备阶段	
名称	禁用 Windows 操作系统自动播放的相关服务
系统当前状态	未禁用 Windows 操作系统自动播放的相关服务
存在风险	光盘或其他存储介质自动播放导致其中存在的病毒程序运行
实施方案	以 Windows 7 操作系统为例，点击"开始菜单"，然后选择右边的"默认程序"。在"默认程序"设置面板中，选择"更改自动播放设置"即可打开 Windows 7 系统的"更改自动播放"设置面板。取消"为所有媒体设备使用自动播放"复选框，并对所要限制的媒体设置为不执行操作
实施风险	无
回退措施	恢复到版本更新前状态，选中"为所有媒体和设备使用自动播放"
是否处置	□ 执行处置　　　　　　　　　　□ 不执行处置
相关单位	应用开发商、系统运维商、安全服务公司
实施阶段	
备份工作	此项工作不需要进行数据备份：√ 成功　　　　□ 失败 实施人员：张工 年月日
处置实施	按照操作实施，策略设置成功：√ 成功　　　　□ 失败 实施人员：李工 年月日
重启验证	重启终端运行正常，未出现无法启动或者报错信息：√ 成功　　　　□ 失败 实施人员：王工 年月日
应用开发商	不需要应用开发商确认 签字： 年月日
系统运维商	操作系统正常，未出现问题，风险处置成功 签字： 年月日
安全服务商	加固解决了 ××× 风险，经验证漏洞修复，风险处置成功 签字： 年月日
系统主管单位	同意 签字： 年月日

6．风险处置实施报告

正式实施处置措施依据的是风险处置方案，经安全控制后生成各风险处置实施记录单和风险处置实施报告。该实施报告的基本内容包括：概述、处置说明、处置结果及附件等。

风险处置实施报告

第一章　概述

通过风险评估，网银系统发现了 8 个风险点，其中 1 个风险点为可接受风险，对不可接受风险进行处置。整个处置过程分为前期准备、测试、风险处置实施、结果确认和报告编制等几个阶段。

第二章　风险处置说明

整个实施过程在信息中心的统一管理下，系统开发商、安全服务商和系统运维商共同参与配置，整体项目工期耗时一个月。

第一阶段：针对有实施风险的处置措施测试阶段。测试的目的是验证风险处置措施是否符合风险处置目标、判断措施的实施是否会引入新的风险，同时检验应急恢复方案是否有效。如果发现某项处置措施无法通过测试，应重新进行措施选择和成本效益分析。

第二阶段：处置措施实施阶段。实施过程中需要填写风险处置措施实施记录单。

第三阶段：对每一项处置措施实施结果进行逐项确认阶段。该阶段的目标是对每个风险点处置质量和效果进行确认，内容大致包括对每个风险点的处置细节进行跟踪，确认具体操作是否按照方案步骤实施、是否严格遵守实施后效果的验证、是否详细填写实施记录单等。

第三章　风险处置结果

通过风险处置工作，系统的风险降到了可以接受的范围。

附件：各风险处置记录单参见前述记录单。

11.5.4　风险处置效果评价

风险处置效果评价一般包括：明确评价原则和方法、编制评价方案、评价风险处置实施效果和确定持续改进等内容。风险处置效果评价报告是对信息安全风险处置实施批准监督工作的重要依据。报告内容通常应包含：风险处置效果评价方案的基本内容、处置效果有效性评价的实施步骤，以及评价结论和持续改进建议。

网上银行系统风险处置评价报告

第一章　概述

1.1　评价依据

《网上银行系统风险处置实施报告》

1.2　评价对象

对网银系统风险的处置进行评价，具体风险及其处置方式参见《网上银行系统风险处置措施成本效益分析报告》中的《分析处置措施列表》。

1.3　评价方法

本次处置效果评价采取措施有效性评价与整体风险评价相结合的方式评价效果，如下表所示。

风险处置措施评价方法表

风险点编号	安全层面	风险描述	处置措施	评价方法	评价测试指南	处置措施有效性评价准则
R1	……	……	……	……	……	……
R2	物理环境安全	火灾探测器和喷嘴安装不完善	应在吊顶上侧和活动地板下侧均安装火灾探测器和喷嘴	访谈、查看、测试	1. 访谈机房管理人员，了解施工方资质情况； 2. 现场查看施工质量、产品品牌、型号、工作条件等； 3. 在仿真环境中进行有效性测试	如果施工方具备相应施工资质、产品出厂检测合格，仿真条件下测试通过，该措施有效
……	……	……	……	……	……	……

1.4　评价团队

……

第二章　风险处置效果评价实施

2.1　措施有效性评价

根据采集的评价记录，对风险处置控制措施的有效性进行评价，如下表所示。

风险处置控制措施有效性评价结果表

风险点编号	风险描述	处置措施	有效性	评价记录
R1	未聘请信息安全专家为安全顾问		有效	
R2	火灾探测器和喷嘴安装不完善		有效	
……	……	……	……	

2.2　整体风险评价

根据残余风险评估的结果，对整体风险进行再评价，如下表所示。

风险再评价表

风险点编号	安全层面	残余风险描述	风险值
……		……	
R2	物理安全	产品质量不合格可能引发的新风险； 缺乏维护导致产品失效可能引发的风险	2
……		……	

第三章　结论与改进建议

3.1　评价结论

根据评价分析可以得知，本次风险处置共对 4 项风险采取了风险降低处置方式 1 项采取了风险转移处置方式，由评价结果可知，其中的 4 项均达到了预期的处置目标，风险降低到了可接受程度，有 1 项处置效果未达到预期的处置目的，整体分析可知，本次风险处置基本达到了预期的安全目标。

3.2　未达标原因分析

……

3.3　改进建议

……

11.6　风险接受

11.6.1　风险接受定义

风险接受是信息安全风险管理的第四个环节。所谓风险接受是依据风险处置方案、风险处置效果评价报告和信息安全风险管理方决策层决定接受的残余风险评估结果，做出承担风险和责任的决定并进行正式记录的过程。值得注意的是风险接受可在不进行风险处置或风险处置过程中发生，同时需要对已接受风险进行持续的监视评审。

风险处置方案对实施风险处置措施的成本效益和残余风险都进行了分析。风险处置效果评价报告也对残余风险进行了评价。这都离不开风险接受准则的约束。

在某些情况下，可接受的残余风险水平可能不符合风险接受准则。例如，风险带来的正面影响或效益非常有吸引力，可以认为接受风险是必要的，或者因为降低风险的成本太高。这些情况表明风险接受准则并不全面，应加以修订。如果在没有及时修订风险接受准则的情况下，决策者可以接受不符合正常接受准则的风险，但需要对风险进行评估，并且需要为违反风险接受准则的决定提供充分理由。

决定接受残余风险应生成包括那些不符合组织正常风险接受准则但带有可接受理由的风险列表。

11.6.2　风险接受准则

组织应根据风险评估结果，依据国家相关信息安全要求，依据组织和相关方的信息安全诉求，明确风险处置对象应达到的最低保护要求，以及结合组织的风险可承受程度，确定风险接受准则。风险接受准则的定义可参考如下标准。

（1）风险等级为"很高"或"高"的风险，建议进行处置；如果现有处置措施技术不成熟，则建议加强监控。

（2）风险等级为"中"的风险，可根据成本效益分析结果确定处置方式；如果处置成本无法承受或现有处置措施技术不成熟，则持续跟踪、逐步解决。

（3）风险等级为"低"或"很低"的风险可选择接受，但应综合考虑组织所处的政策环境、社会效益、利益相关方要求和组织的安全目标等因素。

风险接受准则应与管理层充分沟通，得到组织管理层认可，并与风险处置计划一起提交决策层批准。

11.7　批准留存

11.7.1　批准留存定义

在风险接受环节，需要决策层做出是否批准风险管理活动的决定；而风险管理所产生信息的文档形成和保存就是留存。所以风险接受这一过程具体执行的流程化的内容就是批准留存。

批准留存是信息安全风险管理实施过程中的必要步骤，包括批准和留存两部分。不管是风险评估阶段还是风险处置阶段，信息安全风险管理团队需要确认诸多文件，例如风险准则、评估方案、处置方案或处置效果评价报告等，而且重要文件都需要提交给组织的高层管理者进行批准。批准是指某组织的决策层依据风险评估和风险处置的结果是否满足组织的信息安全要求，做出是否认可风险管理活动的决定；文档留存是指风险管理所产生的信息的文档形成和保存。

批准应由某组织内部或更高层级的主管机构的决策层来执行。文档留存由风险管理各个环节的执行人员形成文档，并保持文档的完整及对适当的人员可用。

11.7.2　批准留存原则

对风险评估和风险处置的结果的批准留存，不是仅依据相关标准进行简化的比对过程，而是紧紧围绕着组织所承载的业务，通过对业务的重要性和业务损失后所带来的影响来开展批准留存相关工作。

1．风险评估结果和风险处置结果的批准原则

风险评估结果和风险处置结果的批准原则包括以下内容。

（1）业务优先：组织的风险关注的是对组织业务可能造成不良影响和带来机会的风险。

（2）风险可控：合理利用风险和控制风险，使其对组织的发展带来良性支持。

（3）成本适宜：做到成本效益符合组织相关方的利益诉求。

（4）措施有效：采取的风险控制措施力求实效。

2．风险评估结果和风险处置结果的批准依据

风险评估结果和风险处置结果的批准依据如下。

（1）风险评价准则；

（2）风险接受准则；

（3）信息安全方针与目标；

（4）支持风险处理的资源保障能力。

3．风险管理的文档留存原则

风险管理的文档留存原则包括以下内容。

（1）保全证据：风险管理全过程的文档得到留存。

（2）统一规范：至少做好核心文档采用统一的模板格式。

（3）简明易读：文档描述清晰，语义易于理解。

（4）适度使用：采取措施使文档控制在合适的范围内得到使用，特别是风险评估报告要严格控制使用范围。

11.7.3　批准留存过程

批准留存的过程包括批准申请、批准处置和文档留存三个阶段。在信息安全风险管理过程中，接受风险处置的输出后将进入风险因素的监控，风险管理的监视与评审、沟通与咨询贯穿其三个阶段。批准留存过程如图11-5所示。

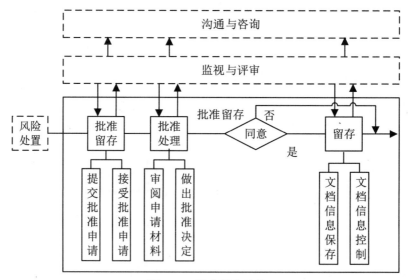

图 11-5　批准留存过程

11.7.3.1　批准申请

批准申请阶段的过程和内容包括提交批准申请和受理批准申请，如图11-6所示。

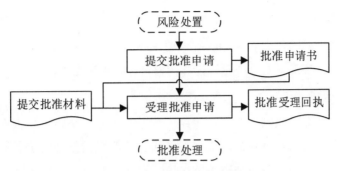

图 11-6　批准申请阶段的过程和内容

1. 提交批准申请

填写批准申请书后，连同批准材料一并提交给批准机构。批准材料内容包括风险管理过程中输出的文档、风险管理工具软件和硬件方面的说明等。批准申请书内容包括批准的范围、对象和期望，以及申请者的基本信息和签字等。批准机构由在信息系统和信息安全风险管理的决策层中负责重大决定的主管者构成。

2. 受理批准申请

批准机构接收批准申请书和审核结论报告并审查通过后，返回批准受理回执。批准受理回执内容包括同意受理、补充材料的要求和提交时间（如果需要），以及批准机构的名称和签章等[4]。

11.7.3.2　批准处理

批准处理阶段的过程和内容包括审阅批准材料和做出批准决定，如图11-7所示。

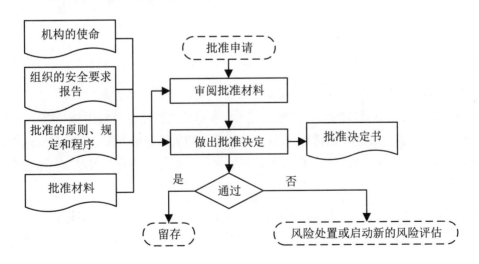

图 11-7　批准处理阶段的过程和内容

1. 审阅批准材料

批准机构依据机构的使命和组织的安全要求报告，按照批准的原则、规定和程序，对批准材料进行审阅，与相关人员进行讨论和沟通，为批准决定做准备。

2. 做出批准决定

批准机构按照批准的原则、规定和程序，判断组织的安全要求是否得到满足，机构的信息安全保障级别是否达到其使命所需要的等级，依此做出批准决定，形成批准决定书，交付申请者。批准决定书内容包括批准的范围、对象、意见、结论（即是否通过）和有效期，以及批准机构的名称和签章等。如果通过批准，则进入监视评审阶段；否则，结束本次信息安全风险管理的循环，启动新一轮循环进行改进。

11.7.3.3 文档留存

文档留存阶段的工作过程和内容包括文档信息收集和文档信息控制。文档留存控制图如图11-8所示。

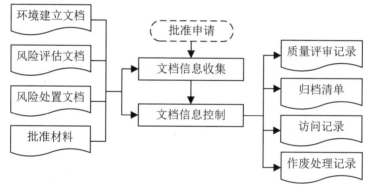

图 11-8　文档留存控制图

1. 文档信息收集

如果风险评估结果和风险处置结果得到批准，文档管理员应发起文档信息收集活动，各阶段项目责任人员负责按照文档管理规范，将所有的文档信息整理后统一提交给文档管理员。提交的文档信息至少包括各阶段的工作成果，如风险管理程序、环境建立沟通记录、背景分析报告、风险评估报告、风险处置计划、风险控制有效性评价记录、批准信息等。

2. 文档信息控制

所收集的文档信息应妥善保存，确保信息可用，并得到适度控制，具体包括以下内容。

（1）文档质量评审：收集文档后，至少应从文档内容的完整性、文档格式规范性文档等方面进行质量评审。

（2）归档：对通过文档评审的文档进行统一归档，归档按照组织的文档控制过程执行。

（3）保存：根据文档的类型采取必要措施进行保存，对电子版的文档信息必要时采取加密措施进行保存，确保文档信息的保密性和完整性，采取适当的备份措施，确保文档的可用性。

（4）文档使用控制：原则上文档信息在原有工作范围内使用，扩大使用范围应得到批准，特别是风险评估报告和风险处置计划应严格控制使用范围。

（5）文档作废处理：当文档过程作废后，应根据文档的保密级别采取适当的处理措施，包括销毁，发布作废公告等。

11.8　小　　结

风险处置是信息安全风险管理的关键步骤，依据之前风险评估的结果，明确风险处置项的优先级，然后选择和实施合适的风险处置方式和相应的安全措施。风险处置的基本原则是适度接受风险，根据组织可接受的处置成本将残余风险控制在可以接受的范围内。ISO/IEC 27005:2018中将风险处置的四个典型方式进行了重新定义，即风险的改变、保留、规避和共享。本书保留了四种风险处置方式的习惯性称谓即风险降低、风险保留、风险规避和风险转移，但内涵与新标准一致。本章在描述风险处置概念、目的和方式的基础上，分别从风险处置准备、风险处置实施、风险处置效果评价三个方面阐述了风险处置的全过程，并通过一个较为完整的网银系统风险处置案例分析了风险处置的实际操作步骤和涉及的文档。风险接受是信息安全风险管理方决策层对残余风险参考风险接受准则做出决策的过程，批准是决策层做出是否认可风险管理活动的决定，留存是对风险管理产生文档形成和保存，本章还介绍了批准留存的具体过程。

习　　题

1. A公司是一家系统集成商，章某是A公司的一名高级项目经理，现正在负责某市开发区的办公网络项目的管理工作，该项目划分为综合布线、网络工程和软件开发三个子项目，需要三个项目经理分别负责。章某很快找到了负责综合布线、网络工程的项目经理，而负责软件开发的项目经理一直没有合适的人选。原来由于A公司近年业务快速发展，承揽的项目逐年增多，现有的项目经理人手不够。章某建议从在公司工作2年以上业务骨干中选拔项目经理。结果李某被章某选中负责该项目的软件开发子项目。在项目初期，依照公司的管理规定，李某带领几名项目团队成员刻苦工作，项目进展顺利。随着项目的进一步展开，项目成员的逐步增加，李某在项目团队管理方面遇到很多困难。他领导的团队因经常返工而效率低下、团队成员对发生的错误互相推诿、开会时人员从来没有到齐过，甚至李某因忙于自己负责的模块开会时都迟到过。大家向李某汇报项目的实际进度、成本时往往言过其实，直到李某对自己负责的模块进行接口调试时才发现这些问题。

问题：

（1）列出本项目管理中可能引发风险的问题；

（2）描述项目风险管理的步骤，重点说明风险处置的方式是什么、需要采取哪些风险处置的措施。

2. 随着校园信息化的快速建设，教务、教学系统中存在大量漏洞，国内高校也成为信息泄露的重灾区，某专业漏洞分析工具显示的有效高校网站漏洞多达3495个。这些漏洞有的已造成教职员工或学生个人信息泄露。一方面高校涉及人数众多，并且包括大量学生和教授的隐私信息；另一方面很多重要院校还承担着国家众多科研项目，这些都可能成为不法分子的目标。

问题：根据案例，请制定一份有针对性的风险处置计划，列出计划包含的项目，并简述各项内容。

3. 某医疗保险公司于2015年2月5日向客户发邮件称，公司数据库遭黑客入侵，包括姓名、出生日期、社会安全号、家庭地址，以及受雇公司信息等8000万用户个人信息受到影响。风险评估报告显示：黑客之所以能够进入系统，关键点在于该公司并未设置额外的认证机制，仅凭一个登录口令或一个Key就能够以管理员权限访问整个数据库。风险评估报告称该公司的安全失误不仅在于缺少数据加密，而且实施了不正确的访问控制。

问题：根据案例，如果你作为实施风险处置的团队成员，就如何制定一份风险处置方案展开论述，需明确风险处置方案制定的过程和大致内容。

4. 从某安全预警平台获得的数据显示，围绕社保系统、户籍查询系统、疾控中心、医院等曝出高危漏洞的省市超过30个。因安全漏洞所导致的信息泄露涉及人员数量达数千万，其中包括个人身份证、社保参保信息、财务、薪酬、房屋等敏感信息。

风险评估报告显示：80%安全事件发生的原因来自SQL注入。相关风险见下面几种：一是不法分子利用互联网应用系统漏洞，通过SQL注入完成对社保人员信息的批量下载（刷库）；二是外部黑客利用数据库漏洞，如系统注入漏洞、缓冲区溢出漏洞和TNS漏洞，进行数据库的恶意操作（拖库）；三是开发人员和运维人员对系统熟悉度高，可以通过程序中的后门程序或直接访问数据库获得数据。

问题：根据案例，列出三项待处置风险，请论述确定风险处置项优先级的方法步骤和风险处置项等级划分标准。

5. 2016年10月，四川绵阳警方破获公安部挂牌督办的"5·26侵犯公民个人信息案"，抓获包括银行管理层在内的犯罪团伙骨干分子15人、查获公民银行个人信息257万条、涉案资金230万元，成功打掉了侵犯公民个人隐私的这一黑色产业链。与以往曝出的信息泄露事件不同，本次案件不仅涉及巨量的公民个人银行信息，更重要的是此案中的关键人物夏某竟然是一位银行行长。夏某的账号有效期只有2~3天。韩某和戴某在三天内，利用第三方工具获取公民个人征信信息50余万份。相当于1天查询量达到16万份。这样的日查询量对于一个支行网点来说显然属于异常行为。

　　分析该数据泄露事件，我们不难发现，传统的安全防护思路通常将目光局限于面向外部黑客，以对外部黑客或入侵者的防控为主要任务，以区域隔离、安全域划分为目标，以边界防护为主要安全手段，同时存在管理与技术相对分离的问题，而在整个数据使用和流转的过程中，会接触不同的使用和维护者、面临不同的网络环境，传统单点的防护手段无法有效解决更复杂的大数据安全问题，制度与技术相结合，服务与产品共输出，才能形成360°无死角的安全生态。

　　问题：请结合案例分析，对只针对外部威胁的风险处置措施进行残余风险分析和处置，并论述风险接受准则制定的参考依据和风险接受分为哪几类情况。

第12章 沟通与咨询、监视与评审

沟通与咨询、监视与评审贯穿风险管理全过程。本章分别就沟通与咨询监控与评审的内容针对信息安全风险管理循环的四个主体步骤，即环境建立、风险评估、风险处置和风险接受进行了讲解。

12.1 沟通与咨询

12.1.1 沟通与咨询定义

所谓沟通与咨询是通过决策者和其他利益相关方之间交换或共享关于风险的信息，就如何管理风险达成一致的活动。与适当的外部和内部利益相关者进行沟通与咨询，应在风险管理过程的所有步骤内和整个过程中进行。因此沟通与咨询也可称为是在环境建立、风险评估、风险处置和风险接受等风险管理过程中相关人员之间进行信息共享、反馈和交流的活动。

沟通与咨询应加以区分，沟通一般是双向的，旨在促进对风险的认识和风险意识，是为直接参与人员提供交流途径，以保持参与人员之间的协调一致，共同实现安全目标。而咨询涉及获取反馈和信息以支持决策，是为所有相关人员提供学习途径，以提高风险防范意识、知识和技能，配合实现安全目标。沟通侧重于利益相关方共享信息，咨询侧重由参与者提供反馈，期望其为决策或其他活动做出贡献并形成决策。

12.1.2 沟通与咨询目的、意义

1. 沟通与咨询的目的

沟通与咨询的主要目的是为风险管理流程的每一步带来不同领域的专业知识，协助利益相关方理解风险评估标准、依据和处置措施，提供足够的信息来促进风险监督和决策，以及在受风险影响的人群中建立包容性和归属感。沟通旨在促进对风险的认识和风险意识的提高，而咨询侧重获取反馈和信息以支持决策。两者之间的密切协调能够促进真实、及时、实质性、准确的信息交换，同时在沟通与咨询过程中要考虑信息的保密性、完整性，以及个人的隐私权。

沟通与咨询的具体作用如下。

（1）确保组织风险管理的方针和目标的落实；

（2）收集风险信息；

（3）分享风险评估结果并提出风险处置计划；

（4）避免或减少因决策者和利益相关方之间缺乏相互了解而导致的信息安全漏洞的发生和后果；

（5）支持决策的制定；

（6）获取新的信息安全知识；

（7）与其他各方协调并计划应对措施，以降低风险影响；

（8）让决策者和利益相关方对风险有责任感；

（9）提高认识等。

针对不同层面的人员，沟通与咨询的目的还有一些细微的差别，例如：

（1）与决策层沟通，以得到理解和批准；

（2）与管理和执行层沟通，以得到理解和协作；

（3）与支持层沟通，以得到理解和支持；

（4）与用户层沟通，以得到理解和配合。

而面向相关人员咨询的主要目的是为所有层面的相关人员提供咨询和培训等，以提高人员的安全意识、信息安全知识和信息安全技能[4]。

2．沟通与咨询的意义

为保证信息安全风险管理活动顺利、有效进行，相关人员行动的协调一致，以及相关知识和技能的熟练掌握也是十分关键的因素。一方面，通过畅通的交流和充分的沟通，保持行动的协调和一致；另一方面，通过有效的培训和方便的咨询，保证行动者具有足够的知识和技能，这就是沟通与咨询的意义所在[4]。

沟通与咨询的信息包括但不限于风险的存在、性质、形式、可能性、严重性、处置措施和可接受性。利益相关方之间的有效沟通非常重要，因为这可能对风险管理决策产生重大影响。沟通确保负责实施风险管理的人员，以及其他利益相关方理解风险管理决策的依据和目的，从而协调一致，共同应对风险。

由于利益相关方的需求、疑问和关注面的差异，对风险的认识可能会有所不同。利益相关方很可能根据风险的感知来判断风险的可接受性。沟通与咨询活动确保利益相关方对风险的感知乃至对利益的感知能够被清楚地识别和记录，而且深层原因能够被理解和解决尤为重要。

12.1.3　沟通与咨询方式

组织应建立一个经过批准的沟通与咨询方式、方法，以支持风险管理框架并促进风险管理的有效应用。沟通与咨询方式、方法、内容应反映利益相关方的期望，并不断收集、整理、综合和分享相关信息，及时提供反馈意见进行改进[4]。

根据沟通与咨询的双方角色不同，所采取的方式也会有所不同。有关信息安全风险管理发出方和接受方的角色划分及沟通与咨询方式对照关系参见表12-1。表12-1给出了不同层面人员之间在实际沟通与咨询中的操作方式[4]。

表 12-1　沟通与咨询中的操作方式

方　　式		沟通与咨询的接受方				
沟通与咨询的发出方		决策层	管理层	执行层	支持层	用户层
	决策层	交流	指导和检查	指导和检查	表态	表态
	管理层	汇报	交流	指导和检查	宣传和介绍	宣传和介绍
	执行层	汇报	汇报	交流	宣传和介绍	培训和咨询
	支持层	培训和咨询	培训和咨询	培训和咨询	交流	培训和咨询
	用户层	反馈	反馈	反馈	反馈	交流

表中沟通与咨询的各种方式说明如下：

（1）指导和检查是指上级对下级工作的指导和检查，以保证工作质量和效率，适用于决策层对管理层、决策层对执行层和管理层对执行层。

（2）表态是指机构高层支持信息安全风险管理的对外表态，以得到外界认同和支持，适用于决策层对支持层和决策层对用户层。

（3）汇报是指机构下级对上级做工作汇报，从而得到上级认可，适用于管理层对决策层、执行层对决策层和执行层对管理层。

（4）宣传和介绍是指机构的信息系统方和信息安全风险管理实施方的对外宣传和介绍，以得到外界支持和配合，适用于管理层对支持层、管理层对用户层和执行层对支持层。

（5）培训和咨询是指专业人员对信息安全风险管理相关人员的培训和咨询，以提高人员安全意识、知识和技能，适用于执行层对用户层、支持层对决策层、支持层对管理层和支持层对执行层。

（6）反馈指机构信息系统使用者对机构信息安全风险管理的意见反馈，以了解实施效果和用户需求，适用于用户层对决策层、用户层对管理层、用户层对执行和用户层对支持层。

（7）交流指同级或同行之间的对等交流，以共享信息和协调工作，适用于决策层对决策层、管理层对管理层、执行层对执行层、支持层对支持层和用户层对用户层[4]。

12.1.4　沟通与咨询过程

风险管理沟通过程是在信息安全风险管理各层面人员和其他利益相关方之间进行交换或共享风险信息的过程。

首先，一个组织应该为正常运行和紧急情况制定风险沟通计划，而且风险沟通活动应持续进行。

其次，主要决策者和利益相关方之间的协调可以通过成立一个委员会来实现，该委员会可以就风险准则、风险优先级、处置方案，以及风险接受等关键环节进行讨论。

第三，与组织内适当的公共关系或通信部门合作以协调所有与风险沟通有关的任务是很重要的。例如，在应对特定事件的危机处置行动中，公关和宣传是至关重要的。

第四，沟通与咨询的过程贯穿于信息安全风险管理的环境建立、风险评估、风险处置、批准留存（风险接受）这四个基本步骤，并分别输出相应的沟通与咨询记录，如图12-1所示。沟通与咨询记录内容包括沟通与咨询的范围、对象、时间、内容和结果等。

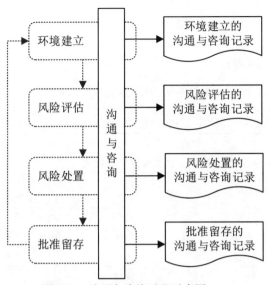

图 12-1　沟通与咨询过程示意图

12.1.4.1　环境建立过程的沟通与咨询

1．面向参与人员的沟通

表12-2汇总了环境建立过程中各阶段的沟通参与人员和涉及内容。

表 12-2　环境建立过程中各阶段的沟通参与人员和涉及内容

阶　　段	参与人员		涉及内容
	风险管理对象	信息安全风险管理	
风险管理准备	决策层	决策层 管理层	确定风险管理范围和边界、确定信息安全风险管理的目标、风险管理总体规划并获得批准的过程及其相关文档
调查与分析	管理层 执行层	管理层 执行层 支持层	调查机构使命及目标、调查法律法规及监管要求等、调查业务特性、调查外部环境、形成调查分析报告的过程及其相关文档
信息安全分析	管理层 执行层	管理层 执行层 支持层	分析风险管理对象的安全环境、分析风险管理对象的安全要求、形成风险管理对象的安全要求分析报告的过程及其相关文档
基本原则确立	管理层 执行层	管理层 执行层 支持层	风险管理方法、风险管理准则确立的过程及其相关文档
实施规划	管理层 执行层	管理层 执行层 支持层	组建风险管理团队、制定详细的实施规划的过程及其相关文档

2．面向相关人员的咨询

在环境建立的整个过程，为所有相关人员提供有关环境建立的咨询和培训等。

12.1.4.2 风险评估过程的沟通与咨询

1. 面向参与人员的沟通

表12-3汇总了风险评估过程中各阶段的沟通参与人员和涉及内容。

表 12-3　风险评估过程中各阶段的沟通参与人员和涉及内容

阶　　段	参与人员		涉及内容
	风险管理对象	信息安全风险管理	
风险评估准备	决策层	决策层 管理层	风险评估的计划制定、方案确定，以及方法和工具选择的过程及其相关文档
风险要素识别	管理层 执行层	执行层 支持层	业务、资产、威胁、脆弱性和已有安全措施识别的过程及其相关文档
风险分析	管理层 执行层	执行层 支持层	安全事件发生可能性分析、安全事件造成的损失分析、和风险计算的过程及其相关文档
风险评价	管理层 执行层	管理层 执行层 支持层	风险评价准则、资产风险等级、业务风险等级、风险评估报告的形成过程及其相关文档

2. 面向相关人员的咨询

在风险评估的整个过程，为所有相关人提供有关风险评估的咨询和培训等。

12.1.4.3 风险处置过程的沟通与咨询

1. 面向参与人员的沟通

表12-4汇总了风险处置过程中各阶段的沟通参与人员和涉及内容。

表 12-4　风险处置过程中各阶段的沟通参与人员和涉及内容

阶　　段	参与人员		涉及内容
	风险管理对象	信息安全风险管理	
风险处置准备	决策层 管理层	决策层 管理层 执行层 支持层	风险处理范围目标、风险处理可接受准则、风险处理方式、风险处理资源、风险处理计划的形成过程及其相关文档
风险处置实施	管理层 执行层	管理层 执行层 支持层	准备风险处理措施、成本效益和残余风险分析、处理措施风险分析及制定应急计划、确定风险处理方式和措施、编制风险处理方案、风险处理措施测试、实施风险处理措施、编制风险处理报告的过程及其相关文档
风险效果评价	管理层 执行层	管理层 执行层 支持层	制定评价原则和方案、开展评价实施工作、残余风险接受声明、编制持续改进方案的过程及其相关文档

2. 面向相关人员的咨询

在风险处置的整个过程，为所有相关人提供有关风险评估的咨询和培训等。

12.1.4.4　批准留存过程的沟通与咨询

1. 面向参与人员的沟通

表12-5汇总了批准留存过程中各阶段的沟通参与人员和涉及内容。

表 12-5　批准留存过程中的沟通

阶　　段	参与人员		涉及内容
	风险管理对象	信息安全风险管理	
批准申请	管理层	决策层 管理层 执行层	提交批准申请、受理批准申请的过程及其相关文档
批准处理	决策层 管理层	决策层 管理层	审阅批准材料、做出批准决定的过程及其相关文档
文档留存	管理层 执行层	管理层 执行层	文档信息收集、文档信息控制的过程及其相关文档

2. 面向相关人员的咨询

在批准留存的整个过程中，为所有相关方提供有关批准留存的咨询和培训等。

12.1.5　沟通与咨询文档

沟通与咨询过程输出的文档包括：风险沟通与咨询计划和风险管理各阶段沟通与咨询内容记录。

风险沟通与咨询计划的内容一般包括：沟通与咨询目的、意义、方式、时间、地点、协调人和参与双方人员名单等。

此外，表12-6列出了沟通与咨询过程的相关输出文档及内容。输出文档的数量、名称和主要内容可以根据机构具体情况进行增加、删减或修改，但应涵盖表12-6中文档内容部分规定的基本内容。

表 12-6　沟通与咨询过程的输出文档及内容

过　　程	输出文档	文档内容
环境建立	环境建立的沟通与咨询记录	环境建立过程中沟通与咨询的范围、对象、时间、内容和结果等
风险评估	风险评估的沟通与咨询记录	风险评估过程的沟通与咨询的范围、对象、时间、内容和结果等
风险处置	风险处置的沟通与咨询记录	风险处置实施的沟通与咨询的范围、对象、时间、内容和结果等
批准留存	批准留存的沟通与咨询记录	批准留存过程中的沟通与咨询的范围、对象、时间、内容和结果等

12.2　监视与评审

12.2.1　监视与评审定义

监视与评审是对信息安全风险管理循环的四个主体步骤，即环境建立、风险评估、风险处置和风险接受进行监视与评审的活动。其中监视与评审的内容、目的略有不同，监视，一是监视风险管理过程，即过程质量管理，保证过程的有效性；二是分析和平衡成本效益，即成本效益管理，以保证成本的有效性。评审是跟踪受保护系统自身或所处环境的变化，以保证结果的有效性和符合性[4]。

12.2.2　监视与评审目的、意义

1．监视与评审目的

监视与评审的目的是确保和改进风险管理设计、实施和结果的质量和有效性。对风险管理过程及其结果的持续监督和定期审查应该是信息安全风险管理计划中的一部分。

因监视与评审自身也是风险管理中的一个重要环节，所以它应该贯穿信息安全风险管理过程的其他环节，并且监视与评审的结果应纳入整个组织的信息安全风险管理绩效的衡量和报告当中。

2．监视与评审意义

信息安全风险管理活动自身也会存在风险，监视与评审可以及时发现组织及其信息系统已经出现或即将出现的变化、偏差和延误等问题，并采取适当的措施进行控制和纠正，从而减少因此造成的损失，保证信息安全风险管理主循环的有效性。

12.2.3　监视与评审的内容

监视与评审的工作内容通常包括规划、收集和分析信息、记录结果和提供反馈。

1．从监视与评审目的角度考虑

如果从监视与评审的目的出发，内容主要有：监视过程有效性、监视成本有效性与评审结果有效性和符合性。

就监视过程有效性而言，具体内容如下。

- 过程是否被完整、有效地执行；
- 输出文档是否齐全和内容完备。

就监视成本有效性而言，主要内容包括执行成本与所得效果相比是否合理。

就评审结果有效性和符合性而言，主要内容如下。

- 输出结果是否符合信息系统的安全要求；
- 输出结果是否因信息系统自身或环境的变化而过时。

2．从监视与评审对象角度考虑

如果从监视与评审的对象角度出发，内容主要有两类：风险因素的监视与评审和风险管理过程的监视与评审。

1）风险因素的监视与评审

风险不是静态的，威胁、脆弱性、可能性或后果可能突然改变而没有任何迹象。因此，需要不断的监测来检测这些变化。

为将风险管理与组织的业务目标和风险接受准则持续协调一致，应对从风险管理活动中获得的所有风险信息进行监视与评审。相关风险因素包括：资产及其价值、威胁、脆弱性、信息安全事件发生的可能性及影响等，可以从外部服务来获取关于新威胁或新脆弱性的有关信息。

组织应确保以下各项风险因素得到持续监测：

（1）风险管理范围的变化，包括新的资产、新的部门等；

（2）评估对象价值的变化，比如业务的变动带来的价值变化；

（3）新的或变化的威胁，或之前未评价的威胁信息；

（4）新发现的或者是变化的脆弱点；

（5）风险发生带来的后果的变化；

（6）新发布的相关法律法规、行业监管要求和标准；

（7）相关组织架构的变化；

（8）管理层的变化；

（9）相关方要求的变化。

新的威胁、脆弱性、可能性或后果的变化可以增加先前被评定为低级别的风险。对低风险和已接受风险的评审应分别监视每个风险，以及将所有这些风险作为一个集合，来评估其潜在的累积影响。如果风险不属于低风险或可接受的风险类别，则应使用第11章所涉及的一种或多种安全措施来进行处置。影响威胁发生的可能性和后果的因素可能改变，影响各种处置方案的适用性或成本的因素也可能改变。因此，应定期重复风险监测活动，以及定期评审所选择的风险处置方案[7]。

2）风险管理过程的监视与评审

为了确保环境建立、风险评估、风险处置和风险接受（批准留存）的结果等具体情况与风险管理目标、计划保持一致，必须对信息安全风险管理过程根据需要进行持续的监视与评审。

首先，组织应确保信息安全风险管理过程和相关活动按计划进行，任何对风险管理过程进行的调整、改进都需要得到监视与评审，以避免风险因素被忽视或低估，同时调整决策，提供对新风险的判断和响应能力。

其次，组织应定期验证用于测量风险及其因素的准则是否有效，是否与业务目标、战略和方针一致，定期验证这些准则在信息安全风险管理过程中是否充分考虑了业务环境的更改。

第三，组织应根据风险管理过程、目标和对象的变化不断提供用于风险再评估和风险再处置的相关资源，例如方法或工具，确保信息安全风险管理过程的更新与组织的业务目标持续协调一致。

风险管理过程的监视与评审包括以下方面和内容：

（1）风险管理过程的执行情况；

（2）风险因素识别的全面性和合理性；

（3）风险管理目标的实现情况；

（4）风险处理计划的实施情况

（5）风险控制措施的运行有效性；

（6）风险控制成本效益的合理性；

（7）风险评估准则和风险接受准则的合理性；

（8）当前风险评估方法的有效性和产生结果的一致性，以及新的风险评估方法。

12.2.4　监视与评审过程

风险因素的监视与评审过程贯穿于信息安全风险管理的整个过程中，通过监视与评审获得风险因素变化的结果，从而启动新的风险管理活动，如图12-2所示，监视与评审记录内容包括风险因素的变化描述和分析评价结果，包括是否启动新的风险管理活动。

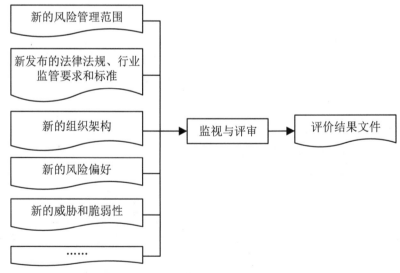

图 12-2　风险因素的监视与评审过程及其在信息安全风险管理中的位置

监视与评审过程应贯穿于信息安全风险管理的环境建立、风险评估、风险处置和批准留存（风险接受）这四个基本步骤，并分别输出相应的监视与评审记录，如图12-3所示。监视与评审记录内容包括监视与评审的范围、对象、时间、过程、结果和措施等。

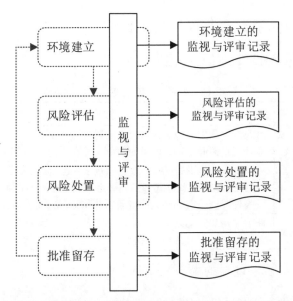

图 12-3   风险管理的监视与评审过程及其在信息安全风险管理中的位置

12.2.4.1   环境建立过程的监视与评审

表12-7汇总了环境建立过程各阶段的监视与评审内容。

表 12-7   环境建立过程各阶段的监视与评审内容

阶　　段	监视与评审内容
风险管理准备	风险管理计划制定的过程及其相关文档
风险管理对象调查与分析	风险管理对象调查与分析的过程及其相关文档
信息安全分析	信息安全分析的过程及其相关文档
基本原则确立	确立的基本原则
实施规划	规划的过程及其相关文档

12.2.4.2   风险评估过程的监视与评审

表12-8汇总了风险评估过程中各阶段的监视与评审内容。

表 12-8   风险评估过程的监视与评审内容

阶　　段	监视与评审内容
风险评估准备	风险评估的计划制定、方案确定，以及方法和工具选择的过程及其相关文档
风险要素识别	业务、资产、威胁、脆弱性和已有安全措施识别的过程及其相关文档
风险分析	安全事件发生可能性分析、安全事件造成的损失分析、和风险计算的过程及其相关文档
风险评价	风险评价准则、资产风险等级评价、业务风险等级评价、风险状况综合评价，以及风险评估报告生成的过程及其文档

12.2.4.3 风险处置过程的监视与评审

表12-9汇总了风险处置过程的监视与评审内容。

表 12-9　风险处置过程的监视与评审内容

阶　　段	监视与评审内容
风险处置准备	风险处置范围目标确定、风险处置可接受准则确定、风险处置方式选择、风险处置资源确定和风险处置计划制定的过程及其相关文档
风险处置实施	风险处置措施准备、成本效益和残余风险分析、处置措施风险分析及应急计划制定、风险处置方式和措施确定、风险处置方案编制、风险处置措施测试、风险处置措施实施和风险处置报告编制的过程及其相关文档
风险处置效果评估	评价原则和方案制定、开展评价实施工作、残余风险接受声明和持续改进方案编制的过程及其相关文档

12.2.4.4 批准留存过程的监视与评审

表12-10汇总了批准留存过程中各阶段的监视与评审内容。

表 12-10　批准留存过程中各阶段的监视与评审内容

阶　　段	监视与评审内容
批准申请	批准申请和受理的过程及其相关文档
批准处理	审阅批准材料和批准决定做出的过程及其相关文档
文档留存	收集的文档及文档管理的相关文档

12.2.5 监视与评审文档

表12-11列出了监视与评审过程的输出文档及其内容。输出文档的数量、名称和主要内容可以根据机构具体情况进行增加、删减或修改，但应涵盖表12-11中文档内容部分规定的内容。

表 12-11　监视与评审过程的输出文档及其内容

过　　程	输出文档	文档内容
环境建立	环境建立的监视与评审记录	环境建立过程中监视与评审的范围、对象、时间、过程、结果和措施等
风险评估	风险评估的监视与评审记录	风险评估过程中监视与评审的范围、对象、时间、过程、结果和措施等
风险处置	风险处置的监视与评审记录	风险处置过程中的监视与评审的范围、对象、时间、过程、结果和措施等
批准留存	批准留存的监视与评审记录	批准留存过程中的监视与评审的范围、对象、时间、过程、结果和措施等

12.3　小　　结

为保证信息安全风险管理活动顺利、有效进行，确保相关人员行动协调一致、相关知识和技能熟练掌握，离不开风险沟通与咨询。监视与评审的目的则是确保风险管理过程设计、实施、结果的质量和有效性。对风险管理过程及其结果的持续监督和定期审查是信息安全风险管理计划中的一部分。沟通与咨询、监视与评审都需要贯穿风险管理全过程。本章分别描述了沟通与咨询、监视与评审的概念、意义、内容、过程及相关文档；对沟通与咨询的对象、内容进行了区分；从监视与评审的目的、内容两个角度阐释了监视与评审的主要内容，并从风险因素和风险管理四个主体步骤（环境建立、风险评估、风险处置和风险接受）介绍了监视与评审过程。

习　　题

1. 在信息安全风险管理过程中，沟通与咨询、监视与评审的地位和意义是什么？
2. 沟通与咨询的方式有哪些？
3. 简述信息安全风险评估过程的监视与评审工作内容。
4. 沟通与咨询的区别是什么？
5. 简述环境建立过程的沟通与咨询内容。
6. 简述风险评估过程的沟通与咨询内容。
7. 简述风险处置实施的沟通与咨询内容。
8. 组织应确保哪些风险因素需要得到持续监视与评审？

第13章 信息安全风险管理综合实例

本章以R电商公司为例，详细介绍信息安全风险管理的实施过程。

13.1 实例介绍

13.1.1 实例背景

R电商公司由多家公司共同投资成立，所属的某电商平台是全球知名的综合性网上购物商城。公司使命是全球使用中文上网的人们能享受网上购物带来的乐趣——丰富的种类、7×24购物的自由、优惠的价格、架起无界限沟通的桥梁；坚持"诚信为本"的经营理念，率先提出"上门退货、当面退款"，以及"正规渠道、正品保证"的诺言，用自己的成功实践经验为国内电子商务公司树立了的"诚信经营，健康发展"的榜样。

平台特点有：

（1）平台经营商品种类超过百万级。

（2）平台参照国际先进经验独创的商品分类，拥有智能查询、直观的网站导航和简捷的购物流程等，还有基于云计算的个性化导购，以及基于人群分组的社交化商务平台，为消费者提供了愉悦的购物环境。

（3）建立了庞大的物流体系，位于六个城市的十大物流中心，全国库房面积达到18万平方米，成为国内库房面积最大的电子商务企业。

公司发展战略包括以下内容。

（1）采用"跨界人才"战略，该电商平台选择从传统行业中招贤纳士，将传统行业成熟的管理模式和供应商资源引入，解决大量用人需求和内部人才供应不足的矛盾。

（2）借用大数据时代的营销工具完善体验，提高服务质量。

（3）利用自身的高知名度与品牌效应，提升在顾客心目中的地位。

（4）重点发展人工智能领域，不盲目模仿其他商业网站，成为行业领军的智能化服务电商，可与互补品类的企业进行战略合作。

（5）丰富支付方式，完善支付安全。

R电商公司通过在Internet网构建电子商务平台实现一系列以商品交换为中心的商务活动。按照国家主管、监管部门文件的规定与要求，根据R电商公司业务系统发展需求，需要进行信息安全风险管理。通过信息安全风险管理项目的实施，全面揭示R电商公司面临的风险，并通过风险处理等活动将风险控制在可接受范围内，实现既定的信息安全目标和发展目标。

13.1.2 实施思路

R电商公司应当按照建立风险框架、实施风险管理、监视与评审、持续改进的方式来建立风险管理体系。实施信息安全风险管理应是一个长期、周期性执行且螺旋式上升的过程，这使得受保护业务系统在自身和环境的变化中能够不断应对新的安全需求和风险。

为了便于描述，本章以对R电商公司关键业务系统——电商平台实施一次风险管理过程为例，简要介绍实施风险管理过程中环境建立、风险识别、风险分析与评价、风险处置、风险沟通与咨询、监视与评审、风险管理报告等几个步骤的工作内容。

13.2 环境建立

1. 工作目标

环境建立是信息安全风险管理的第一步，确定风险管理的对象和范围，确立实施风险管理的准备，进行相关信息的调查和分析。本次环境建立是为了明确信息安全风险管理的范围和对象，以及对象的特性和安全要求，对信息安全风险管理项目进行规划和准备，保障后续的风险管理活动顺利进行。

2. 实施方式

环境建立阶段主要是组建工作团队、制定工作计划、开展对象调查、制定风险管理方案等活动，主要通过采用调研和访谈的方式进行，调研对象包括公司高层、中间管理层及相关技术人员等。

3. 预期成果

本阶段的预期成果包括以下内容。

（1）形成《R电商公司风险管理计划书》，描述包括信息安全风险管理范围、目标，以及组织方式等内容。

（2）形成《R电商公司描述报告》，描述对象的业务特性、体系结构、管理情况和技术特性等。

13.2.1 风险管理准备

13.2.1.1 确定风险管理目标和对象

经R电商公司管理层同意，风险管理的目标是：依照《中华人民共和国网络安全法》及国家网络安全相关政策标准要求，对公司战略相关关键业务系统进行风险评估，了解信息系统的安全状态，分析系统面临的风险，验证系统已有安全措施的有效性，评估系统风险状况级别，实施有效的风险处置，将风险控制在可接受的水平，为规划信息安全保障工作提供决策依据，保证公司实现发展目标。经R电商公司管理层评估，确定与公司战略密切相关的电商平台作为风险管理的对象。

13.2.1.2 制定风险管理计划

实施团队依据R电商公司风险管理需求，基于确定的风险管理目标、风险管理对象及风险管理团队等情况，制定风险管理的实施计划，包括风险管理的目的、意义、范围、目标、组织结构、实施方案、经费预算和进度安排等，形成《风险管理计划书》。

13.2.2 风险管理对象调查与分析

风险管理对象调查工作依据机构使命和业务、机构的组织结构和管理制度、信息系统技术平台等，采用问卷回答、人员访谈、现场考察、辅助工具等多种形式，调查信息系统的业务目标、业务特性、管理特性和技术特性，并形成《R电商公司调查的描述报告》。

机构情况：实施团队经过调查和访谈，了解到R电商公司于2004年成立，是中国的综合网络零售商，是中国电子商务领域受消费者欢迎和具有影响力的电子商务平台之一，在线销售数万个品牌千万种优质商品。

业务系统情况：目前R电商公司注册用户已达3亿多，日活跃用户近1亿，电商平台部署架构图如图13-1所示，平台包括用户购物、后台订单管理、后台产品管理、用户注册、及时通信、平台客服六大主要业务。

汇总上述调查结果，形成电商平台信息系统状况调查结果，如表13-1所示。系统调查结果作为信息系统描述报告的主要内容，信息系统描述报告主要包含信息系统的业务特性、管理状况和技术特性等方面的内容。

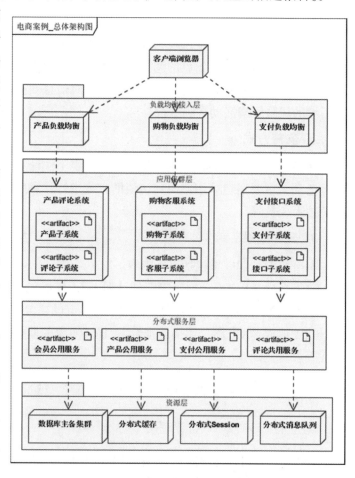

图 13-1　电商平台部署架构图

表 13-1 系统状况调查结果表

类 别	子 类 别	基本情况
物理层面	环境 / 物理位置	系统机房设在 xx 市 xx 区 2 号院 1 号楼二层机房，机房门口设有电子门禁系统。机房环境场地根据其功能的不同划分了相应的区域，服务器、网络设备、安全设备和存储设备集中放置在机房中后排；机房外围的监控室、配电室、人员休息室等区域划分符合国标要求
	环境 / 防火措施	机房配备了 20 个手持式二氧化碳灭火装置，机房吊顶上方配备火灾探测器，为烟感和温感两种探测器的组合。火灾自动报警系统与自动灭火系统联动
……	……	……
网络层面	网络拓扑结构 / 互联网接入	互联网采用电信和联通两条运营商链路接入，电信带宽为 20Mbps，联通带宽为 30Mbps.互联网接入区部署有交换机、负载均衡、防火墙、IDS 等
	远程安全登录 / 内网设备维护	通过堡垒机实现对设备的远程维护管理，堡垒机进行统一登录管控、访问控制和安全审计
……	……	……

13.2.3 风险管理对象安全分析

（1）分析R电商公司的安全环境。依据国家、地区或行业的相关政策、法律、法规和标准，考虑合作伙伴的合同要求，对R电商公司的安全保障环境进行分析，其安全问题主要体现在计算机网络和商务交易的安全，如密码加密、支付安全、交易安全、电子商务发展中暴露出的一些安全问题、支付宝安全等。

（2）分析R电商公司的安全要求。依据R电商公司的描述报告和分析报告，结合上述安全环境的分析结果，分析和提出对R电商公司的安全要求，包括保护范围、保护等级，以及与相关法律法规或行业标准的符合性要求等。

13.2.4 确定风险管理的基本原则

13.2.4.1 确定风险管理方法

根据R电商公司风险管理的范围和目标，可以采用不同的风险评估和风险处置方法，每次迭代的风险评估和风险处置可以采取不同的方法，比如风险评估可以采取定性的、定量的方法，以及定性和定量相结合的评估方法；风险处置可以是降低风险、保留风险、规避风险、转移风险四种方法的一种，也可以是多种处置方法的组合。

13.2.4.2 确定风险管理准则

选择或设置适合R电商公司的风险管理准则，应与R电商公司风险管理框架相一致，并根据具体活动的目的和范围进行针对性设计。

1. 确定风险管理基本准则

风险管理准则应反映R电商公司的价值观、目标和资源，并与R电商公司的政策和声明保持一致。根据R电商公司的义务和利益相关方的考虑来定义准则，具体包括风险评价准则、影响准则和风险接受准则。

2. 确定风险评估的准则

实施团队参考风险评估相关国际标准、国家标准等，制定本次风险评估的准则，主要内容包括风险分析方法、风险计算方法、资产分类标准、资产分级准则、威胁出现频率分级准则、脆弱性严重程度分级准则和风险分级准则等。

其中，资产分级准则分别按照资产的保密性、完整性、可用性三个安全属性，以及业务承载性制定。详细的分级准则较多，表13-2给出资产重要分级表示例。

表 13-2　资产重要性等级表

等　级	标　识	资产重要性等级描述
5	很高	综合评价等级为很高，安全属性破坏后对组织造成非常严重的损失
4	高	综合评价等级为高，安全属性破坏后对组织造成比较严重的损失
3	中等	综合评价等级为中，安全属性破坏后对组织造成中等程度的损失
2	低	综合评价等级为低，安全属性破坏后对组织造成较低的损失
1	很低	综合评价等级为很低，安全属性破坏后对组织造成很小的损失，甚至忽略不计

风险计算方法将以下面范式得出风险值：

风险值=$R(B,A,T,V,C) = R(L(Lt(B,T,A),Lv(V,C)),F(Ia(B,A),V))$

其中，R表示安全风险计算函数，B表示业务，A表示资产，T表示威胁，V表示脆弱性严重程度，C表示已有安全措施，L表示威胁利用资产的脆弱性导致安全事件发生的可能性，Lt表示威胁的可能性，Lv表示脆弱性被利用的可能性，F表示安全事件发生后产生的损失，Ia表示资产重要性。

3. 确定风险处置的准则

风险处置的总体原则是适度接受风险，根据组织可接受的处置成本将残余风险控制在可以接受的范围内。在合规性、有效性、可控性及最佳收益原则的基础上合理地选择降低风险、保留风险、规避风险、转移风险的处置方法，以满足风险接受准则的要求。

13.2.5　制定风险管理的实施规划

制定R电商公司风险管理的实施规划，包括组建风险管理团队和制定详细的风险管理实施规划。

13.2.5.1　组建风险管理团队

针对风险管理任务，R电商公司组建任务实施团队，包括决策组、专家组、任务组、保障组等多个工作小组，分别由该公司高层领导和中间管理层、风险管理专家、技术实施人员，以及各相关部门人员组成；同时明确规定每个小组的任务分工。风险管理团队根据任务不同又分为风险评估团队和风险处置团队。

13.2.5.2　制定风险管理的实施规划

（1）制定工作计划：包括R电商公司风险管理项目每个阶段的工作计划，包括工作内容、工作形式、工作成果等。

（2）时间进度安排：R电商公司风险管理项目具体实施的时间进度安排。

（3）经费安排：R电商公司风险管理项目经费的预算及所需的资源。

（4）对R电商公司风险管理过程实施监控，确定监控内容、规则，以及实施过程需要遵守的原则、最终完成标准等。

13.2.6　输出成果

在完成了上述环境建立相关工作后，实施团队及时汇总有关工作成果形成文档，包括：《风险管理计划书》《R电商公司调查分析报告》《R电商公司安全要求报告》等，并制定详细的风险实施规划。一方面要将这些成果提交给风险管理决策层供领导审查；另一方面将这些结果用于后续进行的风险评估工作中。

13.3　风险评估准备

13.3.1　制定风险评估计划

R电商公司信息安全风险管理的第二步是风险评估，由于风险评估受到R电商公司的业务战略、业务流程、安全需求、系统规模和结构等方面的影响向，因此，在风险评估实施前，应做好充分的评估前的准备工作。

风险评估团队根据环境建立阶段输出的报告，结合本次风险评估的目的和准则，制定撰写本次风险评估的实施计划。其中评估计划包括本次风险评估的目的、意义、范围、目标、组织结构、经费预算和进度安排等内容，形成风险评估计划书。本次风险评估过程的工作进度计划如表13-3所示。风险评估计划书需要得到R电商公司和信息安全风险管理决策层的认可和批准。

表 13-3　风险评估过程工作进度计划

编　号	评估阶段	工作内容	开始时间	完成时间
1	评估准备	制定风险评估准则方案、选择风险评估方法和工具，获得决策层批准	2018.03.03	2018.03.16
2	识别并评价资产	识别需要保护的资产并赋值	2018.03.17	2018.03.23
3	识别并评价威胁	识别面临的威胁并赋值	2018.03.18	2018.03.23
4	识别并评价脆弱性	识别存在的脆弱性并赋值	2018.03.24	2018.04.08
5	识别已有安全措施	确认已有的安全技术措施和管理措施	2018.04.04	2018.04.10
6	风险分析评价	分析威胁利用脆弱性导致安全事件发生的可能性，分析安全事件发生后可能造成的损失，计算和评价风险程度	2018.04.11	2018.04.16
7	风险处置建议	依据风险描述，提出具体风险处置建议措施	2018.04.17	2018.04.25
8	编制评估报告	编写风险评估报告，提交决策层评审	2018.04.26	2018.05.10

13.3.2　进行系统调研

在环境建立阶段对R电商公司进行充分的调查与分析。在此基础上，风险评估团队通过调查问卷、人员访谈、现场考察、核查表等形式对组织的业务、组织结构、管理、技术等方面进行调查。依据一系列调查表，如表13-4所示，可以调查R电商公司的管理、设备、人员管理的情况，核查设备的实际配置等情况，得出R归属于电商平台在物理、环境和操作方面的信息。

表 13-4　调查表列表

1.《R 电商公司基本情况调查表》	9.《R 电商公司物理环境情况》
2.《参与评估项目相关人员名单》	10.《R 归属于电商平台应用系统软件情况》
3.《信息资产登记表》	11.《R 电商公司业务功能登记表》
4.《信息系统等级情况》	12.《R 归属于电商平台业务数据情况调查表》
5.《外联线路及设备端口》（网络边界情况）	13.《R 电商公司管理文档情况调查》
6.《R 电商公司网络结构》（环境情况）	14.《R 电商公司数据备份情况》
7.《R 归属于电商平台安全设备情况》	15.《R 电商公司承载业务（服务）表》
8.《R 电商公司网络设备情况》	16.《R 电商公司安全威胁情况》

13.3.3 确定风险评估工具

根据本次风险评估的信息系统情况，实施团队选择了本次工作需要使用的风险评估工具，主要包括脆弱性扫描工具、主机信息采集工具、安全测试工具、渗透测试工具和风险评估管理平台等，表13-5给出了本次风险评估中使用的脆弱性扫描工具。

表 13-5 脆弱性扫描工具列表

序　号	类　　别	工具名称	版　本	描　述	备　注	厂　商
1	通用漏洞扫描工具	极光	V6.0	网络/操作系统弱点扫描工具	国内商用	—
2		Nessus	V4.0	网络/操作系统（linux，Windows）弱点扫描工具	开源	—
3		x-scan	V3.2	网络/操作系统扫描工具	开源	—
4	数据库漏洞扫描工具	明鉴数据库弱点扫描	V3.0	用于 Oracle、DB2、MSSQL 等数据库的漏洞扫描	国内商用	—
5		Sqlmap	V1.0	数据注入工具	开源	—
6	Web 应用漏洞扫描工具	IBMRational Appscan	V8.0	Web 应用程序安全测试工具，可以自动进行漏洞评估	国外商用	—
7		Acunetix WVS	V11	Web 漏洞检测工具，通过网络爬虫测试网站安全，检测流行的攻击、如跨站脚本、SQL 注入等	国外商用	—
8		天境脆弱性扫描与管理系统	V6.0	Web 漏洞检测工具，通过网络爬虫测试网站安全，检测流行的攻击，如跨站脚本，SQL 注入等	国内商用	—

13.3.4 制定风险评估方案

依据环境建立输出的文档，整合R电商公司此次风险评估计划书、风险评估方法和工具列表，确定R电商公司风险评估的实施方案，包括风险评估的工作过程、输入数据和输出结果等，形成R电商公司风险评估方案。风险评估方案需要得到风险管理对象和信息安全风险管理管理层的认可和批准。

13.3.5 获得支持

在实施信息安全风险管理活动过程中，获得了R电商公司最高管理者的大力支持，主要表现在：

（1）公开承诺支持建立、实施信息安全管理体系并持续改进其有效性。

（2）明确同意公司管理层制定信息安全目标和风险管理目标。

（3）同意组建风险管理实施团队，授权实施团队按照计划开展工作。

（4）书面同意并授权签发实施团队制定的《风险管理计划书》《信息系统描述报告》等。

（5）明确同意在公司内部召开全员大会，宣贯信息安全管理体系的重要性和信息安全风险管理的计划和工作过程。

（6）明确把风险管理成效纳入对个人的年度工作考核中。

13.4 风险识别

1. 工作目标

风险识别是信息安全风险管理的重要步骤，目的是完成对信息安全风险有关的资产、威胁、脆弱性等关键因素的识别，以及对已有安全措施有效性的分析和确认。

2. 实施方式

风险识别阶段工作主要采取文档审查、调查问卷、人员访谈、现场检查、测试等形式进行。其中：

（1）文档审查是指查看R电商公司提交的信息系统设计方案、运行日志、管理制度等材料。

（2）调查问卷是一套关于管理或操作控制的问题表格，供系统技术或管理人员填写。

（3）现场检查是由评估人员到现场考察设备的具体位置，检查设备的实际配置，得出系统在物理、环境和操作方面的信息，现场检查可分为人工检查和工具检查两种方式。

（4）测试则是与业务、运维部门协商并经电商公司管理层审批后，约定在业务非高峰时段开展，且在安全运维小组的监控下进行。

3. 预期成果

本阶段的预期成果包括以下内容。

（1）形成《发展战略和业务识别列表》，描述电商平台发展战略及关键业务，并确定战略业务关联关系及重要性等级。

（2）形成《资产识别列表》，描述需要重点保护的资产，并确定资产的重要性级别。

（3）形成《威胁识别列表》，描述信息系统面临的威胁，并确定威胁的发生频率、威胁能力程度等属性的等级。

（4）形成《脆弱性识别列表》，描述信息系统存在的脆弱性，并确定脆弱性的危害严重程度、利用难易程度等属性的等级。

（5）形成《已有安全措施列表》，确认已有的技术安全措施和管理安全措施。

13.4.1 发展战略与业务识别

本阶段实施人员通过访谈R电商公司高级管理层和熟悉组织发展战略情况的人员，并查阅相关文档资料，识别R电商公司的发展战略。通过访谈、文档查阅等方式识别发展战略相关的业务，并对业务在发展战略中的地位进行分析，进而得出业务的重要性赋值。发展战略与业务识别如表13-6所示。

表 13-6　发展战略与业务识别表

序　号	发展战略	相关业务	内　　容	战略业务关联分析	重要性赋值
战略 S1	成为值得用户信赖的电商平台，为用户带来最快捷的购物体验。发挥业务模式的优势，更快、更贴心、更亲切	网购业务流程 B1	广告推送业务→网购订单业务→支付业务→智能配送业务→智能售后业务和客服业务	战略 S1 中地位关键	5
		广告推送业务	由宣传部门负责，提供广告推送	战略 S1、S2 中地位低	3
			涉及信息系统包括广告系统、用户行为分析系统		
		网购订单业务 B2	由网购部门负责，提供网购订单形成。涉及信息系统包括购物系统、和订单管理系统	战略 S1 中地位较高	4
		网络运维	由基础网络部门负责，为所有网络基础设施提供基础服务和安全服务	战略 S1、S2 中地位一般	3
		主机运维	由主机部门负责，为所有服务器提供系统及中间件搭建等基础服务和安全配置服务	战略 S1、S2 中地位一般	3
		支付业务 B4	由金融部门负责，提供支付等金融服务。涉及支付系统等	战略 S1、S2 中地位关键	5
		智能配送业务 B7	由物流部门负责，提供物流服务。涉及物流信息系统、智能配送系统等	战略 S1 中地位一般	3
战略 S2	重点发展人工智能领域，成为行业领军的智能化服务电商	大数据服务业务流程 B8	广告推送业务->支付业务->数据分析业务	战略 S2 中地位一般	3
		数据分析业务 B9	由大数据部门负责，向客户提供数据分析服务。涉及数据分析系统、数据基础平台、数据基础设施管理系统等	战略 S2 中地位重要	4
		广告推送业务 B10	由宣传部门负责，提供广告推送	战略 S1、S2 中地位低	3
			涉及信息系统包括广告系统、用户行为分析系统		
		网络运维 B11	由基础网络部门负责，为所有网络基础设施提供基础服务和安全服务	战略 S1、S2 中地位一般	3
		主机运维 B12	由主机部门负责，为所有服务器提供系统及中间件搭建等基础服务和安全配置服务	战略 S1、S2 中地位一般	3
		支付业务 B13	由金融部门负责，提供支付等金融服务。涉及支付系统等	战略 S1、S2 中地位关键	5

13.4.2 资产识别

本阶段工作是对业务相关资产进行科学的识别，并根据资产的重要性进行赋值，以资产的安全性状况来反映组织的业务的安全性程度。实施团队依据环境建立阶段制定的资产分类准则，对R公司电商平台本次业务相关的资产进行分类识别，且同时标识出资产的责任人、保管者和用户，并依据资产在保密性、完整性和可用性的赋值等级，结合业务承载性，对应评级方法确定资产重要性等级，由于资产较多，表13-7给出主要资产的识别和赋值。本计算示例中，资产重要性等级取业务承载性、资产完整性、资产保密性和资产可用性的平均值，以上4项也可加权平均得出资产重要性等级。

表 13-7　资产识别和赋值

资产编号	资　　产	资产完整性	资产保密性	资产可用性	业务承载性	资产重要性等级
资产 I1	机房	3	3	5	3	4
资产 I2	防火墙	5	4	4	4	4
资产 I3	核心交换机	4	4	5	5	4
资产 I4	服务器 A	2	3	4	4	3
资产 I5	服务器 B	2	3	4	4	3
资产 I6	数据库 A	5	4	4	4	4
资产 I7	分布式存储 B	3	4	3	3	3
资产 I8	应用系统 A	4	3	5	5	4
资产 I9	平台服务	4	3	5	5	4
资产 I10	运维人员管理文档	3	3	2	3	3
资产 I11	业务机构管理资料	4	5	2	2	3
资产 I12	组织信用、声誉	5	1	5	5	4
资产 I13	重要知识产权	2	1	2	2	2

13.4.3 威胁识别

本阶段工作是对R电商公司业务系统面临的威胁进行识别并赋值的过程。威胁识别是风险评估的基础环节。威胁识别的内容包括威胁的来源、种类、动机、时机和频率。实施人员通过访谈相关人员、查阅相关资料，了解以往安全事件情况，检查监测等日志中的威胁情况，并依据近期公布的特定威胁频率，进行威胁识别和赋值，如表13-8所示，采用威胁行为能力和频率，结合威胁发生的时机，通过计算函数计算威胁可能性得出威胁值（本案例取平均值方式计算得出威胁可能性赋值）。

表 13-8　威胁识别和赋值

业　务	业务重要性	威　胁	威胁行为能力赋值	威胁频率赋值	威胁可能性等级
业务 B2、B9	4	威胁 T1：拒绝服务攻击	5	4	5
业务 B1、B4	5	威胁 T2：拒绝服务攻击	4	3	4
业务 B2、B9	4	威胁 T3：内部恶意人员数据泄露	4	3	4
业务 B2、B9	4	威胁 T4：地震	5	1	3
业务 B1、B4	5	威胁 T5：地震	5	1	3

13.4.4　脆弱性识别

本阶段工作是结合国家网络安全相关法律法规和政策标准，分别从技术和管理两方面，对 R 电商公司业务相关资产存在的脆弱性进行识别，并依据准备阶段制定的脆弱性分级准则来对脆弱性进行赋值。

13.4.4.1　识别技术脆弱性

在本次风险评估中，实施团队主要采用访谈交流、现场考察、技术检测（包括手工检查和工具检测）等方法，识别业务系统相关软硬件存在的技术方面的脆弱性，具体包括物理安全、网络安全、操作系统、应用系统、数据库、中间件、数据存储备份、防病毒等。表 13-9 给出了技术脆弱性检查表示例。

表 13-9　技术脆弱性检查表

序　号	检查项	检查内容	检查结果	存在的脆弱性
1	物理环境安全-机房	机房是否设置在具有防震、防风和防雨的建筑物内	机房所在楼宇为危楼	机房所在楼宇为危楼
2		机房是否设置火灾自动报警系统，报警系统是否正常工作，是否有运行记录、报警记录、定期检查和维修记录	机房设置了火灾自动报警系统，报警系统正常工作，并有运行记录	
3		机房出入口是否配置电子门禁系统，鉴别进入人员的身份并登记在案	机房入口分别设置了指纹识别系统和电子门禁系统，进入机房人员需进行登记	
4		设备和部件标记明显且无法擦除	设备和部件标记为打印字迹，清晰、明显且无法擦除	
5		……	……	

（续表）

序 号	检查项	检查内容	检查结果	存在的脆弱性
6	网络安全-I2 防火墙	硬件型号及版本	ASA 5550, Version8.2	安全配置缺失
7		端口设置情况	关闭了不必要的端口	
8		访问控制策略	访问控制策略符合业务需求，不存在不合理或不使用的 ACL	
9		鉴别机制设置	密码长度、复杂度未设置。	
10		日志/审计设置	未开启	
11		……	……	
12	网络安全-I3 核心交换机	硬件型号及系统版本	CISCO 6506，Version 12.2	安全配置缺失
13		鉴别机制设置	密码长度、复杂度未设置	
14		登录失败处理机制设置	未设置超时断开。	
15		日志/审计设置	未开启。	
16		……	……	
17	操作系统-I4、I5 服务器	系统类型及版本	Windows Server 2012 R2	存在弱口令。
18		账号口令安全	存在弱口令	
19		日志审核策略	策略已开启，且设置合理	
20		……	……	
21	应用系统-应用系统A	安全漏洞情况	系统存在 SQL 注入漏洞	系统存在 SQL 注入漏洞
22		……	……	……
23	……	……	……	……

13.4.4.2 识别管理脆弱性

在本次风险评估中，实施团队采用访谈交流、文档审查、现场查看等方式，识别R电商公司总体安全方针策略、人员安全管理等，以及业务系统在设计、建设和运维过程各生命周期阶段管理工作中存在的脆弱性。管理混乱、责任不明、安全管理制度不健全及操作流程不规范等都可能引起管理安全风险，可能直接对信息系统资产造成损害，从而影响业务系统稳定运行。表13-10给出管理脆弱性检查内容和结果示例。

表 13-10　管理脆弱性检查表

序　号	检查项	检查内容	检查结果	存在的脆弱性
1	总体安全策略	是否制定总体安全策略，该安全策略是否是全公司进行信息安全规划设计、建设、运维等工作的总体方针	是	未发现
2		是否形成由安全策略、安全制度和操作规程组成的全面的信息安全管理制度体系	是	
3		……	……	
4	人员安全管理	是否定期开展针对不同类型人员的安全意识教育和培训工作	是	未发现
5		是否按照流程收回离岗人员的工作证件、徽章、钥匙等重要物件	是	
6		……	……	
7	安全运维管理	是否指定专人负责跟踪最新漏洞发布情况，定期对现有系统进行漏洞扫描，及时下载和测试安装补丁程序	是	未发现
8		是否编制了与信息系统相关的资产清单，包括资产责任部门、重要程度和所处位置等内容	是	未发现
9		是否对业务数据进行分类分级，并依据类别开展数据安全管理	否	业务数据管理混乱，未对数据进行分级分类管理
10		……	……	……
11	……	……	……	……

13.4.4.3　脆弱性赋值

实施团队在识别出脆弱性后，根据脆弱性的严重程度和利用难易程度等属性，赋值依据为准备阶段制定的脆弱性分级准则，表13-11给出本次风险评估的赋值情况示例。

表 13-11　脆弱性识别表

资　产	脆弱性编号	脆弱性描述	赋　值
I2（防火墙）	脆弱性 V1	网络设备安全配置缺失，	3
I3（核心交换机）			3
I11（业务机构管理资料）	脆弱性 V2	业务数据管理混乱	3
I1（机房）	脆弱性 V3	机房处于危楼	5
I8（应用系统 A）	脆弱性 V4	系统存在 SQL 注入漏洞	5
I4（服务器 A）	其他	如存在弱口令	-
I5（服务器 B）			-
……	……	……	……

13.4.5 已有安全措施识别

本阶段工作，实施团队采用访谈交流、查阅文档、安全检测等方式，识别当前已有安全措施，安全措施的分类依照环境建立阶段确定的预防性安全措施和保护性安全措施两种。表13-12给出了已有安全措施示例。

表 13-12 已有安全措施表

序　　号	安全措施类型	安全措施描述
1	预防性安全措施	M1 网络边界部署了 IDS
2		M2 公司制定了数据安全管理制度，对数据分类分级、安全管理措施进行规定要求
3		……
4	保护性安全措施	M3 部署了应用层防火墙 WAF
5		M4 公司建有异地机房，两机房互为备份，应用均同时运行
6		M5 通过堡垒机对网络及安全设备进行运维管理
7		……

13.4.6 输出成果

在完成了上述的资产识别、威胁识别、脆弱性识别、已有安全措施识别等工作后，实施团队应及时将有关工作成果形成文档，包括：《发展战略和业务识别列表》《资产识别列表》《威胁识别列表》《脆弱性识别列表》和《已有安全措施列表》等。实施团队一方面要将这些成果提交给风险管理决策层供领导审查；另一方面，将这些结果用于后续进行的风险分析与评价。

13.5　风险分析与评价

1．工作目标

风险分析与评价阶段的主要工作是完成风险分析和计算，对不同等级的安全风险进行统计和分析，从而确定总体风险状况。

2．实施方式

风险分析与评价阶段主要是依据上一阶段输出的成果文档，开展威胁的可能性、脆弱性被利用的可能性、威胁利用资产的脆弱性导致安全事件发生的可能性，以及安全事件发生后产生的损失等分析计算工作，最后根据各项综合分析结果，计算得出风险值及风险等级。

3．预期成果

本阶段的预期成果包括以下内容。

（1）形成《风险评估记录》，描述风险评估过程中的各种现场记录和问题。

（2）形成《风险评估报告》，描述组织或信息系统面临的各种风险，综合评判风险等级大小。

13.5.1　风险分析

实施团队按照预先设定的风险分析和计算方法，开展战略、业务和资产关联分析、脆弱性和已有安全措施关联分析、威胁和脆弱性关联分析等，为风险评价提供数据支撑。

13.5.1.1　战略、业务和资产关联分析

实施团队通过对战略、业务和资产的关联分析，确定资产的重要性，如表13-13所示。

表 13-13　战略、业务和资产关联分析表

序　　号	资　　产	所属业务	资产重要性赋值	业务重要性值	业务资产关联程度（即计算权重，此处仅为示例方式）	调整后资产重要性赋值结果
资产 I1	机房	全部	4	5	5（仅有 2 个机房，2 个机房互为容灾备备，业务资产关联程度可降低。）	3
资产 I2	防火墙	全部	4	5	5（各业务访问控制策略部署在防火墙，业务关联性高）	5
资产 I3	核心交换机	B1、B3、B4、B5、B6、B7、B8	4	5	2（各业务仅使用核心交换机进行数据交换，和具体业务关联性较低）	4
资产 I4	服务器 A	B1、B4	3	5	2（采用虚拟化技术，服务器和业务关联性较低）	2
资产 I5	服务器 B	B2、B9	3	4	2（采用虚拟化技术，服务器和业务关联性较低）	2
资产 I6	数据库 A	B1、B4	4	5	2（由于数据库双活，所以和业务关联性较低）	4
资产 I7	分布式存储 B	B2、B9	3	4	2（分布式存储，和业务关联性较低）	3
资产 I8	应用系统 A	B1、B4	4	5	5（业务和应用系统关系密切）	4
资产 I9	平台服务	B2、B9	4	4	5（业务和平台服务能力关系密切）	4
资产 10	运维人员管理文档	全部	3	5	1（业务和运维人员管理文档关联性低）	2
资产 I11	业务机构管理资料	全部	4	5	2（业务和业务机构管理资料关联性较低）	3
资产 I12	组织信用、声誉	全部	4	5	5	4
资产 I13	重要知识产权	B2、B9	2	4	5	2

13.5.1.2　脆弱性和已有安全措施关联分析

实施团队对脆弱性和已有安全措施进行关联分析，并评估安全措施的有效性，如表13-14所示。

表 13-14　脆弱性和已有安全措施关联表

资　产	脆弱性		安全措施		脆弱性被利用的可能性	
	脆弱性	赋值	安全措施	作用方式（降低/增加/消除）	脆弱性被利用的可能性	赋值
I2（防火墙） I3（核心交换机）	脆弱性 V1：网络设备安全配置缺失	3 3	安全措施M5	降低	测试验证可绕过堡垒机，登录访问防火墙和交换机设备，安全措施 M5 无效	3 3
I11（业务机构管理资料）	脆弱性 V2：业务数据管理混乱	3	安全措施M2	降低	查阅业务系统中的数据，未落实业务数据安全管理制度。安全措施无效	3
I1（机房）	脆弱性 V3：机房处于危楼	5	安全措施M4	消除	分别于不同时间测试访问业务系统，每次访问的是部署在不同机房的业务系统。安全措施 M4 有效	1
I8（应用系统A）	脆弱性 V4：系统存在SQL 注入漏洞	5	安全措施M3	降低	渗透测试验证脆弱性 V4，无法从互联网绕过安全措施，安全措施 M3 有效。内部网络安全措施 M3 无效	3
I4（服务器 A）	其他（如存在弱口令）	-	-	-	-	-
I5（服务器 B）		-	-	-	-	-

13.5.1.3　威胁和脆弱性关联分析

实施团队对威胁和脆弱性进行关联分析，确定威胁利用资产的脆弱性导致安全事件发生的可能性，如表13-15所示。

表 13-15　威胁和脆弱性关联表

威　胁	脆 弱 性	威胁被脆弱性利用产生的影响
威胁 T1	可被 T1 利用的脆弱性 V1	影响 A1
	可被 T1 利用的脆弱性 V2	影响 A2
	可被 T1 利用的脆弱性 V3	影响 A3
威胁 T2	可被 T2 利用的脆弱性 V1	影响 A4
	可被 T2 利用的脆弱性 V4	影响 A5
威胁 T3	可被 T3 利用的脆弱性 V2	影响 A6

13.5.2 风险计算

13.5.2.1 利用矩阵法计算风险值

1. 计算安全事件可能性

利用矩阵法计算风险值的方法是，首先根据表9-4构造安全事件的可能性矩阵，然后根据安全事件可能性等级划分表9-5对安全事件可能性等级划分。利用矩阵法确定R电商公司安全事件发生的可能性，如表13-16所示。

表 13-16　R电商公司安全事件的可能性

资产名称	资产编号	威　胁	威胁可能性等级 Lt	脆 弱 性	脆弱性被利用的可能性 Lv	安全事件可能性	可能性等级
机房	I1	自然危害	4	机房处于危楼	1	11	2
		自然危害	5		1	14	3
		自然危害	5		1	14	3
防火墙	I2	拒绝服务攻击	4	网络设备安全配置缺失	3	16	3
		拒绝服务攻击	5		3	20	4
		拒绝服务攻击	4		3	16	3
		拒绝服务攻击	5		3	20	4
核心交换机	I3	拒绝服务攻击	4	网络设备安全配置缺失	3	16	3
		拒绝服务攻击	4		3	16	3
服务器 B	I5	内部恶意人员数据泄露	4	存在弱口令	2	13	3
		内部恶意人员数据泄露	4		2	13	3
应用系统 A	I8	拒绝服务攻击	4	系统存在 SQL 注入漏洞	3	16	3
		拒绝服务攻击	4		3	16	3
业务机构管理资料	I11	内部恶意人员数据泄露	4	业务数据管理混乱，未对数据进行分级分类管理	2	16	3
		内部恶意人员数据泄露	4		2	16	3

2. 计算资产的重要性

根据资产重要性等级和业务重要性如表9-6所示，确定资产重要性Ia；再根据表9-7对计算得到的资产重要性进行等级划分示，R电商公司资产重要性等级划分如表13-17所示。

表 13-17　R 电商公司资产重要性等级划分表

资产名称	资产编号	资产重要性等级 A	所属业务	业务重要性 B	资产的重要性	资产重要性等级
机房	I1	4	B1	5	22	5
		4	B2	4	19	4
		4	B9	4	19	4
防火墙	I2	5	B1	5	25	5
		5	B2	4	21	4
		5	B4	5	25	5
		5	B9	4	21	4
核心交换机	I3	4	B1	5	22	5
		4	B4	5	22	5
服务器 B	I5	3	B2	4	15	3
		3	B9	4	15	3
应用系统 A	I8	4	B1	5	22	5
		4	B4	5	22	5
业务机构管理资料	I11	4	B2	4	19	4
		4	B9	4	19	4

3. 计算安全事件损失

根据安全事件发生损失矩阵表9-8，计算安全事件的损失，再根据安全事件损失等级划分表9-9，对R电商公司计算安全事件损失，如表13-18所示。

表 13-18　R 电商公司安全事件损失

资产名称	资产编号	威胁	威胁可能性等级 Lt	脆弱性	脆弱性严重程度 Iv	资产重要性等级	安全事件损失	损失等级
机房	I1	自然危害	4	机房处于危楼	5	5	25	5
		自然危害	5		5	4	22	5
		自然危害	5		5	4	22	5
防火墙	I2	拒绝服务攻击	4	网络设备安全配置缺失	3	5	16	4
		拒绝服务攻击	5		3	4	14	3
		拒绝服务攻击	4		3	5	16	4
		拒绝服务攻击	5		3	4	14	3
核心交换机	I3	拒绝服务攻击	4	网络设备安全配置缺失	3	5	16	4
		拒绝服务攻击	4		3	5	16	4

（续表）

资产名称	资产编号	威胁	威胁可能性等级 Lt	脆弱性	脆弱性严重程度 Iv	资产重要性等级	安全事件损失	损失等级
服务器 B	I5	内部恶意人员数据泄露	4	存在弱口令	4	3	15	3
		内部恶意人员数据泄露	4		4	3	15	3
应用系统 A	I8	拒绝服务攻击	4	系统存在 SQL 注入漏洞	5	5	25	5
		拒绝服务攻击	4		5	5	25	5
业务机构管理资料	I11	内部恶意人员数据泄露	4	业务数据管理混乱，未对数据进行分级分类管理	3	4	14	3
		内部恶意人员数据泄露	4		3	4	14	3

4. 计算风险值

参照表9-10，根据风险矩阵计算风险值，最后根据风险等级划分表9-11，确定R电商公司风险等级，如表13-19所示。

表 13-19 R 电商公司风险值

资产名称	资产编号	所属业务	威胁	脆弱性	可能性等级	损失等级	风险值	风险等级
机房	I1	B1	自然危害	机房处于危楼	2	5	14	3
		B2	自然危害		3	5	20	4
		B9	自然危害		3	5	20	4
防火墙	I2	B1	拒绝服务攻击	网络设备安全配置缺失	3	4	16	3
		B2	拒绝服务攻击		4	3	17	3
		B4	拒绝服务攻击		3	4	16	3
		B9	拒绝服务攻击		4	3	17	3
核心交换机	I3	B1	拒绝服务攻击	网络设备安全配置缺失	3	4	16	3
		B4	拒绝服务攻击		3	4	16	3
服务器 B	I5	B2	内部恶意人员数据泄露	存在弱口令	3	3	13	3
		B9	内部恶意人员数据泄露		3	3	13	3
应用系统 A	I8	B1	拒绝服务攻击	系统存在 SQL 注入漏洞	3	5	20	4
		B4	拒绝服务攻击		3	5	20	4

（续表）

资产名称	资产编号	所属业务	威 胁	脆弱性	可能性等级	损失等级	风险值	风险等级
业务机构管理资料	I11	B2	内部恶意人员数据泄露	业务数据管理混乱，未对数据进行分级分类管理	3	3	13	3
		B9	内部恶意人员数据泄露		3	3	13	3

13.5.2.2　利用相乘法计算风险值

本例中采用 $z = \sqrt{x \times y}$ 来计算安全事件可能性、资产的重要性、安全事件损失和风险值。相乘法风险评估结果如表13-20所示。

表 13-20　R电商公司相乘法风险计算结果

资产名称	资产重要性等级A	所属业务	业务重要性B	威 胁	威胁可能性等级Lt	脆弱性	脆弱性严重程度Iv	脆弱性被利用可能性Lv	可能性等级	资产重要性等级	损失等级	风险等级
机房	4	B1	5	自然危害	4	机房处于危楼	5	1	2	4	5	3
	4	B2	4	自然危害	5		5	1	2	4	5	3
	4	B9	4	自然危害	5		5	1	2	4	5	3
防火墙	5	B1	5	拒绝服务攻击	4	网络设备安全配置缺失	3	3	3	5	4	4
	5	B2	4	拒绝服务攻击	5		3	3	4	4	3	3
	5	B4	5	拒绝服务攻击	4		3	3	3	5	4	4
	5	B9	4	拒绝服务攻击	5		3	3	4	4	3	3
核心交换机	4	B1	5	拒绝服务攻击	4	网络设备安全配置缺失	3	3	3	4	4	4
	4	B4	5	拒绝服务攻击	4		3	3	3	4	4	4
服务器B	3	B2	4	内部恶意人员数据泄露	4	存在弱口令	4	2	3	3	3	3
	3	B9	4	内部恶意人员数据泄露	4		4	2	3	3	3	3
应用系统A	4	B1	5	拒绝服务攻击	4	系统存在SQL注入漏洞	5	3	3	4	5	4
	4	B4	5	拒绝服务攻击	4		5	3	3	4	5	4
业务机构管理资料	4	B2	4	内部恶意人员数据泄露	4	业务数据管理混乱，未对数据进行分级分类管理	3	2	3	4	3	3
	4	B9	4	内部恶意人员数据泄露	4		3	2	3	4	3	3

13.5.3　风险评价

实施团队通过预先建立的风险评价准则，对风险评估的结果进行等级化处理，以客观展现组织面临的主要风险，并实现对不同风险的直观比较，从而确定组织后期的风险控制策略。根据关键资产风险等级划分结果可以统计得出各个资产的风险汇总情况，并根据不同等级的风险及风险数目为资产风险等级赋值，如表13-21和表13-22所示。

表 13-21　资产风险等级统计表（矩阵法）

资产	风险等级数目					风险等级
	很高	高	中	低	很低	
机房	0	2	1	0	0	4
防火墙	0	0	4	0	0	3
核心交换机	0	0	2	0	0	3
服务器 A	-	-	-	-	-	-
服务器 B	0	0	2	0	0	3
数据库 A	-	-	-	-	-	-
分布式存储 B	-	-	-	-	-	-
应用系统 A	0	2	0	0	0	4
平台服务	-	-	-	-	-	-
运维人员管理文档	-	-	-	-	-	-
业务机构管理资料	0	0	2	0	0	3
组织信用、声誉	-	-	-	-	-	-
重要知识产权	-	-	-	-	-	-

从矩阵法资产统计表可得，R电商公司在本次风险评估中存在较高安全风险的资产有I1（机房）和I8（应用系统A）等，应尽快对这些资产进行加固防护。

表 13-22　资产风险等级统计表（相乘法）

资产	风险等级数目					风险等级
	很　高	高	中	低	很　低	
机房	0	2	1	0	0	4
防火墙	0	2	2	0	0	4
核心交换机	0	2	0	0	0	4
服务器 A	-	-	-	-	-	-
服务器 B	0	0	2	0	0	3
数据库 A	-	-	-	-	-	-
分布式存储 B	-	-	-	-	-	-
应用系统 A	0	2	0	0	0	4
平台服务	-	-	-	-	-	-
运维人员管理文档	-	-	-	-	-	-
业务机构管理资料	0	0	2	0	0	3
组织信用、声誉	-	-	-	-	-	-
重要知识产权	-	-	-	-	-	-

由相乘法资产统计表此可以看出，在本次风险评估中R电商公司存在较高风险等级的资产有I1（机房）、I2（防火墙）、I3（核心交换机）和I8（应用系统A），应尽快对具有较高风险的资产进行加固保护。

13.5.4 输出成果

在完成安全事件可能性、安全事件造成损失大小和安全风险计算等风险分析工作后，实施团队及时将有关工作成果形成《风险评估记录》和《风险评估报告》。《风险评估记录》主要内容包括风险评估过程中的各种现场记录和问题；《风险评估报告》主要内容则进一步描述组织或信息系统面临的各种风险、风险计算及综合评判等级等。

13.6 风险处置

1．工作目标

风险处置阶段是根据风险评估结果，选择和实施合适的安全措施，将风险控制在可接受的范围内。

2．实施方式

本阶段工作是在安全专家的指导下，在和管理层充分沟通的基础上，综合研究分析风险评估结果，对各安全风险提出针对性的处置措施，制定和实施风险处置实施计划，并对实施过程进行评估及进行改进。

3．预期成果

本阶段的预期成果包括以下内容。

（1）形成《风险处置计划》，描述各安全风险的针对性处置措施，以及风险处置的实施计划。

（2）形成《风险处置方案》，描述风险处置依据和目标、范围和方式、处理措施、成本效益分析、残余风险分析，以及风险处理团队分工。

（3）形成《风险处置实施报告》，记录风险处理措施的实施过程和结果。

（4）形成《风险处置评估方案》，描述评价方法、评价准则、评价目标、评价内容、团队组成和总体工作计划。

（5）形成《风险处置评估报告》，记录风险处置评估的实施过程和结果。

13.6.1 风险处置准备

风险处置的过程包括三个过程，第一个过程是准备工作，主要完成确定风险处置范围目标、明确风险处理可接受准则、选择风险处理方式、明确风险处理资源、制定风险处理计划；第二个过程是风险处置的实施过程，即在风险管理决策层同意风险处置计划后，按照计划书制定风险处置方案并具体实施风险处置过程；第三个过程是风险处置评估，包括制定评价原则和方案、开展评价实施工作、残余风险接受声明和编制持续改进方案等活动。

依据风险评估报告，确定可处置的风险范围和目标，即把风险评估得出风险等级划分为可接受和不可接受两种，形成风险判断表（本例采用矩阵法），如表13-23所示。

表 13-23　风险判断表

资产名称	威　胁	脆　弱　性	风险等级	风险编号	是否可接受
机房	自然危害	机房处于危楼	4	R1	否
防火墙	拒绝服务攻击	网络设备安全配置缺失	3	R2	是
核心交换机	拒绝服务攻击	网络设备安全配置缺失	3	R3	是
服务器 B	内部恶意人员数据泄露	存在弱口令	4	R4	否
应用系统 A	拒绝服务攻击	系统存在 SQL 注入漏洞	4	R5	否
业务机构管理资料	内部恶意人员数据泄露	业务数据管理混乱，未对数据进行分级分类管理	3	R6	是

根据风险处置可接受准则，明确区分需要处置的风险和可接受的残余风险。对于需要处置的风险，根据风险评估结果的实际情况，确定合适的风险处置目标，初步确定每种风险拟采取的处置方式，即风险降低、风险转移、风险规避和风险保留，形成风险处置列表。在选择合适的风险处置方式后，进一步明确风险处理涉及的部门、人员和资产，以及需要增加的设备、软件、工具等资源，编写《风险处置计划》，以方案计划的形式说明和指导后续的风险处置实施过程。

13.6.2　风险处置实施

实施团队提出《风险处置计划》并提交到管理决策层，决策层在审议批准后严格依据所制定的风险处置计划进行。针对风险处置目标，结合R电商公司实际情况，选择对应的风险处置措施，编制风险处置措施列表，在完成成本效益分析和残余风险分析后，对每项风险选定一种或者几种处理措施，完成最终的风险处置措施列表。

在本次风险处置过程中，实施团队在专家的指导下，以及在和管理层充分沟通的基础上，对上一节评估出来的安全风险选择合适的风险处置措施和设定优先级，如表13-24所示。

表 13-24　风险处置措施选择和优先级设定

措施编号	控制措施	对应风险	优 先 级
M10	修改核心交换机和防火墙安全配置，设置口令复杂度要求，启用日志审计策略，并设置策略仅允许通过防火墙对其进行维护管理	脆弱性 V1	高
M11	修改应用系统 A 的源代码，弥补 SQL 注入漏洞	脆弱性 V4	中
M12	修订业务数据安全管理制度，并严格要求业务部门落实数据安全管理制度	脆弱性 V2	中
M13	修改服务器口令，使用强度更高的口令	脆弱性 V	高
……	……	……	……

风险处置团队编制风险处置方案，实施团队按照风险处置方案实施具体的风险处置措施。在实施过程中，实施风险处置的操作人员应将实施过程中的目标、实施位置、工具、

实施时间，以及详细的实施过程记录下来，形成风险处置实施报告，在整个组织内部传达风险管理的活动和成果，为决策提供信息，改进风险管理活动，协助与利益相关方的互动，包括对风险管理活动负有责任的相关方、用户和主管部门。

13.6.3 风险处置效果评价

当风险处置后，评估人员采用风险识别阶段的方式方法，对风险处置措施的实施情况进行再评估，若残余风险已经处于组织可接受或者容忍的范围之内，则处置过程结束，若残余风险依然对组织有较大的威胁，则进行循环处置，直到残余风险接近可接受和容忍的范围。通过再评估，验证和评价风险处置效的效果，编制风险处置评价报告。根据风险处置效果评价报告，针对需要持续改进的风险编制改建方案，为风险管理的批准留存提供重要依据。

13.6.4 输出成果

风险处置过程的输出文档及内容如表13-25所示。

表 13-25　风险处置过程的输出文档及内容

阶　　段	输出文档	文档内容
风险处置准备	风险处置计划	包含风险处置范围、依据、目标、方式、所需资源等
	风险处置计划批准表	风险处置计划获得的组织最高管理者的批准
	风险处置备选措施列表	依据每种风险的处置方式确定对应的风险处置措施
风险处置实施	风险处置成本效益分析报告	成本分析因素包括硬件、软件、人力、时间、维护和外包；效益分析因素包括政治影响、社会效益、合规性和经济效益
	风险处置残余风险分析报告	包括残余风险的可接受性，不可接受时的后续处理
	风险处置备选措施应急计划	包括处置措施面临的主要风险、主要应对措施、明确的负责人、完成时间和进行的状态
	风险处置措施选择列表	包括所有处置措施的成本、效益和残余风险
	风险处置方案	包括风险处置范围、对象、目标、组织结构、成本预算和进度安排，并对每项处置措施的实施方法、使用工具、潜在风险、回退方法、应急计划，以及各项处置措施的监督和审查方法及人员进行明确说明
	风险处置措施测试报告	包括风险处置目标的符合性，新的风险引入可能性，应急恢复方案的有效性
	风险处置实施记录	包括具体操作内容的记录、实施效果验证
	风险处置实施报告	包括风险处置质量、进度、费用等，以及过程中的监督、监控和评价
风险处置效果评价	风险处置效果评价方案	至少应包括评价对象、评价目标、评价依据、评价方法与评价准则、评价项目负责人及团队组成、评价工作的进度安排等
	风险处置效果评价报告	包括评价风险处置的效果，给出的改进建议等
	风险处置后续改进方案	包括需要改进时的后续改进方案

13.7　沟通与咨询、监视与评审

风险沟通与咨询为信息安全风险管理各阶段过程中相关人员提供沟通与咨询工作。沟通是为直接参与人员提供交流途径，以保持参与人员之间的协调一致，共同实现安全目标。咨询是为所有相关人员提供学习途径，以提高风险防范意识、知识和技能，配合实现安全目标。

监视与评审对信息安全风险管理各阶段过程进行监控和评审。一是监视和控制风险管理过程，即过程质量管理，以保证过程的有效性；二是分析和平衡成本效益，即成本效益管理，以保证成本的有效性。评审是跟踪受保护系统自身或所处环境的变化，以保证结果的有效性和符合性。

13.7.1　沟通与咨询

为保证信息安全风险管理活动顺利、有效地进行，风险管理沟通与咨询贯穿风险管理全过程：

- 环境建立阶段，实施人员与管理层、决策层等相关人员沟通，涉及的内容包括风险管理计划书、信息系统的描述报告等。
- 风险评估阶段，实施人员与管理层、执行层、支持层等相关人员沟通，涉及的内容包括风险评估方案、资产清单、威胁列表、脆弱性列表、风险分析模型、风险计算方法、风险评估报告等。
- 风险处置阶段，实施人员与决策层、管理层、执行层和支持层等相关人员沟通，沟通内容包括风险接受等级划分表、风险处置计划、风险处置方案、风险处置实施报告等。
- 批准留存阶段，实施人员与管理层、决策层、执行层等相关人员沟通，涉及的内容批准申请提交、受理、审阅及做出批准决定及其相关文档信息收集、控制等。

13.7.2　监视与评审

风险管理监视与评审贯穿于风险管理全过程，监视与评审的主要方面和内容包括：风险因素的监视与评审和信息安全风险管理的环境建立、风险评估、风险处置及批准留存的监视与评审。通过监视与评审了解风险管理过程是否完整和有效地被执行、输出文档是否齐全和内容完备、监视审查风险分析结果的准确性和符合性、监视残余风险等，规避信息安全风险管理活动本身的风险，减少因风险造成的损失，保证信息安全风险管理主循环的有效性。

13.7.3 输出成果

风险沟通与咨询、监视与评审阶段主要成果文档包括《沟通与咨询记录》《监视与评审记录》等，《沟通与咨询记录》主要内容包括：沟通与咨询的范围、对象、时间、内容和结果等；《监视与评审记录》主要内容包括：监视与评审范围、对象、时间、过程、结果和措施等。

13.8 风险管理报告

本次针对R电商公司的信息安全风险管理报告文档包括以下内容。

1. 《风险管理总体规划书》
2. 《信息系统描述报告》
3. 《风险评估方案》
4. 《发展战略和业务识别列表》
5. 《资产识别列表》
6. 《威胁识别列表》
7. 《脆弱性识别列表》
8. 《已有安全措施列表》
9. 《风险评估报告》
10. 《风险处置计划》
11. 《风险处置方案》
12. 《风险处置实施报告》
13. 《风险处置评价报告》
14. 《沟通与咨询记录》
15. 《监视与评审记录》

13.9 小　　结

信息安全风险管理是信息安全保障工作中的一项基础性工作，应贯穿于信息系统生命周期的全部过程，信息系统生命周期各个阶段都存在着相关风险，需要采用信息安全风险管理的思想加以应对，采取风险管理的措施加以控制。企业信息安全风险管理应循环开展，为应对新型风险，力求将风险控制在可接受程度，保护企业信息及其相关资产，最终保证企业能够完成其使命。

习　　题

1. 请列举信息安全风险评估相关要素，并阐述它们之间的关系。请描述风险评估实施流程，进一步论述实施各阶段与各要素之间的关系。

2. 请论述"安全事件发生可能性""安全事件发生后的损失"和"风险值"三个关键计算环节，并阐述在具体评估中的应用解释或案例。

附录A　风险评估方法

信息安全风险评估方法主要分为定性评估、定量评估、定性与定量相结合评估三大类。

1. 定性评估方法

定性评估方法历史悠久，是使用广泛的方法。定性评估不涉及具体的数值，不能直观地表明安全风险值之间的数量化差别，是遵循研究人员的常识、经验、技术水平、国家政策趋势等非量化信息对整个体系的安全状态做出评定的研究方法。其主要过程是，评估人员按照自己的风险分析经验、风险评估理论知识等信息，结合风险评估的标准和类似案例等，将信息系统的风险评估要素按照风险影响大小等情况进行概略的分级判定，结果具有很强的个人主观性，要求评估人员具有较高的水平或者行业经验。定性评估方法的优点是能形象地定义风险，能更全面地评估风险。缺点是主观性强，评估质量高度依赖评估人员的个人能力和经验。典型的定性评估方法有：安全检查表法、专家评价方法、德尔菲法等。

（1）安全检查表法

邀请经验丰富的安全风险评估专家根据信息系统风险评估的规范、标准等制定详细的、明确的检查内容。然后依据制定的检查表逐条进行现场检查和评测，以便能够发现信息系统运行过程中潜在的风险，是一种有用且简单的方法，具有很强的可操作性，安全检查表法已经广泛地应用于信息系统安全生产管理过程中。

（2）专家评价方法

由经验丰富的评估专家制定并且参与整个风险评估过程，确保详尽地检查整个信息系统运行的状态，根据评估风险的标准和准则，积极地进行探索和分析，预测信息系统将来发展趋势和可能发生的相关安全事件。专家评价方法包括两种具体的执行方式，分别是专家审议法和专家质疑法，都可有效地进行风险分析和评估。

（3）德尔菲法

德尔菲法采用匿名调查的方式，通过多轮次调查专家对问卷所提问题的看法，经过反复征询、归纳、修改，最后汇总成专家基本一致的看法，并形成评估结论。匿名的方式可让专家在进行决策时排除他人想法进行独立判断，避免了受某些权威影响和左右的缺点，减少了调查对象的压力，提高了预测的可靠性。

2. 定量评估方法

定量分析是依据统计数据，建立数学模型，并用数学模型计算出分析对象的各项指标数值的一种方法。能够定量评估研究评估因素之间的相互联系，将影响因素数值化，直观地显示出安全风险的风险等级等。具体的执行过程是将风险发生的概率和风险对系统的危害程度量化，得到量化值，后续根据量化值将评估结果进行排序。为了能更清晰地表达出安全风险的态势，可根据总体的量化评估结果，将安全风险划分为风险等级。定量评估方法的优点是分析过程客观、分析结果直观且对比性强。缺点是量化过程简单化、模糊化，具体过程隐藏在了数学公式和参数中，不利于直观理解。典型的定量评估方法如下。

（1）聚类分析法

聚类是指抽象对象的集合分组成为由类似的对象组成的多个类的过程。聚类分析是一种无监督学习的过程，目的是要准确地找到聚类所依据的数据特征，因此，在许多的应用中，聚类分析多被应用于数据预处理过程中，是进一步解析和处理数据的根本。聚类分析简单、直观，主要应用于探索性的研究，其分析的结果可以提供多个可能的解，最终选择需要研究者的主观判断和后续的分析。

（2）模糊评价法

模糊评价是一种以模糊数学为基础的评价方法，该评估方法是依照模糊数学的隶属度原理论将定性分析转变为定量分析，即运用模糊数学理论对涉及多重元素的复杂体系给出一种全面的评估。

（3）神经网络法

神经网络可对已有的信息风险评估案例进行学习，并且将学习结果存储到知识库中，通过训练不断地改进网络结构和优化学习参数，使得风险评估更加准确。经典的小波神经网络、BP神经网络等都可用于风险评估。但是神经网络需要大量的先验数据进行网络参数训练，这在很多情况下是难以达成的条件。

3. 定性与定量相结合评估方法

理想的评估方法是，对所有的安全风险因素都进行科学的、客观的、准确的量化，然后采用优秀的定量评估方法进行计算。但是，实际运行的信息系统面临的风险因素是高度复杂多变的，一些因素可使用量化的形式描述，一些风险不能使用量化描述，无法进行量化分析，或者实施量化具有较大的困难。在很多情况下，完全使用量化方法进行评估是不可行的。

在复杂的评估中，可使用定性和定量相互结合的方法，综合两种方法的优点，在提高执行过程可行性的同时，更加客观、准确地进行风险评估，这也是本书推荐的方法。典型的方法如下。

（1）层次分析法

层次分析法是一种把定性分析与定量分析相互结合的决策手段。所谓层次分析，是指将一个复杂的多目标决策问题作为一个整体，将系统目标划分为多个目标或规则，从而划分为多指标多层次的体系，这些层次内存在递阶的关系，由低层次向高层次逐层分析得到分解的目标对系统目标的权重，最后为目标找到最优决策方案。层次分析采用两两指标权重比较的思想可以减少风险评估过程中专家评分的人为判断错误对评估的影响。典型的层次分析结构大体分为三层：最上层为总目标，中间层为总目标的子目标，最下层为目标的方案层。

（2）事件树分析法

事件树分析也有人称之为决策树分析，其大致的过程是，首先把系统事件预定好，然后逐个推导各个事件的发生结果，采用定性与定量相结合的办法来对系统存在的风险进行评估，当成是对决策处理的基本根据。事件树分析法虽然列出了会导致事故发生的各种序列组，但这并非结果，而只是中间步骤，通过此中间步骤再进一步地处理系统风险措施与初始事件之间的复杂关系，从而可获得定量结果，即计算每项事件序列可能发生的概率，计算时必须保证可提供大量的统计数据。

（3）故障树分析法

故障树分析法是一种逐级自上而下、逐层寻找直接原因和间接原因的方法。通过对有可能造成系统安全故障的所有情况进行专家分析，得到可能发生事件的所有组合方式，并且通过每个子事件发生的概率，计算最终发生安全事件的可能性。故障树按照树的形状，通过逻辑运算符号将需要深入分析的问题与可能发生的子事件连接起来。构建故障树虽然完全依靠专家，但是专家只对问题进行剖析与推演，并不直接量化赋值。所有量化赋值都是通过概率统计得出，所以故障树分析法可以通过建模发挥专业领域的经验与理论优势，通过概率统计最大限度地避免人为因素对事件分析的影响。故障树建模需要相关领域的专家、一线的工作人员、目标系统的事件操作人员、目标系统的管理者等众多分析人员一起进行建模与故障模拟推演。其计算规则采用的是定性分析与定量计算相结合的计算方法，这与信息安全风险评估中问题定性、数值定量的逻辑关系是一致的。

附录B　风险评估工具

信息安全风险评估中常用的工具有风险综合分析系统、技术性评估工具、应急处置工具和评估支撑环境工具等。

1. 风险综合分析系统

风险综合分析系统是专家知识的具体体现，用于对整个风险评估过程的管理。此类工具是对某一个或者数个评估标准、评估模型或评估方法的软件化，评估人员通过各种手段收集到相应信息后录入软件中，得出评估结果，同时输出风险评估流程中各阶段的各类报表，起到辅助评估者实施评估操作的作用。常用的工具有：

COBRA（Consultative，Objective and Bi-functional Risk Analysis）是英国的C&A系统安全公司推出的一套风险分析工具软件。

CRAMM（CCTA Risk Analysis and Management Method）由英国政府的中央计算机与电信局（Central Computer and Telecommunications Agency，CCTA）开发的一种风险分析工具。

ASSET（Automated Security Self-Evaluation Tool）是美国国家标准技术协会（NIST）发布的一个可用来进行安全风险自我评估的自动化工具。

CORA（Cost-of-Risk Analysis）是国际安全技术公司（International Security Technology, Inc.）开发的一种风险管理决策支持系统。

MSAT（Microsoft Security Accessment Tool）微软的一个风险评估工具。

此外，国内的安全企业也开发了众多的商业版评估软件。当风险评估和行业结合紧密时，通用工具往往不能很好地覆盖。因此，依据行业特点，开发适合本行业的评估工具也是一种常见的做法。

2. 技术性评估工具

技术评估工具是评估人员的工具箱，用于执行各种具体的评估工作。信息安全领域的新技术层出不穷，工具的更新换代速度飞快，但是基本的类别相对稳定，附表-1中是一个常见的技术评估工具列表。除了这些基本的工具，需结合具体的业务场景灵活选取其他工具。评估人员可多关注Gartner魔力象限、RSAC创新沙盒等活动，保持对新技术、新工具的敏感性。

附表-1 技术评估工具列表

类　别	名　称	功　能
信息收集	Maltego	开源情报收集
	TheHarvester	收集邮件、子域名和人名等信息
	Machinae	收集 IP 地址、域名、URL、电子邮件地址、文件哈希和 SSL 指纹等信息
	subDomainsBrute	经典的子域名搜集工具
资产探测	Nmap	使用最广泛的扫描工具，具备端口扫描、主机探测等能力，功能强大的开源工具
	Xunfeng	网络资产识别引擎
综合性扫描工具	Nessus	常用的综合性弱点扫描工具
	OpenVAS	功能与 Nessus 类似，免费开源
	AppScan	IBM 出品的 Web 威胁扫描工具
	AWVS	最常用的 Web 威胁扫描工具
专用扫描工具	SQLMap	SQL 注入漏洞的测试工具
	commix	命令注入执行利用工具
	mongoaudit	MongoDB 审计及渗透工具
渗透测试环境/框架	Kali	集成了数百种安全工具的 linux 发行版
	Metaspolit	渗透测试集成环境
中间人攻击	Mitmf	高扩展性的中间人攻击框架，集成了常见的中间人测试
恶意代码分析	Cuckoo sandbox	著名的开源沙箱系统
	IDA pro	反汇编工具
	WinDBG	Windows 平台调试工具
	Virustotal	在线恶意文件样本分析平台
防火墙/IDS 测试	Ftester	开源的防火墙测试工具
	Egressbuster	防火墙出入站规则测试
流量分析	Wireshark	流量抓包分析工具
密码破解	Hashcat	基于 GPU 的密码破解工具
静态代码分析	Fortify	著名的代码静态分析工具
无线安全	WiFi-Pumpkin	无线安全测试套件

3. 应急处置工具

实践证明，现实中再完备的安全保护也无法抵御所有危险。因此，完善的网络安全体系要求在保护体系之外必须建立相应的应急响应体系。在评估过程中，如果发现正在进程中的信息安全事件，应当立即启动应急处置预案，加固系统、收集证据并恢复数据，力争将损失降到最低。附表-2是一个常见的应急处置工具的分类列表。

应急处置工具可归类为风险处置工具，用于对评估中发现的正在或可能发生的安全事件进行处置。需强调的是，应急处置和安全加固只是一时应急手段，依据组织业务特点，制定完善合理的安全建设规划并有效实施，才能从根本上提升组织的信息安全风险应对能力。

附表-2　应急处置工具分类列表

类　别	名　称	功　能
取证框架与综合性工具	PALADIN	附带许多开源取证工具的改 Linux 发行版
	ADIA	Appliance for Digital Investigation and Analysis，基于 VMware 的数字取证程序，包含多款常用取证分析工具
	MIG	Mozilla Investigator，是由 Mozilla 公司开发的分布式取证开源框架
应急事件管理	FIR	Fast Incident Response 网络安全应急管理平台，创建、跟踪、报告网络安全应急事件
安全加固	OpenSCAP	扫描系统不合规设置，提出加固建议
	Lynis	Unix 系统的安全审计，以及加固工具
通用证据收集	ir-rescue	用于在事件响应期在主机全面收集证据
	LRC	Live Response Collection，从各种操作系统中收集易失性数据的自动化工具
Linux 证据收集	FastIR	Linux 下的计算机取证工具
	lsof	Linux 下文件取证分析工具
OSX 证据收集	OSX Auditor	Mac OSX 下的计算机取证工具
Windows 证据收集	FECT	Fast Evidence Collector Toolkit，Windows 平台计算机取证工具
磁盘镜像分析	Sleuth Kit	一个开源的电子取证调查工具，它可以用于从磁盘映像中恢复丢失的文件，以及为了特殊事件进行磁盘映像分析。
内存取证分析	Volatility	功能强大的高级内存取证框架
	OSForensics	内存镜像工具
进程转储	PMDump	不结束程序运行的情况下转储一个进程的内容
日志分析	Lorg	分析服务器日志的工具
时间线工具	Timesketch	用于协作取证的时间轴分析工具
数据恢复	R-Studio	支持多种文件格式的数据恢复软件
	Easy Recovery	常用的数据恢复工具

4．评估支撑环境工具

常用的评估支撑环境工具包括评估指标库、威胁知识库、漏洞库、应用指纹库、恶意代码库等。

附录C 信息安全相关法律法规

序　号	名　　　称	类　　别	生效时间
1	《国家安全法》	基本法律和国家战略	2015/7/1
2	《中华人民共和国网络安全法》		2017/6/1
3	《全国人民代表大会常务委员会关于加强网络信息保护的决定》		2012/12/28
4	《国家网络空间安全战略》		2016/12/27
5	《互联网信息服务管理办法（2011 修订）》	互联网信息内容管理制度	2011/1/8
6	《网络信息内容生态治理规定》		2020/3/1
7	《网络安全审查办法（征求意见稿）》		
8	《互联网信息内容管理行政执法程序规定》		2017/6/1
9	《互联新闻信息服务管理规定》		2017/6/1
10	《互联网新闻信息服务许可管理实施细则》		2017/6/1
11	《互联网跟帖评论服务管理规定》		2017/10/1
12	《互联网论坛社区服务管理规定》		2017/10/1
13	《互联网群组信息服务管理规定》		2017/10/8
14	《互联网用户公众账号信息服务管理规定》		2017/10/8
15	《关键信息基础设施安全保护条例（征求意见稿）》	关键信息基础设施安全保护制度	
16	《国家网络安全检查操作指南》		2016/6/1
17	《关键信息基础设施识别指南》		
18	《国家网络安全事件应急预案》	网络安全事件管理制度	2017/1/10
19	《工业控制系统信息安全事件应急管理工作指南》		2017/7/1
20	《网络安全漏洞管理规定（征求意见稿）》		
21	《互联网个人信息安全保护指南》	个人信息保护和重要数据保护制度	
22	《App 违法违规收集使用个人信息行为认定方法（征求意见稿）》		
23	《个人信息和重要数据出境安全评估办法（征求意见稿及修订稿）》		
24	《信息安全技术公共及商用服务信息系统个人信息保护指南》		2013/2/1
25	《电信和互联网用户个人信息保护规定》		2013/9/1
26	《互联网用户账号名称管理规定》		2015/3/1
27	《通信短信息服务管理规定》		2015/6/30
28	《寄递服务用户个人信息安全管理规定》		2014/3/19
29	《中华人民共和国测绘法》（2017 修订）		2017/7/1
30	《征信业管理条例》		2013/3/15

（续表）

序　号	名　　称	类　别	生效时间
31	《规范互联网信息服务市场秩序若干规定》		2012/3/15
32	《电子商务法》		2019/1/1
33	《网络产品和服务安全审查办法（试行）》	网络产品和服务管理制度	2017/6/1
34	《信息安全技术网络安全等级保护基本要求》		2019/12/1
35	《信息安全技术网络安全等级保护测评要求》		2019/12/1
36	《信息安全技术网络安全等级保护安全设计技术要求》	信息系统安全等级保护	2019/12/1
37	《中华人民共和国计算机信息系统安全保护条例》		2011/1/8
38	《信息安全等级保护管理办法》		2007/5/22
39	《公安部令第 32 号计算机信息系统安全专用产品检测和销售许可证管理办法》		1997/12/12
40	中华人民共和国密码法	密码	2020/1/1

此外，《中华人民共和国宪法》《中华人民共和国保守国家秘密法》《中华人民共和国标准法》《中华人民共和国商标法》《中华人民共和国专利法》《中华人民共和国著作权法》《中华人民共和国国家安全法》《中华人民共和国刑法》《中华人民共和国治安管理处罚法》等法律中有个别条款涉及信息安全的内容。

参考文献

[1] 孙立新. 风险管理：原理、方法与应用[M]. 北京：经济管理出版社，2014.

[2] 陈光. 信息系统信息安全风险管理方法研究[D]. 长沙：国防科学技术大学，2006.

[3] 范红，冯登国，吴亚非. 信息安全风险评估方法与应用[M]，北京：清华大学出版社，2006.

[4] 全国信息安全标准化技术委员会. 信息安全技术 信息安全风险管理指南：GB/Z 24364-2009. 北京：国家市场监督管理总局 国家标准化管理委员会，2009

[5] ISO. Risk management - Guidelines：ISO 31000：2018.

[6] 全国信息安全标准化技术委员会. 信息安全技术 信息安全风险评估规范：GB/T 20984-2007. 北京：国家市场监督管理总局 国家标准化管理委员会，2007

[7] ISO. Information technology-Security techniques-Information security risk management：ISO/IEC 27005：2018.

[8] 全国信息安全标准化技术委员会. 信息安全技术 信息安全风险评估实施指南：GB/T 31509-2015. 北京：国家市场监督管理总局 国家标准化管理委员会，2015

[9] 国际标准化组织，https://www.iso.org.

[10] IEC（国际电工委员会）及IEC大会详解，中国市场监管报，2019.6.

[11] 国际电工委员会，https://www.iec.ch/.

[12] ISO/IEC 信息技术联合技术委员会JTC1，https://jtc1info.org/.

[13] 全国信息安全标准化技术委员会，https://www.tc260.org.cn/.

[14] 智库百科，项目管理，https://wiki.mbalib.com/wiki/Project_Management.

[15] https://wiki.mbalib.com/wiki/个体软件过程.

[16] https://wiki.mbalib.com/wiki/团队软件过程.

[17] https://wiki.mbalib.com/wiki/WWPMM.

[18] https://wiki.mbalib.com/wiki/PRINCE2.

[19] Project Management Institute. 项目管理知识体系指南PMBOKGUIDE[M]. 6版. 北京：电子工业出版社，2018.

[20] 裴海平. 浅谈信息安全服务资产识别与估价方法[J]. 计算机工程与应用，2014(4).

[21] 朱学海，肖汉. 我国石油石化企业境外社会安全威胁辨识方法及应用[J]，当代石油石化，2015第8期.

[22] 赵刚. 信息安全风险管理与风险评估[M]. 北京：清华大学出版社，2014.

[23] 吴亚非，李新友，禄凯. 信息安全风险评估[M]. 北京：清华大学出版社，2007.

[25] https://blog.csdn.net/u013278898/article/details/39024033.

[26] https://blog.csdn.net/sinat_21843047/article/details/72983518数据库最常见的10个安全问题.

[27] 刘天闻. 数据库安全技术研究与应用. 数字技术与应用, 2017.

[28] 谷和起. 中间件技术及其应用[J]. 当代通信, 2003, (12): 40-45.

[29] 周园春, 李森, 张建, 李晓欧. 中间件技术综述[J]. 计算机工程与应用2002, 38(15): 80-82.

[30] 徐晶, 许炜. 消息中间件综述[J]. 计算机工程, 2005, 31(16): 73-76.

[31] 张榜, 王兴伟, 黄敏. 云存储智能多数据副本放置机制[J]. 计算机科学与探索, 2014, 8(10): 1177 - 1186.

[32] 许艳茹. 基于排列码加密解密算法的数字签名智能卡的研究[D]. 天津: 河北工业大学, 2004.

[33] 谢绒娜, 欧海文, 李风华, 等. 基于椭圆曲线密码体制的可认证的密钥交换协议[J]. 计算机工程与设计, 2009, 30(22): 5068-5069.

[34] 张琳, 谭军, 白明泽. 基于 MongoDB 的蛋白质组学大数据存储系统设计[J]. 计算机应用, 2016, 36(1): 232-236.

[35] 吴兰. 信息系统安全风险评估方法和技术研究[D]. 江南大学, 2007.

[36] 毕方明. 信息安全管理与风险评估 [M]. 西安: 西安电子科技大学出版社. 2018.

[37] 张劲松. 中国金融电子化建设问题研究[M]. 杭州: 浙江大学出版社. 2005.

[38] 张剑, 万里冰, 钱伟中. 信息安全技术（第二版）下册[M]. 成都: 电子科技大学出版社, 2017.

[39] 张剑, 万里冰, 秦潇潇. 信息安全技术应用[M]. 成都: 电子科技大学出版社, 2015.

[40] 张振山. 故障树在轨道交通综合监控系统中的应用[J]. 城市轨道交通研究, 2014, 17(04): 129-132.

[41] 蔡亮. 基于故障树的信息安全风险评估方法研究[D]. 华中科技大学, 2008.

[42] 董献洲, 徐培德. 基于PRA方法的风险分析系统设计[J]. 系统仿真学报, 2001(06): 756-758.

[43] 张敏, 张五一, 韩桂芬. 工业控制系统信息安全防护体系研究[J]. 工业控制计算机, 2013, 26(10): 25-27.

[44] 白璐. 信息系统安全等级保护物理安全测评方法研究[J]. 信息网络安全, 2011(12): 89-92.

[45] 李涛, 张驰. 基于信息安全等保标准的网络安全风险模型研究[J]. 信息网络安全, 2016(09): 177-183.

[46] 司应硕, 杨文涛, 张森. 一种基于Bayesian网络的信息安全风险分析模型研究[J]. 软

件导刊，2010，9(08)：149-151.

[47] 赵敬宇. 基于风险评估方法的信息系统等级评定[D]. 北京：北京工业大学，2007.

[48] 牛旭明，李智勇，桂坚勇等. 信息安全风险评估中的关键技术[J]. 信息安全与通信保密，2007，(4)：17-20.

[49] 张仁松，刘万伦，卜珍虎. 煤与瓦斯突出矿井突出危险性定量风险评估[J]. 中国科技投资，2016，(13)：117-118.

[50] 于苹，温庭俊. 关于建筑供配电技术的探讨[J]. 城市建设理论研究（电子版），2013，(22).

[51] 郝志娟. 二次防护系统在发电厂的应用[J]. 电子世界，2014，(14)：69-69.

[52] 张益，霍珊珊，刘美静. 信息安全风险评估实施模型研究[J]. 信息安全研究，2018，4(10)：934-939.

[53] 徐耀，王挺，常清睿. 大坝风险管理技术的发展与趋势探讨[J]. 水利发展研究，2018，18(7)：44-48.

[54] 李延杰. 基于AHP与FOEM的信息安全风险评估研究[D]. 天津：天津财经大学，2010.

[55] 陈小潮，朱峰，支黎峰. 华东电网有限公司信息系统全生命周期管理的探索[J]. 华东电力，2008，36(12)：107-109.

[56] 刘晓洁. 网络安全引论与应用教程[M]. 北京：电子工业出版社. 2007.

[57] 范红. 系统规划与设计阶段的风险评估实施方法与内容[J]. 网络安全技术与应用，2006，(2)：8-11.

[58] 李武银. 信息系统生命周期各阶段的风险评估[J]. 有线电视技术，2006，13(8):11-14.

[59] 罗健，赵志中. 基于ISO 27001的风险评估理论在信息系统生命周期中的实践[C]. // 中国科协. 第十二届中国科协年会论文集. 2010:1-6.

[60] 全国信息安全标准化技术委员会. 信息安全技术 信息安全风险处理实施指南：GB/T 33132-2016. 北京：国家市场监督管理总局 国家标准化管理委员会，2016